建筑与市政工程施工现场专业人员职业标准培训教材

安全员岗位知识与专业技能

（第二版）

建筑与市政工程施工现场专业人员职业标准培训教材编审委员会
中国建设教育协会
组织编写

李　平　张鲁风　主　编

中国建筑工业出版社

图书在版编目（CIP）数据

安全员岗位知识与专业技能/中国建设教育协会组织编写；李平，张鲁风主编．—2版．—北京：中国建筑工业出版社，2017.6（2020.12重印）
建筑与市政工程施工现场专业人员职业标准培训教材
ISBN 978-7-112-20797-8

Ⅰ.①安… Ⅱ.①中…②李…③张… Ⅲ.①建筑施工-安全培训-教材 Ⅳ.①TU714

中国版本图书馆CIP数据核字（2017）第108815号

本书是建筑与市政工程施工现场专业人员职业标准培训教材之一，分为上下两篇。上篇为岗位知识，内容包括安全管理相关规定和标准、施工现场安全管理知识、施工项目安全生产管理计划的内容和编制办法、安全专项施工方案的内容和编制办法、施工现场安全事故的防范知识、安全事故救援处理知识六部分。下篇为专业技能，内容包括编制项目安全生产管理计划，编制安全事故应急救援预案，施工现场安全检查，安全教育培训，编制安全专项施工方案，安全技术交底文件的编制与实施，施工现场危险源的辨识与安全隐患的处置，项目文明工地绿色施工管理，安全事故的救援及处理，编制、收集、整理施工安全资料等。本书主要用于建筑业企业、安全监管机构施工安全管理人员的业务培训和指导参加职业考核，也可作为专业院校的施工安全教学用书。

责任编辑：朱首明　李　明　李　慧
责任校对：李美娜　刘梦然

建筑与市政工程施工现场专业人员职业标准培训教材
安全员岗位知识与专业技能
（第二版）
建筑与市政工程施工现场专业人员职业标准培训教材编审委员会
中国建设教育协会
组织编写
李　平　张鲁风　主　编
*
中国建筑工业出版社出版、发行（北京海淀三里河路9号）
各地新华书店、建筑书店经销
北京科地亚盟排版公司制版
北京市密东印刷有限公司印刷
*
开本：787×1092毫米　1/16　印张：20½　字数：493千字
2017年6月第二版　2020年12月第十八次印刷
定价：**53.00**元
ISBN 978-7-112-20797-8
（30461）

建筑与市政工程施工现场专业人员职业标准培训教材
编审委员会

出版说明

建筑与市政工程施工现场专业人员队伍素质是影响工程质量和安全生产的关键因素。我国从20世纪80年代开始，在建设行业开展关键岗位培训考核和持证上岗工作，对于提高建设行业从业人员的素质起到了积极的作用。进入21世纪，在改革行政审批制度和转变政府职能的背景下，建设行业教育主管部门转变行业人才工作思路，积极规划和组织职业标准的研发。在住房和城乡建设部人事司的主持下，由中国建设教育协会、苏州二建建筑集团有限公司等单位主编了建设行业的第一部职业标准——《建筑与市政工程施工现场专业人员职业标准》，已由住房和城乡建设部发布，作为行业标准于2012年1月1日起实施。为推动该标准的贯彻落实，进一步编写了配套的14个考核评价大纲。

该职业标准及考核评价大纲有以下特点：(1) 系统分析各类建筑施工企业现场专业人员岗位设置情况，总结归纳了8个岗位专业人员核心工作职责，这些职业分类和岗位职责具有普遍性、通用性。(2) 突出职业能力本位原则，工作岗位职责与专业技能相互对应，通过技能训练能够提高专业人员的岗位履职能力。(3) 注重专业知识的完整性、系统性，基本覆盖各岗位专业人员的知识要求，通用知识具有各岗位的一致性，基础知识、岗位知识能够体现本岗位的知识结构要求。(4) 适应行业发展和行业管理的现实需要，岗位设置、专业技能和专业知识要求具有一定的前瞻性、引导性，能够满足专业人员提高综合素质和适应岗位变化的需要。

为落实职业标准，规范建设行业现场专业人员岗位培训工作，我们依据与职业标准相配套的考核评价大纲，组织编写了《建筑与市政工程施工现场专业人员职业标准培训教材》。

本套教材覆盖《建筑与市政工程施工现场专业人员职业标准》涉及的施工员、质量员、安全员、标准员、材料员、机械员、劳务员、资料员8个岗位14个考核评价大纲。每个岗位、专业，根据其职业工作的需要，注意精选教学内容、优化知识结构、突出能力要求，对知识、技能经过合理归纳，编写为《通用与基础知识》和《岗位知识与专业技能》两本，供培训配套使用。本套教材共29本，作者基本都参与了《建筑与市政工程施工现场专业人员职业标准》的编写，使本套教材的内容能充分体现《建筑与市政工程施工现场专业人员职业标准》，促进现场专业人员专业学习和能力提高的要求。

第二版教材在上版教材的基础上，依据《考核评价大纲》，总结使用过程中发现的不足之处，参照现行标准、规范，面向国家考核评价题库，对教材内容进行了调整、修改、补充，使之更加贴近学员需求，方便学员顺利通过考核评价。

我们的编写工作难免存在不足，因此，我们恳请使用本套教材的培训机构、教师和广大学员多提宝贵意见，以便进一步的修订，使其不断完善。

建筑与市政工程施工现场专业人员职业标准培训教材编审委员会

第二版前言

《建筑与市政工程施工现场专业人员职业考核统编教材——安全员培训教材（岗位知识与专业技能）》是根据住房和城乡建设部批准发布的《建筑与市政工程施工现场专业人员职业标准》（JGJ/T 250—2011）及其配套考核评价大纲，由中国建设教育协会组织统编，中国建筑业协会建筑安全分会、山西省建筑工程技术学校共同编写。本书主要用于建筑业企业、安全监管机构施工安全管理人员的业务培训和指导参加职业考核，也可作为专业院校的施工安全教学用书。

近几年来。我国的建设工程安全生产法治建设和建设工程安全生产标准化建设均取得了很大成绩，相关立法与标准制定工作的步伐都在明显加快。本次修编主要是依据新颁布或新修订的有关法律、法规、规章、规范性文件和技术标准作了相应增加或修改，对已废止或失效的法规文件等作了相应删除，并据以对相关内容作了调整。

安全员培训教材（岗位知识与专业技能）分为上下两篇。上篇为岗位知识，共分安全管理相关规定和标准、施工现场安全管理知识、施工项目安全生产管理计划的内容和编制办法、安全专项施工方案的内容和编制办法、施工现场安全事故的防范知识、安全事故救援处理知识六部分，修编人员为王兰英、王梓迪、李哲、邵长利、杜秀龙、杨宗祥、张蕊、赵子萱、郝正东、崔旭旺、蒋成龙，张鲁风负责审改和统稿。下篇为专业技能，共分编制项目安全生产管理计划，编制安全事故应急救援预案，施工现场安全检查，安全教育培训，编制安全专项施工方案，安全技术交底文件的编制与实施，施工现场危险源的辨识与安全隐患的处置，项目文明工地绿色施工管理，安全事故的救援及处理、编制、收集、整理施工安全资料十部分，由李平、金新安、赵旭峰、李春泉、任雁飞、王云兵、马枝叶、申岳、丁芝编写，李平负责审改和统稿。

本书因修编时间较紧，难免会有疏漏或不足之处，敬请读者予以指正。

第一版前言

《建筑与市政工程施工现场专业人员职业标准培训教材》《安全员岗位知识与专业技能》是根据住房和城乡建设部批准发布的《建筑与市政工程施工现场专业人员职业标准》(JGJ/T 250—2011) 及其配套考核评价大纲，由中国建筑业协会建筑安全分会、山西省建筑工程技术学校、鹏达建设安全与工程技术研究所共同编写。本书主要用于建筑业企业、安全监管机构施工安全管理人员的业务培训和指导参加职业考核，也可作为专业院校的施工安全教学用书。

本书分为上下两篇。上篇为岗位知识，共分安全管理规定和标准、施工现场安全管理知识、施工项目安全生产管理计划编制、安全专项施工方案编制、施工现场安全事故防范知识、安全事故救援处理知识等六部分，由王兰英、杜秀龙、张鲁风、张颖、赵子萱、崔旭旺、蒋成龙、路悦、廖永编写，张鲁风负责审改和统稿。下篇为专业技能，共分项目安全生产管理计划编制，安全事故应急救援预案编制，施工机械、临时用电、消防设施安全检查，防护用品与劳保用品符合性判断，项目作业人员安全教育培训，安全专项施工方案编制，安全技术交底编制和实施，施工现场危险源识别和处置，施工安全资料收集、整理和编制，安全事故救援和处置，文明工地和绿色施工管理等十部分，由马子夜、王志刚、刘继军、任雁飞、李平、赵成刚、姚璧、聂康生、董经民、赵艳青编写，李平负责审改和统稿。

本书由李平、张鲁风担任主编，由陕西建工集团时炜担任主审。

因编写时间较紧，难免会有疏漏或不足之处，敬请读者予以指正。

目　录

上篇　岗位知识

下篇　专业技能

上篇　岗位知识

一、安全管理相关规定和标准

（一）施工安全生产责任制的管理规定

安全生产事关人民群众生命财产安全，事关改革开放、经济发展和社会稳定大局，事关党和政府形象和声誉。《中华人民共和国建筑法》（以下简称《建筑法》）规定，建筑施工企业必须依法加强对建筑安全生产的管理，执行安全生产责任制度，采取有效措施，防止伤亡和其他安全生产事故的发生。

2014 年 8 月经修改后公布的《中华人民共和国安全生产法》（以下简称《安全生产法》）规定，安全生产工作应当以人为本，坚持安全发展，坚持安全第一、预防为主、综合治理的方针，强化和落实生产经营单位的主体责任，建立生产经营单位负责、职工参与、政府监管、行业自律和社会监督的机制。

1. 施工单位主要负责人、项目负责人、总分包单位等安全生产责任制的规定

《安全生产法》规定，生产经营单位的安全生产责任制应当明确各岗位的责任人员、责任范围和考核标准等内容。生产经营单位应当建立相应的机制，加强对安全生产责任制落实情况的监督考核，保证安全生产责任制的落实。《国务院关于坚持科学发展安全发展促进安全生产形势持续稳定好转的意见》（国发［2011］40 号）中进一步指出，认真落实企业安全生产主体责任。企业必须严格遵守和执行安全生产法律法规、规章制度与技术标准，依法依规加强安全生产，加大安全投入，健全安全管理机构，加强班组安全建设，保持安全设备设施完好有效。

（1）施工单位主要负责人对安全生产工作全面负责

《建筑法》规定，建筑施工企业的法定代表人对本企业的安全生产负责。《安全生产法》则规定，生产经营单位的主要负责人对本单位的安全生产工作全面负责。生产经营单位的主要负责人对本单位安全生产工作负有下列职责：①建立、健全本单位安全生产责任制；②组织制定本单位安全生产规章制度和操作规程；③保证本单位安全生产投入的有效实施；④督促、检查本单位的安全生产工作，及时消除生产安全事故隐患；⑤组织制定并实施本单位的生产安全事故应急救援预案；⑥及时、如实报告生产安全事故；⑦组织制定并实施本单位安全生产教育和培训计划。

2015年4月国务院办公厅颁发的《关于加强安全生产监管执法的通知》中进一步规定，国有大中型企业和规模以上企业要建立安全生产委员会，主任由董事长或总经理担任，董事长、党委书记、总经理对安全生产工作均负有领导责任，企业领导班子成员和管理人员实行安全生产“一岗双责”。所有企业都要建立生产安全风险警示和预防应急公告制度，完善风险排查、评估、预警和防控机制，加强风险预控管理，按规定将本单位重大危险源及相关安全措施、应急措施报有关地方人民政府安全生产监督管理部门和有关部门备案。

此外，要保证本单位安全生产条件所需资金的投入。《建设工程安全生产管理条例》规定，施工单位对列入建设工程概算的安全作业环境及安全施工措施所需费用，应当用于施工安全防护用具及设施的采购和更新、安全施工措施的落实、安全生产条件的改善，不得挪作他用。

施工单位安全生产管理机构和专职安全生产管理人员负专责。《安全生产法》规定，矿山、金属冶炼、建筑施工、道路运输单位和危险物品的生产、经营、储存单位，应当设置安全生产管理机构或者配备专职安全生产管理人员。生产经营单位的安全生产管理机构以及安全生产管理人员履行下列职责：①组织或者参与拟订本单位安全生产规章制度、操作规程和生产安全事故应急救援预案；②组织或者参与本单位安全生产教育和培训，如实记录安全生产教育和培训情况；③督促落实本单位重大危险源的安全管理措施；④组织或者参与本单位应急救援演练；⑤检查本单位的安全生产状况，及时排查生产安全事故隐患，提出改进安全生产管理的建议；⑥制止和纠正违章指挥、强令冒险作业、违反操作规程的行为；⑦督促落实本单位安全生产整改措施。

生产经营单位的安全生产管理机构以及安全生产管理人员应当恪尽职守，依法履行职责。生产经营单位作出涉及安全生产的经营决策，应当听取安全生产管理机构以及安全生产管理人员的意见。生产经营单位不得因安全生产管理人员依法履行职责而降低其工资、福利等待遇或者解除与其订立的劳动合同。生产经营单位的安全生产管理人员应当根据本单位的生产经营特点，对安全生产状况进行经常性检查；对检查中发现的安全问题，应当立即处理；不能处理的，应当及时报告本单位有关负责人，有关负责人应当及时处理。检查及处理情况应当如实记录在案。生产经营单位的安全生产管理人员在检查中发现重大事故隐患，依照前款规定向本单位有关负责人报告，有关负责人不及时处理的，安全生产管理人员可以向主管的负有安全生产监督管理职责的部门报告，接到报告的部门应当依法及时处理。

《建设工程安全生产管理条例》还规定，施工单位应当设立安全生产管理机构，配备专职安全生产管理人员。专职安全生产管理人员负责对安全生产进行现场监督检查。发现安全事故隐患，应当及时向项目负责人和安全生产管理机构报告；对违章指挥、违章操作的，应当立即制止。

（2）项目负责人对建设工程项目的安全施工负责

《建设工程安全生产管理条例》规定，施工单位的项目负责人应当由取得相应执业资格的人员担任，对建设工程项目的安全施工负责，落实安全生产责任制度、安全生产规章制度和操作规程，确保安全生产费用的有效使用，并根据工程的特点组织制定安全施工措施，消除安全事故隐患，及时、如实报告生产安全事故。建设工程施工前，施工单位负责项目管理的技术人员应当对有关安全施工的技术要求向施工作业班组、作业人员作出详细说明，并由双方签字确认。

(3) 施工总承包单位和分包单位的安全生产责任

《建筑法》规定，施工现场安全由建筑施工企业负责。实行施工总承包的，由总承包单位负责。分包单位向总承包单位负责，服从总承包单位对施工现场的安全生产管理。《安全生产法》也规定，两个以上生产经营单位在同一作业区域内进行生产经营活动，可能危及对方生产安全的，应当签订安全生产管理协议，明确各自的安全生产管理职责和应当采取的安全措施，并指定专职安全生产管理人员进行安全检查与协调。

《建设工程安全生产管理条例》进一步规定，总承包单位依法将建设工程分包给其他单位的，分包合同中应当明确各自的安全生产方面的权利、义务。实行施工总承包的，由总承包单位统一组织编制建设工程生产安全事故应急救援预案，工程总承包单位和分包单位按照应急救援预案，各自建立应急救援组织或者配备应急救援人员，配备救援器材、设备，并定期组织演练。实行施工总承包的建设工程，由总承包单位负责上报事故。总承包单位和分包单位对分包工程的安全生产承担连带责任。分包单位应当服从总承包单位的安全生产管理，分包单位不服从管理导致生产安全事故的，由分包单位承担主要责任。

2. 施工现场领导带班制度的规定

《国务院关于进一步加强企业安全生产工作的通知》(国发〔2010〕23号) 中规定，强化生产过程管理的领导责任。企业主要负责人和领导班子成员要轮流现场带班。发生事故而没有领导现场带班的，对企业给予规定上限的经济处罚，并依法从重追究企业主要负责人的责任。《国务院关于坚持科学发展安全发展促进安全生产形势持续稳定好转的意见》中则规定，企业主要负责人、实际控制人要切实承担安全生产第一责任人的责任，带头执行现场带班制度，加强现场安全管理。

住房和城乡建设部《建筑施工企业负责人及项目负责人施工现场带班暂行办法》(建质〔2011〕111号) 进一步规定，建筑施工企业应当建立企业负责人及项目负责人施工现场带班制度，并严格考核。施工现场带班包括企业负责人带班检查和项目负责人带班生产。企业负责人带班检查是指由建筑施工企业负责人带队实施对工程项目质量安全生产状况及项目负责人带班生产情况的检查。项目负责人带班生产是指项目负责人在施工现场组织协调工程项目的质量安全生产活动。

建筑施工企业负责人，是指企业的法定代表人、总经理、主管质量安全和生产工作的副总经理、总工程师和副总工程师。项目负责人，是指工程项目的项目经理。施工现场，是指进行房屋建筑和市政工程施工作业活动的场所。

建筑施工企业负责人要定期带班检查，每月检查时间不少于其工作日的25%。建筑施工企业负责人带班检查时，应认真做好检查记录，并分别在企业和工程项目存档备查。工程项目进行超过一定规模的危险性较大的分部分项工程施工时，建筑施工企业负责人应到施工现场进行带班检查。对于有分公司（非独立法人）的企业集团，集团负责人因故不能到现场的，可书面委托工程所在地的分公司负责人对施工现场进行带班检查。工程项目出现险情或发现重大隐患时，建筑施工企业负责人应到施工现场带班检查，督促工程项目进行整改，及时消除险情和隐患。

项目负责人在同一时期只能承担一个工程项目的管理工作。项目负责人带班生产时，要全面掌握工程项目质量安全生产状况，加强对重点部位、关键环节的控制，及时消除隐患。要认真做好带班生产记录并签字存档备查。项目负责人每月带班生产时间不得少于本月施工时间的80%。因其他事务需离开施工现场时，应向工程项目的建设单位请假，经批准后方可离开。离开期间应委托项目相关负责人负责其外出时的日常工作。

（二）施工安全生产组织保障和安全许可的管理规定

1. 施工企业安全生产管理机构、专职安全生产管理人员配备及其职责的规定

安全生产管理机构是指建筑施工企业设置的负责安全生产管理工作的独立职能部门。专职安全生产管理人员是指经建设主管部门或者其他有关部门安全生产考核合格取得安全生产考核合格证书，并在建筑施工企业及其项目从事安全生产管理工作的专职人员。

《安全生产法》规定，矿山、金属冶炼、建筑施工、道路运输单位和危险物品的生产、经营、储存单位，应当设置安全生产管理机构或者配备专职安全生产管理人员。

生产经营单位的安全生产管理机构以及安全生产管理人员履行下列职责：(1) 组织或者参与拟订本单位安全生产规章制度、操作规程和生产安全事故应急救援预案；(2) 组织或者参与本单位安全生产教育和培训，如实记录安全生产教育和培训情况；(3) 督促落实本单位重大危险源的安全管理措施；(4) 组织或者参与本单位应急救援演练；(5) 检查本单位的安全生产状况，及时排查生产安全事故隐患，提出改进安全生产管理的建议；(6) 制止和纠正违章指挥、强令冒险作业、违反操作规程的行为；(7) 督促落实本单位安全生产整改措施。

生产经营单位的安全生产管理机构以及安全生产管理人员应当恪尽职守，依法履行职责。生产经营单位作出涉及安全生产的经营决策，应当听取安全生产管理机构以及安全生产管理人员的意见。生产经营单位不得因安全生产管理人员依法履行职责而降低其工资、福利等待遇或者解除与其订立的劳动合同。

生产经营单位的安全生产管理人员应当根据本单位的生产经营特点，对安全生产状况进行经常性检查；对检查中发现的安全问题，应当立即处理；不能处理的，应当及时报告本单位有关负责人，有关负责人应当及时处理。检查及处理情况应当如实记录在案。生产经营单位的安全生产管理人员在检查中发现重大事故隐患，依照前款规定向本单位有关负责人报告，有关负责人不及时处理的，安全生产管理人员可以向主管的负有安全生产监督管理职责的部门报告，接到报告的部门应当依法及时处理。

(1) 建筑施工企业安全生产管理机构的设置及职责

住房和城乡建设部《建筑施工企业安全生产管理机构设置及专职安全生产管理人员配备办法》(建质［2008］91号) 规定，建筑施工企业应当依法设置安全生产管理机构，在企业主要负责人的领导下开展本企业的安全生产管理工作。

建筑施工企业安全生产管理机构具有以下职责：1）宣传和贯彻国家有关安全生产法律法规和标准；2）编制并适时更新安全生产管理制度并监督实施；3）组织或参与企业生产安全事故应急救援预案的编制及演练；4）组织开展安全教育培训与交流；5）协调配备项目专职安全生产管理人员；6）制订企业安全生产检查计划并组织实施；7）监督在建项目安全生产费用的使用；8）参与危险性较大工程安全专项施工方案专家论证会；9）通报在建项目违规违章查处情况；10）组织开展安全生产评优评先表彰工作；11）建立企业在建项目安全生产管理档案；12）考核评价分包企业安全生产业绩及项目安全生产管理情况；13）参加生产安全事故的调查和处理工作；14）企业明确的其他安全生产管理职责。

（2）建筑施工企业安全生产管理机构专职安全生产管理人员的配备及职责

建筑施工企业安全生产管理机构专职安全生产管理人员的配备应满足下列要求，并应根据企业经营规模、设备管理和生产需要予以增加：1）建筑施工总承包资质序列企业：特级资质不少于6人；一级资质不少于4人；二级和二级以下资质企业不少于3人。2）建筑施工专业承包资质序列企业：一级资质不少于3人；二级和二级以下资质企业不少于2人。3）建筑施工劳务分包资质序列企业：不少于2人。4）建筑施工企业的分公司、区域公司等较大的分支机构（以下简称分支机构）应依据实际生产情况配备不少于2人的专职安全生产管理人员。

建筑施工企业安全生产管理机构专职安全生产管理人员在施工现场检查过程中具有以下职责：1）查阅在建项目安全生产有关资料、核实有关情况；2）检查危险性较大工程安全专项施工方案落实情况；3）监督项目专职安全生产管理人员履责情况；4）监督作业人员安全防护用品的配备及使用情况；5）对发现的安全生产违章违规行为或安全隐患，有权当场予以纠正或作出处理决定；6）对不符合安全生产条件的设施、设备、器材，有权当场作出查封的处理决定；7）对施工现场存在的重大安全隐患有权越级报告或直接向建设主管部门报告；8）企业明确的其他安全生产管理职责。

（3）建设工程项目安全生产领导小组和专职安全生产管理人员的设立及职责

建筑施工企业应当在建设工程项目组建安全生产领导小组。建设工程实行施工总承包的，安全生产领导小组由总承包企业、专业承包企业和劳务分包企业项目经理、技术负责人和专职安全生产管理人员组成。安全生产领导小组的主要职责：1）贯彻落实国家有关安全生产法律法规和标准；2）组织制定项目安全生产管理制度并监督实施；3）编制项目生产安全事故应急救援预案并组织演练；4）保证项目安全生产费用的有效使用；5）组织编制危险性较大工程安全专项施工方案；6）开展项目安全教育培训；7）组织实施项目安全检查和隐患排查；8）建立项目安全生产管理档案；9）及时、如实报告安全生产事故。

建筑施工企业应当实行建设工程项目专职安全生产管理人员委派制度。建设工程项目的专职安全生产管理人员应当定期将项目安全生产管理情况报告企业安全生产管理机构。

总承包单位配备项目专职安全生产管理人员应当满足下列要求：1）建筑工程、装修工程按照建筑面积配备：①1万平方米以下的工程不少于1人；②1万～5万平方米的工程不少于2人；③5万平方米及以上的工程不少于3人，且按专业配备专职安全生产管理人员。2）土木工程、线路管道、设备安装工程按照工程合同价配备：①5000万元以下的工程不少于1人；②5000万～1亿元的工程不少于2人；③1亿元及以上的工程不少于3人，且按专业配备专职安全生产管理人员。

分包单位配备项目专职安全生产管理人员应当满足下列要求：1）专业承包单位应当配置至少 1 人，并根据所承担的分部分项工程的工程量和施工危险程度增加。2）劳务分包单位施工人员在 50 人以下的，应当配备 1 名专职安全生产管理人员；50～200 人的，应当配备 2 名专职安全生产管理人员；200 人及以上的，应当配备 3 名及以上专职安全生产管理人员，并根据所承担的分部分项工程施工危险实际情况增加，不得少于工程施工人员总人数的 5‰。

项目专职安全生产管理人员具有以下主要职责：1）负责施工现场安全生产日常检查并做好检查记录；2）现场监督危险性较大工程安全专项施工方案实施情况；3）对作业人员违规违章行为有权予以纠正或查处；4）对施工现场存在的安全隐患有权责令立即整改；5）对于发现的重大安全隐患，有权向企业安全生产管理机构报告；6）依法报告生产安全事故情况。

施工作业班组可以设置兼职安全巡查员，对本班组的作业场所进行安全监督检查。建筑施工企业应当定期对兼职安全巡查员进行安全教育培训。

2. 施工安全生产许可证管理的规定

2014 年 7 月经修改后发布的《安全生产许可证条例》规定，国家对矿山企业、建筑施工企业和危险化学品、烟花爆竹、民用爆炸物品生产企业（以下统称企业）实行安全生产许可制度。企业未取得安全生产许可证的，不得从事生产活动。省、自治区、直辖市人民政府建设主管部门负责建筑施工企业安全生产许可证的颁发和管理，并接受国务院建设主管部门的指导和监督。

2015 年 1 月住房和城乡建设部经修改后发布的《建筑施工企业安全生产许可证管理规定》中规定，本规定所称建筑施工企业，是指从事土木工程、建筑工程、线路管道和设备安装工程及装修工程的新建、扩建、改建和拆除等有关活动的企业。

（1）建筑施工企业申办安全生产许可证应具备的条件

《建筑施工企业安全生产许可证管理规定》中规定，建筑施工企业取得安全生产许可证应当具备的安全生产条件为：1）建立、健全安全生产责任制，制定完备的安全生产规章制度和操作规程；2）保证本单位安全生产条件所需资金的投入；3）设置安全生产管理机构，按照国家有关规定配备专职安全生产管理人员；4）主要负责人、项目负责人、专职安全生产管理人员经建设主管部门或者其他有关部门考核合格；5）特种作业人员经有关业务主管部门考核合格，取得特种作业操作资格证书；6）管理人员和作业人员每年至少进行 1 次安全生产教育培训并考核合格；7）依法参加工伤保险，依法为施工现场从事危险作业的人员办理意外伤害保险，为从业人员交纳保险费；8）施工现场的办公、生活区及作业场所和安全防护用具、机械设备、施工机具及配件符合有关安全生产法律、法规、标准和规程的要求；9）有职业危害防治措施，并为作业人员配备符合国家标准或者行业标准的安全防护用具和安全防护服装；10）有对危险性较大的分部分项工程及施工现场易发生重大事故的部位、环节的预防、监控措施和应急预案；11）有生产安全事故应急救援预案、应急救援组织或者应急救援人员，配备必要的应急救援器材、设备；12）法律、法规规定的其他条件。

建筑施工企业从事建筑施工活动前，应当依照本规定向企业注册所在地省、自治区、直辖市人民政府住房城乡建设主管部门申请领取安全生产许可证。

建筑施工企业申请安全生产许可证时，应当向住房城乡建设主管部门提供下列材料：1）建筑施工企业安全生产许可证申请表；2）企业法人营业执照；3）与申请安全生产许可证应当具备的安全生产条件相关的文件、材料。

（2）安全生产许可证的有效期和暂扣安全生产许可证的规定

《建筑施工企业安全生产许可证管理规定》中规定，安全生产许可证的有效期为3年。安全生产许可证有效期满需要延期的，企业应当于期满前3个月向原安全生产许可证颁发管理机关办理延期手续。企业在安全生产许可证有效期内，严格遵守有关安全生产的法律法规，未发生死亡事故的，安全生产许可证有效期届满时，经原安全生产许可证颁发管理机关同意，不再审查，安全生产许可证有效期延期3年。

住房和城乡建设部《建筑施工企业安全生产许可证动态监管暂行办法》（建质［2008］121号）规定，暂扣安全生产许可证处罚视事故发生级别和安全生产条件降低情况，按下列标准执行：1）发生一般事故的，暂扣安全生产许可证30至60日。2）发生较大事故的，暂扣安全生产许可证60至90日。3）发生重大事故的，暂扣安全生产许可证90至120日。

建筑施工企业在12个月内第二次发生生产安全事故的，视事故级别和安全生产条件降低情况，分别按下列标准进行处罚：1）发生一般事故的，暂扣时限为在上一次暂扣时限的基础上再增加30日。2）发生较大事故的，暂扣时限为在上一次暂扣时限的基础上再增加60日。3）发生重大事故的，或按以上1）、2）处罚暂扣时限超过120日的，吊销安全生产许可证。12个月内同一企业连续发生三次生产安全事故的，吊销安全生产许可证。

建筑施工企业瞒报、谎报、迟报或漏报事故的，在以上处罚的基础上，再处延长暂扣期30日至60日的处罚。暂扣时限超过120日的，吊销安全生产许可证。建筑施工企业在安全生产许可证暂扣期内，拒不整改的，吊销其安全生产许可证。

建筑施工企业安全生产许可证被暂扣期间，企业在全国范围内不得承揽新的工程项目。发生问题或事故的工程项目停工整改，经工程所在地有关建设主管部门核查合格后方可继续施工。建筑施工企业安全生产许可证被吊销后，自吊销决定作出之日起一年内不得重新申请安全生产许可证。

建筑施工企业安全生产许可证暂扣期满前10个工作日，企业需向颁发管理机关提出发还安全生产许可证申请。颁发管理机关接到申请后，应当对被暂扣企业安全生产条件进行复查，复查合格的，应当在暂扣期满时发还安全生产许可证；复查不合格的，增加暂扣期限直至吊销安全生产许可证。

（3）违法行为应承担的主要法律责任

对于未取得安全生产许可证擅自从事施工活动的违法行为，《安全生产许可证条例》规定，未取得安全生产许可证擅自进行生产的，责令停止生产，没收违法所得，并处10万元以上50万元以下的罚款；造成重大事故或者其他严重后果，构成犯罪的，依法追究刑事责任。

《建筑施工企业安全生产许可证管理规定》进一步规定，建筑施工企业未取得安全生产许可证擅自从事建筑施工活动的，责令其在建项目停止施工，没收违法所得，并处 10 万元以上 50 万元以下的罚款；造成重大安全事故或者其他严重后果，构成犯罪的，依法追究刑事责任。

对于安全生产许可证有效期满未办理延期手续继续从事施工活动的违法行为，《安全生产许可证条例》规定，安全生产许可证有效期满未办理延期手续，继续进行生产的，责令停止生产，限期补办延期手续，没收违法所得，并处 5 万元以上 10 万元以下的罚款；逾期仍不办理延期手续，继续进行生产的，依照未取得安全生产许可证擅自进行生产的规定处罚。

《建筑施工企业安全生产许可证管理规定》进一步规定，安全生产许可证有效期满未办理延期手续，继续从事建筑施工活动的，责令其在建项目停止施工，限期补办延期手续，没收违法所得，并处 5 万元以上 10 万元以下的罚款；逾期仍不办理延期手续，继续从事建筑施工活动的，依照未取得安全生产许可证擅自从事建筑施工活动的规定处罚。

对于转让安全生产许可证等的违法行为，《安全生产许可证条例》规定，转让安全生产许可证的，没收违法所得，处 10 万元以上 50 万元以下的罚款，并吊销其安全生产许可证；构成犯罪的，依法追究刑事责任；接受转让的，依照未取得安全生产许可证擅自进行生产的规定处罚。冒用安全生产许可证或者使用伪造的安全生产许可证的，依照未取得安全生产许可证擅自进行生产的规定处罚。

《建筑施工企业安全生产许可证管理规定》进一步规定，建筑施工企业转让安全生产许可证的，没收违法所得，处 10 万元以上 50 万元以下的罚款，并吊销安全生产许可证；构成犯罪的，依法追究刑事责任；接受转让的，依照未取得安全生产许可证擅自从事建筑施工活动的规定处罚。冒用安全生产许可证或者使用伪造的安全生产许可证的，依照未取得安全生产许可证擅自从事建筑施工活动的规定处罚。

3. 施工企业主要负责人、项目负责人、专职安全生产管理人员安全生产考核的规定

《建设工程安全生产管理条例》规定，施工单位的主要负责人、项目负责人、专职安全生产管理人员应当经建设行政主管部门或者其他部门考核合格后方可任职。

《建筑施工企业主要负责人、项目负责人和专职安全生产管理人员安全生产管理规定》（中华人民共和国住房和城乡建设部令第 17 号）中规定，企业主要负责人，是指对本企业生产经营活动和安全生产工作具有决策权的领导人员。项目负责人，是指取得相应注册执业资格，由企业法定代表人授权，负责具体工程项目管理的人员。专职安全生产管理人员，是指在企业专职从事安全生产管理工作的人员，包括企业安全生产管理机构的人员和工程项目专职从事安全生产管理工作的人员。

建设部《建筑施工企业主要负责人、项目负责人和专职安全生产管理人员安全生产考核管理暂行规定》（建质［2004］59 号）中规定，建筑施工企业主要负责人，是指对本企业日常生产经营活动和安全生产工作全面负责、有生产经营决策权的人员，包括企业法定代表人、经理、企业分管安全生产工作的副经理等。建筑施工企业项目负责人，是指由企

业法定代表人授权，负责建设工程项目管理的负责人等。建筑施工企业专职安全生产管理人员，是指在企业专职从事安全生产管理工作的人员，包括企业安全生产管理机构的负责人及其工作人员和施工现场专职安全生产管理人员。

住房和城乡建设部《建筑施工企业主要负责人项目负责人和专职安全生产管理人员安全生产管理规定实施意见》（建质［2015］206号）进一步规定，企业主要负责人包括法定代表人、总经理（总裁）、分管安全生产的副总经理（副总裁）、分管生产经营的副总经理（副总裁）、技术负责人、安全总监等。专职安全生产管理人员分为机械、土建、综合三类。新申请专职安全生产管理人员安全生产考核只可以在机械、土建、综合三类中选择一类。机械类专职安全生产管理人员在参加土建类安全生产管理专业考试合格后，可以申请取得综合类专职安全生产管理人员安全生产考核合格证书。土建类专职安全生产管理人员在参加机械类安全生产管理专业考试合格后，可以申请取得综合类专职安全生产管理人员安全生产考核合格证书。

《建筑施工企业主要负责人、项目负责人和专职安全生产管理人员安全生产管理规定》中，将建筑施工企业主要负责人、项目负责人和专职安全生产管理人员合称为“安管人员”。《建筑施工企业主要负责人、项目负责人和专职安全生产管理人员安全生产考核管理暂行规定》中，则将建筑施工企业主要负责人、项目负责人和专职安全生产管理人员简称为建筑施工企业管理人员。

《建筑施工企业主要负责人、项目负责人和专职安全生产管理人员安全生产管理规定》中规定，“安管人员”应当通过其受聘企业，向企业工商注册地的省、自治区、直辖市人民政府住房城乡建设主管部门（以下简称考核机关）申请安全生产考核，并取得安全生产考核合格证书。

（1）安全生产考核的基本要求

《建筑施工企业主要负责人、项目负责人和专职安全生产管理人员安全生产考核管理暂行规定》中规定，建筑施工企业管理人员应当具备相应文化程度、专业技术职称和一定安全生产工作经历，并经企业年度安全生产教育培训合格后，方可参加建设行政主管部门组织的安全生产考核。

建设行政主管部门对建筑施工企业管理人员进行安全生产考核，不得收取考核费用，不得组织强制培训。安全生产考核合格的，由建设行政主管部门在20日内核发建筑施工企业管理人员安全生产考核合格证书；对不合格的，应通知本人并说明理由，限期重新考核。

建筑施工企业管理人员变更姓名和所在法人单位等的，应在一个月内到原安全生产考核合格证书发证机关办理变更手续。任何单位和个人不得伪造、转让、冒用建筑施工企业管理人员安全生产考核合格证书。建筑施工企业管理人员遗失安全生产考核合格证书，应在公共媒体上声明作废，并在一个月内到原安全生产考核合格证书发证机关办理补证手续。

建筑施工企业管理人员安全生产考核合格证书有效期为三年。有效期满需要延期的，应当于期满前3个月内向原发证机关申请办理延期手续。建筑施工企业管理人员在安全生产考核合格证书有效期内，严格遵守安全生产法律法规，认真履行安全生产职责，按规定接受企业年度安全生产教育培训，未发生死亡事故的，安全生产考核合格证书有效期届满时，经原安全生产考核合格证书发证机关同意，不再考核，安全生产考核合格证书有效期延期 3 年。

《建筑施工企业主要负责人、项目负责人和专职安全生产管理人员安全生产管理规定》中规定，对安全生产考核合格的，考核机关应当在 20 个工作日内核发安全生产考核合格证书，并予以公告；对不合格的，应当通过“安管人员”所在企业通知本人并说明理由。

安全生产考核合格证书有效期为 3 年，证书在全国范围内有效。证书式样由国务院住房城乡建设主管部门统一规定。安全生产考核合格证书有效期届满需要延续的，“安管人员”应当在有效期届满前 3 个月内，由本人通过受聘企业向原考核机关申请证书延续。准予证书延续的，证书有效期延续 3 年。对证书有效期内未因生产安全事故或者违反本规定受到行政处罚，信用档案中无不良行为记录，且已按规定参加企业和县级以上人民政府住房城乡建设主管部门组织的安全生产教育培训的，考核机关应当在受理延续申请之日起 20 个工作日内，准予证书延续。

“安管人员”变更受聘企业的，应当与原聘用企业解除劳动关系，并通过新聘用企业到考核机关申请办理证书变更手续。考核机关应当在受理变更申请之日起 5 个工作日内办理完毕。“安管人员”遗失安全生产考核合格证书的，应当在公共媒体上声明作废，通过其受聘企业向原考核机关申请补办。考核机关应当在受理申请之日起 5 个工作日内办理完毕。

“安管人员”不得涂改、倒卖、出租、出借或者以其他形式非法转让安全生产考核合格证书。

（2）安全生产考核的要点

《建筑施工企业主要负责人、项目负责人和专职安全生产管理人员安全生产管理规定》中规定，安全生产考核包括安全生产知识考核和管理能力考核。安全生产知识考核内容包括：建筑施工安全的法律法规、规章制度、标准规范，建筑施工安全管理基本理论等。安全生产管理能力考核内容包括：建立和落实安全生产管理制度、辨识和监控危险性较大的分部分项工程、发现和消除安全事故隐患、报告和处置生产安全事故等方面的能力。

《建筑施工企业主要负责人、项目负责人和专职安全生产管理人员安全生产考核管理暂行规定》中规定，建筑施工企业主要负责人的安全生产知识考核要点：1）国家有关安全生产的方针政策、法律法规、部门规章、标准及有关规范性文件，本地区有关安全生产的法规、规章、标准及规范性文件；2）建筑施工企业安全生产管理的基本知识和相关专业知识；3）重、特大事故防范、应急救援措施，报告制度及调查处理方法；4）企业安全生产责任制和安全生产规章制度的内容、制定方法；5）国内外安全生产管理经验；6）典型事故案例分析。

安全生产管理能力考核要点：1）能认真贯彻执行国家安全生产方针、政策、法规和标准；2）能有效组织和督促本单位安全生产工作，建立健全本单位安全生产责任制；3）能组织制定本单位安全生产规章制度和操作规程；4）能采取有效措施保证本单位安全生产所需资金的投入；5）能有效开展安全检查，及时消除生产安全事故隐患；6）能组织制定本单位生产安全事故应急救援预案，正确组织、指挥本单位事故应急救援工作；7）能及时、如实报告生产安全事故；8）安全生产业绩：自考核之日起，所在企业一年内未发生由其承担主要责任的死亡10人以上（含10人）的重大事故。

建筑施工企业项目负责人的安全生产知识考核要点：1）国家有关安全生产的方针政策、法律法规、部门规章、标准及有关规范性文件，本地区有关安全生产的法规、规章、标准及规范性文件；2）工程项目安全生产管理的基本知识和相关专业知识；3）重大事故防范、应急救援措施，报告制度及调查处理方法；4）企业和项目安全生产责任制和安全生产规章制度内容、制定方法；5）施工现场安全生产监督检查的内容和方法；6）国内外安全生产管理经验；7）典型事故案例分析。

安全生产管理能力考核要点：1）能认真贯彻执行国家安全生产方针、政策、法规和标准；2）能有效组织和督促本工程项目安全生产工作，落实安全生产责任制；3）能保证安全生产费用的有效使用；4）能根据工程的特点组织制定安全施工措施；5）能有效开展安全检查，及时消除生产安全事故隐患；6）能及时、如实报告生产安全事故；7）安全生产业绩：自考核之日起，所管理的项目一年内未发生由其承担主要责任的死亡事故。

建筑施工企业专职安全生产管理人员的安全生产知识考核要点：1）国家有关安全生产的方针政策、法律法规、部门规章、标准及有关规范性文件，本地区有关安全生产的法规、规章、标准及规范性文件；2）重大事故防范、应急救援措施，报告制度、调查处理方法以及防护救护方法；3）企业和项目安全生产责任制和安全生产规章制度；4）施工现场安全监督检查的内容和方法；5）典型事故案例分析。

安全生产管理能力考核要点：1）能认真贯彻执行国家安全生产方针、政策、法规和标准；2）能有效对安全生产进行现场监督检查；3）发现生产安全事故隐患，能及时向项目负责人和安全生产管理机构报告，及时消除生产安全事故隐患；4）能及时制止现场违章指挥、违章操作行为；5）能及时、如实报告生产安全事故；6）安全生产业绩：自考核之日起，所在企业或项目一年内未发生由其承担主要责任的死亡事故。

《建筑施工企业主要负责人项目负责人和专职安全生产管理人员安全生产管理规定实施意见》进一步规定，建筑施工企业主要负责人（A类）的安全生产知识考核要点：1）建筑施工安全生产的方针政策、法律法规和标准规范。2）建筑施工安全生产管理的基本理论和基础知识。3）工程建设各方主体的安全生产法律义务与法律责任。4）企业安全生产责任制和安全生产管理制度。5）安全生产保证体系、资质资格、费用保险、教育培训、机械设备、防护用品、评价考核等管理。6）危险性较大的分部分项工程、危险源辨识、安全技术交底和安全技术资料等安全技术管理。7）安全检查、隐患排查与安全生产标准化。8）场地管理与文明施工。9）模板支撑工程、脚手架工程、建筑起重与升降机械设备的使用、临时用电、高处作业和现场防火等安全技术要点。10）事故应急预案、事故救援和事故报告、调查与处理。11）国内外安全生产管理经验。12）典型事故案例分析。

安全生产管理能力考核要点：1）贯彻执行建筑施工安全生产的方针政策、法律法规和标准规范情况。2）建立健全本单位安全管理体系，设置安全生产管理机构与配备专职安全生产管理人员，以及领导带班值班情况。3）建立健全本单位安全生产责任制，组织制定本单位安全生产管理制度和贯彻执行情况。4）保证本单位安全生产所需资金投入情况。5）制定本单位操作规程情况和开展施工安全标准化情况。6）组织本单位开展安全检查、隐患排查，及时消除生产安全事故隐患情况。7）与项目负责人签订安全生产责任书与目标考核情况，对工程项目负责人安全生产管理能力考核情况。8）组织本单位开展安全生产教育培训工作情况，建筑施工企业主要负责人、项目负责人和专职安全生产管理人员和特种作业人员持证上岗情况，项目工地工人业余学校创建工作情况，本人参加企业年度安全生产教育培训情况。9）组织制定本单位生产安全事故应急救援预案，组织、指挥预案演练情况。10）发生事故后，组织救援、保护现场、报告事故和配合事故调查、处理情况。11）安全生产业绩：自考核之日，是否存在下列情形之一：a. 未履行安全生产职责，对所发生的建筑施工一般或较大级别生产安全事故负有责任，受到刑事处罚和撤职处分，刑事处罚执行完毕不满五年或者受处分之日起不满五年的；b. 未履行安全生产职责，对发生的建筑施工重大或特别重大级别生产安全事故负有责任，受到刑事处罚和撤职处分的；c. 三年内，因未履行安全生产职责，受到行政处罚的；d. 一年内，因未履行安全生产职责，信用档案中被记入不良行为记录或仍未撤销的。

建筑施工企业项目负责人（B类）的安全生产知识考核要点：1）建筑施工安全生产的方针政策、法律法规和标准规范。2）建筑施工安全生产管理、工程项目施工安全生产管理的基本理论和基础知识。3）工程建设各方主体的安全生产法律义务与法律责任。4）企业、工程项目安全生产责任制和安全生产管理制度。5）安全生产保证体系、资质资格、费用保险、教育培训、机械设备、防护用品、评价考核等管理。6）危险性较大的分部分项工程、危险源辨识、安全技术交底和安全技术资料等安全技术管理。7）安全检查、隐患排查与安全生产标准化。8）场地管理与文明施工。9）模板支撑工程、脚手架工程、土方基坑工程、起重吊装工程，以及建筑起重与升降机械设备使用、施工临时用电、高处作业、电气焊（割）作业、现场防火和季节性施工等安全技术要点。10）事故应急救援和事故报告、调查与处理。11）国内外安全生产管理经验。12）典型事故案例分析。

安全生产管理能力考核要点：1）贯彻执行建筑施工安全生产的方针政策、法律法规和标准规范情况。2）组织和督促本工程项目安全生产工作，落实本单位安全生产责任制和安全生产管理制度情况。3）保证工程项目安全防护和文明施工资金投入，以及为作业人员提供劳动保护用具和生产、生活环境情况。4）建立工程项目安全生产保证体系、明确项目管理人员安全职责，明确建设、承包等各方安全生产责任，以及领导带班值班情况。5）根据工程的特点和施工进度，组织制定安全施工措施和落实安全技术交底情况。6）落实本单位的安全培训教育制度，创建项目工地工人业余学校，组织岗前和班前安全生产教育情况。7）组织工程项目开展安全检查、隐患排查，及时消除生产安全事故隐患情况。8）按照《建筑施工安全检查标准》检查施工现场安全生产达标情况，以及开展安全标准化和考评情况。9）落实施工现场消防安全制度，配备消防器材、设施情况。10）按照本单位或总承包单位制订的施工现场生产安全事故应急救援预案，建立应急救援组织或者配备应急救援人员、器材、设备并组织演练等情况。11）发生事故后，组织救援、保护现场、报告事故和配合事故调查、处理情况。12）安全生产业绩：自考核之日，是否存在下列情形之一：a. 未履行安全生产职责，对所发生的建筑施工一般或较大级别生产安全事故负有责任，受到刑事处罚和撤职处分，刑事处罚执行完毕不满五年或者受处分之日起不满五年的；b. 未履行安全生产职责，对发生的建筑施工重大或特别重大级别生产安全事故负有责任，受到刑事处罚和撤职处分的；c. 三年内，因未履行安全生产职责，受到行政处罚的；d. 一年内，因未履行安全生产职责，信用档案中被记入不良行为记录或仍未撤销的。

建筑施工企业机械类专职安全生产管理人员（C1类）的安全生产知识考核要点：1）建筑施工安全生产的方针政策、法律法规、规章制度和标准规范。2）建筑施工安全生产管理、工程项目施工安全生产管理的基本理论和基础知识。3）工程建设各方主体的安全生产法律义务与法律责任。4）企业、工程项目安全生产责任制和安全生产管理制度。5）安全生产保证体系、资质资格、费用保险、教育培训、机械设备、防护用品、评价考核等管理。6）危险性较大的分部分项工程、危险源辨识、安全技术交底和安全技术资料等安全技术管理。7）施工现场安全检查、隐患排查与安全生产标准化。8）场地管理与文明施工。9）事故应急救援和事故报告、调查与处理。10）起重吊装、土方与筑路机械、建筑起重与升降机械设备，以及混凝土、木工、钢筋和桩工机械等安全技术要点。11）国内外安全生产管理经验。12）机械类典型事故案例分析。

安全生产管理能力考核要点：1）贯彻执行建筑施工安全生产的方针政策、法律法规、规章制度和标准规范情况。2）对施工现场进行检查、巡查，查处建筑起重机械、升降设备、施工机械机具等方面违反安全生产规范标准、规章制度行为，监督落实安全隐患的整改情况。3）发现生产安全事故隐患，及时向项目负责人和安全生产管理机构报告以及消除隐患情况。4）制止现场相关专业违章指挥、违章操作、违反劳动纪律等行为情况。5）监督相关专业施工方案、技术措施和技术交底的执行情况，督促安全技术资料的整理、归档情况。6）检查相关专业作业人员安全教育培训和持证上岗情况。7）发生事故后，参加抢救、救护和及时如实报告事故、积极配合事故的调查处理情况。8）安全生产业绩：自考核之日起，是否存在下列情形之一：a. 未履行安全生产职责，对所发生的建筑施工生产安全事故负有责任，受到刑事处罚和撤职处分，刑事处罚执行完毕不满三年或者受处分之日起不满三年的；b. 三年内，因未履行安全生产职责，受到行政处罚的；c. 一年内，因未履行安全生产职责，信用档案中被记入不良行为记录或仍未撤销的。

建筑施工企业土建类专职安全生产管理人员（C2类）的安全生产知识考核要点：1）建筑施工安全生产的方针政策、法律法规和标准规范。2）建筑施工安全生产管理、工程项目施工安全生产管理的基本理论和基础知识。3）工程建设各方主体的安全生产法律义务与法律责任。4）企业、工程项目安全生产责任制和安全生产管理制度。5）安全生产保证体系、资质资格、费用保险、教育培训、机械设备、防护用品、评价考核等管理。6）危险性较大的分部分项工程、危险源辨识、安全技术交底和安全技术资料等安全技术管理。7）施工现场安全检查、隐患排查与安全生产标准化。8）场地管理与文明施工。9）事故应急救援和事故报告、调查与处理。10）模板支撑工程、脚手架工程、土方基坑工程、施工临时用电、高处作业、电气焊（割）作业、现场防火和季节性施工等安全技术要点。11）国内外安全生产管理经验。12）土建类典型事故案例分析。

安全生产管理能力考核要点：1）贯彻执行建筑施工安全生产的方针政策、法律法规、规章制度和标准规范情况。2）对施工现场进行检查、巡查，查处模板支撑、脚手架和土方基坑工程、施工临时用电、高处作业、电气焊（割）作业和季节性施工，以及施工现场生产生活设施、现场消防和文明施工等方面违反安全生产规范标准、规章制度行为，监督落实安全隐患的整改情况。3）发现生产安全事故隐患，及时向项目负责人和安全生产管理机构报告以及消除情况。4）制止现场违章指挥、违章操作、违反劳动纪律等行为情况。5）监督相关专业施工方案、技术措施和技术交底的执行情况，督促安全技术资料的整理、归档情况。6）检查相关专业作业人员安全教育培训和持证上岗情况。7）发生事故后，参加救援、救护和及时如实报告事故、积极配合事故的调查处理情况。8）安全生产业绩：（同C1类的内容）。

建筑施工企业综合类专职安全生产管理人员（C3类）的安全生产知识考核要点：1）建筑施工安全生产的方针政策、法律法规、规章制度和标准规范。2）建筑施工安全生产管理、工程项目施工安全生产管理的基本理论和基础知识。3）工程建设各方主体的安全生产法律义务与法律责任。4）企业、工程项目安全生产责任制和安全生产管理制度。5）安全生产保证体系、资质资格、费用保险、教育培训、机械设备、防护用品、评价考核等管理。6）危险性较大的分部分项工程、危险源辨识、安全技术交底和安全技术资料等安全技术管理。7）施工现场安全检查、隐患排查与安全生产标准化。8）场地管理与文明施工。9）事故应急救援和事故报告、调查与处理。10）起重吊装、土方与筑路机械、建筑起重与升降机械设备，以及混凝土、木工、钢筋和桩工机械等安全技术要点；模板支撑工程、脚手架工程、土方基坑工程、施工临时用电、高处作业、电气焊（割）作业、现场防火和季节性施工等安全技术要点。11）国内外安全生产管理经验。12）典型事故案例分析。

安全生产管理能力考核要点：1）贯彻执行建筑施工安全生产的方针政策、法律法规、规章制度和标准规范情况。2）对施工现场进行检查、巡查，查处建筑起重机械、升降设备、施工机械机具等方面违反安全生产规范标准、规章制度行为，监督落实安全隐患的整改情况；对施工现场进行检查、巡查，查处模板支撑、脚手架和土方基坑工程、施工临时用电、高处作业、电气焊（割）作业和季节性施工，以及施工现场生产生活设施、现场消防和文明施工等方面违反安全生产规范标准、规章制度行为，监督落实安全隐患的整改情况。3）发现生产安全事故隐患，及时向项目负责人和安全生产管理机构报告，及时消除生产安全事故隐患情况。4）制止现场违章指挥、违章操作、违反劳动纪律等行为情况。5）监督相关专业施工方案、技术措施和技术交底的执行情况，督促安全技术资料的整理、归档情况。6）检查施工现场作业人员安全教育培训和持证上岗情况。7）发生事故后，参加抢救、救护和及时如实报告事故、积极配合事故的调查处理情况。8）安全生产业绩：（同C1类的内容）。

（3）考核内容与方式

《建筑施工企业主要负责人项目负责人和专职安全生产管理人员安全生产管理规定实施意见》规定，考核内容包括安全生产知识考试、安全生产管理能力考核和安全生产管理实际能力考核等。

安全生产管理能力考核：1）申请考核时，施工企业结合工作实际，对安全生产实际工作能力和安全生产业绩进行初步考核；2）受理企业申报后，建设主管部门结合日常监督管理和信用档案记录情况，对实际安全生产管理工作情况和安全生产业绩进行考核。

安全生产管理实际能力考核：施工现场实地或模拟施工现场，采用现场实操和口头陈述方式，考核查找存在的管理缺陷、事故隐患和处理紧急情况等实际工作能力。

安全生产知识考试：1）建筑施工企业主要负责人（A类），采用书面或计算机闭卷考试方式，内容包括安全生产法律法规、安全管理和安全技术等内容。其中，法律法规占50%，安全管理占40%，土建综合安全技术占6%，机械设备安全技术占4%。2）建筑施工企业项目负责人（B类），采用书面或计算机闭卷考试方式，内容包括安全生产法律法规、安全管理和安全技术等内容。其中，法律法规占30%，安全管理占40%，土建综合安全技术占18%，机械设备安全技术占12%。3）建筑施工企业机械类专职安全生产管理人员（C1类），采用书面或计算机闭卷考试方式，内容包括安全生产法律法规、安全管理和安全技术等内容。其中，法律法规占20%，安全管理占40%，机械设备安全技术占40%。4）建筑施工企业土建类专职安全生产管理人员（C2类），采用书面或计算机闭卷考试方式，内容包括安全生产法律法规、安全管理和安全技术等内容。其中，法律法规占20%，安全管理占40%，土建综合安全技术占40%。5）建筑施工企业综合类专职安全生产管理人员（C3类），采用书面或计算机闭卷考试方式，内容包括安全生产法律法规、安全管理和安全技术等内容。其中，法律法规占20%，安全管理占40%，机械设备、土建综合安全技术占40%。

4. 建筑施工特种作业人员管理的规定

《安全生产法》规定，生产经营单位的特种作业人员必须按照国家有关规定经专门的安全作业培训，取得相应资格，方可上岗作业。《建设工程安全生产管理条例》规定，垂直运输机械作业人员、安装拆卸工、爆破作业人员、起重信号工、登高架设作业人员等特种作业人员，必须按照国家有关规定经过专门的安全作业培训，并取得特种作业操作资格证书后，方可上岗作业。

住房和城乡建设部《建筑施工特种作业人员管理规定》（建质［2008］75号）中进一步规定，建筑施工特种作业人员是指在房屋建筑和市政工程施工活动中，从事可能对本人、他人及周围设备设施的安全造成重大危害作业的人员。

建筑施工特种作业包括：1）建筑电工；2）建筑架子工；3）建筑起重信号司索工；4）建筑起重机械司机；5）建筑起重机械安装拆卸工；6）高处作业吊篮安装拆卸工；7）经省级以上人民政府建设主管部门认定的其他特种作业。

建筑施工特种作业人员必须经建设主管部门考核合格，取得建筑施工特种作业人员操作资格证书（以下简称“资格证书”），方可上岗从事相应作业。

（1）特种作业人员的考核发证

《建筑施工特种作业人员管理规定》中规定，建筑施工特种作业人员的考核发证工作，由省、自治区、直辖市人民政府建设主管部门或其委托的考核发证机构（以下简称“考核发证机关”）负责组织实施。

考核发证机关应当在办公场所公布建筑施工特种作业人员申请条件、申请程序、工作时限、收费依据和标准等事项。考核发证机关应当在考核前在机关网站或新闻媒体上公布考核科目、考核地点、考核时间和监督电话等事项。

申请从事建筑施工特种作业的人员，应当具备下列基本条件：1）年满18周岁且符合相关工种规定的年龄要求；2）经医院体检合格且无妨碍从事相应特种作业的疾病和生理缺陷；3）初中及以上学历；4）符合相应特种作业需要的其他条件。

建筑施工特种作业人员的考核内容应当包括安全技术理论和实际操作。考核大纲由国务院建设主管部门制定。

考核发证机关应当自考核结束之日起10个工作日内公布考核成绩。考核发证机关对于考核合格的，应当自考核结果公布之日起10个工作日内颁发资格证书；对于考核不合格的，应当通知申请人并说明理由。资格证书应当采用国务院建设主管部门规定的统一样式，由考核发证机关编号后签发。资格证书在全国通用。

住房和城乡建设部《关于建筑施工特种作业人员考核工作的实施意见》（建办质［2008］41号）规定，安全技术理论考核不合格的，不得参加安全操作技能考核。安全技术理论考试和实际操作技能考核均合格的，为考核合格。

首次取得《建筑施工特种作业操作资格证书》的人员实习操作不得少于三个月。实习操作期间，用人单位应当指定专人指导和监督作业。指导人员应当从取得相应特种作业资格证书并从事相关工作3年以上、无不良记录的熟练工中选择。实习操作期满，经用人单位考核合格，方可独立作业。

建筑施工特种作业操作范围：1）建筑电工：在建筑工程施工现场从事临时用电作业；2）建筑架子工（普通脚手架）：在建筑工程施工现场从事落地式脚手架、悬挑式脚手架、模板支架、外电防护架、卸料平台、洞口临边防护等登高架设、维护、拆除作业；3）建筑架子工（附着升降脚手架）：在建筑工程施工现场从事附着式升降脚手架的安装、升降、维护和拆卸作业；4）建筑起重司索信号工：在建筑工程施工现场从事对起吊物体进行绑扎、挂钩等司索作业和起重指挥作业；5）建筑起重机械司机（塔式起重机）：在建筑工程施工现场从事固定式、轨道式和内爬升式塔式起重机的驾驶操作；6）建筑起重机械司机（施工升降机）：在建筑工程施工现场从事施工升降机的驾驶操作；7）建筑起重机械司机（物料提升机）：在建筑工程施工现场从事物料提升机的驾驶操作；8）建筑起重机械安装拆卸工（塔式起重机）：在建筑工程施工现场从事固定式、轨道式和内爬升式塔式起重机的安装、附着、顶升和拆卸作业；9）建筑起重机械安装拆卸工（施工升降机）：在建筑工程施工现场从事施工升降机的安装和拆卸作业；10）建筑起重机械安装拆卸工（物料提升机）：在建筑工程施工现场从事物料提升机的安装和拆卸作业；11）高处作业吊篮安装拆卸工：在建筑工程施工现场从事高处作业吊篮的安装和拆卸作业。

（2）特种作业人员的从业要求

住房和城乡建设部《建筑施工特种作业人员管理规定》中规定，持有资格证书的人员，应当受聘于建筑施工企业或者建筑起重机械出租单位（以下简称用人单位），方可从事相应的特种作业。

用人单位对于首次取得资格证书的人员，应当在其正式上岗前安排不少于3个月的实习操作。建筑施工特种作业人员应当严格按照安全技术标准、规范和规程进行作业，正确佩戴和使用安全防护用品，并按规定对作业工具和设备进行维护保养。建筑施工特种作业人员应当参加年度安全教育培训或者继续教育，每年不得少于24小时。

在施工中发生危及人身安全的紧急情况时，建筑施工特种作业人员有权立即停止作业或者撤离危险区域，并向施工现场专职安全生产管理人员和项目负责人报告。

用人单位应当履行下列职责：1）与持有效资格证书的特种作业人员订立劳动合同；2）制定并落实本单位特种作业安全操作规程和有关安全管理制度；3）书面告知特种作业人员违章操作的危害；4）向特种作业人员提供齐全、合格的安全防护用品和安全的作业条件；5）按规定组织特种作业人员参加年度安全教育培训或者继续教育，培训时间不少于24小时；6）建立本单位特种作业人员管理档案；7）查处特种作业人员违章行为并记录在档；8）法律法规及有关规定明确的其他职责。

任何单位和个人不得非法涂改、倒卖、出租、出借或者以其他形式转让资格证书。建筑施工特种作业人员变动工作单位，任何单位和个人不得以任何理由非法扣押其资格证书。

（3）特种作业人员的延期复核

资格证书有效期为两年。有效期满需要延期的，建筑施工特种作业人员应当于期满前3个月内向原考核发证机关申请办理延期复核手续。延期复核合格的，资格证书有效期延期2年。

建筑施工特种作业人员在资格证书有效期内，有下列情形之一的，延期复核结果为不合格：1）超过相关工种规定年龄要求的；2）身体健康状况不再适应相应特种作业岗位的；3）对生产安全事故负有责任的；4）2年内违章操作记录达3次（含3次）以上的；5）未按规定参加年度安全教育培训或者继续教育的；6）考核发证机关规定的其他情形。

考核发证机关在收到建筑施工特种作业人员提交的延期复核资料后，应当根据以下情况分别作出处理：1）对于属于上述情形之一的，自收到延期复核资料之日起5个工作日内作出不予延期决定，并说明理由；2）对于提交资料齐全且无上述情形的，自受理之日起10个工作日内办理准予延期复核手续，并在证书上注明延期复核合格，并加盖延期复核专用章。考核发证机关逾期未作出决定的，视为延期复核合格。

（4）特种作业人员资格证书的撤销与注销

《建筑施工特种作业人员管理规定》中规定，有下列情形之一的，考核发证机关应当撤销资格证书：1）持证人弄虚作假骗取资格证书或者办理延期复核手续的；2）考核发证机关工作人员违法核发资格证书的；3）考核发证机关规定应当撤销资格证书的其他情形。

有下列情形之一的，考核发证机关应当注销资格证书：1）依法不予延期的；2）持证人逾期未申请办理延期复核手续的；3）持证人死亡或者不具有完全民事行为能力的；4）考核发证机关规定应当注销的其他情形。

（三）施工现场安全生产的管理规定

1. 施工作业人员安全生产权利和义务的规定

《安全生产法》规定，生产经营单位的从业人员有依法获得安全生产保障的权利，并应当依法履行安全生产方面的义务。生产经营单位与从业人员订立的劳动合同，应当载明有关保障从业人员劳动安全、防止职业危害的事项，以及依法为从业人员办理工伤保险的事项。生产经营单位不得以任何形式与从业人员订立协议，免除或者减轻其对从业人员因生产安全事故伤亡依法应承担的责任。

《建筑法》规定，建筑施工企业和作业人员在施工过程中，应当遵守有关安全生产的法律、法规和建筑行业安全规章、规程，不得违背指挥或者违章作业。作业人员有权对影响人身健康的作业程序和作业条件提出改进意见，有权获得安全生产所需的防护用品。作业人员对危及生命安全和人身健康的行为有权提出批评、检举和控告。

（1）施工作业人员依法享有的安全生产保障权利

按照《建筑法》、《安全生产法》、《建设工程安全生产管理条例》等法律、行政法规的规定，施工作业人员主要享有如下的安全生产权利：

① 施工安全生产的知情权和建议权

《安全生产法》规定，生产经营单位的从业人员有权了解其作业场所和工作岗位存在的危险因素、防范措施及事故应急措施，有权对本单位的安全生产工作提出建议。《建筑法》还规定，作业人员有权对影响人身健康的作业程序和作业条件提出改进意见。《建设工程安全生产管理条例》则进一步规定，施工单位应当向作业人员提供安全防护用具和安全防护服装，并书面告知危险岗位的操作规程和违章操作的危害。

② 施工安全防护用品的获得权

《建筑法》规定，作业人员有权获得安全生产所需的防护用品。《安全生产法》还规定，生产经营单位必须为从业人员提供符合国家标准或者行业标准的劳动防护用品，并监督、教育从业人员按照使用规则佩戴、使用。《建设工程安全生产管理条例》进一步规定，施工单位应当向作业人员提供安全防护用具和安全防护服装。

③ 批评、检举、控告权及拒绝违章指挥权

《安全生产法》明确规定，生产经营单位不得因从业人员对本单位安全生产工作提出批评、检举、控告或者拒绝违章指挥、强令冒险作业而降低其工资、福利等待遇或者解除与其订立的劳动合同。

《建筑法》规定，作业人员对危及生命安全和人身健康的行为有权提出批评、检举和控告。《建设工程安全生产管理条例》进一步规定，作业人员有权对施工现场的作业条件、作业程序和作业方式中存在的安全问题提出批评、检举和控告，有权拒绝违章指挥和强令冒险作业。

④ 紧急避险权

《安全生产法》规定，从业人员发现直接危及人身安全的紧急情况时，有权停止作业或者在采取可能的应急措施后撤离作业场所。生产经营单位不得因从业人员在前款紧急情况下停止作业或者采取紧急撤离措施而降低其工资、福利等待遇或者解除与其订立的劳动合同。《建设工程安全生产管理条例》也规定，在施工中发生危及人身安全的紧急情况时，作业人员有权立即停止作业或者在采取必要的应急措施后撤离危险区域。

⑤ 获得工伤保险和意外伤害保险赔偿的权利

《建筑法》规定，建筑施工企业应当依法为职工参加工伤保险缴纳工伤保险费。鼓励企业为从事危险作业的职工办理意外伤害保险，支付保险费。

据此，工伤保险是面向施工企业全体员工的强制性保险。意外伤害保险则是针对施工现场从事危险作业特殊群体的职工，其适用范围是在施工现场从事高处作业、深基坑作业、爆破作业等危险性较大的施工人员。法律鼓励施工企业再为他们办理意外伤害保险，使这部分人员能够比其他职工依法获得更多的权益保障，

⑥ 请求民事赔偿的权利

《安全生产法》规定，因生产安全事故受到损害的从业人员，除依法享有工伤保险外，依照有关民事法律尚有获得赔偿的权利的，有权向本单位提出赔偿要求。

⑦ 依靠工会维权和被派遣劳动者的权利

《安全生产法》规定，生产经营单位的工会依法组织职工参加本单位安全生产工作的民主管理和民主监督，维护职工在安全生产方面的合法权益。生产经营单位制定或者修改有关安全生产的规章制度，应当听取工会的意见。

工会对生产经营单位违反安全生产法律、法规，侵犯从业人员合法权益的行为，有权要求纠正；发现生产经营单位违章指挥、强令冒险作业或者发现事故隐患时，有权提出解决的建议，生产经营单位应当及时研究答复；发现危及从业人员生命安全的情况时，有权向生产经营单位建议组织从业人员撤离危险场所，生产经营单位必须立即作出处理。工会有权依法参加事故调查，向有关部门提出处理意见，并要求追究有关人员的责任。

生产经营单位使用被派遣劳动者的，被派遣劳动者享有本法规定的从业人员的权利。

（2）施工作业人员应当履行的安全生产义务

按照《建筑法》、《安全生产法》、《建设工程安全生产管理条例》等法律、行政法规的规定，施工作业人员主要应当履行如下安全生产义务：

① 守法遵章和正确使用安全防护用具等的义务

《建筑法》规定，建筑施工企业和作业人员在施工过程中，应当遵守有关安全生产的法律、法规和建筑行业安全规章、规程，不得违章指挥或者违章作业。《安全生产法》规定，从业人员在作业过程中，应当严格遵守本单位的安全生产规章制度和操作规程，服从管理，正确佩戴和使用劳动防护用品。《建设工程安全生产管理条例》进一步规定，作业人员应当遵守安全施工的强制性标准、规章制度和操作规程，正确使用安全防护用具、机械设备等。

② 接受安全生产教育培训的义务

《安全生产法》规定，从业人员应当接受安全生产教育和培训，掌握本职工作所需的安全生产知识，提高安全生产技能，增强事故预防和应急处理能力。《建设工程安全生产管理条例》也规定，施工单位应当对管理人员和作业人员每年至少进行一次安全生产教育培训，其教育培训情况记入个人工作档案。安全生产教育培训考核不合格的人员，不得上岗。作业人员进入新的岗位或者新的施工现场前，应当接受安全生产教育培训。未经教育培训或者教育培训考核不合格的人员，不得上岗作业。施工单位在采用新技术、新工艺、新设备、新材料时，应当对作业人员进行相应的安全生产教育培训。

《国务院关于坚持科学发展安全发展促进安全生产形势持续稳定好转的意见》（国发［2011］40号）中规定，企业用工要严格依照劳动合同法与职工签订劳动合同，职工必须全部经培训合格后上岗。《国务院安委会关于进一步加强安全培训工作的决定》（安委

［2012］10号）进一步规定，严格落实“三项岗位”人员持证上岗和从业人员先培训后上岗制度，健全安全培训档案。劳务派遣单位要加强劳务派遣工基本安全知识培训，劳务使用单位要确保劳务派遣工与本企业职工接受同等安全培训。

③ 施工安全事故隐患报告的义务

施工安全事故通常都是由事故隐患或者其他不安全因素所酿成。因此，施工作业人员一旦发现事故隐患或者其他不安全因素，应当立即报告，以便及时采取措施，防患于未然。

《安全生产法》规定，从业人员发现事故隐患或者其他不安全因素，应当立即向现场安全生产管理人员或者本单位负责人报告；接到报告的人员应当及时予以处理。

④ 被派遣劳动者的义务

《安全生产法》规定，生产经营单位使用被派遣劳动者的，被派遣劳动者应当履行本法规定的从业人员的义务。

2. 安全技术措施、专项施工方案和安全技术交底的规定

（1）制定安全技术措施

《建筑法》规定，建筑施工企业在编制施工组织设计时，应当根据建筑工程的特点制定相应的安全技术措施；对专业性较强的工程项目，应当编制专项安全施工组织设计，并采取安全技术措施。《建设工程安全生产管理条例》进一步规定，施工单位应当在施工组织设计中编制安全技术措施和施工现场临时用电方案。

安全技术措施可分为防止事故发生的安全技术措施和减少事故损失的安全技术措施，通常包括：根据基坑、地下室深度和地质资料，保证土石方边坡稳定的措施；脚手架、吊篮、安全网、各类洞口防止人员坠落的技术措施；外用电梯、井架以及塔吊等垂直运输机具的拉结要求及防倒塌的措施；安全用电和机电防短路、防触电的措施；有毒有害、易燃易爆作业的技术措施；施工现场周围通行道路及居民防护隔离等措施。

施工现场临时用电方案，用以防止施工现场人员触电和电气火灾事故发生。《施工现场临时用电安全技术规范》JGJ 46—2005规定，施工现场临时用电设备在5台及以上或设备总容量在50kW及以上者，应编制用电组织设计。施工现场临时用电组织设计应包括下列内容：1）现场勘测；2）确定电源进线、变电所或配电室、配电装置、用电设备位置及线路走向；3）进行负荷计算；4）选择变压器；5）设计配电系统；6）设计防雷装置；7）确定防护措施；8）制定安全用电措施和电气防火措施。施工现场临时用电设备在5台以下或设备总容量在50kW以下者，应制定安全用电和电气防火措施。

（2）编制专项施工方案

《建设工程安全生产管理条例》规定，对下列达到一定规模的危险性较大的分部分项工程编制专项施工方案，并附具安全验算结果，经施工单位技术负责人、总监理工程师签字后实施，由专职安全生产管理人员进行现场监督：1）基坑支护与降水工程；2）土方开挖工程；3）模板工程；4）起重吊装工程；5）脚手架工程；6）拆除、爆破工程；7）国务院建设行政主管部门或者其他有关部门规定的其他危险性较大的工程。对以上所列工程中涉及深基坑、地下暗挖工程、高大模板工程的专项施工方案，施工单位还应当组织专家进行论证、审查。

住房和城乡建设部《危险性较大的分部分项工程安全管理办法》(建质［2009］87 号) 进一步规定，危险性较大的分部分项工程范围如下。

1) 基坑支护、降水工程

开挖深度超过 3m（含 3m）或虽未超过 3m 但地质条件和周边环境复杂的基坑（槽）支护、降水工程。

2) 土方开挖工程

开挖深度超过 3m（含 3m）的基坑（槽）的土方开挖工程。

3) 模板工程及支撑体系

① 各类工具式模板工程：包括大模板、滑模、爬模、飞模等工程。

② 混凝土模板支撑工程：搭设高度 5m 及以上；搭设跨度 10m 及以上；施工总荷载 $10kN/m^2$ 及以上；集中线荷载 $15kN/m^2$ 及以上；高度大于支撑水平投影宽度且相对独立无联系构件的混凝土模板支撑工程。

③ 承重支撑体系：用于钢结构安装等满堂支撑体系。

4) 起重吊装及安装拆卸工程

① 采用非常规起重设备、方法，且单件起吊重量在 10kN 及以上的起重吊装工程。

② 采用起重机械进行安装的工程。

③ 起重机械设备自身的安装、拆卸。

5) 脚手架工程

① 搭设高度 24m 及以上的落地式钢管脚手架工程。

② 附着式整体和分片提升脚手架工程。

③ 悬挑式脚手架工程

④ 吊篮脚手架工程。

⑤ 自制卸料平台、移动操作平台工程。

⑥ 新型及异型脚手架工程。

6) 拆除、爆破工程

① 建筑物、构筑物拆除工程。

② 采用爆破拆除的工程。

7) 其他

① 建筑幕墙安装工程。

② 钢结构、网架和索膜结构安装工程。

③ 人工挖扩孔桩工程。

④ 地下暗挖、顶管及水下作业工程。

⑤ 预应力工程。

⑥ 采用新技术、新工艺、新材料、新设备及尚无相关技术标准的危险性较大的分部分项工程。

超过一定规模的危险性较大的分部分项工程范围

1) 深基坑工程

① 开挖深度超过 5m（含 5m）的基坑（槽）的土方开挖、支护、降水工程。

② 开挖深度虽未超过 5m，但地质条件、周围环境和地下管线复杂，或影响毗邻建筑（构筑）物安全的基坑（槽）的土方开挖、支护、降水工程。

2）模板工程及支撑体系

① 工具式模板工程：包括滑模、爬模、飞模工程。

② 混凝土模板支撑工程：搭设高度 8m 及以上；搭设跨度 18m 及以上，施工总荷载 $15kN/m^2$ 及以上；集中线荷载 $20kN/m^2$ 及以上。

③ 承重支撑体系：用于钢结构安装等满堂支撑体系，承受单点集中荷载 700kg 以上。

3）起重吊装及安装拆卸工程

① 采用非常规起重设备、方法，且单件起吊重量在 100kN 及以上的起重吊装工程。

② 起重量 300kN 及以上的起重设备安装工程；高度 200m 及以上内爬起重设备的拆除工程。

4）脚手架工程

① 搭设高度 50m 及以上落地式钢管脚手架工程。

② 提升高度 150m 及以上附着式整体和分片提升脚手架工程。

③ 架体高度 20m 及以上悬挑式脚手架工程。

5）拆除、爆破工程

① 采用爆破拆除的工程。

② 码头、桥梁、高架、烟囱、水塔或拆除中容易引起有毒有害气（液）体或粉尘扩散、易燃易爆事故发生的特殊建、构筑物的拆除工程。

③ 可能影响行人、交通、电力设施、通信设施或其他建、构筑物安全的拆除工程。

④ 文物保护建筑、优秀历史建筑或历史文化风貌区控制范围的拆除工程。

6）其他

① 施工高度 50m 及以上的建筑幕墙安装工程。

② 跨度大于 36m 及以上的钢结构安装工程；跨度大于 60m 及以上的网架和索膜结构安装工程。

③ 开挖深度超过 16m 的人工挖孔桩工程。

④ 地下暗挖工程、顶管工程、水下作业工程。

⑤ 采用新技术、新工艺、新材料、新设备及尚无相关技术标准的危险性较大的分部分项工程。

专家论证审查：1）建筑施工企业应当组织不少于 5 人且人数为单数的专家组，对已编制的安全专项施工方案进行论证审查。2）安全专项施工方案专家组必须提出书面论证审查报告，施工企业应根据论证审查报告进行完善，施工企业技术负责人、总监理工程师签字后，方可实施。3）专家组书面论证审查报告应作为安全专项施工方案的附件，在实施过程中，施工企业应严格按照安全专项方案组织施工。

（3）安全技术交底

《建设工程安全生产管理条例》规定，建设工程施工前，施工单位负责项目管理的技术人员应当对有关安全施工的技术要求向施工作业班组、作业人员作出详细说明，并由双方签字确认。

3. 危险性较大的分部分项工程安全管理的规定

住房和城乡建设部《危险性较大的分部分项工程安全管理办法》(建质［2009］87号)规定，危险性较大的分部分项工程是指建筑工程在施工过程中存在的、可能导致作业人员群死群伤或造成重大不良社会影响的分部分项工程。

危险性较大的分部分项工程安全专项施工方案（以下简称“专项方案”)，是指施工单位在编制施工组织（总）设计的基础上，针对危险性较大的分部分项工程单独编制的安全技术措施文件。

(1）危险性较大的分部分项工程范围

危险性较大的分项工程范围：1）基坑支护、降水工程。开挖深度超过3m（含3m）或虽未超过3m但地质条件和周边环境复杂的基坑（槽）支护、降水工程。2）土方开挖工程。开挖深度超过3m（含3m）的基坑（槽）的土方开挖工程。3）模板工程及支撑体系。a. 各类工具式模板工程：包括大模板、滑模、爬模、飞模等工程。b. 混凝土模板支撑工程：搭设高度5m及以上；搭设跨度10m及以上；施工总荷载10kN/m^{2}及以上；集中线荷载15kN/m及以上；高度大于支撑水平投影宽度且相对独立无联系构件的混凝土模板支撑工程。c. 承重支撑体系：用于钢结构安装等满堂支撑体系。4）起重吊装及安装拆卸工程。a. 采用非常规起重设备、方法，且单件起吊重量在10kN及以上的起重吊装工程。b. 采用起重机械进行安装的工程。c. 起重机械设备自身的安装、拆卸。5）脚手架工程。a. 搭设高度24m及以上的落地式钢管脚手架工程。b. 附着式整体和分片提升脚手架工程。c. 悬挑式脚手架工程。d. 吊篮脚手架工程。e. 自制卸料平台、移动操作平台工程。f. 新型及异型脚手架工程。6）拆除、爆破工程。a. 建筑物、构筑物拆除工程。b. 采用爆破拆除的工程。7）其他。a. 建筑幕墙安装工程。b. 钢结构、网架和索膜结构安装工程。c. 人工挖扩孔桩工程。d. 地下暗挖、顶管及水下作业工程。e. 预应力工程。f. 采用新技术、新工艺、新材料、新设备及尚无相关技术标准的危险性较大的分部分项工程。

超过一定规模的危险性较大的分部分项工程范围：1）深基坑工程。a. 开挖深度超过5m（含5m）的基坑（槽）的土方开挖、支护、降水工程。b. 开挖深度虽未超过5m，但地质条件、周围环境和地下管线复杂，或影响毗邻建筑（构筑）物安全的基坑（槽）的土方开挖、支护、降水工程。2）模板工程及支撑体系。a. 工具式模板工程：包括滑模、爬模、飞模工程。b. 混凝土模板支撑工程：搭设高度8m及以上；搭设跨度18m及以上；施工总荷载15kN/m^{2}及以上；集中线荷载20kN/m及以上。c. 承重支撑体系：用于钢结构安装等满堂支撑体系，承受单点集中荷载700kg以上。3）起重吊装及安装拆卸工程。a. 采用非常规起重设备、方法，且单件起吊重量在100kN及以上的起重吊装工程。b. 起重量300kN及以上的起重设备安装工程；高度200m及以上内爬起重设备的拆除工程。4）脚手架工程。a. 搭设高度50m及以上落地式钢管脚手架工程。b. 提升高度150m及以上附着式整体和分片提升脚手架工程。c. 架体高度20m及以上悬挑式脚手架工程。5）拆除、爆破工程。a. 采用爆破拆除的工程。b. 码头、桥梁、高架、烟囱、水塔或拆除中容易引起有毒有害气（液）体或粉尘扩散、易燃易爆事故发生的特殊建、构筑物的拆除工程。c. 可能影响行人、交通、电力设施、通信设施或其他建、构筑物安全的拆除工程。d. 文物保护建筑、优秀历史建筑或历史文化风貌区控制范围的拆除工程。6）其他。a. 施工高度50m及以上的建筑幕墙安装工程。b. 跨度大于36m及以上的钢结构安装工程；跨度大于60m及以上的网架和索膜结构安装工程。c. 开挖深度超过16m的人工挖孔桩工程。d. 地下暗挖工程、顶管工程、水下作业工程。e. 采用新技术、新工艺、新材料、新设备及尚无相关技术标准的危险性较大的分部分项工程。

（2）安全专项施工方案的编制

建设单位在申请领取施工许可证或办理安全监督手续时，应当提供危险性较大的分部分项工程清单和安全管理措施。施工单位、监理单位应当建立危险性较大的分部分项工程安全管理制度。

施工单位应当在危险性较大的分部分项工程施工前编制专项方案；对于超过一定规模的危险性较大的分部分项工程，施工单位应当组织专家对专项方案进行论证。建筑工程实行施工总承包的，专项方案应当由施工总承包单位组织编制。其中，起重机械安装拆卸工程、深基坑工程、附着式升降脚手架等专业工程实行分包的，其专项方案可由专业承包单位组织编制。

专项方案编制应当包括以下内容：1）工程概况：危险性较大的分部分项工程概况、施工平面布置、施工要求和技术保证条件。2）编制依据：相关法律、法规、规范性文件、标准、规范及图纸（国标图集）、施工组织设计等。3）施工计划：包括施工进度计划、材料与设备计划。4）施工工艺技术：技术参数、工艺流程、施工方法、检查验收等。5）施工安全保证措施：组织保障、技术措施、应急预案、监测监控等。6）劳动力计划：专职安全生产管理人员、特种作业人员等。7）计算书及相关图纸。

（3）安全专项施工方案的审核和论证

专项方案应当由施工单位技术部门组织本单位施工技术、安全、质量等部门的专业技术人员进行审核。经审核合格的，由施工单位技术负责人签字。实行施工总承包的，专项方案应当由总承包单位技术负责人及相关专业承包单位技术负责人签字。不需专家论证的专项方案，经施工单位审核合格后报监理单位，由项目总监理工程师审核签字。

超过一定规模的危险性较大的分部分项工程专项方案应当由施工单位组织召开专家论证会。实行施工总承包的，由施工总承包单位组织召开专家论证会。下列人员应当参加专家论证会：1）专家组成员；2）建设单位项目负责人或技术负责人；3）监理单位项目总监理工程师及相关人员；4）施工单位分管安全的负责人、技术负责人、项目负责人、项目技术负责人、专项方案编制人员、项目专职安全生产管理人员；5）勘察、设计单位项目技术负责人及相关人员。专家组成员应当由5名及以上且人数为单数符合相关专业要求的专家组成。本项目参建各方的人员不得以专家身份参加专家论证会。

专家论证的主要内容：1）专项方案内容是否完整、可行；2）专项方案计算书和验算依据是否符合有关标准规范；3）安全施工的基本条件是否满足现场实际情况。专项方案经论证后，专家组应当提交论证报告，对论证的内容提出明确的意见，并在论证报告上签字。该报告作为专项方案修改完善的指导意见。

施工单位应当根据论证报告修改完善专项方案，并经施工单位技术负责人、项目总监理工程师、建设单位项目负责人签字后，方可组织实施。实行施工总承包的，应当由施工总承包单位、相关专业承包单位技术负责人签字。专项方案经论证后需做重大修改的，施工单位应当按照论证报告修改，并重新组织专家进行论证。

施工单位应当严格按照专项方案组织施工，不得擅自修改、调整专项方案。如因设计、结构、外部环境等因素发生变化确需修改的，修改后的专项方案应当按规定重新审核。对于超过一定规模的危险性较大工程的专项方案，施工单位应当重新组织专家进行论证。

(4) 安全专项施工方案的实施

专项方案实施前，编制人员或项目技术负责人应当向现场管理人员和作业人员进行安全技术交底。

施工单位应当指定专人对专项方案实施情况进行现场监督和按规定进行监测。发现不按照专项方案施工的，应当要求其立即整改；发现有危及人身安全紧急情况的，应当立即组织作业人员撤离危险区域。施工单位技术负责人应当定期巡查专项方案实施情况。

对于按规定需要验收的危险性较大的分部分项工程，施工单位、监理单位应当组织有关人员进行验收。验收合格的，经施工单位项目技术负责人及项目总监理工程师签字后，方可进入下一道工序。

监理单位应当将危险性较大的分部分项工程列入监理规划和监理实施细则，应当针对工程特点、周边环境和施工工艺等，制定安全监理工作流程、方法和措施。监理单位应当对专项方案实施情况进行现场监理；对不按专项方案实施的，应当责令整改，施工单位拒不整改的，应当及时向建设单位报告；建设单位接到监理单位报告后，应当立即责令施工单位停工整改；施工单位仍不停工整改的，建设单位应当及时向住房城乡建设主管部门报告。

建设单位未按规定提供危险性较大的分部分项工程清单和安全管理措施，未责令施工单位停工整改的，未向住房城乡建设主管部门报告的；施工单位未按规定编制、实施专项方案的；监理单位未按规定审核专项方案或未对危险性较大的分部分项工程实施监理的；住房城乡建设主管部门应当依据有关法律法规予以处罚。

4. 建筑起重机械安全监督管理的规定

《建设工程安全生产管理条例》规定，施工单位采购、租赁的安全防护用具、机械设备、施工机具及配件，应当具有生产（制造）许可证、产品合格证，并在进入施工现场前进行查验。施工现场的安全防护用具、机械设备、施工机具及配件必须由专人管理，定期进行检查、维修和保养，建立相应的资料档案，并按照国家有关规定及时报废。

施工单位在使用施工起重机械和整体提升脚手架、模板等自升式架设设施前，应当组织有关单位进行验收，也可以委托具有相应资质的检验检测机构进行验收；使用承租的机械设备和施工机具及配件的，由施工总承包单位、分包单位、出租单位和安装单位共同进行验收。验收合格的方可使用。

(1) 建筑起重机械的出租和使用

建设部《建筑起重机械安全监督管理规定》（建设部令第166号）规定，建筑起重机械，是指纳入特种设备目录，在房屋建筑工地和市政工程工地安装、拆卸、使用的起重机械。

出租单位出租的建筑起重机械和使用单位购置、租赁、使用的建筑起重机械应当具有特种设备制造许可证、产品合格证、制造监督检验证明。出租单位应当在签订的建筑起重机械租赁合同中，明确租赁双方的安全责任，并出具建筑起重机械特种设备制造许可证、产品合格证、制造监督检验证明、备案证明和自检合格证明，提交安装使用说明书。

有下列情形之一的建筑起重机械，不得出租、使用：1）属国家明令淘汰或者禁止使用的；2）超过安全技术标准或者制造厂家规定的使用年限的；3）经检验达不到安全技术标准规定的；4）没有完整安全技术档案的；5）没有齐全有效的安全保护装置的。建筑起重机械有以上第1）、2）、3）项情形之一的，出租单位或者自购建筑起重机械的使用单位应当予以报废，并向原备案机关办理注销手续。

（2）建筑起重机械的安全技术档案

出租单位、自购建筑起重机械的使用单位，应当建立建筑起重机械安全技术档案。

建筑起重机械安全技术档案应当包括以下资料：1）购销合同、制造许可证、产品合格证、制造监督检验证明、安装使用说明书、备案证明等原始资料；2）定期检验报告、定期自行检查记录、定期维护保养记录、维修和技术改造记录、运行故障和生产安全事故记录、累计运转记录等运行资料；3）历次安装验收资料。

（3）建筑起重机械的安装与拆卸

从事建筑起重机械安装、拆卸活动的单位（以下简称安装单位）应当依法取得建设主管部门颁发的相应资质和建筑施工企业安全生产许可证，并在其资质许可范围内承揽建筑起重机械安装、拆卸工程。

建筑起重机械使用单位和安装单位应当在签订的建筑起重机械安装、拆卸合同中明确双方的安全生产责任。实行施工总承包的，施工总承包单位应当与安装单位签订建筑起重机械安装、拆卸工程安全协议书。

安装单位应当履行下列安全职责：1）按照安全技术标准及建筑起重机械性能要求，编制建筑起重机械安装、拆卸工程专项施工方案，并由本单位技术负责人签字；2）按照安全技术标准及安装使用说明书等检查建筑起重机械及现场施工条件；3）组织安全施工技术交底并签字确认；4）制定建筑起重机械安装、拆卸工程生产安全事故应急救援预案；5）将建筑起重机械安装、拆卸工程专项施工方案，安装、拆卸人员名单，安装、拆卸时间等材料报施工总承包单位和监理单位审核后，告知工程所在地县级以上地方人民政府建设主管部门。

安装单位应当按照建筑起重机械安装、拆卸工程专项施工方案及安全操作规程组织安装、拆卸作业。安装单位的专业技术人员、专职安全生产管理人员应当进行现场监督，技术负责人应当定期巡查。建筑起重机械安装完毕后，安装单位应当按照安全技术标准及安装使用说明书的有关要求对建筑起重机械进行自检、调试和试运转。自检合格的，应当出具自检合格证明，并向使用单位进行安全使用说明。

安装单位应当建立建筑起重机械安装、拆卸工程档案，包括以下资料：1）安装、拆卸合同及安全协议书；2）安装、拆卸工程专项施工方案；3）安全施工技术交底的有关资料；4）安装工程验收资料；5）安装、拆卸工程生产安全事故应急救援预案。

（4）建筑起重机械安装的验收

建筑起重机械安装完毕后，使用单位应当组织出租、安装、监理等有关单位进行验收，或者委托具有相应资质的检验检测机构进行验收。建筑起重机械经验收合格后方可投入使用，未经验收或者验收不合格的不得使用。实行施工总承包的，由施工总承包单位组织验收。建筑起重机械在验收前应当经有相应资质的检验检测机构监督检验合格。

使用单位应当自建筑起重机械安装验收合格之日起30日内，将建筑起重机械安装验收资料、建筑起重机械安全管理制度、特种作业人员名单等，向工程所在地县级以上地方人民政府建设主管部门办理建筑起重机械使用登记。登记标志置于或者附着于该设备的显著位置。

（5）建筑起重机械使用单位的职责

使用单位应当履行下列安全职责：1）根据不同施工阶段、周围环境以及季节、气候的变化，对建筑起重机械采取相应的安全防护措施；2）制定建筑起重机械生产安全事故应急救援预案；3）在建筑起重机械活动范围内设置明显的安全警示标志，对集中作业区做好安全防护；4）设置相应的设备管理机构或者配备专职的设备管理人员；5）指定专职设备管理人员、专职安全生产管理人员进行现场监督检查；6）建筑起重机械出现故障或者发生异常情况的，立即停止使用，消除故障和事故隐患后，方可重新投入使用。

使用单位应当对在用的建筑起重机械及其安全保护装置、吊具、索具等进行经常性和定期的检查、维护和保养，并做好记录。使用单位在建筑起重机械租期结束后，应当将定期检查、维护和保养记录移交出租单位。建筑起重机械租赁合同对建筑起重机械的检查、维护、保养另有约定的，从其约定。

建筑起重机械在使用过程中需要附着的，使用单位应当委托原安装单位或者具有相应资质的安装单位按照专项施工方案实施，并按照规定组织验收。验收合格后方可投入使用。建筑起重机械在使用过程中需要顶升的，使用单位委托原安装单位或者具有相应资质的安装单位按照专项施工方案实施后，即可投入使用。禁止擅自在建筑起重机械上安装非原制造厂制造的标准节和附着装置。

施工总承包单位应当履行下列安全职责：1）向安装单位提供拟安装设备位置的基础施工资料，确保建筑起重机械进场安装、拆卸所需的施工条件；2）审核建筑起重机械的特种设备制造许可证、产品合格证、制造监督检验证明、备案证明等文件；3）审核安装单位、使用单位的资质证书、安全生产许可证和特种作业人员的特种作业操作资格证书；4）审核安装单位制定的建筑起重机械安装、拆卸工程专项施工方案和生产安全事故应急救援预案；5）审核使用单位制定的建筑起重机械生产安全事故应急救援预案；6）指定专职安全生产管理人员监督检查建筑起重机械安装、拆卸、使用情况；7）施工现场有多台塔式起重机作业时，应当组织制定并实施防止塔式起重机相互碰撞的安全措施。

依法发包给两个及两个以上施工单位的工程，不同施工单位在同一施工现场使用多台塔式起重机作业时，建设单位应当协调组织制定防止塔式起重机相互碰撞的安全措施。安装单位、使用单位拒不整改生产安全事故隐患的，建设单位接到监理单位报告后，应当责令安装单位、使用单位立即停工整改。

建筑起重机械特种作业人员应当遵守建筑起重机械安全操作规程和安全管理制度，在作业中有权拒绝违章指挥和强令冒险作业，有权在发生危及人身安全的紧急情况时立即停止作业或者采取必要的应急措施后撤离危险区域。

建筑起重机械安装拆卸工、起重信号工、起重司机、司索工等特种作业人员应当经建设主管部门考核合格，并取得特种作业操作资格证书后，方可上岗作业。

（6）建筑起重机械的备案登记

住房和城乡建设部《建筑起重机械备案登记办法》（建质［2008］76号）规定，建筑起重机械出租单位或者自购建筑起重机械使用单位（以下简称“产权单位”）在建筑起重机械首次出租或安装前，应当向本单位工商注册所在地县级以上地方人民政府建设主管部门（以下简称“设备备案机关”）办理备案。

产权单位在办理备案手续时，应当向设备备案机关提交以下资料：1）产权单位法人营业执照副本；2）特种设备制造许可证；3）产品合格证；4）制造监督检验证明；5）建筑起重机械设备购销合同、发票或相应有效凭证；6）设备备案机关规定的其他资料。所有资料复印件应当加盖产权单位公章。

设备备案机关应当自收到产权单位提交的备案资料之日起7个工作日内，对符合备案条件且资料齐全的建筑起重机械进行编号，向产权单位核发建筑起重机械备案证明。有下列情形之一的建筑起重机械，设备备案机关不予备案，并通知产权单位：1）属国家和地方明令淘汰或者禁止使用的；2）超过制造厂家或者安全技术标准规定的使用年限的；3）经检验达不到安全技术标准规定的。

起重机械产权单位变更时，原产权单位应当持建筑起重机械备案证明到设备备案机关办理备案注销手续。设备备案机关应当收回其建筑起重机械备案证明。原产权单位应当将建筑起重机械的安全技术档案移交给现产权单位。现产权单位应当按照本办法办理建筑起重机械备案手续。

从事建筑起重机械安装、拆卸活动的单位（以下简称“安装单位”）办理建筑起重机械安装（拆卸）告知手续前，应当将以下资料报送施工总承包单位、监理单位审核：1）建筑起重机械备案证明；2）安装单位资质证书、安全生产许可证副本；3）安装单位特种作业人员证书；4）建筑起重机械安装（拆卸）工程专项施工方案；5）安装单位与使用单位签订的安装（拆卸）合同及安装单位与施工总承包单位签订的安全协议书；6）安装单位负责建筑起重机械安装（拆卸）工程专职安全生产管理人员、专业技术人员名单；7）建筑起重机械安装（拆卸）工程生产安全事故应急救援预案；8）辅助起重机械资料及其特种作业人员证书；9）施工总承包单位、监理单位要求的其他资料。施工总承包单位、监理单位应当在收到安装单位提交的齐全有效的资料之日起2个工作日内审核完毕并签署意见。

安装单位应当在建筑起重机械安装（拆卸）前2个工作日内通过书面形式、传真或者计算机信息系统告知工程所在地县级以上地方人民政府建设主管部门，同时按规定提交经施工总承包单位、监理单位审核合格的有关资料。

建筑起重机械使用单位在建筑起重机械安装验收合格之日起30日内，向工程所在地县级以上地方人民政府建设主管部门（以下简称“使用登记机关”）办理使用登记。使用单位在办理建筑起重机械使用登记时，应当向使用登记机关提交下列资料：1）建筑起重机械备案证明；2）建筑起重机械租赁合同；3）建筑起重机械检验检测报告和安装验收资料；4）使用单位特种作业人员资格证书；5）建筑起重机械维护保养等管理制度；6）建筑起重机械生产安全事故应急救援预案；7）使用登记机关规定的其他资料。

使用登记机关应当自收到使用单位提交的资料之日起7个工作日内，对于符合登记条件且资料齐全的建筑起重机械核发建筑起重机械使用登记证明。有下列情形之一的建筑起重机械，使用登记机关不予使用登记并有权责令使用单位立即停止使用或者拆除：1）属于不予备案情形之一的；2）未经检验检测或者经检验检测不合格的；3）未经安装验收或者经安装验收不合格的。

（7）违法行为应承担的主要法律责任

《建设工程安全生产管理条例》规定，施工单位有下列行为之一的，责令限期改正；逾期未改正的，责令停业整顿，并处10万元以上30万元以下的罚款；情节严重的，降低资质等级，直至吊销资质证书；造成重大安全事故，构成犯罪的，对直接责任人员，依照刑法有关规定追究刑事责任；造成损失的，依法承担赔偿责任：1）安全防护用具、机械设备、施工机具及配件在进入施工现场前未经查验或者查验不合格即投入使用的；2）使用未经验收或者验收不合格的施工起重机械和整体提升脚手架、模板等自升式架设设施的；3）委托不具有相应资质的单位承担施工现场安装、拆卸施工起重机械和整体提升脚手架、模板等自升式架设设施的；4）在施工组织设计中未编制安全技术措施、施工现场临时用电方案或者专项施工方案的。

《建筑起重机械安全监督管理规定》规定，出租单位、自购建筑起重机械的使用单位，有下列行为之一的，由县级以上地方人民政府建设主管部门责令限期改正，予以警告，并处以5000元以上1万元以下罚款：1）未按照规定办理备案的；2）未按照规定办理注销手续的；3）未按照规定建立建筑起重机械安全技术档案的。

安装单位有下列行为之一的，由县级以上地方人民政府建设主管部门责令限期改正，予以警告，并处以5000元以上3万元以下罚款：1）未履行安装单位第2）、4）、5）项安全职责的；2）未按照规定建立建筑起重机械安装、拆卸工程档案的；3）未按照建筑起重机械安装、拆卸工程专项施工方案及安全操作规程组织安装、拆卸作业的。

使用单位有下列行为之一的，由县级以上地方人民政府建设主管部门责令限期改正，予以警告，并处以5000元以上3万元以下罚款：1）未履行使用单位第1）、2）、4）、6）项安全职责的；2）未指定专职设备管理人员进行现场监督检查的；3）擅自在建筑起重机械上安装非原制造厂制造的标准节和附着装置的。

施工总承包单位未履行施工总承包单位第1）、3）、4）、5）、7）项安全职责的，由县级以上地方人民政府建设主管部门责令限期改正，予以警告，并处以5000元以上3万元以下罚款。

5. 高大模板支撑系统施工安全监督管理的规定

住房和城乡建设部《建设工程高大模板支撑系统施工安全监督管理导则》（建质［2009］254号）规定，高大模板支撑系统是指建设工程施工现场混凝土构件模板支撑高度超过8m，或搭设跨度超过18m，或施工总荷载大于15kN/m^2，或集中线荷载大于

20kN/m 的模板支撑系统。

高大模板支撑系统施工应严格遵循安全技术规范和专项方案规定，严密组织，责任落实，确保施工过程的安全。

（1）专项施工方案

施工单位应依据国家现行相关标准规范，由项目技术负责人组织相关专业技术人员，结合工程实际，编制高大模板支撑系统的专项施工方案。专项施工方案应当包括以下内容：1）编制说明及依据：相关法律、法规、规范性文件、标准、规范及图纸（国标图集）、施工组织设计等。2）工程概况：高大模板工程特点、施工平面及立面布置、施工要求和技术保证条件，具体明确支模区域、支模标高、高度、支模范围内的梁截面尺寸、跨度、板厚、支撑的地基情况等。3）施工计划：施工进度计划、材料与设备计划等。4）施工工艺技术：高大模板支撑系统的基础处理、主要搭设方法、工艺要求、材料的力学性能指标、构造设置以及检查、验收要求等。5）施工安全保证措施：模板支撑体系搭设及混凝土浇筑区域管理人员组织机构、施工技术措施、模板安装和拆除的安全技术措施、施工应急救援预案，模板支撑系统在搭设、钢筋安装、混凝土浇捣过程中及混凝土终凝前后模板支撑体系位移的监测监控措施等。6）劳动力计划：包括专职安全生产管理人员、特种作业人员的配置等。7）计算书及相关图纸：验算项目及计算内容包括模板、模板支撑系统的主要结构强度和截面特征及各项荷载设计值及荷载组合，梁、板模板支撑系统的强度和刚度计算，梁板下立杆稳定性计算，立杆基础承载力验算，支撑系统支撑层承载力验算，转换层下支撑层承载力验算等。每项计算列出计算简图和截面构造大样图，注明材料尺寸、规格、纵横支撑间距。

附图包括支模区域立杆、纵横水平杆平面布置图，支撑系统立面图、剖面图，水平剪刀撑布置平面图及竖向剪刀撑布置投影图，梁板支模大样图，支撑体系监测平面布置图及连墙件布设位置及节点大样图等。

高大模板支撑系统专项施工方案，应先由施工单位技术部门组织本单位施工技术、安全、质量等部门的专业技术人员进行审核，经施工单位技术负责人签字后，再按照相关规定组织专家论证。下列人员应参加专家论证会：1）专家组成员；2）建设单位项目负责人或技术负责人；3）监理单位项目总监理工程师及相关人员；4）施工单位分管安全的负责人、技术负责人、项目负责人、项目技术负责人、专项方案编制人员、项目专职安全管理人员；5）勘察、设计单位项目技术负责人及相关人员。

专家组成员应当由 5 名及以上且人数为单数符合相关专业要求的专家组成。本项目参建各方的人员不得以专家身份参加专家论证会。专家论证的主要内容包括：1）方案是否依据施工现场的实际施工条件编制；方案、构造、计算是否完整、可行；2）方案计算书、验算依据是否符合有关标准规范；3）安全施工的基本条件是否符合现场实际情况。

施工单位根据专家组的论证报告，对专项施工方案进行修改完善，并经施工单位技术负责人、项目总监理工程师、建设单位项目负责人批准签字后，方可组织实施。

（2）验收管理

高大模板支撑系统搭设前，应由项目技术负责人组织对需要处理或加固的地基、基础进行验收，并留存记录。

高大模板支撑系统的结构材料应按以下要求进行验收、抽检和检测，并留存记录、资料：1）施工单位应对进场的承重杆件、连接件等材料的产品合格证、生产许可证、检测报告进行复核，并对其表面观感、重量等物理指标进行抽检。2）对承重杆件的外观抽检数量不得低于搭设用量的30%，发现质量不符合标准、情况严重的，要进行100%的检验，并随机抽取外观检验不合格的材料（由监理见证取样）送法定专业检测机构进行检测。3）采用钢管扣件搭设高大模板支撑系统时，还应对扣件螺栓的紧固力矩进行抽查，抽查数量应符合《建筑施工扣件式钢管脚手架安全技术规范》JGJ 130—2011的规定，对梁底扣件应进行100%检查。

高大模板支撑系统应在搭设完成后，由项目负责人组织验收，验收人员应包括施工单位和项目两级技术人员、项目安全、质量、施工人员，监理单位的总监和专业监理工程师。验收合格，经施工单位项目技术负责人及项目总监理工程师签字后，方可进入后续工序的施工。

（3）施工管理

高大模板支撑系统应优先选用技术成熟的定型化、工具式支撑体系。搭设高大模板支撑架体的作业人员必须经过培训，取得建筑施工脚手架特种作业操作资格证书后方可上岗。其他相关施工人员应掌握相应的专业知识和技能。

高大模板支撑系统搭设前，项目工程技术负责人或方案编制人员应当根据专项施工方案和有关规范、标准的要求，对现场管理人员、操作班组、作业人员进行安全技术交底，并履行签字手续。安全技术交底的内容应包括模板支撑工程工艺、工序、作业要点和搭设安全技术要求等内容，并保留记录。作业人员应严格按规范、专项施工方案和安全技术交底书的要求进行操作，并正确佩戴相应的劳动防护用品。

高大模板支撑系统的地基承载力、沉降等应能满足方案设计要求。如遇松软土、回填土，应根据设计要求进行平整、夯实，并采取防水、排水措施，按规定在模板支撑立柱底部采用具有足够强度和刚度的垫板。对于高大模板支撑体系，其高度与宽度相比大于两倍的独立支撑系统，应加设保证整体稳定的构造措施。高大模板工程搭设的构造要求应当符合相关技术规范要求，支撑系统立柱接长严禁搭接；应设置扫地杆、纵横向支撑及水平垂直剪刀撑，并与主体结构的墙、柱牢固拉接。搭设高度2m以上的支撑架体应设置作业人员登高措施。作业面应按有关规定设置安全防护设施。

模板支撑系统应为独立的系统，禁止与物料提升机、施工升降机、塔吊等起重设备钢结构架体机身及其附着设施相连接；禁止与施工脚手架、物料周转料平台等架体相连接。模板、钢筋及其他材料等施工荷载应均匀堆置，放平放稳。施工总荷载不得超过模板支撑系统设计荷载要求。模板支撑系统在使用过程中，立柱底部不得松动悬空，不得任意拆除任何杆件，不得松动扣件，也不得用作缆风绳的拉接。

施工过程中检查项目应符合下列要求：1）立柱底部基础应回填夯实；2）垫木应满足设计要求；3）底座位置应正确，顶托螺杆伸出长度应符合规定；4）立柱的规格尺寸和垂直度应符合要求，不得出现偏心荷载；5）扫地杆、水平拉杆、剪刀撑等设置应符合规定，固定可靠；6）安全网和各种安全防护设施符合要求。

混凝土浇筑前，施工单位项目技术负责人、项目总监确认具备混凝土浇筑的安全生产条件后，签署混凝土浇筑令，方可浇筑混凝土。框架结构中，柱和梁板的混凝土浇筑顺序，应按先浇筑柱混凝土，后浇筑梁板混凝土的顺序进行。浇筑过程应符合专项施工方案要求，并确保支撑系统受力均匀，避免引起高大模板支撑系统的失稳倾斜。浇筑过程应有专人对高大模板支撑系统进行观测，发现有松动、变形等情况，必须立即停止浇筑，撤离作业人员，并采取相应的加固措施。

高大模板支撑系统拆除前，项目技术负责人、项目总监应核查混凝土同条件试块强度报告，浇筑混凝土达到拆模强度后方可拆除，并履行拆模审批签字手续。高大模板支撑系统的拆除作业必须自上而下逐层进行，严禁上下层同时拆除作业，分段拆除的高度不应大于两层。设有附墙连接的模板支撑系统，附墙连接必须随支撑架体逐层拆除，严禁先将附墙连接全部或数层拆除后再拆支撑架体。高大模板支撑系统拆除时，严禁将拆卸的杆件向地面抛掷，应有专人传递至地面，并按规格分类均匀堆放。

高大模板支撑系统搭设和拆除过程中，地面应设置围栏和警戒标志，并派专人看守，严禁非操作人员进入作业范围。

施工单位应严格按照专项施工方案组织施工。高大模板支撑系统搭设、拆除及混凝土浇筑过程中，应有专业技术人员进行现场指导，设专人负责安全检查，发现险情，立即停止施工并采取应急措施，排除险情后，方可继续施工。

（四）施工现场临时设施和防护措施的管理规定

1. 施工现场临时设施和封闭管理的规定

《建筑法》规定，建筑施工企业应当在施工现场采取维护安全、防范危险、预防火灾等措施；有条件的，应当对施工现场实行封闭管理。施工现场对毗邻的建筑物、构筑物和特殊作业环境可能造成损害的，建筑施工企业应当采取安全防护措施。

《建设工程安全生产管理条例》进一步规定，施工单位应当在施工现场入口处、施工起重机械、临时用电设施、脚手架、出入通道口、楼梯口、电梯井口、孔洞口、桥梁口、隧道口、基坑边沿、爆破物及有害危险气体和液体存放处等危险部位，设置明显的安全警示标志。安全警示标志必须符合国家标准。

施工单位应当根据不同施工阶段和周围环境及季节、气候的变化，在施工现场采取相应的安全施工措施。施工现场暂时停止施工的，施工单位应当做好现场防护，所需费用由责任方承担，或者按照合同约定执行。

施工单位应当将施工现场的办公、生活区与作业区分开设置，并保持安全距离；办公、生活区的选址应当符合安全性要求。职工的膳食、饮水、休息场所等应当符合卫生标准。施工单位不得在尚未竣工的建筑物内设置员工集体宿舍。施工现场临时搭建的建筑物应当符合安全使用要求。施工现场使用的装配式活动房屋应当具有产品合格证。

施工单位对因建设工程施工可能造成损害的毗邻建筑物、构筑物和地下管线等，应当采取专项防护措施。在城市市区内的建设工程，施工单位应当对施工现场实行封闭围挡。

建设部安全生产管理委员会办公室《关于加强建筑施工现场临建宿舍及办公用房管理

的通知》（建安办函［2006］23号）中规定，各级建设行政主管部门、建设单位和建筑业企业要加强对临建房屋的管理。严禁购买和使用不符合地方临建标准或无生产厂家、无产品合格证书的装配式活动房屋。生产厂家制造生产的装配式活动房屋必须有设计构造图、计算书、安装拆卸使用说明书等并符合有关节能、安全技术标准。

施工单位应严格按照《建设工程安全生产管理条例》规定要求，将施工现场的办公、生活区与作业区分开设置，并保持安全距离；办公、生活区的选址应当符合安全、消防要求。临建宿舍、办公用房、食堂、厕所应按《施工现场环境与卫生标准》JGJ 146—2004搭设，并设置符合安全、卫生规定的其他设施，如淋浴室、娱乐室、医务室、宣传栏等，以保证工人物质、文化生活的基本需要。现场要建立专项检查制度进行定期和不定期的检查，确保上述设施的安全使用。

各施工单位应采取有效措施，以保证临建宿舍及办公用房的使用安全。特别是北方使用煤炭采暖的地区，要严密注意气象变化，切实防止工人宿舍取暖或施工工程保温时发生一氧化碳中毒的事故。同时要严防工地生活区火灾事故的发生。

对于施工现场安全防护的违法行为，《建设工程安全生产管理条例》规定，施工单位有下列行为之一的，责令限期改正；逾期未改正的，责令停业整顿，并处5万元以上10万元以下的罚款；造成重大安全事故，构成犯罪的，对直接责任人员，依照刑法有关规定追究刑事责任：1）施工前未对有关安全施工的技术要求作出详细说明的；2）未根据不同施工阶段和周围环境及季节、气候的变化，在施工现场采取相应的安全施工措施，或者在城市市区内的建设工程的施工现场未实行封闭围挡的；3）在尚未竣工的建筑物内设置员工集体宿舍的；4）施工现场临时搭建的建筑物不符合安全使用要求的；5）未对因建设工程施工可能造成损害的毗邻建筑物、构筑物和地下管线等采取专项防护措施的。施工单位有以上规定第4）项、第5）项行为，造成损失的，依法承担赔偿责任。

2. 建筑施工消防安全的规定

（1）施工现场消防安全职责

2008年10月经修订后公布的《中华人民共和国消防法》（以下简称《消防法》）规定，机关、团体、企业、事业等单位应当履行下列消防安全职责：1）落实消防安全责任制，制定本单位的消防安全制度、消防安全操作规程，制定灭火和应急疏散预案；2）按照国家标准、行业标准配置消防设施、器材，设置消防安全标志，并定期组织检验、维修，确保完好有效；3）对建筑消防设施每年至少进行一次全面检测，确保完好有效，检测记录应当完整准确，存档备查；4）保障疏散通道、安全出口、消防车通道畅通，保证防火防烟分区、防火间距符合消防技术标准；5）组织防火检查，及时消除火灾隐患；6）组织进行有针对性的消防演练；7）法律、法规规定的其他消防安全职责。单位的主要负责人是本单位的消防安全责任人。

《建设工程安全生产管理条例》进一步规定，施工单位应当在施工现场建立消防安全责任制度，确定消防安全责任人，制定用火、用电、使用易燃易爆材料等各项消防安全管理制度和操作规程，设置消防通道、消防水源，配备消防设施和灭火器材，并在施工现场入口处设置明显标志。

施工单位的主要负责人是本单位的消防安全责任人；项目负责人则应是本项目施工现场的消防安全责任人。同时，要在施工现场实行和落实逐级防火责任制、岗位防火责任制。各部门、各班组负责人以及每个岗位人员都应当对自己管辖工作范围内的消防安全负责，切实做到"谁主管，谁负责；谁在岗，谁负责"。消防安全标志应当按照《消防安全标志设置要求》GB 15630—1995、《消防安全标志》GB 13495.1—2015 设置。

（2）施工现场消防安全管理

公安部、住房和城乡建设部《关于进一步加强建设工程施工现场消防安全工作的通知》（公消［2009］131 号）规定，施工现场要设置消防通道并确保畅通。建筑工地要满足消防车通行、停靠和作业要求。在建建筑内应设置标明楼梯间和出入口的临时醒目标志，视情安装楼梯间和出入口的临时照明，及时清理建筑垃圾和障碍物，规范材料堆放，保证发生火灾时，现场施工人员疏散和消防人员扑救快捷畅通。

施工现场要按有关规定设置消防水源。应当在建设工程平地阶段按照总平面设计设置室外消火栓系统，并保持充足的管网压力和流量。根据在建工程施工进度，同步安装室内消火栓系统或设置临时消火栓，配备水枪水带，消防干管设置水泵接合器，满足施工现场火灾扑救的消防供水要求。施工现场应当配备必要的消防设施和灭火器材。施工现场的重点防火部位和在建高层建筑的各个楼层，应在明显和方便取用的地方配置适当数量的手提式灭火器、消防沙袋等消防器材。

施工单位应当在施工组织设计中编制消防安全技术措施和专项施工方案，并由专职安全管理人员进行现场监督。动用明火必须实行严格的消防安全管理，禁止在具有火灾、爆炸危险的场所使用明火；需要进行明火作业的，动火部门和人员应当按照用火管理制度办理审批手续，落实现场监护人，在确认无火灾、爆炸危险后方可动火施工；动火施工人员应当遵守消防安全规定，并落实相应的消防安全措施；易燃易爆危险物品和场所应有具体防火防爆措施；电焊、气焊、电工等特殊工种人员必须持证上岗；将容易发生火灾、一旦发生火灾后果严重的部位确定为重点防火部位，实行严格管理。

施工单位应及时纠正违章操作行为，及时发现火灾隐患并采取防范、整改措施。国家、省级等重点工程的施工现场应当进行每日防火巡查，其他施工现场也应根据需要组织防火巡查。施工单位防火检查的内容应当包括：火灾隐患的整改情况以及防范措施的落实情况，疏散通道、消防车通道、消防水源情况，灭火器材配置及有效情况，用火、用电有无违章情况，重点工种人员及其他施工人员消防知识掌握情况，消防安全重点部位管理情况，易燃易爆危险物品和场所防火防爆措施落实情况，防火巡查落实情况等。

（3）施工现场消防安全培训教育

《国务院关于加强和改进消防工作的意见》指出，要加强对单位消防安全责任人、消防安全管理人、消防控制室操作人员和消防设计、施工、监理人员及保安、电（气）焊工、消防技术服务机构从业人员的消防安全培训。

公安部、住房城乡建设部《关于进一步加强建设工程施工现场消防安全工作的通知》中规定，施工人员上岗前的安全培训应当包括以下消防内容：有关消防法规、消防安全制度和保障消防安全的操作规程，本岗位的火灾危险性和防火措施，有关消防设施的性能、灭火器材的使用方法，报火警、扑救初起火灾以及自救逃生的知识和技能等，保障施工现场人员具有相应的消防常识和逃生自救能力。

施工单位应当根据国家有关消防法规和建设工程安全生产法规的规定，建立施工现场消防组织，制定灭火和应急疏散预案，并至少每半年组织一次演练，提高施工人员及时报警、扑灭初期火灾和自救逃生能力。

2009 年 5 月公安部、住房和城乡建设部等 9 部委联合颁布的《社会消防安全教育培训规定》（公安部令第 109 号）中规定，在建工程的施工单位应当开展下列消防安全教育工作：1）建设工程施工前应当对施工人员进行消防安全教育；2）在建设工地醒目位置、施工人员集中住宿场所设置消防安全宣传栏，悬挂消防安全挂图和消防安全警示标识；3）对明火作业人员进行经常性的消防安全教育；4）组织灭火和应急疏散演练。

（4）违法行为应承担的主要法律责任

对于施工现场消防安全的违法行为，《消防法》规定，违反本法规定，有下列行为之一的，责令改正或者停止施工，并处 1 万元以上 10 万元以下罚款：……3）建筑施工企业不按照消防设计文件和消防技术标准施工，降低消防施工质量的；……。

单位违反本法规定，有下列行为之一的，责令改正，处 5000 元以上 5 万元以下罚款：1）消防设施、器材或者消防安全标志的配置、设置不符合国家标准、行业标准，或者未保持完好有效的；2）损坏、挪用或者擅自拆除、停用消防设施、器材的；3）占用、堵塞、封闭疏散通道、安全出口或者有其他妨碍安全疏散行为的；4）埋压、圈占、遮挡消火栓或者占用防火间距的；5）占用、堵塞、封闭消防车通道，妨碍消防车通行的；6）人员密集场所在门窗上设置影响逃生和灭火救援的障碍物的；7）对火灾隐患经公安机关消防机构通知后不及时采取措施消除的。

有下列行为之一，尚不构成犯罪的，处 10 日以上 15 日以下拘留，可以并处 500 元以下罚款；情节较轻的，处警告或者 500 元以下罚款：1）指使或者强令他人违反消防安全规定，冒险作业的；2）过失引起火灾的；3）在火灾发生后阻拦报警，或者负有报告职责的人员不及时报警的；4）扰乱火灾现场秩序，或者拒不执行火灾现场指挥员指挥，影响灭火救援的；5）故意破坏或者伪造火灾现场的；6）擅自拆封或者使用被公安机关消防机构查封的场所、部位的。

3. 工地食堂食品卫生管理的规定

2015 年 4 月经修订后公布的《中华人民共和国食品安全法》（以下简称《食品安全法》）规定，学校、托幼机构、养老机构、建筑工地等集中用餐单位的食堂应当严格遵守法律、法规和食品安全标准；从供餐单位订餐的，应当从取得食品生产经营许可的企业订购，并按照要求对订购的食品进行查验。

国家食品药品监督管理局、住房和城乡建设部《关于进一步加强建筑工地食堂食品安全工作的意见》（国食药监食［2010］172 号）规定，各地食品药品监管部门要加强建筑工地食堂餐饮服务许可管理，按照《餐饮服务许可管理办法》规定的许可条件和程序，审查核发《餐饮服务许可证》。对于申请开办食堂的建筑工地，应当要求其提供符合规定的用房、科学合理的流程布局，配备加工制作和消毒等设施设备，健全食品安全管理制度，配备食品安全管理人员和取得健康合格证明的从业人员。不符合法定要求的，一律不发许可证。对未办理许可证经营的，要严格依法进行处理。

要督促建筑工地食堂落实食品原料进货查验和采购索证索票制度，不得采购和使用《食品安全法》禁止生产经营的食品，减少加工制作高风险食品；要按照食品安全操作规范加工制作食品，严防食品交叉污染；要加强对建筑工地食堂关键环节的控制和监管，加强厨房设施、设备的检查；要针对建筑工地食堂加工制作的重点食品品种进行抽样检验，及时了解食品安全状况，认真解决存在的突出问题，防止不安全食品流入工地食堂。

建筑施工企业是建筑工地食堂食品安全的责任主体。建筑工地应当建立健全以项目负责人为第一责任人的食品安全责任制，建筑工地食堂要配备专职或者兼职食品安全管理人员，明确相关人员的责任，建立相应的考核奖惩制度，确保食品安全责任落实到位。要建立健全食品安全管理制度，建立从业人员健康管理档案，食堂从业人员取得健康证明后方可持证上岗。对于从事接触直接入口食品工作的人员患有痢疾、伤寒、甲型病毒性肝炎、戊型病毒性肝炎等消化道传染病，以及患有活动性肺结核、化脓性或者渗出性皮肤病等有碍食品安全的疾病的，应当将其调整到其他不影响食品安全的工作岗位。

建筑工地食堂要依据食品安全事故处理的有关规定，制定食品安全事故应急预案，提高防控食品安全事故能力和水平。发生食品安全事故时，要迅速采取措施控制事态的发展并及时报告，积极做好相关处置工作，防止事故危害的扩大。

4. 建筑工程安全防护、文明施工措施费用的规定

安全防护、文明施工措施费用，是指按照国家现行的建筑施工安全、施工现场环境与卫生标准和有关规定，购置和更新施工安全防护用具及设施、改善安全生产条件和作业环境所需要的费用。建设单位对建筑工程安全防护、文明施工措施有其他要求的，所发生费用一并计入安全防护、文明施工措施费。

（1）建筑工程安全防护、文明施工措施费用的计提

财政部、国家安全生产监督管理总局《企业安全生产费用提取和使用管理办法》（财企［2012］16号）中规定，本办法所称安全生产费用（以下简称安全费用）是指企业按照规定标准提取在成本中列支，专门用于完善和改进企业或者项目安全生产条件的资金。安全费用按照“企业提取、政府监管、确保需要、规范使用”的原则进行管理。

建设工程施工企业以建筑安装工程造价为计提依据。各建设工程类别安全费用提取标准如下：1）矿山工程为2.5%；2）房屋建筑工程、水利水电工程、电力工程、铁路工程、城市轨道交通工程为2.0%；3）市政公用工程、冶炼工程、机电安装工程、化工石油工程、港口与航道工程、公路工程、通信工程为1.5%。建设工程施工企业提取的安全费用列入工程造价，在竞标时，不得删减、列入标外管理。国家对基本建设投资概算另有规定的，从其规定。总包单位应当将安全费用按比例直接支付分包单位并监督使用，分包单位不再重复提取。

企业在上述标准的基础上，根据安全生产实际需要，可适当提高安全费用提取标准。本办法公布前，各省级政府已制定下发企业安全费用提取使用办法的，其提取标准如果低于本办法规定的标准，应当按照本办法进行调整；如果高于本办法规定的标准，按照原标准执行。

建设部《建筑工程安全防护、文明施工措施费用及使用管理规定》(建办［2005］89号）中规定，建筑工程安全防护、文明施工措施费用是由《建筑安装工程费用项目组成》(建标［2003］206号）中措施费所含的文明施工费、环境保护费、临时设施费、安全施工费组成。其中，安全施工费由临边、洞口、交叉、高处作业安全防护费，危险性较大工程安全措施费及其他费用组成。危险性较大工程安全措施费及其他费用项目组成由各地建设行政主管部门结合本地区实际自行确定。

建设单位、设计单位在编制工程概（预）算时，应当依据工程所在地工程造价管理机构测定的相应费率，合理确定工程安全防护、文明施工措施费。

依法进行工程招投标的项目，招标方或具有资质的中介机构编制招标文件时，应当按照有关规定并结合工程实际单独列出安全防护、文明施工措施项目清单。投标方应当根据现行标准规范，结合工程特点、工期进度和作业环境要求，在施工组织设计文件中制定相应的安全防护、文明施工措施，并按照招标文件要求结合自身的施工技术水平、管理水平对工程安全防护、文明施工措施项目单独报价。投标方安全防护、文明施工措施的报价，不得低于依据工程所在地工程造价管理机构测定费率计算所需费用总额的90%。

建设单位与施工单位应当在施工合同中明确安全防护、文明施工措施项目总费用，以及费用预付、支付计划，使用要求、调整方式等条款。建设单位与施工单位在施工合同中对安全防护、文明施工措施费用预付、支付计划未作约定或约定不明的，合同工期在一年以内的，建设单位预付安全防护、文明施工措施项目费用不得低于该费用总额的50%；合同工期在一年以上的（含一年），预付安全防护、文明施工措施费用不得低于该费用总额的30%，其余费用应当按照施工进度支付。

建设单位申请领取建筑工程施工许可证时，应当将施工合同中约定的安全防护、文明施工措施费用支付计划作为保证工程安全的具体措施提交建设行政主管部门。未提交的，建设行政主管部门不予核发施工许可证。建设单位应当按照本规定及合同约定及时向施工单位支付安全防护、文明施工措施费，并督促施工企业落实安全防护、文明施工措施。

（2）建筑工程安全防护、文明施工措施费用的使用管理

财政部、国家安全生产监督管理总局《企业安全生产费用提取和使用管理办法》中规定，建设工程施工企业安全费用应当按照以下范围使用：1）完善、改造和维护安全防护设施设备支出（不含“三同时”要求初期投入的安全设施），包括施工现场临时用电系统、洞口、临边、机械设备、高处作业防护、交叉作业防护、防火、防爆、防尘、防毒、防雷、防台风、防地质灾害、地下工程有害气体监测、通风、临时安全防护等设施设备支出；2）配备、维护、保养应急救援器材、设备支出和应急演练支出；3）开展重大危险源和事故隐患评估、监控和整改支出；4）安全生产检查、评价（不包括新建、改建、扩建项目安全评价）、咨询和标准化建设支出；5）配备和更新现场作业人员安全防护用品支出；6）安全生产宣传、教育、培训支出；7）安全生产适用的新技术、新标准、新工艺、新装备的推广应用支出；8）安全设施及特种设备检测检验支出；9）其他与安全生产直接相关的支出。

在规定的使用范围内，企业应当将安全费用优先用于满足安全生产监督管理部门、煤矿安全监察机构以及行业主管部门对企业安全生产提出的整改措施或者达到安全生产标准

所需的支出。企业提取的安全费用应当专户核算，按规定范围安排使用，不得挤占、挪用。年度结余资金结转下年度使用，当年计提安全费用不足的，超出部分按正常成本费用渠道列支。主要承担安全管理责任的集团公司经过履行内部决策程序，可以对所属企业提取的安全费用按照一定比例集中管理，统筹使用。

企业应当建立健全内部安全费用管理制度，明确安全费用提取和使用的程序、职责及权限，按规定提取和使用安全费用。企业应当加强安全费用管理，编制年度安全费用提取和使用计划，纳入企业财务预算。企业年度安全费用使用计划和上一年安全费用的提取、使用情况按照管理权限报同级财政部门、安全生产监督管理部门、煤矿安全监察机构和行业主管部门备案。企业安全费用的会计处理，应当符合国家统一的会计制度的规定。企业提取的安全费用属于企业自提自用资金，其他单位和部门不得采取收取、代管等形式对其进行集中管理和使用，国家法律、法规另有规定的除外。

建设部《建筑工程安全防护、文明施工措施费用及使用管理规定》中规定，实行工程总承包的，总承包单位依法将建筑工程分包给其他单位的，总承包单位与分包单位应当在分包合同中明确安全防护、文明施工措施费用由总承包单位统一管理。安全防护、文明施工措施由分包单位实施的，由分包单位提出专项安全防护措施及施工方案，经总承包单位批准后及时支付所需费用。

工程监理单位应当对施工单位落实安全防护、文明施工措施情况进行现场监理。对施工单位已经落实的安全防护、文明施工措施，总监理工程师或者造价工程师应当及时审查并签认所发生的费用。监理单位发现施工单位未落实施工组织设计及专项施工方案中安全防护和文明施工措施的，有权责令其立即整改；对施工单位拒不整改或未按期限要求完成整改的，工程监理单位应当及时向建设单位和建设行政主管部门报告，必要时责令其暂停施工。

施工单位应当确保安全防护、文明施工措施费专款专用，在财务管理中单独列出安全防护、文明施工措施项目费用清单备查。施工单位安全生产管理机构和专职安全生产管理人员负责对建筑工程安全防护、文明施工措施的组织实施进行现场监督检查，并有权向建设主管部门反映情况。

（3）违法行为应承担的主要法律责任

财政部、国家安全生产监督管理总局《企业安全生产费用提取和使用管理办法》中规定，各级财政部门、安全生产监督管理部门、煤矿安全监察机构和有关行业主管部门依法对企业安全费用提取、使用和管理进行监督检查。

企业未按本办法提取和使用安全费用的，安全生产监督管理部门、煤矿安全监察机构和行业主管部门会同财政部门责令其限期改正，并依照相关法律法规进行处理、处罚。建设工程施工总承包单位未向分包单位支付必要的安全费用以及承包单位挪用安全费用的，由建设、交通运输、铁路、水利、安全生产监督管理、煤矿安全监察等主管部门依照相关法规、规章进行处理、处罚。

建设部《建筑工程安全防护、文明施工措施费用及使用管理规定》中规定，工程总承包单位对建筑工程安全防护、文明施工措施费用的使用负总责。总承包单位应当按照本规定及合同约定及时向分包单位支付安全防护、文明施工措施费用。总承包单位不按本规定和合同约定支付费用，造成分包单位不能及时落实安全防护措施导致发生事故的，由总承包单位负主要责任。

建设单位未按本规定支付安全防护、文明施工措施费用的，由县级以上建设行政主管部门依据《建设工程安全生产管理条例》第 54 条规定，责令限期整改；逾期未改正的，责令该建设工程停止施工。

施工单位挪用安全防护、文明施工措施费用的，由县级以上建设主管部门依据《建设工程安全生产管理条例》第 63 条规定，责令限期整改，处挪用费用 20%以上 50%以下的罚款；造成损失的，依法承担赔偿责任。

5. 施工人员劳动保护用品的规定

施工人员劳动保护用品，是指在建筑施工现场，从事建筑施工活动的人员使用的安全帽、安全带以及安全（绝缘）鞋、防护眼镜、防护手套、防尘（毒）口罩等个人劳动保护用品。

原建设部《建筑施工人员个人劳动保护用品使用管理暂行规定》（建质［2007］255 号）中规定，建设单位应当及时、足额向施工企业支付安全措施专项经费，并督促施工企业落实安全防护措施，使用符合相关国家产品质量要求的劳动保护用品。

施工作业人员所在企业（包括总承包企业、专业承包企业、劳务企业等，下同）必须按国家规定免费发放劳动保护用品，更换已损坏或已到使用期限的劳动保护用品，不得收取或变相收取任何费用。劳动保护用品必须以实物形式发放，不得以货币或其他物品替代。

施工企业应建立完善劳动保护用品的采购、验收、保管、发放、使用、更换、报废等规章制度。同时，应建立相应的管理台账，管理台账保存期限不得少于两年，以保证劳动保护用品的质量具有可追溯性。企业采购、个人使用的安全帽、安全带及其他劳动防护用品等，必须符合《安全帽》GB 2811—2007、《安全带》GB 6095—2009 及其他劳动保护用品相关国家标准的要求。企业、施工作业人员不得采购和使用无安全标记或不符合国家相关标准要求的劳动保护用品。

施工企业应当按照劳动保护用品采购管理制度的要求，明确企业内部有关部门、人员的采购管理职责。企业在一个地区组织施工的，可以集中统一采购；对企业工程项目分布在多个地区，集中统一采购有困难的，可由各地区或项目部集中采购。企业采购劳动保护用品时，应查验劳动保护用品生产厂家或供货商的生产、经营资格，验明商品合格证明和商品标识，以确保采购劳动保护用品的质量符合安全使用要求。企业应当向劳动保护用品生产厂家或供货商索要法定检验机构出具的检验报告或由供货商签字盖章的检验报告复印件，不能提供检验报告或检验报告复印件的劳动保护用品不得采购。

施工企业应加强对施工作业人员的教育培训，保证施工作业人员能正确使用劳动保护用品。工程项目部应有教育培训的记录，有培训人员和被培训人员的签名和时间。企业应加强对施工作业人员劳动保护用品使用情况的检查，并对施工作业人员劳动保护用品的质量和正确使用负责。实行施工总承包的工程项目，施工总承包企业应加强对施工现场内所有施工作业人员劳动保护用品的监督检查。督促相关分包企业和人员正确使用劳动保护用品。

施工作业人员有接受安全教育培训的权利，有按照工作岗位规定使用合格的劳动保护用品的权利；有拒绝违章指挥、拒绝使用不合格劳动保护用品的权利。同时，也负有正确使用劳动保护用品的义务。

各级建设行政主管部门应当加强对施工现场劳动保护用品使用情况的监督管理。发现有不使用或使用不符合要求的劳动保护用品的违法违规行为的，应当责令改正；对因不使用或使用不符合要求的劳动保护用品造成事故或伤害的，应当依据《建设工程安全生产管理条例》和《安全生产许可证条例》等法律法规，对有关责任方给予行政处罚。各级建设行政主管部门应将企业劳动保护用品的发放、管理情况列入建筑施工企业《安全生产许可证》条件的审查内容之一；施工现场劳动保护用品的质量情况作为认定企业是否降低安全生产条件的内容之一；施工作业人员是否正确使用劳动保护用品情况作为考核企业安全生产教育培训是否到位的依据之一。

（五）施工安全生产事故应急预案和事故报告的管理规定

1. 施工生产安全事故应急救援预案的规定

《安全生产法》规定，生产经营单位应当制定本单位生产安全事故应急救援预案，与所在地县级以上地方人民政府组织制定的生产安全事故应急救援预案相衔接，并定期组织演练。……建筑施工单位应当建立应急救援组织；生产经营规模较小的，可以不建立应急救援组织，但应当指定兼职的应急救援人员。……建筑施工单位应当配备必要的应急救援器材、设备和物资，并进行经常性维护、保养，保证正常运转。

生产经营单位对重大危险源应当登记建档，进行定期检测、评估、监控，并制定应急预案，告知从业人员和相关人员在紧急情况下应当采取的应急措施。生产经营单位应当按照国家有关规定将本单位重大危险源及有关安全措施、应急措施报有关地方人民政府安全生产监督管理部门和有关部门备案。

2007年8月公布的《中华人民共和国突发事件应对法》规定，矿山、建筑施工单位和易燃易爆物品、危险化学品、放射性物品等危险物品的生产、经营、储运、使用单位，应当制定具体应急预案，并对生产经营场所、有危险物品的建筑物、构筑物及周边环境开展隐患排查，及时采取措施消除隐患，防止发生突发事件。

应急预案应当根据本法和其他有关法律、法规的规定，针对突发事件的性质、特点和可能造成的社会危害，具体规定突发事件应急管理工作的组织指挥体系与职责和突发事件的预防与预警机制、处置程序、应急保障措施以及事后恢复与重建措施等内容。

《建设工程安全生产管理条例》进一步规定，施工单位应当制定本单位生产安全事故应急救援预案，建立应急救援组织或者配备应急救援人员，配备必要的应急救援器材、设备，并定期组织演练。

施工单位应当根据建设工程施工的特点、范围，对施工现场易发生重大事故的部位、环节进行监控，制定施工现场生产安全事故应急救援预案。实行施工总承包的，由总承包单位统一组织编制建设工程生产安全事故应急救援预案，工程总承包单位和分包单位按照应急救援预案，各自建立应急救援组织或者配备应急救援人员，配备救援器材、设备，并定期组织演练。

《国务院关于坚持科学发展安全发展促进安全生产形势持续稳定好转的意见》规定，加强预案管理和应急演练。建立健全安全生产应急预案体系，加强动态修订完善。落实省、市、县三级安全生产预案报备制度，加强企业预案与政府相关应急预案的衔接。定期开展应急预案演练，切实提高事故救援实战能力。企业生产现场带班人员、班组长和调度人员在遇到险情时，要按照预案规定，立即组织停产撤人。

2009年4月国家安全生产监督管理总局发布的《生产安全事故应急预案管理办法》（国家安全生产监督管理总局令第17号）规定，建筑施工单位应当组织专家对本单位编制的应急预案进行评审。评审应当形成书面纪要并附有专家名单。应急预案的评审应当注重应急预案的实用性、基本要素的完整性、预防措施的针对性、组织体系的科学性、响应程序的操作性、应急保障措施的可行性、应急预案的衔接性等内容。施工单位的应急预案经评审后，由施工单位主要负责人签署公布。

生产经营单位应当制定本单位的应急预案演练计划，根据本单位的事故预防重点，每年至少组织一次综合应急预案演练或者专项应急预案演练，每半年至少组织一次现场处置方案演练。生产经营单位应当按照应急预案的要求配备相应的应急物资及装备，建立使用状况档案，定期检测和维护，使其处于良好状态。

此外，《消防法》还规定，企业应当履行落实消防安全责任制，制定本单位的消防安全制度、消防安全操作规程，制定灭火和应急疏散预案的消防安全职责。2011年12月经修改后颁布的《职业病防治法》规定，用人单位应当建立、健全职业病危害事故应急救援预案。《特种设备安全法》规定，特种设备使用单位应当制定特种设备事故应急专项预案，并定期进行应急演练。2002年5月颁布的《使用有毒物品作业场所劳动保护条例》规定，从事使用高毒物品作业的用人单位，应当配备应急救援人员和必要的应急救援器材、设备，制定事故应急救援预案，并根据实际情况变化对应急救援预案适时进行修订，定期组织演练。

2. 房屋市政工程生产安全重大隐患排查治理挂牌督办的规定

重大隐患是指在房屋建筑和市政工程施工过程中，存在的危害程度较大、可能导致群死群伤或造成重大经济损失的生产安全隐患。挂牌督办是指住房城乡建设主管部门以下达督办通知书以及信息公开等方式，督促企业按照法律法规和技术标准，做好房屋市政工程生产安全重大隐患排查治理的工作。

《安全生产法》规定，生产经营单位应当建立健全生产安全事故隐患排查治理制度，采取技术、管理措施，及时发现并消除事故隐患。事故隐患排查治理情况应当如实记录，并向从业人员通报。县级以上地方各级人民政府负有安全生产监督管理职责的部门应当建立健全重大事故隐患治理督办制度，督促生产经营单位消除重大事故隐患。

生产经营单位的安全生产管理人员应当根据本单位的生产经营特点，对安全生产状况进行经常性检查；对检查中发现的安全问题，应当立即处理；不能处理的，应当及时报告本单位有关负责人，有关负责人应当及时处理。检查及处理情况应当如实记录在案。

生产经营单位的安全生产管理人员在检查中发现重大事故隐患，依照前款规定向本单位有关负责人报告，有关负责人不及时处理的，安全生产管理人员可以向主管的负有安全生产监督管理职责的部门报告，接到报告的部门应当依法及时处理。

《国务院关于坚持科学发展安全发展促进安全生产形势持续稳定好转的意见》规定，加强安全生产风险监控管理。充分运用科技和信息手段，建立健全安全生产隐患排查治理体系，强化监测监控、预报预警，及时发现和消除安全隐患。企业要定期进行安全风险评估分析，重大隐患要及时报安全监管监察和行业主管部门备案。

住房和城乡建设部《房屋市政工程生产安全重大隐患排查治理挂牌督办暂行办法》（建质［2011］158号）进一步规定，建筑施工企业是房屋市政工程生产安全重大隐患排查治理的责任主体，应当建立健全重大隐患排查治理工作制度，并落实到每一个工程项目。企业及工程项目的主要负责人对重大隐患排查治理工作全面负责。

建筑施工企业应当定期组织安全生产管理人员、工程技术人员和其他相关人员排查每一个工程项目的重大隐患，特别是对深基坑、高支模、地铁隧道等技术难度大、风险大的重要工程应重点定期排查。对排查出的重大隐患，应及时实施治理消除，并将相关情况进行登记存档。建筑施工企业应及时将工程项目重大隐患排查治理的有关情况向建设单位报告。建设单位应积极协调勘察、设计、施工、监理、监测等单位，并在资金、人员等方面积极配合做好重大隐患排查治理工作。

房屋市政工程生产安全重大隐患治理挂牌督办按照属地管理原则，由工程所在地住房城乡建设主管部门组织实施。省级住房城乡建设主管部门进行指导和监督。住房城乡建设主管部门接到工程项目重大隐患举报，应立即组织核实，属实的由工程所在地住房城乡建设主管部门及时向承建工程的建筑施工企业下达《房屋市政工程生产安全重大隐患治理挂牌督办通知书》，并公开有关信息，接受社会监督。

《房屋市政工程生产安全重大隐患治理挂牌督办通知书》包括下列内容：1）工程项目的名称；2）重大隐患的具体内容；3）治理要求及期限；4）督办解除的程序；5）其他有关的要求。

承建工程的建筑施工企业接到《房屋市政工程生产安全重大隐患治理挂牌督办通知书》后，应立即组织进行治理。确认重大隐患消除后，向工程所在地住房城乡建设主管部门报送治理报告，并提请解除督办。工程所在地住房城乡建设主管部门收到建筑施工企业提出的重大隐患解除督办申请后，应当立即进行现场审查。审查合格的，依照规定解除督办。审查不合格的，继续实施挂牌督办。

建筑施工企业不认真执行《房屋市政工程生产安全重大隐患治理挂牌督办通知书》的，应依法责令整改；情节严重的要依法责令停工整改；不认真整改导致生产安全事故发生的，依法从重追究企业和相关负责人的责任。

3. 施工生产安全事故报告和应采取措施的规定

（1）生产安全事故的等级划分

《安全生产法》规定，生产安全一般事故、较大事故、重大事故、特别重大事故的划分标准由国务院规定。

2007年4月国务院颁布的《生产安全事故报告和调查处理条例》规定，根据生产安全事故（以下简称事故）造成的人员伤亡或者直接经济损失，事故一般分为以下等级：1）特别重大事故，是指造成30人以上死亡，或者100人以上重伤（包括急性工业中毒，下同），或者1亿元以上直接经济损失的事故；2）重大事故，是指造成10人以上30人以下死亡，或者50人以上100人以下重伤，或者5000万元以上1亿元以下直接经济损失的事故；3）较大事故，是指造成3人以上10人以下死亡，或者10人以上50人以下重伤，或者1000万元以上5000万元以下直接经济损失的事故；4）一般事故，是指造成3人以下死亡，或者10人以下重伤，或者1000万元以下直接经济损失的事故。

按照《生产安全事故报告和调查处理条例》的规定，“以上”包括本数，“以下”不包括本数。

（2）施工生产安全事故的报告

《安全生产法》规定，生产经营单位发生生产安全事故后，事故现场有关人员应当立即报告本单位负责人。单位负责人接到事故报告后，应当迅速采取有效措施，组织抢救，防止事故扩大，减少人员伤亡和财产损失，并按照国家有关规定立即如实报告当地负有安全生产监督管理职责的部门，不得隐瞒不报、谎报或者迟报，不得故意破坏事故现场、毁灭有关证据。

《建筑法》规定，施工中发生事故时，建筑施工企业应当采取紧急措施减少人员伤亡和事故损失，并按照国家有关规定及时向有关部门报告。《建设工程安全生产管理条例》进一步规定，施工单位发生生产安全事故，应当按照国家有关伤亡事故报告和调查处理的规定，及时、如实地向负责安全生产监督管理的部门、建设行政主管部门或者其他有关部门报告；特种设备发生事故的，还应当同时向特种设备安全监督管理部门报告。实行施工总承包的建设工程，由总承包单位负责上报事故。

《生产安全事故报告和调查处理条例》还规定，事故报告应当及时、准确、完整，任何单位和个人对事故不得迟报、漏报、谎报或者瞒报。

建设部《关于进一步规范房屋建筑和市政工程生产安全事故报告和调查处理工作的若干意见》（建质［2007］257号）规定，事故发生后，事故现场有关人员应当立即向施工单位负责人报告；施工单位负责人接到报告后，应当于1小时内向事故发生地县级以上人民政府建设主管部门和有关部门报告。情况紧急时，事故现场有关人员可以直接向事故发生地县级以上人民政府建设主管部门和有关部门报告。实行施工总承包的建设工程，由总承包单位负责上报事故。

事故报告内容：1）事故发生的时间、地点和工程项目、有关单位名称；2）事故的简要经过；3）事故已经造成或者可能造成的伤亡人数（包括下落不明的人数）和初步估计的直接经济损失；4）事故的初步原因；5）事故发生后采取的措施及事故控制情况；6）事故报告单位或报告人员；7）其他应当报告的情况。

事故报告后出现新情况，以及事故发生之日起30日内伤亡人数发生变化的，应当及时补报。

（3）发生施工生产安全事故后应采取的措施

《安全生产法》规定，生产经营单位发生生产安全事故时，单位的主要负责人应当立即组织抢救，并不得在事故调查处理期间擅离职守。《建设工程安全生产管理条例》进一步规定，发生生产安全事故后，施工单位应当采取措施防止事故扩大，保护事故现场。需要移动现场物品时，应当做出标记和书面记录，妥善保管有关证物。

《生产安全事故报告和调查处理条例》规定，事故发生单位负责人接到事故报告后，应当立即启动事故相应应急预案，或者采取有效措施，组织抢救，防止事故扩大，减少人员伤亡和财产损失。

事故发生后，有关单位和人员应当妥善保护事故现场以及相关证据，任何单位和个人不得破坏事故现场、毁灭相关证据。因抢救人员、防止事故扩大以及疏通交通等原因，需要移动事故现场物件的，应当做出标志，绘制现场简图并做出书面记录，妥善保存现场重要痕迹、物证。事故发生单位应当认真吸取事故教训，落实防范和整改措施，防止事故再次发生。防范和整改措施的落实情况应当接受工会和职工的监督。

（4）生产安全事故的调查和处理结果公布

《生产安全事故报告和调查处理条例》规定，特别重大事故由国务院或者国务院授权有关部门组织事故调查组进行调查。重大事故、较大事故、一般事故分别由事故发生地省级人民政府、设区的市级人民政府、县级人民政府负责调查。省级人民政府、设区的市级人民政府、县级人民政府可以直接组织事故调查组进行调查，也可以授权或者委托有关部门组织事故调查组进行调查。未造成人员伤亡的一般事故，县级人民政府也可以委托事故发生单位组织事故调查组进行调查。

事故调查组有权向有关单位和个人了解与事故有关的情况，并要求其提供相关文件、资料，有关单位和个人不得拒绝。事故发生单位的负责人和有关人员在事故调查期间不得擅离职守，并应当随时接受事故调查组的询问，如实提供有关情况。事故调查中发现涉嫌犯罪的，事故调查组应当及时将有关材料或者其复印件移交司法机关处理。

事故调查组应当自事故发生之日起 60 日内提交事故调查报告；特殊情况下，经负责事故调查的人民政府批准，提交事故调查报告的期限可以适当延长，但延长的期限最长不超过 60 日。事故调查报告应当包括下列内容：1）事故发生单位概况；2）事故发生经过和事故救援情况；3）事故造成的人员伤亡和直接经济损失；4）事故发生的原因和事故性质；5）事故责任的认定以及对事故责任者的处理建议；6）事故防范和整改措施。事故调查报告应当附具有关证据材料。事故调查组成员应当在事故调查报告上签名。

重大事故、较大事故、一般事故，负责事故调查的人民政府应当自收到事故调查报告之日起 15 日内做出批复；特别重大事故，30 日内做出批复，特殊情况下，批复时间可以适当延长，但延长的时间最长不超过 30 日。

事故发生单位应当认真吸取事故教训，落实防范和整改措施，防止事故再次发生。防范和整改措施的落实情况应当接受工会和职工的监督。安全生产监督管理部门和负有安全生产监督管理职责的有关部门应当对事故发生单位落实防范和整改措施的情况进行监督检查。事故处理的情况由负责事故调查的人民政府或者其授权的有关部门、机构向社会公布，依法应当保密的除外。

（5）施工生产安全事故的查处督办

房屋市政工程生产安全事故查处督办，是指上级住房城乡建设行政主管部门督促下级住房城乡建设行政主管部门，依照有关法律法规做好房屋建筑和市政工程生产安全事故的调查处理工作。

住房和城乡建设部《房屋市政工程生产安全和质量事故查处督办暂行办法》（建质［2011］66号）规定，住房城乡建设部负责房屋市政工程生产安全和质量较大及以上事故的查处督办，省级住房城乡建设行政主管部门负责一般事故的查处督办。

房屋市政工程生产安全较大及以上事故的查处督办，按照以下程序办理：1）较大及以上事故发生后，住房城乡建设部质量安全司提出督办建议，并报部领导审定同意后，以住房城乡建设部安委会或办公厅名义向省级住房城乡建设行政主管部门下达《房屋市政工程生产安全和质量较大及以上事故查处督办通知书》；2）在住房城乡建设部网站上公布较大及以上事故的查处督办信息，接受社会监督。

《房屋市政工程生产安全和质量较大及以上事故查处督办通知书》包括下列内容：1）事故名称；2）事故概况；3）督办事项；4）办理期限；5）督办解除方式、程序。

省级住房城乡建设行政主管部门接到《房屋市政工程生产安全和质量较大及以上事故查处督办通知书》后，应当依据有关规定，组织本部门及督促下级住房城乡建设行政主管部门按照要求做好下列事项：1）在地方人民政府的领导下，积极组织或参与事故的调查工作，提出意见；2）依据事故事实和有关法律法规，对违法违规企业给予吊销资质证书或降低资质等级、吊销或暂扣安全生产许可证、责令停业整顿、罚款等处罚，对违法违规人员给予吊销执业资格注册证书或责令停止执业、吊销或暂扣安全生产考核合格证书、罚款等处罚；3）对违法违规企业和人员处罚权限不在本级或本地的，向有处罚权限的住房城乡建设行政主管部门及时上报或转送事故事实材料，并提出处罚建议；4）其他相关的工作。

省级住房城乡建设行政主管部门应当在房屋市政工程生产安全较大及以上事故发生之日起60日内，完成事故查处督办事项。有特殊情况不能完成的，要向住房城乡建设部作出书面说明。省级住房城乡建设行政主管部门完成房屋市政工程生产安全和质量较大及以上事故查处督办事项后，要向住房城乡建设部作出书面报告，并附送有关材料。住房城乡建设部审核后，依照规定解除督办。

各级住房城乡建设行政主管部门不得对房屋市政工程生产安全和质量事故查处督办事项无故拖延、敷衍塞责，或者在解除督办过程中弄虚作假。各级住房城乡建设行政主管部门要将房屋市政工程生产安全和质量事故查处情况，及时予以公告，接受社会监督。

（6）违法行为应承担的主要法律责任

《安全生产法》规定，生产经营单位的主要负责人在本单位发生生产安全事故时，不立即组织抢救或者在事故调查处理期间擅离职守或者逃匿的，给予降级、撤职的处分，并由安全生产监督管理部门处上一年年收入60％至100％的罚款；对逃匿的处15日以下拘留；构成犯罪的，依照刑法有关规定追究刑事责任。生产经营单位的主要负责人对生产安全事故隐瞒不报、谎报或者迟报的，依照前款规定处罚。

生产经营单位与从业人员订立协议，免除或者减轻其对从业人员因生产安全事故伤亡依法应承担的责任的，该协议无效；对生产经营单位的主要负责人、个人经营的投资人处2万元以上10万元以下的罚款。

发生生产安全事故，对负有责任的生产经营单位除要求其依法承担相应的赔偿等责任外，由安全生产监督管理部门依照下列规定处以罚款：1）发生一般事故的，处20万元以上50万元以下的罚款；2）发生较大事故的，处50万元以上100万元以下的罚款；3）发生重大事故的，处100万元以上500万元以下的罚款；4）发生特别重大事故的，处500万元以上1000万元以下的罚款；情节特别严重的，处1000万元以上2000万元以下的罚款。

生产经营单位发生生产安全事故造成人员伤亡、他人财产损失的，应当依法承担赔偿责任；拒不承担或者其负责人逃匿的，由人民法院依法强制执行。生产安全事故的责任人未依法承担赔偿责任，经人民法院依法采取执行措施后，仍不能对受害人给予足额赔偿的，应当继续履行赔偿义务；受害人发现责任人有其他财产的，可以随时请求人民法院执行。

《特种设备安全法》规定，造成人身、财产损害的，依法承担民事责任。应当承担民事赔偿责任和缴纳罚款、罚金，其财产不足以同时支付时，先承担民事赔偿责任。构成违反治安管理行为的，依法给予治安管理处罚；构成犯罪的，依法追究刑事责任。

特种设备安全管理人员、检测人员和作业人员不履行岗位职责，违反操作规程和有关安全规章制度，造成事故的，吊销相关人员的资格。

《生产安全事故报告和调查处理条例》规定，事故发生单位主要负责人有下列行为之一的，处上一年年收入40％至80％的罚款；属于国家工作人员的，并依法给予处分；构成犯罪的，依法追究刑事责任：1）不立即组织事故抢救的；2）迟报或者漏报事故的；3）在事故调查处理期间擅离职守的。

事故发生单位及其有关人员有下列行为之一的，对事故发生单位处100万元以上500万元以下的罚款；对主要负责人、直接负责的主管人员和其他直接责任人员处上一年年收入60％至100％的罚款；属于国家工作人员的，并依法给予处分；构成违反治安管理行为的，由公安机关依法给予治安管理处罚；构成犯罪的，依法追究刑事责任：1）谎报或者瞒报事故的；2）伪造或者故意破坏事故现场的；3）转移、隐匿资金、财产，或者销毁有关证据、资料的；4）拒绝接受调查或者拒绝提供有关情况和资料的；5）在事故调查中作伪证或者指使他人作伪证的；6）事故发生后逃匿的。

事故发生单位对事故发生负有责任的，依照下列规定处以罚款：1）发生一般事故的，处10万元以上20万元以下的罚款；2）发生较大事故的，处20万元以上50万元以下的罚款；3）发生重大事故的，处50万元以上200万元以下的罚款；4）发生特别重大事故的，处200万元以上500万元以下的罚款。

事故发生单位主要负责人未依法履行安全生产管理职责，导致事故发生的，依照下列规定处以罚款；属于国家工作人员的，并依法给予处分；构成犯罪的，依法追究刑事责任：1）发生一般事故的，处上一年年收入30％的罚款；2）发生较大事故的，处上一年年收入40％的罚款；3）发生重大事故的，处上一年年收入60％的罚款；4）发生特别重大事故的，处上一年年收入80％的罚款。

事故发生单位对事故发生负有责任的，由有关部门依法暂扣或者吊销其有关证照；对事故发生单位负有事故责任的有关人员，依法暂停或者撤销其与安全生产有关的执业资格、岗位证书；事故发生单位主要负责人受到刑事处罚或者撤职处分的，自刑罚执行完毕或者受处分之日起，5 年内不得担任任何生产经营单位的主要负责人。

《特种设备安全法》规定，发生特种设备事故，有下列情形之一的，对单位处 5 万元以上 20 万元以下罚款；对主要负责人处 1 万元以上 5 万元以下罚款；主要负责人属于国家工作人员的，并依法给予处分：1）发生特种设备事故时，不立即组织抢救或者在事故调查处理期间擅离职守或者逃匿的；2）对特种设备事故迟报、谎报或者瞒报的。

《中华人民共和国刑法》第 139 条第 2 款规定，在安全事故发生后，负有报告职责的人员不报或者谎报事故情况，贻误事故抢救，情节严重的，处 3 年以下有期徒刑或者拘役；情节特别严重的，处 3 年以上 7 年以下有期徒刑。(《刑法修正案（六）》)

最高人民法院、最高人民检察院 2015 年 12 月公布的《关于办理危害生产安全刑事案件适用法律若干问题的解释》中规定，《刑法》第 139 条之一规定的“负有报告职责的人员”，是指负有组织、指挥或者管理职责的负责人、管理人员、实际控制人、投资人，以及其他负有报告职责的人员。

在安全事故发生后，负有报告职责的人员不报或者谎报事故情况，贻误事故抢救，具有下列情形之一的，应当认定为刑法第 139 条之一规定的“情节严重”：1）导致事故后果扩大，增加死亡 1 人以上，或者增加重伤 3 人以上，或者增加直接经济损失 100 万元以上的；2）实施下列行为之一，致使不能及时有效开展事故抢救的：①决定不报、迟报、谎报事故情况或者指使、串通有关人员不报、迟报、谎报事故情况的；②在事故抢救期间擅离职守或者逃匿的；③伪造、破坏事故现场，或者转移、藏匿、毁灭遇难人员尸体，或者转移、藏匿受伤人员的；④毁灭、伪造、隐匿与事故有关的图纸、记录、计算机数据等资料以及其他证据的；3）其他情节严重的情形。

具有下列情形之一的，应当认定为《刑法》第 139 条之一规定的“情节特别严重”：1）导致事故后果扩大，增加死亡 3 人以上，或者增加重伤 10 人以上，或者增加直接经济损失 500 万元以上的；2）采用暴力、胁迫、命令等方式阻止他人报告事故情况，导致事故后果扩大的；3）其他情节特别严重的情形。

在安全事故发生后，与负有报告职责的人员串通，不报或者谎报事故情况，贻误事故抢救，情节严重的，依照《刑法》第 139 条之一的规定，以共犯论处。在安全事故发生后，直接负责的主管人员和其他直接责任人员故意阻挠开展抢救，导致人员死亡或者重伤，或者为了逃避法律追究，对被害人进行隐藏、遗弃，致使被害人因无法得到救助而死亡或者重度残疾的，分别依照《刑法》第 232 条、第 234 条的规定，以故意杀人罪或者故意伤害罪定罪处罚。

实施《刑法》第 132 条、第 134 条至第 139 条之一规定的犯罪行为，在安全事故发生后积极组织、参与事故抢救，或者积极配合调查、主动赔偿损失的，可以酌情从轻处罚。

（六）施工安全技术标准知识

施工安全技术标准是指为获得最佳施工安全秩序，对建设工程施工及管理等活动需要协调统一的事项所制定的共同的、重复使用的技术依据和准则。

1. 施工安全技术标准的法定分类和施工安全标准化工作

(1) 施工安全技术标准的法定分类

按照《中华人民共和国标准化法》(以下简称《标准化法》) 的规定，我国的标准分为国家标准、行业标准、地方标准和企业标准。国家标准、行业标准又分为强制性标准和推荐性标准。保障人体健康，人身、财产安全的标准和法律、行政法规规定强制执行的标准是强制性标准，其他标准是推荐性标准。

2015 年 3 月国务院印发的《深化标准化工作改革方案》中规定，通过改革，把政府单一供给的现行标准体系，转变为由政府主导制定的标准和市场自主制定的标准共同构成的新型标准体系。政府主导制定的标准由 6 类整合精简为 4 类，分别是强制性国家标准和推荐性国家标准、推荐性行业标准、推荐性地方标准；市场自主制定的标准分为团体标准和企业标准。环境保护、工程建设、医药卫生强制性国家标准、强制性行业标准和强制性地方标准，按现有模式管理。

1) 工程建设国家标准

《标准化法》规定，对需要在全国范围内统一的技术要求，应当制定国家标准。

1992 年 12 月建设部发布的《工程建设国家标准管理办法》规定，对需要在全国范围内统一的下列技术要求，应当制定国家标准：①工程建设勘察、规划、设计、施工（包括安装）及验收等通用的质量要求；②工程建设通用的有关安全、卫生和环境保护的技术要求；③工程建设通用的术语、符号、代号、量与单位、建筑模数和制图方法；④工程建设通用的试验、检验和评定等方法；⑤工程建设通用的信息技术要求；⑥国家需要控制的其他工程建设通用的技术要求。

2) 工程建设行业标准

《标准化法》规定，对没有国家标准而又需要在全国某个行业范围内统一的技术要求，可以制定行业标准。在公布国家标准之后，该项行业标准即行废止。

1992 年 12 月建设部发布的《工程建设行业标准管理办法》规定，对没有国家标准而需要在全国某个行业范围内统一的下列技术要求，可以制定行业标准：①工程建设勘察、规划、设计、施工（包括安装）及验收等行业专用的质量要求；②工程建设行业专用的有关安全、卫生和环境保护的技术要求；③工程建设行业专用的术语、符号、代号、量与单位和制图方法；④工程建设行业专用的试验、检验和评定等方法；⑤工程建设行业专用的信息技术要求；⑥其他工程建设行业专用的技术要求。行业标准不得与国家标准相抵触。行业标准的某些规定与国家标准不一致时，必须有充分的科学依据和理由，并经国家标准的审批部门批准。行业标准在相应的国家标准实施后，应当及时修订或废止。

3) 工程建设地方标准

《标准化法》规定，对没有国家标准和行业标准而又需要在省、自治区、直辖市范围内统一的工业产品的安全、卫生要求，可以制定地方标准。在公布国家标准或者行业标准之后，该项地方标准即行废止。

2004 年 2 月建设部发布的《工程建设地方标准化工作管理规定》中规定，对没有国家标准、行业标准或国家标准、行业标准规定不具体，且需要在本行政区域内作出统一规定的工程建设技术要求，可制定相应的工程建设地方标准。工程建设地方标准在省、自治区、直辖市范围内由省、自治区、直辖市建设行政主管部门统一计划、统一审批、统一发布、统一管理。工程建设地方标准不得与国家标准和行业标准相抵触。对与国家标准或行业标准相抵触的工程建设地方标准的规定，应当自行废止。工程建设地方标准应报国务院建设行政主管部门备案。未经备案的工程建设地方标准，不得在建设活动中使用。工程建设地方标准中，对直接涉及人民生命财产安全、人体健康、环境保护和公共利益的条文，经国务院建设行政主管部门确定后，可作为强制性条文。在不违反国家标准和行业标准的前提下，工程建设地方标准可以独立实施。

4）工程建设企业标准

《标准化法》规定，企业生产的产品没有国家标准和行业标准的，应当制定企业标准，作为组织生产的依据。已有国家标准或者行业标准的，国家鼓励企业制定严于国家标准或者行业标准的企业标准，在企业内部适用。

国务院《深化标准化工作改革方案》中规定，放开搞活企业标准。企业根据需要自主制定、实施企业标准。鼓励企业制定高于国家标准、行业标准、地方标准，具有竞争力的企业标准。建立企业产品和服务标准自我声明公开和监督制度，逐步取消政府对企业产品标准的备案管理，落实企业标准化主体责任。鼓励标准化专业机构对企业公开的标准开展比对和评价，强化社会监督。

工程建设企业标准一般包括企业的技术标准、管理标准和工作标准。企业技术标准，是指对本企业范围内需要协调和统一的技术要求所制定的标准。对已有国家标准、行业标准或地方标准的，企业可以按照国家标准、行业标准或地方标准的规定执行，也可以根据本企业的技术特点和实际需要制定优于国家标准、行业标准或地方标准的企业标准；对没有国家标准、行业标准或地方标准的，企业应当制定企业标准。国家鼓励企业积极采用国际标准或国外先进标准。企业管理标准，是指对本企业范围内需要协调和统一的管理要求所制定的标准。如企业的组织管理、计划管理、技术管理、质量管理和财务管理等。企业工作标准，是指对本企业范围内需要协调和统一的工作事项要求所制定的标准。

5）培育发展团体标准

《深化标准化工作改革方案》中还规定，在标准制定主体上，鼓励具备相应能力的学会、协会、商会、联合会等社会组织和产业技术联盟协调相关市场主体共同制定满足市场和创新需要的标准，供市场自愿选用，增加标准的有效供给。在标准管理上，对团体标准不设行政许可，由社会组织和产业技术联盟自主制定发布，通过市场竞争优胜劣汰。国务院标准化主管部门会同国务院有关部门制定团体标准发展指导意见和标准化良好行为规范，对团体标准进行必要的规范、引导和监督。在工作推进上，选择市场化程度高、技术创新活跃、产品类标准较多的领域，先行开展团体标准试点工作。支持专利融入团体标准，推动技术进步。

需要说明的是，标准、规范、规程均为标准的表现方式，习惯上统称为标准。当针对产品、方法、符号、概念等基础标准时，一般采用“标准”，如《施工企业安全生产评价标准》、《建筑施工安全检查标准》等；当针对工程勘察、规划、设计、施工等通用的技术事项作出规定时，一般采用“规范”，如《建筑施工扣件式钢管脚手架安全技术规范》、

《建筑施工门式钢管脚手架安全技术规范》等；当针对操作、工艺、管理等专用技术要求时，一般采用“规程”，如《建筑施工塔式起重机安装拆除安全技术规程》、《建筑机械使用安全技术规程》等。

目前，我国实行的工程标准中强制性标准包含三部分：①批准发布时已明确为强制性标准的；②批准发布时虽未明确为强制性标准，但其编号中不带“/T”的，仍为强制性标准；③自 2000 年后批准发布的标准，批准时虽未明确为强制性标准，但其中有必须严格执行的强制性条文（黑体字），编号也不带“/T”的，也应视为强制性标准。

（2）建筑施工安全标准化工作

《国务院关于进一步加强企业安全生产工作的通知》中规定，全面开展安全达标。深入开展以岗位达标、专业达标和企业达标为内容的安全生产标准化建设，凡在规定时间内未实现达标的企业要依法暂扣其生产许可证、安全生产许可证，责令停产整顿；对整改逾期未达标的，地方政府要依法予以关闭。

住房和城乡建设部《关于贯彻落实〈国务院关于进一步加强企业安全生产工作的通知〉的实施意见》(建质［2010］164 号）进一步规定，推进建筑施工安全标准化。企业要深入开展以施工现场安全防护标准化为主要内容的建筑施工安全标准化活动，提高施工安全管理的精细化、规范化程度。要健全建筑施工安全标准化的各项内容和制度，从工程项目涉及的脚手架、模板工程、施工用电和建筑起重机械设备等主要环节入手，作出详细的规定和要求，并细化和量化相应的检查标准。对建筑施工安全标准化不达标，不具备安全生产条件的企业，要依法暂扣其安全生产许可证。

原建设部《关于开展建筑施工安全质量标准化工作的指导意见》(建质［2005］232 号）中规定，通过在建筑施工企业及其施工现场推行标准化管理，实现企业市场行为的规范化、安全管理流程的程序化、场容场貌的秩序化和施工现场安全防护的标准化，促进企业建立运转有效的自我保障体系。

建筑施工企业的安全生产工作按照《施工企业安全生产评价标准》及有关规定进行评定。建筑施工企业的施工现场按照《建筑施工安全检查标准》及有关规定进行评定。

坚持“四个结合”，使安全质量标准化工作与安全生产各项工作同步实施、整体推进。一是要与深入贯彻建筑安全法律法规相结合。要建立健全安全生产责任制，健全完善各项规章制度和操作规程，将建筑施工企业的安全质量行为纳入法律化、制度化、标准化管理的轨道。二是要与改善工人作业、生活环境相结合。牢固树立“以人为本”的理念，将安全质量标准化工作转化为企业和项目管理人员的管理方式和管理行为，逐步改善工人的生产作业、生活环境，不断增强工人的安全生产意识。三是要与加大对安全科技创新和安全技术改造的投入相结合，把安全生产真正建立在依靠科技进步的基础之上。要积极推广应用先进的安全科学技术，在施工中积极采用新技术、新设备、新工艺和新材料，逐步淘汰落后的、危及安全的设施、设备和施工技术。四是要与提高工人职业技能素质相结合。引导企业加强对工人的安全技术知识培训，提高建筑业从业人员的整体素质，加强对作业人员特别是班组长等业务骨干的培训，通过知识讲座、技术比武、岗位练兵等多种形式，把对从业人员的职业技能、职业素养、行为规范等要求贯穿于标准化的全过程，促使工人向现代产业工人过渡。

2. 脚手架安全技术标准的要求

脚手架安全技术标准主要有《建筑施工工具式脚手架安全技术规范》JGJ 202—2010、《建筑施工门式钢管脚手架安全技术规范》JGJ 128—2010、《建筑施工扣件式钢管脚手架安全技术规范》JGJ 130—2011、《建筑施工碗扣式脚手架安全技术规范》JGJ 166—2008、《液压升降整体脚手架安全技术规程》JGJ 183—2009、《建筑施工承插型盘扣式钢管支架安全技术规程》JGJ 231—2010、《建筑施工木脚手架安全技术规范》JGJ 164—2008 等。

（1）建筑施工工具式脚手架安全技术标准

工具式脚手架，是指为操作人员搭设或设立作业场所或平台，其主要架体构件为工厂制作的专用的钢结构产品，在现场按特定的程序组装后，附着在建筑物上自行或利用机械设备，沿建筑物可整体或部分升降的脚手架。

《建筑施工工具式脚手架安全技术规范》JGJ 202—2010 规定，本规范适用于建筑施工中使用的工具式脚手架，包括附着式升降脚手架、高处作业吊篮、外挂防护架的设计、制作、安装、拆除、使用及安全管理。

工具式脚手架安装前，应根据工程结构、施工环境等特点编制专项施工方案，并应经总承包单位技术负责人审批、项目总监理工程师审核后实施。

总承包单位必须将工具式脚手架专业工程发包给具有相应资质等级的专业队伍，并应签订专业承包合同，明确总包、分包或租赁等各方的安全生产责任。工具式脚手架专业施工单位应设置专业技术人员、安全管理人员及相应的特种作业人员。特种作业人员应经专门培训，并应经建设行政主管部门考核合格，取得特种作业操作资格证书后，方可上岗作业。

施工现场使用工具式脚手架应由总承包单位统一监督，并应符合下列规定：1）安装、升降、使用、拆除等作业前，应向有关作业人员进行安全教育，并应监督对作业人员的安全技术交底；2）应对专业承包人员的配备和特种作业人员的资格进行审查；3）安装、升降、拆卸等作业时，应派专人进行监督；4）应组织工具式脚手架的检查验收；5）应定期对工具式脚手架使用情况进行安全巡检。

临街搭设时，外侧应有防止坠物伤人的防护措施。安装、拆除时，在地面应设围栏和警戒标志，并应派专人看守，非操作人员不得入内。

在工具式脚手架使用期间，不得拆除下列杆件：1）架体上的杆件；2）与建筑物连接的各类杆件（如连墙件、附墙支座）等。作业层上的施工荷载应符合设计要求，不得超载。不得将模板支架、缆风绳、泵送混凝土和砂浆的输送管等固定在架体上；不得用其悬挂起重设备。遇 5 级以上大风和雨天，不得提升或下降工具式脚手架。

当施工中发现工具式脚手架故障和存在安全隐患时，应及时排除，对可能危及人身安全时，应停止作业。应由专业人员进行整改。整改后的工具式脚手架应重新进行验收检查，合格后方可使用。工具式脚手架作业人员在施工过程中应戴安全帽、系安全带、穿防滑鞋，酒后不得上岗作业。

1）附着式升降脚手架

附着式升降脚手架，是指仅需搭设一定高度并附着于工程结构上，依靠自身的升降设备和装置，可随工程结构施工逐层爬升，具有防倾覆、防坠落装置，并能实现下降作业的外脚手架。整体式附着升降脚手架，是指有三个以上提升装置的连跨升降的附着式升降脚手架。单跨式附着升降脚手架，是指仅有两个提升装置并独自升降的附着升降脚手架。

附着式升降脚手架可采用手动、电动或液压三种升降形式，并应符合下列规定：①单跨架体升降时，可采用手动、电动或液压；②当两跨以上的架体同时整体升降时，应采用电动或液压设备。

附着式升降脚手架的升降操作应符合下列规定：①升降作业程序和操作规程；②操作人员不得停留在架体上；③升降过程中不得有施工荷载；④所有妨碍升降的障碍物应已拆除；⑤所有影响升降作业的约束应已拆开；⑥各相邻提升点间的高差不得大于30mm，整体架最大升降差不得大于80mm。

升降过程中应实行统一指挥、统一指令。升降指令应由总指挥一人下达；当有异常情况出现时，任何人均可立即发出停止指令。架体升降到位后，应及时按使用状况要求进行附着固定；在没有完成架体固定工作前，施工人员不得擅自离岗或下班。

附着式升降脚手架应按设计性能指标进行使用，不得随意扩大使用范围；架体上的施工荷载应符合设计规定，不得超载，不得放置影响局部杆件安全的集中荷载。附着式升降脚手架在使用过程中不得进行下列作业：①利用架体吊运物料；②在架体上拉结吊装缆绳(或缆索)；③在架体上推车；④任意拆除结构件或松动连接件；⑤拆除或移动架体上的安全防护设施；⑥利用架体支撑模板或卸料平台；⑦其他影响架体安全的作业。

当附着式升降脚手架停用超过3个月时，应提前采取加固措施。当附着式升降脚手架停用超过1个月或遇6级及以上大风后复工时，应进行检查，确认合格后方可使用。螺栓连接件、升降设备、防倾装置、防坠落装置、电控设备、同步控制装置等应每月进行维护保养。

附着式升降脚手架的拆除工作应按专项施工方案及安全操作规程的有关要求进行。应对拆除作业人员进行安全技术交底。拆除时应有可靠的防止人员与物料坠落的措施，拆除的材料及设备不得抛扔。拆除作业应在白天进行。遇5级及以上大风和大雨、大雪、浓雾和雷雨等恶劣天气时，不得进行拆除作业。

2）高处作业吊篮

高处作业吊篮，是指悬挑机构架设于建筑物或构筑物上，利用提升机构驱动悬吊平台通过钢丝绳沿建筑物或构筑物立面上下运行的施工设施，也是为操作人员设置的作业平台。

高处作业吊篮应由悬挂机构、吊篮平台、提升机构、防坠落机构、电气控制系统、钢丝绳和配套附件、连接件组成。吊篮平台应能通过提升机构沿动力钢丝绳升降。吊篮悬挂机构前后支架的间距，应能随建筑物外形变化进行调整。安装作业前，应划定安全区域，并应排除作业障碍。

在建筑物屋面上进行悬挂机构的组装时，作业人员应与屋面边缘保持2m以上的距离。组装场地狭小时应采取防坠落措施。悬挂机构前支架严禁支撑在女儿墙上、女儿墙外或建筑物挑檐边缘。配重件应稳定可靠地安放在配重架上，并应有防止随意移动的措施。严禁使用破损的配重件或其他替代物。配重件的重量应符合设计规定。安装时钢丝绳应沿建筑物立面缓慢下放至地面，不得抛掷。

安装任何形式的悬挑结构，其施加于建筑物或构筑物支承处的作用力，均应符合建筑结构的承载能力，不得对建筑物和其他设施造成破坏和不良影响。高处作业吊篮安装和使用时，在10m范围内如有高压输电线路，应按照现行行业标准《施工现场临时用电安全技术规范》JGJ 46—2005的规定，采取隔离措施。

高处作业吊篮应设置作业人员专用的挂设安全带的安全绳及安全锁扣。安全绳应固定在建筑物可靠位置上不得与吊篮上任何部位有连接，并应符合下列规定：①安全绳应符合现行国家标准《安全带》GB 6095—2009的要求，其直径应与安全锁扣的规格相一致；②安全绳不得有松散、断股、打结现象；③安全锁扣的配件应完好、齐全，规格和方向标识应清晰可辨。吊篮宜安装防护棚，防止高处坠物造成作业人员伤害。吊篮应安装上限位装置，宜安装下限位装置。

使用吊篮作业时，应排除影响吊篮正常运行的障碍。在吊篮下方可能造成坠落物伤害的范围，应设置安全隔离区和警告标志，人员或车辆不得停留、通行。在吊篮内从事安装、维修等作业时，操作人员应佩戴工具袋。不得将吊篮作为垂直运输设备，不得采用吊篮运送物料。

吊篮内的作业人员不应超过2个。吊篮正常工作时，人员应从地面进入吊篮内，不得从建筑物顶部、窗口等处或其他孔洞处出入吊篮。在吊篮内的作业人员应佩戴安全帽，系安全带，并应将安全锁扣正确挂置在独立设置的安全绳上。吊篮平台内应保持荷载均衡，不得超载运行。吊篮做升降运行时，工作平台两端高差不得超过150mm。在吊篮内进行电焊作业时，应对吊篮设备、钢丝绳、电缆采取保护措施。不得将电焊机放置在吊篮内；电焊缆线不得与吊篮任何部位接触；电焊钳不得搭挂在吊篮上。

当吊篮施工遇有雨雪、大雾、风沙及5级以上大风等恶劣天气时，应停止作业，并应将吊篮平台停放至地面，应对钢丝绳、电缆进行绑扎固定。下班后不得将吊篮停留在半空中，应将吊篮放至地面。人员离开吊篮、进行吊篮维修或每日收工后应将主电源切断，并应将电气柜中各开关置于断开位置并加锁。

高处作业吊篮拆除时应按照专项施工方案，并应在专业人员的指挥下实施。拆除前应将吊篮平台下落至地面，并应将钢丝绳从提升机、安全锁中退出，切断总电源。拆除支承悬挂机构时，应对作业人员和设备采取相应的安全措施。拆卸分解后的构配件不得放置在建筑物边缘，应采取防止坠落的措施。零散物品应放置在容器中。不得将吊篮任何部件从屋顶处抛下。

3）外挂防护架

外挂防护架，是指用于建筑主体施工时临边防护而分片设置的外防护架。每片防护架由架体、两套钢结构构件及预埋件组成。在使用过程中，利用起重设备为提升动力，每次向上提升一层并固定，建筑主体施工完毕后，用起重设备将防护架吊至地面并拆除。

安装防护架时，应先搭设操作平台。防护架应配合施工进度搭设，一次搭设的高度不应超过相邻连墙件以上两个步距。每搭完一步架后，应校正步距、纵距、横距及立杆的垂直度，确认合格后方可进行下道工序。

提升防护架的起重设备能力应满足要求，公称起重力矩值不得小于400kN·m，其额定起升重量的90%应大于架体重量。提升钢丝绳的长度应能保证提升平稳。提升速度不得大于3.5m/min。

在防护架从准备提升到提升到位交付使用前，除操作人员以外的其他人员不得从事临边防护等作业。操作人员应佩戴安全带。当防护架提升、下降时，操作人员必须站在建筑物内或相邻的架体上，严禁站在防护架上操作；架体安装完毕前，严禁上人。防护架在提升时，必须按照“提升一片、固定一片、封闭一片”的原则进行，严禁提前拆除两片以上的架体、分片处的连接杆、立面及底部封闭设施。

拆除防护架时，应符合下列规定：①应采用起重机械把防护架吊运到地面进行拆除；②拆除的构配件应按品种、规格随时码堆存放，不得抛掷。

（2）建筑施工门式钢管脚手架安全技术标准

门式钢管脚手架，是指以门架、交叉支撑、连接棒、挂扣式脚手板、锁臂、底座等组成基本结构，再以水平加固杆、剪刀撑、扫地杆加固，并采用连墙件与建筑物主体结构相连的一种定型化钢管脚手架。

《建筑施工门式钢管脚手架安全技术规范》JGJ 128—2010规定，本规范适用于房屋建筑与市政工程施工中采用门式钢管脚手架搭设的落地式脚手架、悬挑脚手架、满堂脚手架与模板支架的设计、施工和使用。

搭拆门式脚手架或模板支架应由专业架子工担任，并应按住房和城乡建设部特种作业人员考核管理规定考核合格，持证上岗。上岗人员应定期进行体检，凡不适合登高作业者，不得上架操作。搭拆架体时，施工作业层应铺设脚手板，操作人员应站在临时设置的脚手板上进行作业，并应按规定使用安全防护用品，穿防滑鞋。

门式脚手架与模板支架作业层上严禁超载。严禁将模板支架、缆风绳、混凝土泵管、卸料平台等固定在门式脚手架上。六级及以上大风天气应停止架上作业；雨、雪、雾天应停止脚手架的搭拆作业；雨、雪、霜后上架作业应采取有效的防滑措施，并应扫除积雪。门式脚手架与模板支架在使用期间，当预见可能有强风天气所产生的风压值超出设计的基本风压值时，对架体应采取临时加固措施。

在门式脚手架使用期间，脚手架基础附近严禁进行挖掘作业。满堂脚手架与模板支架的交叉支撑和加固杆，在施工期间禁止拆除。门式脚手架在使用期间，不应拆除加固杆、连墙件、转角处连接杆、通道口斜撑杆等加固杆件。当施工需要，脚手架的交叉支撑可在门架一侧局部临时拆除，但在该门架单元上下应设置水平加固杆或挂扣式脚手板，在施工完成后应立即恢复安装交叉支撑。应避免装卸物料对门式脚手架或模板支架产生偏心、振动和冲击荷载。

门式脚手架外侧应设置密目式安全网，网间应严密，防止坠物伤人。门式脚手架与架空输电线路的安全距离、工地临时用电线路架设及脚手架接地、防雷措施，应按现行行业标准《施工现场临时用电安全技术规范》JGJ 46—2005的有关规定执行。在门式脚手架或模板支架上进行电、气焊作业时，必须有防火措施和专人看护。不得攀爬门式脚手架。

搭拆门式脚手架或模板支架作业时，必须设置警戒线、警戒标志，并应派专人看守，严禁非作业人员入内。对门式脚手架与模板支架应进行日常性的检查和维护，架体上的建筑垃圾或杂物应及时清理。

（3）建筑施工扣件式钢管脚手架安全技术标准

扣件式钢管脚手架，是指为建筑施工而搭设的、承受荷载的由扣件和钢管等构成的脚手架与支撑架。扣件是指采用螺栓紧固的扣接连接件，包括直角扣件、旋转扣件、对接扣件。

《建筑施工扣件式钢管脚手架安全技术规范》JGJ 130—2011 规定，本规范适用于房屋建筑工程和市政工程等施工用落地式单、双排扣件式钢管脚手架、满堂扣件式钢管脚手架、型钢悬挑扣件式钢管脚手架、满堂扣件式钢管支撑架的设计、施工及验收。

扣件式钢管脚手架安装与拆除人员必须是经考核合格的专业架子工。架子工应持证上岗。搭拆脚手架人员必须戴安全帽、系安全带、穿防滑鞋。脚手架的构配件质量与搭设质量，应按本规范的规定进行检查验收，并应确认合格后使用。钢管上严禁打孔。

单、双排脚手架必须配合施工进度搭设，一次搭设高度不应超过相邻连墙件以上两步；如果超过相邻连墙件以上两步，无法设置连墙件时，应采取撑拉固定等措施与建筑结构拉结。每搭完一步脚手架后，应按本规范的规定校正步距、纵距、横距及立杆的垂直度。脚手板应铺设牢靠、严实，并应用安全网双层兜底。施工层以下每隔 10m 应用安全网封闭。单、双排脚手架、悬挑式脚手架沿架体外围应用密目式安全网全封闭，密目式安全网宜设置在脚手架外立杆的内侧，并应与架体绑扎牢固。满堂脚手架与满堂支撑架在安装过程中，应采取防倾覆的临时固定措施。临街搭设脚手架时，外侧应有防止坠物伤人的防护措施。

作业层上的施工荷载应符合设计要求，不得超载。不得将模板支架、缆风绳、泵送混凝土和砂浆的输送管等固定在架体上；严禁悬挂起重设备，严禁拆除或移动架体上安全防护设施。满堂支撑架在使用过程中，应设有专人监护施工，当出现异常情况时，应立即停止施工，并应迅速撤离作业面上人员。应在采取确保安全的措施后，查明原因，做出判断和处理。满堂支撑架顶部的实际荷载不得超过设计规定。

在脚手架使用期间，严禁拆除下列杆件：①主节点处的纵、横向水平杆，纵、横向扫地杆；②连墙件。当在脚手架使用过程中开挖脚手架基础下的设备基础或管沟时，必须对脚手架采取加固措施。在脚手架上进行电、气焊作业时，应有防火措施和专人看守。工地临时用电线路的架设及脚手架接地、避雷措施等，应按现行行业标准《施工现场临时用电安全技术规范》JGJ 46—2005 的有关规定执行。

单、双排脚手架拆除作业必须由上而下逐层进行，严禁上下同时作业；连墙件必须随脚手架逐层拆除，严禁先将连墙件整层或数层拆除后再拆脚手架；分段拆除高差大于两步时，应增设连墙件加固。架体拆除作业应设专人指挥，当有多人同时操作时，应明确分工、统一行动，且应具有足够的操作面。卸料时各构配件严禁抛掷至地面。

当有六级强风及以上风、浓雾、雨或雪天气时应停止脚手架搭设与拆除作业。雨、雪后上架作业应有防滑措施，并应扫除积雪。夜间不宜进行脚手架搭设与拆除作业。搭拆脚手架时，地面应设围栏和警戒标志，并应派专人看守，严禁非操作人员入内。

（4）建筑施工碗扣式脚手架安全技术标准

碗扣式钢管脚手架，是指采用碗扣方式连接的钢管脚手架和模板支撑架。

《建筑施工碗扣式脚手架安全技术规范》JGJ 166—2008 规定，本规范适用于房屋建筑、道路、桥梁、水坝等土木工程施工中的碗扣式钢管脚手架（双排脚手架及模板支撑架）的设计、施工、验收和使用。

双排脚手架首层立杆应采用不同的长度交错布置，底层纵、横向横杆作为扫地杆距地面高度应小于或等于350mm，严禁施工中拆除扫地杆，立杆应配置可调底座或固定底座。双排脚手架专用外斜杆设置应符合下列规定：①斜杆应设置在有纵、横向横杆的碗扣节点上；②在封圈的脚手架拐角处及一字形脚手架端部应设置竖向通高斜杆；③当脚手架高度小于或等于24m时，每隔5跨应设置一组竖向通离斜杆，当脚手架高度大于24m时，每隔3跨应设置一组竖向通高斜杆，斜杆应对称设置；④当斜杆临时拆除时，拆除前应在相邻立杆间设置相同数量的斜杆。

连墙件的设置应符合下列规定：①连墙件应呈水平设置，当不能呈水平设置时，与脚手架连接的一端应下斜连接；②每层连墙件应在同一平面，其位置应由建筑结构和风荷载计算确定，且水平间距不应大于4.5m；③连墙件应设置在有横向横杆的碗扣节点处，当采用钢管扣件做连墙件时，连墙件应与立杆连接，连接点距碗扣节点距离不应大于150mm；④连墙件应采用可承受拉、压荷载的刚性结构，连接应牢固可靠。当脚手架高度大于24m时，顶部24m以下所有的连墙件层必须设置水平斜杆，水平斜杆应设置在纵向横杆之下。

脚手板设置应符合下列规定：①工具式钢脚手板必须有挂钩，并带有自锁装置与廊道横杆锁紧，严禁浮放；②冲压钢脚手板、木脚手板、竹串片脚手板，两端应与横杆绑牢，作业层相邻两根廊道横杆间应加设间横杆，脚手板探头长度应小于或等于150mm。人行通道坡度宜小于或等于1∶3，并应在通道脚手板下增设横杆，通道可折线上升。

脚手架内立杆与建筑物距离应小于或等于150mm；当脚手架内立杆与建筑物距离大于150mm时，应按需要分别选用窄挑梁或宽挑梁设置作业平台。挑梁应单层挑出，严禁增加层数。

模板支撑架应根据所承受的荷载选择立杆的间距和步距，底层纵、横向水平杆作为扫地杆，距地面高度应小于或等于350mm，立杆底部应设置可调底座或固定底座；立杆上端包括可调螺杆伸出顶层水平杆的长度不得大于0.7m。

模板支撑架斜杆设置应符合下列要求：①当立杆间距大于1.5m时，应在拐角处设置通高专用斜杆，中间每排每列应设置通高八字形斜杆或剪刀撑。②当立杆间距小于或等于1.5m时，模板支撑架四周从底到顶连续设置竖向剪刀撑；中间纵、横间由底至顶连续设置竖向剪刀撑，其间距应小于或等于4.5m。③剪刀撑的斜杆与地面夹角应在45°～60°之间，斜杆应每步与立杆扣接。

当模板支撑架高度大于4.8m时，顶端和底部必须设置水平剪刀撑，中间水平剪刀撑设置间距应小于或等于4.8m。当模板支撑架周围有主体结构时，应设置连墙件。模板支撑架高宽比应小于或等于2；当高宽比大于2时可采取扩大下部架体尺寸或采取其他构造。模板下方应放置次楞（梁）与主楞（梁），次楞（梁）与主楞（梁）应按受弯杆件设计计算。支架立杆上端应采用U形托撑，支撑应在主楞（梁）底部。

当双排脚手架设置门洞时，应在门洞上部架设专用梁，门洞两侧立杆应加设斜杆。模板支撑架设置人行通道时，应符合下列规定：①通道上部应架设专用横梁，横梁结构应经过设计计算确定；②横梁下的立杆应加密，并应与架体连接牢固；③通道宽度应小于或等于4.8m；④门洞及通道顶部必须采用木板或其他硬质材料全封闭，两侧应设置安全网；⑤通行机动车的洞口，必须设置防撞击设施。

双排脚手架及模板支撑架施工前必须编制专项施工方案，并经批准后，方可实施。双排脚手架搭设前，施工管理人员应按双排脚手架专项施工方案的要求对操作人员进行技术交底。对进入现场的脚手架构配件，使用前应对其质量进行复检。对经检验合格的构配件应按品种、规格分类放置在堆料区内或码放在专用架上，清点好数量备用；堆放场地排水应畅通，不得有积水。当连墙件采用预埋方式时，应提前与相关部门协商，按设计要求预埋。脚手架搭设场地必须平整、坚实、有排水措施。

脚手架基础必须按专项施工方案进行施工，按基础承载力要求进行验收。当地基高低差较大时，可利用立杆0.6m节点位差进行调整。土层地基上的立杆应采用可调底座和垫板。双排脚手架立杆基础验收合格后，应按专项施工方案的设计进行放线定位。

双排脚手架搭设，底座和垫板应准确地放置在定位线上；垫板宜采用长度不少于立杆两跨、厚度不小于50mm的木板；底座的轴心线应与地面垂直。双排脚手架搭设应按立杆、横杆、斜杆、连墙件的顺序逐层搭设，底层水平框架的纵向直线度偏差应小于1/200架体长度；横杆间水平度偏差应小于1/400架体长度。双排脚手架的搭设应分阶段进行，每段搭设后必须经检查验收合格后，方可投入使用。双排脚手架的搭设应与建筑物的施工同步上升，并应高于作业面1.5m。

当双排脚手架高度H小于或等于30m时，垂直度偏差应小于或等于$H/500$；当高度H大于30m时，垂直度偏差应小于或等于$H/1000$。当双排脚手架内外侧加挑梁时，在一跨挑梁范围内不得超过一名施工人员操作，严禁堆放物料。连墙件必须随双排脚手架升高及时在规定的位置处设置，严禁任意拆除。作业层设置应符合下列规定：①脚手板必须铺满、铺实，外侧应设180mm挡脚板及1200mm高两道防护栏杆；②防护栏杆应在立杆0.6m和1.2m的碗扣接头处搭设两道；③作业层下部的水平安全网设置应符合国家现行标准《建筑施工安全检查标准》JGJ 59—2011的规定。

当采用钢管扣件作加固件、连接件、斜撑时，应符合国家现行标准《建筑施工扣件式钢管脚手架安全技术规范》JGJ 130—2011的有关规定。

双排脚手架拆除时，必须按专项施工方案，在专人统一指挥下进行。拆除作业前，施工管理人员应对操作人员进行安全技术交底。双排脚手架拆除时必须划出安全区，并设置警戒标志，派专人看守。拆除前应清理脚手架上的器具及多余的材料和杂物。拆除作业应从顶层开始，逐层向下进行，严禁上下层同时拆除。连墙件必须在双排脚手架拆到层时方可拆除，严禁提前拆除。拆除的构配件应采用起重设备吊运或人工传递到地面。严禁抛掷。当双排脚手架采取分段、分立面拆除时，必须事先确定分界处的技术处理方案。拆除的构配件应分类堆放，以便于运输、维护和保管。

模板支撑架的搭设应按专项施工方案，在专人指挥下，统一进行。应按施工方案弹线定位，放置底座后应分别按先立杆后横杆再斜杆的顺序搭设。在多层楼板上连续设置模板支撑架时，应保证上下层支撑立杆在同一轴线上。模板支撑架拆除应符合现行国家标准《混凝土结构工程施工质量验收规范》GB 50204—2011中混凝土强度的有关规定。架体拆除应按施工方案设计的顺序进行。模板支撑架浇筑混凝土时，应由专人全过程监督。

双排脚手架搭设应重点检查下列内容：①保证架体几何不变性的斜杆、连墙件等设置情况；②基础的沉降，立杆底座与基础面的接触情况；③上碗扣锁紧情况；④立杆连接销的安装、斜杆扣接点、扣件拧紧程度。

双排脚手架搭设质量应按下列情况进行检验：①首段高度达到 6m 时，应进行检查与验收；②架体随施工进度升高应按结构层进行检查；③架体高度大于 24m 时，在 24m 处或在设计高度 $H/2$ 处及达到设计高度后，进行全面检查与验收；④遇 6 级及以上大风、大雨、大雪后施工前检查；⑤停工超过一个月恢复使用前。双排脚手架搭设过程中，应随时进行检查，及时解决存在的结构缺陷。

双排脚手架验收时，应具备下列技术文件：①专项施工方案及变更文件；②安全技术交底文件；③周转使用的脚手架构配件使用前的复验合格记录；④搭设的施工记录和质量安全检查记录。

作业层上的施工荷载应符合设计要求，不得超载，不得在脚手架上集中堆放模板、钢筋等物料。混凝土输送管、布料杆、缆风绳等不得固定在脚手架上。遇 6 级及以上大风、雨雪、大雾天气时，应停止脚手架的搭设与拆除作业，脚手架使用期间，严禁擅自拆除架体结构杆件；如需拆除必须经修改施工方案并报请原方案审批人批准，确定补救措施后方可实施。严禁在脚手架基础及邻近处进行挖掘作业。脚手架应与输电线路保持安全距离，施工现场临时用电线路架设及脚手架接地防雷措施等应按国家现行标准《施工现场临时用电安全技术规范》JGJ 46—2005 的有关规定执行。

搭设脚手架人员必须持证上岗。上岗人员应定期体检，合格者方可持证上岗。搭设脚手架人员必须戴安全帽、系安全带、穿防滑鞋。

（5）液压升降整体脚手架安全技术规程

液压升降整体脚手架，是指依靠液压升降装置，附着在建（构）筑物上，实现整体升降的脚手架。

《液压升降整体脚手架安全技术规程》JGJ 183—2009 规定，本规程适用于高层、超高层建（构）筑物不带外模板的千斤顶式或油缸式液压升降整体脚手架的设计、制作、安装、检验、使用、拆除和管理。

液压升降整体脚手架架体及附着支承结构的强度、刚度和稳定性必须符合设计要求，防坠落装置必须灵敏、制动可靠，防倾覆装置必须稳固、安全可靠。安装和操作人员应经过专业培训合格后持证上岗，作业前应接受安全技术交底。

液压升降整体脚手架不得与物料平台相连接。当架体遇到塔吊、施工电梯、物料平台等需断开或开洞时，断开处应加设栏杆并封闭，开口处应有可靠的防止人员及物料坠落的措施。安全防护措施应符合下列要求：①架体外侧必须采用密目式安全立网（≥2000 目/$100cm^2$）围挡，密目式安全立网必须可靠固定在架体上；②架体底层的脚手板除应铺设严密外，还应具有可翻起的翻板构造；③工作脚手架外侧应设置防护栏杆和挡脚板，挡脚板的高度不应小于 180mm，顶层防护栏杆高度不应小于 1.5m；④工作脚手架应设置固定牢靠的脚手板，其与结构之间的间距应符合国家现行标准《建筑施工扣件式钢管脚手架安全技术规范》JGJ 130 的相关规定。

液压升降整体脚手架的每个机位必须设置防坠落装置。防坠落装置的制动距离不得大于80mm。防坠落装置应设置在竖向主框架或附着支承结构上。防坠落装置使用完一个单体工程或停止使用6个月后，应经检验合格后方可再次使用。防坠落装置受力杆件与建筑结构必须可靠连接。

液压升降整体脚手架在升降工况下，竖向主框架位置的最上附着支承和最下附着支承之间的最小间距不得小于2.8m或1/4架体高度；在使用工况下，竖向主框架位置的最上附着支承和最下附着支承之间的最小间距不得小于5.6m或1/2架体高度。

技术人员和专业操作人员应熟练掌握液压升降整体脚手架的技术性能及安全要求。遇到雷雨、6级及以上大风、大雾、大雪天气时，必须停止施工。架体上人员应对设备、工具、零散材料、可移动的铺板等进行整理、固定，并应作好防护，全部人员撤离后应立即切断电源。液压升降整体脚手架施工区域内应有防雷设施，并应设置相应的消防设施。

液压升降整体脚手架安装、升降、拆除过程中，应统一指挥，在操作区域应设置安全警戒。升降过程中作业人员必须撤离工作脚手架。

液压升降整体脚手架应由有资质的安装单位施工。安装单位应核对脚手架搭设构（配）件、设备及周转材料的数量、规格，查验产品质量合格证、材质检验报告等文件资料。应核实预留螺栓孔或预埋件的位置和尺寸。应查验竖向主框架、水平支承、附着支承、液压升降装置、液压控制台、油管、各液压元件、防坠落装置、防倾覆装置、导向部件的数量和质量。应设置安装平台，安装平台应能承受安装时的垂直荷载。高度偏差应小于20mm；水平支承底平面高差应小于20mm。架体的垂直度偏差应小于架体全高的0.5%，且不应大于60mm。

安装过程中竖向主框架与建筑结构间应采取可靠的临时固定措施，确保竖向主框架的稳定。架体底部应铺设脚手板，脚手板与墙体间隙不应大于50mm，操作层脚手板应满铺牢固，孔洞直径宜小于25mm。剪刀撑斜杆与地面的夹角应为45°～60°。

每个竖向主框架所覆盖的每一楼层处应设置一道附着支承及防倾覆装置。防坠落装置应设置在竖向主框架处，防坠吊杆应附着在建筑结构上，且必须与建筑结构可靠连接。每一升降点应设置一个防坠落装置，在使用和升降工况下应能起作用。架体的外侧防护应采用安全密目网，安全密目网应布设在外立杆内侧。

在液压升降整体脚手架升降过程中，应设立统一指挥，统一信号。参与的作业人员必须服从指挥，确保安全。升降时应进行检查，并应符合下列要求：①液压控制台的压力表、指示灯、同步控制系统的工作情况应无异常现象；②各个机位建筑结构受力点的混凝土墙体或预埋件应无异常变化；③各个机位的竖向主框架、水平支承结构、附着支承结构、导向、防倾覆装置、受力构件应无异常现象；④各个防坠落装置的开启情况和失力锁紧工作应正常。当发现异常现象时，应停止升降工作，查明原因、隐患排除后方可继续进行升降工作

在使用过程中严禁下列违章作业：①架体上超载、集中堆载；②利用架体作为吊装点和张拉点；③利用架体作为施工外模板的支模架；④拆除安全防护设施和消防设施；⑤构件碰撞或扯动架体；⑥其他影响架体安全的违章作业。

施工作业时，应有足够的照度。作业期间，应每天清理架体、设备、构配件上的混凝

土、尘土和建筑垃圾。每完成一个单体工程，应对液压升降整体脚手架部件、液压升降装置、控制设备、防坠落装置等进行保养和维修。

液压升降整体脚手架的部件及装置，出现下列情况之一时，应予以报废：①焊接结构件严重变形或严重锈蚀；②螺栓发生严重变形、严重磨损、严重锈蚀；③液压升降装置主要部件损坏；④防坠落装置的部件发生明显变形。

液压升降整体脚手架的拆除工作应按专项施工方案执行，并应对拆除人员进行安全技术交底。液压升降整体脚手架的拆除工作宜在低空进行。拆除后的材料应随拆随运，分类堆放，严禁抛掷。

（6）建筑施工承插型盘扣式钢管支架安全技术规程

承插型盘扣式钢管支架，是指立杆采用套管承插连接，水平杆和斜杆采用杆端扣接头卡入连接盘，用楔形插销连接，形成结构几何不变体系的钢管支架。承插型盘扣式钢管支架由立杆、水平杆、斜杆、可调底座及可调托座等构配件构成。根据其用途可分为模板支架和脚手架两类。

《建筑施工承插型盘扣式钢管支架安全技术规程》JGJ 231—2010 规定，本规程适用于建筑工程和市政工程等施工中采用承插型盘扣式钢管支架搭设的模板支架和脚手架的设计、施工、验收和使用。承插型盘扣式钢管双排脚手架高度在 24m 以下时，可按本规程的构造要求搭设；模板支架和高度超过 24m 的双排脚手架应按本规程的规定对其结构构件及立杆地基承载力进行设计计算，并应根据本规程规定编制专项施工方案。

模板支架及脚手架施工前应根据施工对象情况、地基承载力、搭设高度，按本规程的基本要求编制专项施工方案，并应经审核批准后实施。搭设操作人员必须经过专业技术培训和专业考试合格后，持证上岗。模板支架及脚手架搭设前，施工管理人员应按专项施工方案的要求对操作人员进行技术和安全作业交底。

进入施工现场的钢管支架及构配件质量应在使用前进行复检。经验收合格的构配件应按品种、规格分类码放，并应标挂数量规格铭牌备用。构配件堆放场地应排水畅通、无积水。当采用预埋方式设置脚手架连墙件时，应提前与相关部门协商，并应按设计要求预埋。模板支架及脚手架搭设场地必须平整、坚实、有排水措施。

专项施工方案应包括下列内容：①工程概况、设计依据、搭设条件、搭设方案设计；②搭设施工图，包括下列内容：a. 架体的平面、立面、剖面图和节点构造详图；b. 脚手架连墙件的布置及构造图；c. 脚手架转角、门洞口的构造图；d. 脚手架斜梯布置及构造图，结构设计方案；③基础做法及要求；④架体搭设及拆除的程序和方法；⑤季节性施工措施；⑥质量保证措施；⑦架体搭设、使用、拆除的安全措施；⑧设计计算书；⑨应急预案。

模板支架与脚手架基础应按专项施工方案进行施工，并应按基础承载力要求进行验收。土层地基上的立杆应采用可调底座和垫板，垫板的长度不宜少于 2 跨。当地基高差较大时，可利用立杆 0.5m 节点位差配合可调底座进行调整。模板支架及脚手架应在地基基础验收合格后搭设。

模板支架立杆搭设位置应按专项施工方案放线确定。模板支架搭设应根据立杆放置可调底座，应按先立杆后水平杆再斜杆的顺序搭设，形成基本的架体单元，应以此扩展搭设成整体支架体系。可调底座和土层基础上垫板应准确放置在定位线上，保持水平。垫板应平整、无翘曲，不得采用已开裂垫板。立杆应通过立杆连接套管连接，在同一水平高度内相邻立杆连接套管接头的位置宜错开，且错开高度不宜小于75mm。模板支架高度大于8m时，错开高度不宜小于500mm。水平杆扣接头与连接盘的插销应用铁锤击紧至规定插入深度的刻度线。

每搭完一步支模架后，应及时校正水平杆步距，立杆的纵、横距，立杆的垂直偏差和水平杆的水平偏差。在多层楼板上连续设置模板支架时，应保证上下层支撑立杆在同一轴线上。混凝土浇筑前施工管理人员应组织对搭设的支架进行验收，并应确认符合专项施工方案要求后浇筑混凝土。

拆除作业应按先搭后拆、后搭先拆的原则，从顶层开始，逐层向下进行，严禁上下层同时拆除，严禁抛掷。分段、分立面拆除时，应确定分界处的技术处理方案，并应保证分段后架体稳定。

双排外脚手架立杆应定位准确，并应配合施工进度搭设，一次搭设高度不应超过相邻连墙件以上两步。连墙件应随脚手架高度上升在规定位置处设置，不得任意拆除。作业层设置应符合下列要求：①应满铺脚手板；②外侧应设挡脚板和防护栏杆，防护栏杆可在每层作业面立杆的0.5m和1.0m的盘扣节点处布置上、中两道水平杆，并应在外侧满挂密目安全网；③作业层与主体结构间的空隙应设置内侧防护网。当脚手架搭设至顶层时，外侧防护栏杆高出顶层作业层的高度不应小于1500mm。脚手架拆除应按后装先拆、先装后拆的原则进行，严禁上下同时作业。连墙件应随脚手架逐层拆除，分段拆除的高度差不应大于两步。如因作业条件限制，出现高度差大于两步时，应增设连墙件加固。

对进入现场的钢管支架构配件的检查与验收应符合下列规定：①应有钢管支架产品标识及产品质量合格证；②应有钢管支架产品主要技术参数及产品使用说明书；③当对支架质量有疑问时，应进行质量抽检和试验。

模板支架应根据下列情况按进度分阶段进行检查和验收：①基础完工后及模板支架搭设前；②超过8m的高支模架搭设至一半高度后；③搭设高度达到设计高度后和混凝土浇筑前。

脚手架应根据下列情况按进度分阶段进行检查和验收：①基础完工后及脚手架搭设前；②首段高度达到6m时；③架体随施工进度逐层升高时；④搭设高度达到设计高度后。

模板支架和脚手架的搭设人员应持证上岗。支架搭设作业人员应正确佩戴安全帽、安全带和防滑鞋。模板支架混凝土浇筑作业层上的施工荷载不应超过设计值。混凝土浇筑过程中，应派专人在安全区域内观测模板支架的工作状态，发生异常时观测人员应及时报告施工负责人，情况紧急时施工人员应迅速撤离，并应进行相应加固处理。模板支架及脚手架使用期间，不得擅自拆除架体结构杆件。如需拆除时，必须报请工程项目技术负责人以及总监理工程师同意，确定防控措施后方可实施。

严禁在模板支架及脚手架基础开挖深度影响范围内进行挖掘作业。拆除的支架构件应安全地传递至地面，严禁抛掷。

高支模区域内，应设置安全警戒线，不得上下交叉作业。在脚手架或模板支架上进行电气焊作业时，必须有防火措施和专人监护。模板支架及脚手架应与架空输电线路保持安全距离，工地临时用电线路架设及脚手架接地防雷击措施等应按现行行业标准《施工现场临时用电安全技术规范》JGJ46 的有关规定执行。

（7）建筑施工木脚手架安全技术标准

《建筑施工木脚手架安全技术规范》JGJ 164—2008 规定，本规范适用于工业与民用建筑一般多层房屋和构筑物施工用落地式的单、双排木脚手架的设计、施工、拆除和管理。

当选材、材质和构造符合本规范的规定时，脚手架搭设高度应符合下列规定：①单排架不得超过 20m；②双排架不得超过 25m，当需超过 25m 时，应按本规范进行设计计算确定，但增高后的总高度不得超过 30m。

单排脚手架的搭设不得用于墙厚在 180mm 及以下的砌体土坯和轻质空心砖墙以及砌筑砂浆强度在 M1.0 以下的墙体。空斗墙上留置脚手眼时，横向水平杆下必须实砌两皮砖。砖砌体的下列部位不得留置脚手眼：①砖过梁上与梁成 60°角的三角形范围内；②砖柱或宽度小于 740mm 的窗间墙；③梁和梁垫下及其左右各 370mm 的范围内；④门窗洞口两侧 240mm 和转角处 420mm 的范围内；⑤设计图纸上规定不允许留洞眼的部位。

在大雾、大雨、大雪和六级以上的大风天，不得进行脚手架在高处的搭设作业。雨雪后搭设时必须采取防滑措施。搭设脚手架时，操作人员应戴好安全帽，在 2m 以上高处作业，应系安全带。

剪刀撑的设置应符合下列规定：①单、双排脚手架的外侧均应在架体端部、转折角和中间每隔 15m 的净距内，设置纵向剪刀撑，并应由底至顶连续设置；剪刀撑的斜杆应至少覆盖 5 根立杆。斜杆与地面倾角应在 45°～60°之间。当架长在 30m 以内时，应在外侧立面整个长度和高度上连续设置多跨剪刀撑。②剪刀撑的斜杆的端部应置于立杆与纵、横向水平杆相交节点处，与横向水平杆绑扎应牢固。中部与立杆及纵、横向水平杆各相交处均应绑扎牢固。③对不能交圈搭设的单片脚手架，应在两端端部从底到上连续设置横向斜撑。④斜撑或剪刀撑的斜杆底端埋入土内深度不得小于 0.3m。

进行脚手架拆除作业时，应统一指挥，信号明确，上下呼应，动作协调；当解开与另一人有关的结扣时，应先通知对方，严防坠落。在高处进行拆除作业的人员必须佩戴安全带，其挂钩必须挂于牢固的构件上，并应站立于稳固的杆件上。拆除顺序应由上而下、先绑后拆、后绑先拆。应先拆除栏杆、脚手板、剪刀撑、斜撑，后拆除横向水平杆、纵向水平杆、立杆等，一步一清，依次进行。严禁上下同时进行拆除作业。

木脚手架的搭设、维修和拆除，必须编制专项施工方案；作业前，应向操作人员进行安全技术交底，并应按方案实施。在邻近脚手架的纵向和危及脚手架基础的地方，不得进行挖掘作业。在脚手架上进行电气焊作业时，应有可靠的防火安全措施，并设专人监护。脚手架支承于永久性结构上时，传递给永久性结构的荷载不得超过其设计允许值。上料平台应独立搭设，严禁与脚手架共用杆件。用吊笼运砖时，严禁直接放于外脚手架上。不得在单排架上使用运料小车。

不得在各种杆件上进行钻孔、刀削和斧砍。每年均应对所使用的脚手板和各种杆件进行外观检查，严禁使用有腐朽、虫蛀、折裂、扭裂和纵向严重裂缝的杆件。作业层的连墙件不得承受脚手板及由其所传递来的一切荷载。脚手架离高压线的距离应符合国家现行标准《施工现场临时用电安全技术规范》JGJ 46—2005 中的规定。

脚手架投入使用前，应先进行验收，合格后方可使用；搭设过程中每隔四步至搭设完毕均应分别进行验收。停工后又重新使用的脚手架，必须按新搭脚手架的标准检查验收，合格后方可使用。

施工过程中，严禁随意抽拆架上的各类杆件和脚手板，并应及时清除架上的垃圾和冰雪。当出现大风雨、冰雪解冻等情况时，应进行检查，对立杆下沉、悬空、接头松动、架子歪斜等现象，应立即进行维修和加固，确保安全后方可使用。

搭设脚手架时，应有保证安全上下的爬梯或斜道，严禁攀登架体上下。脚手架在使用过程中，应经常检查维修，发现问题必须及时处理解决。脚手架拆除时应划分作业区，周围应设置围栏或竖立警戒标志，并应设专人看管，严禁非作业人员入内。

3. 基坑支护、土方作业安全技术标准的要求

基坑支护、土方作业安全技术标准主要有《建筑边坡工程技术规范》GB 50330—2013、《建筑基坑支护技术规程》JGJ 120—2012、《建筑基坑工程监测技术规范》GB 50497—2009、《建筑施工土石方工程安全技术规范》JGJ 180—2009、《湿陷性黄土地区建筑基坑工程安全技术规程》JGJ 167—2009 等。

（1）建筑边坡工程技术规范

建筑边坡指在建筑场地及其周边，由于建筑工程和市政工程开挖或填筑施工所形成的人工边坡和对建（构）筑物安全或稳定有不利影响的自然斜坡。边坡支护指为保证边坡稳定及其环境的安全，对边坡采取的结构性支挡、加固与防护行为。边坡环境指边坡影响范围内或影响边坡安全的岩土体、水系、建（构）筑物、道路及管网等的统称。永久性边坡指设计使用年限超过 2 年的边坡。临时性边坡指设计使用年限不超过 2 年的边坡。

锚杆（索）指将拉力传至稳定岩土层的构件（或系统）。当采用钢绞线或高强钢丝束并施加一定的预拉应力时，称为锚索。锚杆挡墙指由锚杆（索）、立柱和面板组成的支护结构。锚喷支护指由锚杆和喷射混凝土面板组成的支护结构。重力式挡墙指依靠自身重力使边坡保持稳定的支护结构。扶壁式挡墙指由立板、底板、扶壁和墙后填土组成的支护结构。桩板式挡墙指由抗滑桩和桩间挡板等构件组成的支护结构。坡率法指通过调整、控制边坡坡率维持边坡整体稳定和采取构造措施保证边坡及坡面稳定的边坡治理方法。工程滑坡指因建筑和市政建设等工程行为而诱发的滑坡。软弱结构面指断层破碎带、软弱夹层、含泥或岩屑等结合程度很差、抗剪强度极低的结构面。外倾结构面指倾向坡外的结构面。边坡塌滑区指计算边坡最大侧压力时潜在滑动面和控制边坡稳定的外倾结构面以外的区域。岩体等效内摩擦角包括边坡岩体黏聚力、重度和边坡高度等因素影响的综合内摩擦角。

动态设计法指根据信息法施工和施工勘察反馈的资料，对地质结论、设计参数及设计方案进行再验证，确认原设计条件有较大变化，及时补充、修改原设计的设计方法。信息法施工指根据施工现场的地质情况和监测数据，对地质结论、设计参数进行验证，对施工安全性进行判断并及时修正施工方案的施工方法。逆作法指在建筑边坡工程施工中自上而下分阶开挖及支护的施工方法。土层锚杆指锚固于稳定土层中的锚杆。岩石锚杆指锚固于

稳定岩层内的锚杆。系统锚杆指为保证边坡整体稳定，在坡体上按一定方式设置的锚杆群。坡顶重要建（构）筑物指位于边坡坡顶上的破坏后果很严重、严重的建（构）筑物。荷载分散型锚杆指在锚杆孔内，由多个独立的单元锚杆所组成的复合锚固体系。每个单元锚杆由独立的自由段和锚固段构成，能使锚杆所承担的荷载分散于各单元锚杆的锚固段上。一般可分为压力分散型锚杆和拉力分散型锚杆。地基系数指弹性半空间地基上某点所受的法向压力与相应位移的比值，又称温克尔系数。

《建筑边坡工程技术规范》GB 50330—2013 规定，本规范适用于岩质边坡高度为 30m 以下（含 30m）、土质边坡高度为 15m 以下（含 15m）的建筑边坡工程以及岩石基坑边坡工程。超过上述限定高度的边坡工程或地质和环境条件复杂的边坡工程除应符合本规范的规定外，尚应进行专项设计，采取有效、可靠的加强措施。软土、湿陷性黄土、冻土、膨胀土和其他特殊性岩土以及侵蚀性环境的建筑边坡工程，尚应符合国家现行相应专业标准的规定。

建筑边坡工程应综合考虑工程地质、水文地质、边坡高度、环境条件、各种作用、邻近的建（构）筑物、地下市政设施、施工条件和工期等因素，因地制宜，精心设计，精心施工。

建筑边坡工程设计时应取得下列资料：①工程用地红线图、建筑平面布置总图、相邻建筑物的平、立、剖面和基础图等；②场地和边坡勘察资料；③边坡环境资料；④施工条件、施工技术、设备性能和施工经验等资料；⑤有条件时宜取得类似边坡工程的经验。一级边坡工程应采用动态设计法。二级边坡工程宜采用动态设计法。建筑边坡工程的设计使用年限不应低于被保护的建（构）筑物设计使用年限。建筑边坡支护结构形式应考虑场地地质和环境条件、边坡高度、边坡侧压力的大小和特点、对边坡变形控制的难易程度以及边坡工程安全等级等因素。

规模大、破坏后果很严重、难以处理的滑坡、危岩、泥石流及断层破碎带地区，不应修筑建筑边坡。山区工程建设时应根据地质、地形条件及工程要求，因地制宜设置边坡，避免形成深挖高填的边坡工程。对稳定性较差且边坡高度较大的边坡工程宜采用放坡或分阶放坡方式进行治理。当边坡坡体内洞室密集而对边坡产生不利影响时，应根据洞室大小和深度等因素进行稳定性分析，采取相应的加强措施。存在临空外倾结构面的岩土质边坡，支护结构基础必须置于外倾结构面以下稳定地层内。

边坡工程平面布置、竖向及立面设计应考虑对周边环境的影响，做到美化环境，体现生态保护要求。当施工期边坡变形较大且大于规范、设计允许值时，应采取包括边坡施工期临时加固措施的支护方案。对已出现明显变形、发生安全事故及使用条件发生改变的边坡工程，其鉴定和加固应按现行国家标准《建筑边坡工程鉴定与加固技术规范》GB 50843—2013 的有关规定执行。下列边坡工程的设计及施工应进行专门论证：①高度超过本规范适用范围的边坡工程；②地质和环境条件复杂、稳定性极差的一级边坡工程；③边坡塌滑区有重要建（构）筑物、稳定性较差的边坡工程；④采用新结构、新技术的一、二级边坡工程。建筑边坡工程的混凝土结构耐久性设计应符合现行国家标准《混凝土结构设计规范》GB 50010—2010 的规定。

边坡工程应根据其损坏后可能造成的破坏后果（危及人的生命、造成经济损失、产生不良社会影响）的严重性、边坡类型和边坡高度等因素，确定边坡工程安全等级。一个边坡工程的各段，可根据实际情况采用不同的安全等级；对危害性极严重、环境和地质条件复杂的边坡工程，其安全等级应根据工程情况适当提高。破坏后果很严重、严重的下列边坡工程，其安全等级应定为一级：①由外倾软弱结构面控制的边坡工程；②工程滑坡地段的边坡工程；③边坡塌滑区有重要建（构）筑物的边坡工程。

边坡工程应根据安全等级、边坡环境、工程地质和水文地质、支护结构类型和变形控制要求等条件编制施工方案，采取合理、可行、有效的措施保证施工安全。对土石方开挖后不稳定或欠稳定的边坡，应根据边坡的地质特征和可能发生的破坏方式等情况，采取自上而下、分段跳槽、及时支护的逆作法或部分逆作法施工。未经设计许可严禁大开挖、爆破作业。不应在边坡潜在塌滑区超量堆载。

边坡工程的临时性排水措施应满足地下水、暴雨和施工用水等的排放要求，有条件时宜结合边坡工程的永久性排水措施进行。边坡工程开挖后应及时按设计实施支护结构施工或采取封闭措施。一级边坡工程施工应采用信息法施工。边坡工程施工应进行水土流失、噪声及粉尘控制等的环境保护。边坡工程施工除应符合本章规定外，尚应符合本规范其他有关章节及现行国家标准《土方与爆破工程施工及验收规范》GB 50201—2012 的有关规定。

边坡工程的施工组织设计应包括下列基本内容：①工程概况　边坡环境及邻近建（构）筑物基础概况、场区地形、工程地质与水文地质特点、施工条件、边坡支护结构特点、必要的图件及技术难点。②施工组织管理　组织机构图及职责分工，规章制度及落实合同工期。③施工准备　熟悉设计图、技术准备、施工所需的设备、材料进场、劳动力等计划。④施工部署　平面布置，边坡施工的分段分阶、施工程序。⑤施工方案　土石方及支护结构施工方案、附属构筑物施工方案、试验与监测。⑥施工进度计划　采用流水作业原理编制施工进度、网络计划及保证措施。⑦质量保证体系及措施。⑧安全管理及文明施工。

信息法施工的准备工作应包括下列内容：①熟悉地质及环境资料，重点了解影响边坡稳定性的地质特征和边坡破坏模式；②了解边坡支护结构的特点和技术难点，掌握设计意图及对施工的特殊要求；③了解坡顶需保护的重要建（构）筑物基础、结构和管线情况及其要求，必要时采取预加固措施；④收集同类边坡工程的施工经验；⑤参与制定和实施边坡支护结构、邻近建（构）筑物和管线的监测方案；⑥制定应急预案。

信息法施工应符合下列规定：①按设计要求实施监测，掌握边坡工程监测情况；②编录施工现场揭示的地质状态与原地质资料对比变化图，为施工勘察提供资料；③根据施工方案，对可能出现的开挖不利工况进行边坡及支护结构强度、变形和稳定验算；④建立信息反馈制度，当开挖后的实际地质情况与原勘察资料变化较大，支护结构变形较大，监测值达到报警值等不利于边坡稳定的情况发生时，应及时向设计、监理、业主通报，并根据设计处理措施调整施工方案；⑤施工中出现险情时应按本规范要求进行处理。

岩石边坡开挖爆破施工应采取避免边坡及邻近建（构）筑物震害的工程措施。当地质条件复杂、边坡稳定性差、爆破对坡顶建（构）筑物震害较严重时，不应采用爆破开挖方案。边坡爆破施工应符合下列规定：①在爆破危险区应采取安全保护措施；②爆破前应对爆破影响区建（构）筑物的原有状况进行查勘记录，并布设好监测点；③爆破施工应符合本规范要求；当边坡开挖采用逆作法时，爆破应配合放阶施工；当爆破危害较大时，应采取控制爆破措施；④支护结构坡面爆破宜采用光面爆破法；爆破坡面宜预留部分岩层采用人工挖掘修整；⑤爆破施工技术尚应符合国家现行有关标准的规定。对稳定性较差的边坡或爆破影响范围内坡顶有重要建筑物的边坡，爆破震动效应通过爆破震动效应监测或试爆试验确定。

当边坡变形过大，变形速率过快，周边环境出现沉降开裂等险情时，应暂停施工，并根据险情状况采用下列应急处理措施：①坡底被动区临时压重；②坡顶主动区卸土减载，并应严格控制卸载程序；③做好临时排水、封面处理；④临时加固支护结构；⑤加强险情区段监测；⑥立即向勘察、设计等单位反馈信息，及时按施工现状开展勘察及设计资料复审工作。

边坡施工出现险情时，施工单位应做好边坡支护结构及边坡环境异常情况收集、整理、汇编等工作。边坡施工出现险情后，施工单位应会同相关单位查清险情原因，并应按边坡排危抢险方案的原则制定施工抢险方案。施工单位应根据施工抢险方案及时开展边坡工程抢险工作。

（2）建筑基坑支护技术规程

基坑是指为进行建（构）筑物地下部分的施工由地面向下开挖出的空间。基坑支护是指为保护地下主体结构施工和基坑周边环境的安全，对基坑采用的临时性支挡、加固、保护与地下水控制的措施。

《建筑基坑支护技术规程》JGJ 120—2012 规定，本规程适用于一般地质条件下临时性建筑基坑支护的勘察、设计、施工、检测、基坑开挖与监测。对湿陷性土、多年冻土、膨胀土、盐渍土等特殊土或岩石基坑，应结合当地工程经验应用本规程。

基坑支护设计、施工与基坑开挖，应综合考虑地质条件、基坑周边环境要求、主体地下结构要求、施工季节变化及支护结构使用期等因素，因地制宜、合理选型、优化设计、精心施工、严格监控。基坑支护应满足下列功能要求：1）保证基坑周边建（构）筑物、地下管线、道路的安全和正常使用；2）保证主体地下结构的施工空间。

地下水控制应根据工程地质和水文地质条件、基坑周边环境要求及支护结构形式选用截水、降水、集水明排方法或其组合。当降水会对基坑周边建（构）筑物、地下管线、道路等造成危害或对环境造成长期不利影响时，应采用截水方法控制地下水。采用悬挂式帷幕时，应同时采用坑内降水，并宜根据水文地质条件结合坑外回灌措施。

基坑开挖应符合下列规定：1）当支护结构构件强度达到开挖阶段的设计强度时，方可下挖基坑；对采用预应力锚杆的支护结构，应在锚杆施加预加力后，方可下挖基坑；对土钉墙，应在土钉、喷射混凝土面层的养护时间大于 2d 后，方可下挖基坑；2）应按支护结构设计规定的施工顺序和开挖深度分层开挖；3）锚杆、土钉的施工作业面与锚杆、土钉的高差不宜大于 500mm；4）开挖时，挖土机械不得碰撞或损害锚杆、腰梁、土钉墙面、内支撑及其连接件等构件，不得损害已施工的基础桩；5）当基坑采用降水时，应在降水后开挖地下水位以下的土方；6）当开挖揭露的实际土层性状或地下水情况与设计依据的勘察资料明显不符，或出现异常现象、不明物体时，应停止开挖，在采取相应处理措施后方可继续开挖；7）挖至坑底时，应避免扰动基底持力土层的原状结构。

软土基坑开挖除应符合以上规定外，尚应符合下列规定：1）应按分层、分段、对称、均衡、适时的原则开挖；2）当主体结构采用桩基础且基础桩已施工完成时，应根据开挖面下软土的性状，限制每层开挖厚度，不得造成基础桩偏位；3）对采用内支撑的支护结构，宜采用局部开槽方法浇筑混凝土支撑或安装钢支撑；开挖到支撑作业面后，应及时进行支撑的施工；4）对重力式水泥土墙，沿水泥土墙方向应分区段开挖，每一开挖区段的长度不宜大于40m。

当基坑开挖面上方的锚杆、土钉、支撑未达到设计要求时，严禁向下超挖土方。采用锚杆或支撑的支护结构，在未达到设计规定的拆除条件时，严禁拆除锚杆或支撑。基坑周边施工材料、设施或车辆荷载严禁超过设计要求的地面荷载限值。

基坑开挖和支护结构使用期内，应按下列要求对基坑进行维护：1）雨期施工时，应在坑顶、坑底采取有效的截排水措施；对地势低洼的基坑，应考虑周边汇水区域地面径流向基坑汇水的影响；排水沟、集水井应采取防渗措施；2）基坑周边地面宜作硬化或防渗处理；3）基坑周边的施工用水应有排放系统，不得渗入土体内；4）当坑体渗水、积水或有渗流时，应及时进行疏导、排泄、截断水源；5）开挖至坑底后，应及时进行混凝土垫层和主体地下结构施工；6）主体地下结构施工时，结构外墙与基坑侧壁之间应及时回填。

在支护结构施工、基坑开挖期间以及支护结构使用期内，应对支护结构和周边环境的状况随时进行巡查，现场巡查时应检查有无下列现象及其发展情况：1）基坑外地面和道路开裂、沉陷；2）基坑周边建（构）筑物、围墙开裂、倾斜；3）基坑周边水管漏水、破裂，燃气管漏气；4）挡土构件表面开裂；5）锚杆锚头松动，锚具夹片滑动，腰梁及支座变形，连接破损等；6）支撑构件变形、开裂；7）土钉墙土钉滑脱，土钉墙面层开裂和错动；8）基坑侧壁和截水帷幕渗水、漏水、流砂等；9）降水井抽水异常，基坑排水不通畅。

支护结构的安全等级分为三级：一级，支护结构失效、土体过大变形对基坑周边环境或主体结构施工安全的影响很严重；二级，支护结构失效、土体过大变形对基坑周边环境或主体结构施工安全的影响严重；三级，支护结构失效、土体过大变形对基坑周边环境或主体结构施工安全的影响不严重。安全等级为一级、二级的支护结构，在基坑开挖过程与支护结构使用期内，必须进行支护结构的水平位移监测和基坑开挖影响范围内建（构）筑物、地面的沉降监测。

基坑监测数据、现场巡查结果应及时整理和反馈。当出现下列危险征兆时应立即报警：1）支护结构位移达到设计规定的位移限值；2）支护结构位移速率增长且不收敛；3）支护结构构件的内力超过其设计值；4）基坑周边建（构）筑物、道路、地面的沉降达到设计规定的沉降、倾斜限值；基坑周边建（构）筑物、道路、地面开裂；5）支护结构构件出现影响整体结构安全性的损坏；6）基坑出现局部坍塌；7）开挖面出现隆起现象；8）基坑出现流土、管涌现象。

支护结构或基坑周边环境出现以上规定的报警情况或其他险情时，应立即停止开挖，并应根据危险产生的原因和可能进一步发展的破坏形式，采取控制或加固措施。危险消除后，方可继续开挖。必要时，应对危险部位采取基坑回填、地面卸土、临时支撑等应急措施。当危险由地下水管道渗漏、坑体渗水造成时，应及时采取截断渗漏水源、疏排渗水等措施。

（3）建筑基坑工程监测技术规范

《建筑基坑工程监测技术规范》GB 50497—2009 规定，本规范适用于一般土及软土建筑基坑工程监测，不适用于岩石建筑基坑工程以及冻土、膨胀土、湿陷性黄土等特殊土和侵蚀性环境的建筑基坑工程监测。

开挖深度大于等于 5m 或开挖深度小于 5m 但现场地质情况和周围环境较复杂的基坑工程以及其他需要监测的基坑工程应实施基坑工程监测。基坑工程施工前，应由建设方委托具备相应资质的第三方对基坑工程实施现场监测。监测单位应编制监测方案，监测方案需经建设方、设计方、监理方等认可，必要时还需与基坑周边环境涉及的有关管理单位协商一致后方可实施。

下列基坑工程的监测方案应进行专门论证：1）地质和环境条件复杂的基坑工程。2）临近重要建筑和管线，以及历史文物、优秀近现代建筑、地铁、隧道等破坏后果很严重的基坑工程。3）已发生严重事故，重新组织施工的基坑工程。4）采用新技术、新工艺、新材料、新设备的一、二级基坑工程。5）其他需要论证的基坑工程。

基坑工程的现场监测应采用仪器监测与巡视检查相结合的方法。基坑工程现场监测的对象应包括：1）支护结构。2）地下水状况。3）基坑底部及周边土体。4）周边建筑。5）周边管线及设施。6）周边重要的道路。7）其他应监测的对象。基坑工程施工和使用期内，每天均应由专人进行巡视。

当出现下列情况之一时，必须立即进行危险报警，并应对基坑支护结构和周边环境中的保护对象采取应急措施。1）监测数据达到监测报警值的累计值。2）基坑支护结构或周边土体的位移值突然明显增大或基坑出现流沙、管涌、隆起、陷落或较严重的渗漏等。3）基坑支护结构的支撑或锚杆体系出现过大变形、压屈、断裂、松弛或拔出的迹象。4）周边建筑的结构部分、周边地面出现较严重的突发裂缝或危害结构的变形裂缝。5）周边管线变形突然明显增长或出现裂缝、泄漏等。6）根据当地工程经验判断，出现其他必须进行危险报警的情况。

（4）建筑施工土石方工程安全技术标准

《建筑施工土石方工程安全技术规范》JGJ 180—2009 规定，本规范适用于工业与民用建筑及构筑物工程的土石方施工与安全。

土石方工程施工应由具有相应资质及安全生产许可证的企业承担。土石方工程应编制专项施工安全方案，并应严格按照方案实施。施工前应针对安全风险进行安全教育及安全技术交底。特种作业人员必须持证上岗，机械操作人员应经过专业技术培训。施工现场发现危及人身安全和公共安全的隐患时，必须立即停止作业，排除隐患后方可恢复施工。

土石方施工的机械设备应有出厂合格证书，必须按照出厂使用说明书规定的技术性能、承载能力和使用条件等要求，正确操作，合理使用，严禁超载作业或任意扩大使用范围。机械设备进场前，应对现场和行进道路进行踏勘。不满足通行要求的地段应采取必要的措施。作业前应检查施工现场，查明危险源。机械作业不宜在有地下电缆或燃气管道等 2m 半径范围内进行。

作业时操作人员不得擅自离开岗位或将机械设备交给其他无证人员操作，严禁疲劳和酒后作业。严禁无关人员进入作业区和操作室。机械设备连续作业时，应遵守交接班制度。配合机械设备作业的人员，应在机械设备的回转半径以外工作；当在回转半径内作业时，必须有专人协调指挥。遇到下列情况之一时应立即停止作业：1）填挖区土体不稳定、有坍塌可能；2）地面涌水冒浆，出现陷车或因下雨发生坡道打滑；3）发生大雨、雷电、浓雾、水位暴涨及山洪暴发等情况；4）施工标志及防护设施被损坏；5）工作面净空不足以保证安全作业；6）出现其他不能保证作业和运行安全的情况。

机械设备运行时，严禁接触转动部位和进行检修。夜间工作时，现场必须有足够照明；机械设备照明装置应完好无损。机械设备在冬期使用，应遵守有关规定。冬、雨期施工时，应及时清除场地和道路上的冰雪、积水，并应采取有效的防滑措施。作业结束后，应将机械设备停到安全地带。操作人员非作业时间不得停留在机械设备内。

挖掘机挖掘前，驾驶员应发出信号，确认安全后方可启动设备。设备操作过程中应平稳，不宜紧急制动。当铲斗未离开工作面时，不得作回转、行走等动作。铲斗升降不得过猛，下降时不得碰撞车架或履带。装车作业应在运输车停稳后进行，铲斗不得撞击运输车任何部位；回转时严禁铲斗从运输车驾驶室顶上越过。拉铲或反铲作业时，挖掘机履带到工作面边缘的安全距离不应小于1.0m。挖掘机行驶或作业中，不得用铲斗吊运物料，驾驶室外严禁站人。

推土机工作时严禁有人站在履带或刀片的支架上。推土机向沟槽回填土时应设专人指挥，严禁推铲越出边缘。两台以上推土机在同一区域作业时，两机前后距离不得小于8m，平行时左右距离不得小于1.5m。

自行式铲运机沿沟边或填方边坡作业时，轮胎离路肩不得小于0.7m，并应放低铲斗，低速缓行。两台以上铲运机在同一区域作业时，自行式铲运机前后距离不得小于20m（铲土时不得小于10m），拖式铲运机前后距离不得小于10m（铲土时不得小于5m）；平行时左右距离均不得小于2m。

装载机作业时应使用低速档。严禁铲斗载人。装载机不得在倾斜度超过规定的场地上工作。向汽车装料时，铲斗不得在汽车驾驶室上方越过。不得偏载、超载。在边坡、壕沟、凹坑卸料时，应有专人指挥，轮胎距沟、坑边缘的距离应大于1.5m，并应放置挡木阻滑。

压路机碾压的工作面，应经过适当平整。压路机工作地段的纵坡坡度不应超过其最大爬坡能力，横坡坡度不应大于20°。修筑坑边道路时，必须由里侧向外侧碾压。距路基边缘不得小于1m。严禁用压路机拖带任何机械、物件。两台以上压路机在同一区域作业时，前后距离不得小于3m。

载重汽车向坑洼区域卸料时，应和边坡保持安全距离，防止塌方翻车。严禁在斜坡侧向倾卸。载重汽车卸料后，应使车厢落下复位后方可起步，不得在未落车厢的情况下行驶。车厢内严禁载人。

蛙式夯实机的扶手和操作手柄必须加装绝缘材料，操作开关必须使用定向开关，进线口必须加胶圈。夯实机的电缆线不宜长于50m，不得扭结、缠绕或张拉过紧，应保持有至少3～4m的余量。操作人员必须戴绝缘手套、穿绝缘鞋，必须采取一人操作、一人拉线作业。多台夯机同时作业时，其并列间距不宜小于5m，纵列间距不宜小于10m。

小翻斗车运输构件宽度不得超过车宽，高度不得超过1.5m（从地面算起）。下坡时严禁空挡滑行；严禁在大于25°的陡坡上向下行驶。在坑槽边缘倒料时，必须在距离坑槽0.8～1.0m处设置安全挡块。严禁骑沟倒料。翻斗车行驶的坡道应平整且宽度不得小于2.3m。翻斗车行驶中，车架上和料斗内严禁站人。

土石方施工区域应在行车行人可能经过的路线点处设置明显的警示标志。有爆破、塌方、滑坡、深坑、高空滚石、沉陷等危险的区域应设置防护栏栅或隔离带。施工现场临时用电应符合现行行业标准《施工现场临时用电安全技术规范》JGJ 46—2005的规定。施工现场临时供水管线应埋设在安全区域，冬期应有可靠的防冻措施。供水管线穿越道路时应有可靠的防振防压措施。

土石方爆破工程应由具有相应爆破资质和安全生产许可证的企业承担。爆破作业人员应取得有关部门颁发的资格证书，做到持证上岗。爆破工程作业现场应由具有相应资格的技术人员负责指导施工。A级、B级、C级和对安全影响较大的D级爆破工程均应编制爆破设计书，并对爆破方案进行专家论证。爆破警戒范围由设计确定。在危险区边界，应设有明显标志，并派出警戒人员。爆破警戒时，应确保指挥部、起爆站和各警戒点之间有良好的通信联络。爆破后应检查有无盲炮及其他险情。当有盲炮及其他险情时，应及时上报并处理，同时在现场设立危险标志。

爆破作业环境有下列情况时，严禁进行爆破作业：1）爆破可能产生不稳定边坡、滑坡、崩塌的危险；2）爆破可能危及建（构）筑物、公共设施或人员的安全；3）恶劣天气条件下。爆破作业环境有下列情况时，不应进行爆破作业：1）药室或炮孔温度异常，而无有效针对措施；2）作业人员和设备撤离通道不安全或堵塞。

基坑工程应按现行行业标准《建筑基坑支护技术规程》JGJ 120—2012进行设计；必须遵循先设计后施工的原则；应按设计和施工方案要求，分层、分段、均衡开挖。土方开挖前，应查明基坑周边影响范围内建（构）筑物、上下水、电缆、燃气、排水及热力等地下管线情况，并采取措施保护其使用安全。基坑开挖深度范围内有地下水时，应采取有效的地下水控制措施。基坑工程应编制应急预案。

开挖深度超过2m的基坑周边必须安装防护栏杆。防护栏杆应符合下列规定：1）防护栏杆高度不应低于1.2m；2）防护栏杆应由横杆及立杆组成，横杆应设2～3道，下杆离地高度宜为0.3～0.6m，上杆离地高度宜为1.2～1.5m，立杆间距不宜大于2.0m，立杆离坡边距离宜大于0.5m；3）防护栏杆宜加挂密目安全网和挡脚板，安全网应自上而下封闭设置，挡脚板高度不应小于180mm，挡脚板下沿离地高度不应大于10mm；4）防护栏杆应安装牢固，材料应有足够的强度。

深基坑开挖过程中必须进行基坑变形监测，发现异常情况应及时采取措施。当基坑开挖过程中出现位移超过预警值、地表裂缝或沉陷等情况时，应及时报告有关方面。出现塌方险情等征兆时，应立即停止作业，组织撤离危险区域，并立即通知有关方面进行研究处理。

边坡工程应按现行国家标准《建筑边坡工程技术规范》GB 50330—2013进行设计；应遵循先设计后施工，边施工边治理，边施工边监测的原则。边坡开挖施工区域应有临时排水及防雨措施。边坡开挖前，应清除边坡上方已松动的石块及可能崩塌的土体。

边坡开挖前应设置变形监测点，定期监测边坡的变形。边坡开挖过程中出现沉降、裂缝等险情时，应立即向有关方面报告，并根据险情采取如下措施：1）暂停施工，转移危险区内人员和设备；2）对危险区域采取临时隔离措施，并设置警示标志；3）坡脚被动区压重或坡顶主动区卸载；4）作好临时排水、封面处理；5）采取应急支护措施。

（5）湿陷性黄土地区建筑基坑工程安全技术规程

湿陷性黄土，是指在一定压力的作用下受水浸湿时，土的结构迅速破坏，并产生显著附加下沉的黄土。

《湿陷性黄土地区建筑基坑工程安全技术规程》JGJ 167—2009 规定，本规程适用于湿陷性黄土地区建筑基坑工程的勘察、设计、施工、检测、监测与安全技术管理。

当场地开阔、坑壁土质较好、地下水位较深及基坑开挖深度较浅时，可优先采用坡率法（指通过选择合理的边坡坡度进行放坡，依靠土体自身强度保持基坑侧壁稳定的无支护基坑开挖施工方法）。同一工程可视场地具体条件采用局部放坡或全深度、全范围放坡开挖。存在下列情况之一时，不应采用坡率法：1）放坡开挖对拟建或相邻建（构）筑物及重要管线有不利影响；2）不能有效降低地下水位和保持基坑内干作业；3）填土较厚或土质松软、饱和，稳定性差；4）场地不能满足放坡要求。

土钉墙（指采用土钉加固的基坑侧壁土体与护面等组成的支护结构）适用于地下水位以上或经人工降水后具有一定临时自稳能力土体的基坑支护。不适用于对变形有严格要求的基坑支护。土钉墙设计、施工及使用期间应采取措施，防止外来水体浸入基坑边坡土体。土钉墙施工安全应符合下列要求：1）施工中应每班检查注浆、喷射机械密封和耐压情况，检查输料管、送风管的磨损和接头连接情况，防止输料管爆裂、松脱喷浆喷砂伤人。2）施工作业前应保证输料管顺直无堵管，送电、送风前应通知施工人员，处理施工故障应先断电、停机，施工中以及处理故障时注浆管和喷射管头前方严禁站人。3）施工所用工作台架应牢固可靠，应有安全护栏，安全护栏高度不得小于 1.2m。4）喷射混凝土作业人员应佩戴个人防尘用具。

水泥土墙（指由水泥土桩相互搭接形成的格栅状、壁状等形式的重力式支护与挡水结构）可单独使用，用于挡土或同时兼作隔水；也可与钢筋混凝土排桩等联合使用，水泥土墙（桩）主要起隔水作用。水泥土墙适用于淤泥、淤泥质土、黏土、粉质黏土、粉土、砂类土、素填土及饱和黄土类土等。单独采用水泥土墙进行基坑支护时，适用于基坑周边无重要建筑物，且开挖深度不宜大于 6m 的基坑。当采用加筋（插筋）水泥土墙或与锚杆、钢筋混凝土排桩等联合使用时，其支护深度可大于 6m。

排桩是指以某种桩型按队列式布置组成的基坑支护结构。采用悬臂式排桩，桩径不宜小于 600mm；采用排桩—锚杆结构，桩径不宜小于 400mm；采用人工挖孔工艺时，排桩桩径不宜小于 800mm。当排桩相邻建（构）筑物等较近时，不宜采用冲击成孔工艺进行灌注桩施工；当采用钻孔灌注桩时，应防止塌孔对相邻（构）建筑物的影响。基坑开挖后，应及时对桩间土采取防护措施以维护其稳定，可采用内置钢丝网或钢筋网的喷射混凝土护面等处理方法。当桩间渗水时，应在护面设泄水孔。当挖方较深时，应采取必要的基坑支护措施。防止坑壁坍塌，避免危害工程周边环境。雨季和冬季施工应采取防水、排水、防冻等措施，确保基坑及坑壁不受水浸泡、冲刷、受冻。

施工过程中应经常检查平面位置、坑底面标高、边坡坡度、地下水的降深情况。专职安全员应随时观测周边的环境变化。土方开挖施工过程中，基坑边缘及挖掘机械的回转半径内严禁人员逗留。特种机械作业人员应持证上岗。基坑的四周应设置安全围栏并应牢固可靠。围栏的高度不应低于1.20m，并应设置明显的安全警告标识牌。当基坑较深时，应设置人员上下的专用通道。夜间施工时，现场应具备充足的照明条件，不得留有照明死角。每个照明灯具应设置单独的漏电保护器。电源线应采用架空设置；当不具备架空条件时，可采用地沟埋设，车辆的通行地段，应先将电源线穿入护管后再埋入地下。

基坑降水宜优先采用管井降水；当具有施工经验或具备条件时，亦可采用集水明排或其他降水方法。土方工程施工前应进行挖填方的平衡计算，并应综合考虑基坑工程的各道工序及土方的合理运距。土方开挖前，应做好地面排水，必要时应做好降低地下水位工作。当挖方较深时，应采取必要的基坑支护措施。防止坑壁坍塌，避免危害工程周边环境。雨季和冬季施工应采取防水、排水、防冻等措施，确保基坑及坑壁不受水浸泡、冲刷、受冻。

基槽开挖前必须查明基槽开挖影响范围内的各类地下设施，包括上水、下水、电缆、光缆、消防管道、煤气、天然气、热力等管线和管道的分布、使用状况及对变形的要求等。查明基槽影响范围内的道路及车辆载重情况。基槽开挖必须保证基槽及邻近的建（构）筑物、地下各类管线和道路的安全。基槽工程可采用垂直开挖、放坡开挖或内支撑方式开挖。支护结构必须满足强度、稳定性和变形的要求。基槽土方开挖的顺序、方法必须与设计相一致，并应遵循"开槽支撑，先撑后挖，分层开挖，严禁超挖"的原则。施工中基槽边堆置土方的高度和安全距离应符合设计要求。基槽开挖时，应对周围环境进行观察和监测；当出现异常情况时，应及时反馈并处理，待恢复正常后方可施工。基槽工程在开挖及回填中，应监测地层中的有害气体，并应采取戴防毒面具、送风送氧等有效防护措施。当基槽较深时，应设置人员上下坡道或爬梯，不得在槽壁上掏坑攀登上下。

对深度超过2m及以上的基坑施工，应在基坑四周设置高度大于0.15m的防水围挡，并应设置防护栏杆，防护栏杆埋深应大于0.60m，高度宜为1.00～1.10m，栏杆柱距不得大于2.0m，距离坑边水平距离不得小于0.50m。基坑周边1.2m范围内不得堆载，3m以内限制堆载，坑边严禁重型车辆通行。当支护设计中已考虑堆载和车辆运行时，必须按设计要求进行，严禁超载。在基坑边1倍基坑深度范围内建造临时住房或仓库时，应经基坑支护设计单位允许，并经施工企业技术负责人、工程项目总监批准，方可实施。

基坑的上、下部和四周必须设置排水系统，流水坡向应明显，不得积水。基坑上部排水沟与基坑边缘的距离应大于2m，沟底和两侧必须做防渗处理。基坑底部四周应设置排水沟和集水坑。雨季施工时，应有防洪、防暴雨的排水措施及材料设备，备用电源应处在良好的技术状态。在基坑的危险部位或在临边、临空位置，设置明显的安全警示标识或警戒。当夜间进行基坑施工时，设置的照明充足，灯光布局合理，防止强光影响作业人员视力，必要时应配备应急照明。

基坑开挖时支护单位应编制基坑安全应急预案，并经项目总监批准。应急预案中所涉及的机械设备与物料，应确保完好，存放在现场并便于立即投入使用。施工单位在作业前，必须对从事作业的人员进行安全技术交底，并应进行事故应急救援演练。施工单位应有专人对基坑安全进行巡查，每天早晚各1次，雨季应增加巡查次数，并应做好记录，发现异常情况应及时报告。对基坑监测数据应及时进行分析整理；当变形值超过设计警戒值时，应发出预警，停止施工，撤离人员，并应按应急预案中的措施进行处理。

4. 高处作业安全技术标准的要求

《建筑施工高处作业安全技术规范》JGJ 80—2016规定，本规范适用于工业与民用房屋建筑及一般构筑物施工时，高处作业中临边、洞口、攀登、悬空、操作平台及交叉等项作业。

高处作业的安全技术措施及其所需料具，必须列入工程的施工组织设计。单位工程施工负责人应对工程的高处作业安全技术负责并建立相应的责任制。施工前，应逐级进行安全技术教育及交底，落实所有安全技术措施和人身防护用品，未经落实时不得进行施工。高处作业中的安全标志、工具、仪表、电气设施和各种设备，必须在施工前加以检查，确认其完好，方能投入使用。攀登和悬空高处作业人员及搭设高处作业安全设施的人员，必须经过专业技术培训及专业考试合格，持证上岗，并必须定期进行体格检查。

施工中对高处作业的安全技术设施，发现有缺陷和隐患时，必须及时解决；危及人身安全时，必须停止作业。施工作业场所有坠落可能的物件，应一律先行撤除或加以固定。高处作业中所用的物料，均应堆放平稳，不妨碍通行和装卸。工具应随手放入工具袋；作业中的走道、通道板和登高用具，应随时清扫干净；拆卸下的物件及余料和废料均应及时清理运走，不得任意乱置或向下丢弃。传递物件禁止抛掷。

雨天和雪天进行高处作业时，必须采取可靠的防滑、防寒和防冻措施。凡水、冰、霜、雪均应及时清除。对进行高处作业的高耸建筑物，应事先设置避雷设施。遇有六级以下强风、浓雾等恶劣气候，不得进行露天攀登与悬空高处作业。暴风雪及台风暴雨后，应对高处作业安全设施逐一加以检查，发现有松动、变形、损坏或脱落等现象，应立即修理完善。因作业必需，临时拆除或变动安全防护设施时，必须经施工负责人同意，并采取相应的可靠措施，作业后应立即恢复。防护棚搭设与拆除时，应设警戒区，并应派专人监护。严禁上下同时拆除。

对临边高处作业，必须设置防护措施，并符合下列规定：1）基坑周边，尚未安装栏杆或栏板的阳台、料台与挑平台周边，雨篷与挑檐边，无外脚手的屋面与楼层周边及水箱与水塔周边等处，都必须设置防护栏杆。2）头层墙高度超过3.2m的二层楼面周边，以及无外脚手的高度超过3.2m的楼层周边，必须在外围架设安全平网一道。3）分层施工的楼梯口和梯段边，必须安装临时护栏。顶层楼梯口应随工程结构进度安装正式防护栏杆。4）井架与施工用电梯和脚手架等与建筑物通道的两侧边，必须设防护栏杆。地面通道上部应装设安全防护棚。双笼井架通道中间，应予分隔封闭。5）各种垂直运输接料平台，除两侧设防护栏杆外，平台口还应设置安全门或活动防护栏杆。

进行洞口作业以及在因工程和工序需要而产生的，使人与物有坠落危险或危及人身安全的其他洞口进行高处作业时，必须按下列规定设置防护设施：1）板与墙的洞口，必须设置牢固的盖板、防护栏杆、安全网或其他防坠落的防护设施。2）电梯井口必须设防护栏杆或固定栅门；电梯井内应每隔两层并最多隔10m设一道安全网。3）钢管桩、钻孔桩等桩孔上口，杯形、条形基础上口，未填土的坑槽，以及人孔、天窗、地板门等处，均应按洞口防护设置稳固的盖件。4）施工现场通道附近的各类洞口与坑槽等处，除设置防护设施与安全标志外，夜间还应设红灯示警。

在施工组织设计中应确定用于现场施工的登高和攀登设施。现场登高应借助建筑结构或脚手架上的登高设施，也可采用载人的垂直运输设备。进行攀登作业时可使用梯子或采用其他攀登设施。攀登的用具，结构构造上必须牢固可靠。梯脚底部应坚实，不得垫高使用。梯子的上端应有固定措施。梯子如需接长使用，必须有可靠的连接措施，且接头不得超过1处。作业人员应从规定的通道上下，不得在阳台之间等非规定通道进行攀登，也不得任意利用吊车臂架等施工设备进行攀登。

构件吊装和管道安装时的悬空作业，必须遵守下列规定：1）钢结构的吊装，构件应尽可能在地面组装，并应搭设进行临时固定、电焊、高强螺栓连接等工序的高空安全设施，随构件同时上吊就位。拆卸时的安全措施，亦应一并考虑和落实。高空吊装预应力钢筋混凝土层架、桁架等大型构件前，也应搭设悬空作业中所需的安全设施。2）悬空安装大模板、吊装第一块预制构件、吊装单独的大中型预制构件时，必须站在操作平台上操作。吊装中的大模板和预制构件以及石棉水泥板等屋面板上，严禁站人和行走。3）安装管道时必须有已完结构或操作平台为立足点，严禁在安装中的管道上站立和行走。

模板支撑和拆卸时的悬空作业，必须遵守下列规定：1）支模应按规定的作业程序进行，模板未固定前不得进行下一道工序。严禁在连接件和支撑件上攀登上下，并严禁在上下同一垂直面上装、拆模板。结构复杂的模板，装、拆应严格按照施工组织设计的措施进行。2）支设高度在3m以上的柱模板，四周应设斜撑，并应设立操作平台。低于3m的可使用马凳操作。3）支设悬挑形式的模板时，应有稳固的立足点。支设临空构筑物模板时，应搭设支架或脚手架。模板上有预留洞时，应在安装后将洞口盖好。混凝土板上拆模后形成的临边或洞口，应按本规范进行防护。拆模高处作业，应配置登高用具或搭设支架。

钢筋绑扎时的悬空作业，必须遵守下列规定：1）绑扎钢筋和安装钢筋骨架时，必须搭设脚手架和马道。2）绑扎圈梁、挑梁、挑檐、外墙和边柱等钢筋时，应搭设操作台架和张挂安全网。悬空大梁钢筋的绑扎，必须在满铺脚手板的支架或操作平台上操作。3）绑扎立柱和墙体钢筋时，不得站在钢筋骨架上或攀登骨架上下。3m以内的柱钢筋，可在地面或楼面上绑扎，整体竖立。绑扎3m以上的柱钢筋，必须搭设操作平台。

混凝土浇筑时的悬空作业，必须遵守下列规定：1）浇筑离地2m以上框架、过梁、雨篷和小平台时，应设操作平台，不得直接站在模板或支撑件上操作。2）浇筑拱形结构，应自两边拱脚对称地相向进行。浇筑储仓，下口应先行封闭，并搭设脚手架以防人员坠落。3）特殊情况下如无可靠的安全设施，必须系好安全带并扣好保险钩，或架设安全网。

进行预应力张拉的悬空作业时，必须遵守下列规定：1）进行预应力张拉时，应搭设站立操作人员和设置张拉设备的牢固可靠的脚手架或操作平台。雨天张拉时，还应架设防雨棚。2）预应力张拉区域标示明显的安全标志，禁止非操作人员进入。张拉钢筋的两端必须设置挡板。3）孔道灌浆应按预应力张拉安全设施的有关规定进行。

悬空进行门窗作业时，必须遵守下列规定：1）安装门、窗，油漆及安装玻璃时，严禁操作人员站在樘子、阳台栏板上操作。门、窗临时固定，封填材料未达到强度，以及电焊时，严禁手拉门、窗进行攀登。2）在高处外墙安装门、窗，无外脚手时，应张挂安全网。无安全网时，操作人员应系好安全带，其保险钩应挂在操作人员上方的可靠物件上。3）进行各项窗口作业时，操作人员的重心应位于室内，不得在窗台上站立，必要时应系好安全带进行操作。

支模、粉刷、砌墙等各工种进行上下立体交叉作业时，不得在同一垂直方向上操作。下层作业的位置，必须处于依上层高度确定的可能坠落范围半径之外。不符合以上条件时，应设置安全防护层。钢模板、脚手架等拆除时，下方不得有其他操作人员。钢模板部件拆除后，临时堆放处离楼层边沿不应小于 1m，堆放高度不得超过 1m。楼层边口、通道口、脚手架边缘等处，严禁堆放任何拆下物件。

结构施工自二层起，凡人员进出的通道口（包括井架、施工用电梯的进出通道口），均应搭设安全防护棚。高度超过 24m 的层次上的交叉作业，应设双层防护。由于上方施工可能坠落物件或处于起重机把杆回转范围之内的通道，在其受影响的范围内，必须搭设顶部能防止穿透的双层防护廓。

建筑施工进行高处作业之前，应进行安全防护设施的逐项检查和验收。验收合格后，方可进行高处作业。验收也可分层进行，或分阶段进行。安全防护设施，应由单位工程负责人验收，并组织有关人员参加。安全防护设施的验收应按类别逐项查验，并作出验收记录。凡不符合规定者，必须修整合格后再行查验。施工工期内还应定期进行抽查。

5. 施工用电安全技术标准的要求

《施工现场临时用电安全技术规范》JGJ 46—2005 规定，本规范适用于新建、改建和扩建的工业与民用建筑和市政基础设施施工现场临时用电工程中的电源中性点直接接地的 220/380V 三相四线制低压电力系统的设计、安装、使用、维修和拆除。

建筑施工现场临时用电工程专用的电源中性点直接接地的 220/380V 三相四线制低压电力系统，必须符合下列规定：1）采用三级配电系统；2）采用 TN-S 接零保护系统；3）采用二级漏电保护系统。

施工现场临时用电设备在 5 台及以上或设备总容量在 50kW 及以上者，应编制用电组织设计。临时用电工程图纸应单独绘制，临时用电工程应按图施工。临时用电组织设计及变更时，必须履行“编制、审核、批准”程序，由电气工程技术人员组织编制，经相关部门审核及具有法人资格企业的技术负责人批准后实施。变更用电组织设计时应补充有关图纸资料。临时用电工程必须经编制、审核、批准部门和使用单位共同验收，合格后方可投入使用。

电工必须经过按国家现行标准考核合格后，持证上岗工作；其他用电人员必须通过相关安全教育培训和技术交底，考核合格后方可上岗工作。安装、巡检、维修或拆除临时用电设备和线路，必须由电工完成，并应有人监护。

在建工程不得在外电架空线路正下方施工、搭设作业棚、建造生活设施或堆放构件、架具、材料及其他杂物等。施工现场开挖沟槽边缘与外电埋地电缆沟槽边缘之间的距离不得小于 0.5m。电气设备现场周围不得存放易燃易爆物、污染源和腐蚀介质，否则应予清除或做防护处置，其防护等级必须与环境条件相适应。电气设备设置场所应能避免物体打击和机械损伤，否则应做防护处置。

当施工现场与外电线路共用同一供电系统时，电气设备的接地、接零保护应与原系统保持一致，不得一部分设备做保护接零，另一部分设备做保护接地。施工现场的临时用电电力系统严禁利用大地做相线或零线。保护零线必须采用绝缘导线。城防、人防、隧道等潮湿或条件特别恶劣施工现场的电气设备必须采用保护接零。每一接地装置的接地线应采用2根及以上导体，在不同点与接地体做电气连接。不得采用铝导体做接地体或地下接地线。垂直接地体宜采用角钢、钢管或光面圆钢，不得采用螺纹钢。接地可利用自然接地体，但应保证其电气连接和热稳定。在有静电的施工现场内，对集聚在机械设备上的静电应采取接地泄漏措施。

施工现场内的起重机、井字架、龙门架等机械设备，以及钢脚手架和正在施工的在建工程等的金属结构，当在相邻建筑物、构筑物等设施的防雷装置接闪器的保护范围以外时，应按规定安装防雷装置。当最高机械设备上避雷针（接闪器）的保护范围能覆盖其他设备，且又最后退出现场，则其他设备可不设防雷装置。机械设备或设施的防雷引下线可利用该设备或设施的金属结构体，但应保证电气连接。

配电室应靠近电源，并应设在灰尘少、潮气少、振动小、无腐蚀介质、无易燃易爆物及道路畅通的地方。配电室和控制室应能自然通风，并应采取防止雨雪侵入和动物进入的措施。配电柜或配电线路停电维修时，应挂接地线，并应悬挂“禁止合闸、有人工作”停电标志牌。停送电必须由专人负责。

发电机组及其控制、配电、修理室等可分开设置；在保证电气安全距离和满足防火要求情况下可合并设置。发电机组的排烟管道必须伸出室外。发电机组及其控制、配电室内必须配置可用于扑灭电气火灾的灭火器，严禁存放贮油桶。发电机组电源必须与外电线路电源连锁，严禁并列运行。发电机组并列运行时，必须装设同期装置，并在机组同步运行后再向负载供电。

架空线必须采用绝缘导线。架空线必须架设在专用电杆上，严禁架设在树木、脚手架及其他设施上。电缆中必须包含全部工作芯线和用作保护零线或保护线的芯线。需要三相四线制配电的电缆线路必须采用五芯电缆。电缆线路应采用埋地或架空敷设，严禁沿地面明设，并应避免机械损伤和介质腐蚀。架空电缆严禁沿脚手架、树木或其他设施敷设。在建工程内的电缆线路必须采用电缆埋地引入，严禁穿越脚手架引入。室内配线必须采用绝缘导线或电缆。

配电系统应设置配电柜或总配电箱、分配电箱、开关箱，实行三级配电。每台用电设备必须有各自专用的开关箱，严禁用同一个开关箱直接控制2台及2台以上用电设备（含插座）。动力配电箱与照明配电箱宜分别设置。当合并设置为同一配电箱时，动力和照明应分路配电；动力开关箱与照明开关箱必须分设。配电箱、开关箱应装设在干燥、通风及常温场所，不得装设在有严重损伤作用的瓦斯、烟气、潮气及其他有害介质中，亦不得装设在易受外来固体物撞击、强烈振动、液体浸溅及热源烘烤场所。配电箱、开关箱周围应有足够2人同时工作的空间和通道，不得堆放任何妨碍操作、维修的物品，不得有灌木、杂草。

配电箱、开关箱内的电器必须可靠、完好，严禁使用破损、不合格的电器。总配电箱的电器应具备电源隔离，正常接通与分断电路，以及短路、过载、漏电保护功能。分配电箱应装设总隔离开关、分路隔离开关以及总断路器、分路断路器或总熔断器、分路熔断器。开关箱必须装设隔离开关、断路器或熔断器，以及漏电保护器。配电箱、开关箱箱门应配锁，并应由专人负责。配电箱、开关箱应定期检查、维修。检查、维修人员必须是专业电工。检查、维修时必须按规定穿、戴绝缘鞋、手套，必须使用电工绝缘工具，并应做检查、维修工作记录。对配电箱、开关箱进行定期维修、检查时，必须将其前一级相应的电源隔离开关分闸断电，并悬挂“禁止合闸、有人工作”停电标志牌，严禁带电作业。施工现场停止作业 1 小时以上时，应将动力开关箱断电上锁。

塔式起重机、外用电梯、滑升模板的金属操作平台及需要设置避雷装置的物料提升机，除应连接 PE 线外，还应做重复接地。设备的金属结构构件之间应保证电气连接。轨道式塔式起重机的电缆不得拖地行走。需要夜间工作的塔式起重机，应设置正对工作面的投光灯。塔身高于 30m 的塔式起重机，应在塔顶和臂架端部设红色信号灯。外用电梯和物料提升机在每日工作前必须对行程开关、限位开关、紧急停止开关、驱动机构和制动器等进行空载检查，正常后方可使用。检查时必须有防坠落措施。

使用夯土机械必须按规定穿戴绝缘用品，使用过程应有专人调整电缆，电缆长度不应大于 50m。电缆严禁缠绕、扭结和被夯土机械跨越。多台夯土机械并列工作时，其间距不得小于 5m；前后工作时，其间距不得小于 10m。夯土机械的操作扶手必须绝缘。电焊机械应放置在防雨、干燥和通风良好的地方。焊接现场不得有易燃、易爆物品。使用电焊机械焊接时必须穿戴防护用品，严禁露天冒雨从事电焊作业。使用手持式电动工具时，必须按规定穿、戴绝缘防护用品。对混凝土搅拌机、钢筋加工机械、木工机械、盾构机械等设备进行清理、检查、维修时，必须首先将其开关箱分闸断电，呈现可见电源分断点，并关门上锁。

在坑、洞、井内作业、夜间施工或厂房、道路、仓库、办公室、食堂、宿舍、料具堆放场及自然采光差等场所，应设一般照明、局部照明或混合照明。在一个工作场所内，不得只设局部照明。停电后，操作人员需及时撤离的施工现场，必须装设自备电源的应急照明。一般场所宜选用额定电压为 220V 的照明器。下列特殊场所应使用安全特低电压照明器：1）隧道、人防工程、高温、有导电灰尘、比较潮湿或灯具离地面高度低于 2.5m 等场所的照明，电源电压不应大于 36V；2）潮湿和易触及带电体场所的照明，电源电压不得大于 24V；3）特别潮湿场所、导电良好的地面、锅炉或金属容器内的照明，电源电压不得大于 12V。

对夜间影响飞机或车辆通行的在建工程及机械设备，必须设置醒目的红色信号灯，其电源应设在施工现场总电源开关的前侧，并应设置外电线路停止供电时的应急自备电源。

6. 建筑起重机械安全技术标准的要求

建筑起重机械安全技术标准主要有《起重机械安全规程》GB 6067.1—2010、《塔式起重机安全规程》GB 5144—2006、《建筑施工塔式起重机安装、拆卸、使用安全技术规程》JGJ 196—2010、《施工升降机》GB/T 10054—2005、《施工升降机安全规程》GB 10055—2007、《建筑施工升降机安装、使用、拆除安全技术规程》JGJ 215—2010、《龙门架及井架物料升降机安全技术规范》JGJ 88—2010、《建筑起重机械安全评估技术规程》JGJ/T 189—2009 等。

（1）起重机械安全规程

《起重机械安全规程》GB 6067.1—2010 规定，本部分适用于桥式和门式起重机、流动式起重机、塔式起重机、臂架起重机、缆索起重机及轻小型起重设备的通用要求。本部分不适用于浮式起重机、甲板起重机及载人等起重设备。如不涉及基本安全的特殊问题，本部分也可供其他起重机械参考。

司机应遵照制造商说明书和安全工作制度负责起重机的安全操作。除接到停止信号之外，在任何时候都只应服从吊装工或指挥人员发出的可明显识别的信号。

吊装工负责在起重机械的吊具上吊挂和卸下重物，并根据相应的载荷定位的工作计划选择适用的吊具和吊装设备。

指挥人员应负有将信号从吊装工传递给司机的责任。指挥人员可以代替吊装工指挥起重机械和载荷的移动，但在任何时候只能由一人负责。在起重机械工作中，如果把指挥起重机械安全运行和载荷搬运的工作职责移交给其他有关人员，指挥人员应向司机说明情况。而且，司机和被移交者应明确其应负的责任。

安装人员负责按照安装方案及制造商提供的说明书安装起重机械，当需要两个或两个以上安装人员时，应指定一人作为“安装主管”在任何时候监管安装工作。

维护人员的职责是维护起重机械以及对起重机械的安全使用和正常操作负责。他们应遵照制造商厂提供的维护手册并在安全工作制度下对起重机械进行所有必要的维护。

在现场负责所进行全面管理的人员或组织以及起重机操作中的人员对起重机械的安全运行都负有责任。主管人员应保证安全教育和起重作业中各项安全制度的落实。起重作业中与安全性有关的环节包括起重机械的使用、维修和更换安全装备、安全操作规程等所涉及的各类人员的责任应落实到位。

所有正在起重作业的工作人员、现场参观者或与起重机械邻近的人员应了解相关的安全要求。有关人员应向这些人员讲解人身安全装备的正确使用方法并要求他们使用这些装备。

安全通道和紧急逃生装置在起重机运行以及检查、检验、试验、维护、修理、安装和拆卸过程中均应处于良好状态。任何人登上或离开起重机械，均需报告在岗起重机械司机并获许可。

（2）塔式起重机安全规程

《塔式起重机安全规程》GB 5144—2006 规定，本标准适用于各种建筑用塔机。其他用途的塔机可参照执行。本标准不适用于汽车式、轮胎式及履带式的塔机。

自升式塔机在加节作业时，任一顶升循环中即使顶升油缸的活塞杆全程伸出，塔身上端面至少应比顶升套架上排导向滚轮（或滑套）中心线高 60mm。

塔机应保证在工作和非工作状态时，平衡重及压重在其规定位置上不位移、不脱落，平衡重块之间不得互相撞击。当使用散粒物料作平衡重时应使用平衡重箱，平衡重箱应防水，保证重量准确、稳定。

塔机安装、拆卸及塔身加节或降节作业时，应按使用说明书中有关规定及注意事项进行。架设前应对塔机自身的架设机构进行检查，保证机构处于正常状态。塔机在安装、增加塔身标准节之前应对结构件和高强度螺栓进行检查，若发现下列问题应修复或更换后方可进行安装：1）目视可见的结构件裂纹及焊缝裂纹；2）连接件的轴、孔严重磨损；3）结构件母材严重锈蚀；4）结构件整体或局部塑性变形，销孔塑性变形。

小车变幅的塔机在起重臂组装完毕准备吊装之前，应检查起重臂的连接销轴、安装定位板等是否连接牢固、可靠。当起重臂的连接销轴轴端采用焊接挡板时，则在锤击安装销轴后，应检查轴端挡板的焊缝是否正常。

安装、拆卸、加节或降节作业时，塔机的最大安装高度处的风速不应大于 13m/s，当有特殊要求时，按用户和制造厂的协议执行。塔机的尾部与周围建筑物及其外围施工设施之间的安全距离不小于 0.6m。

（3）建筑施工塔式起重机安装、拆卸、使用安全技术规程

《建筑施工塔式起重机安装、拆卸、使用安全技术规程》JGJ 196—2010 规定，本规程适用于房屋建筑工程、市政工程所用塔式起重机的安装、使用和拆卸。

塔式起重机安装、拆卸单位必须具有从事塔式起重机安装、拆卸业务的资质。塔式起重机安装、拆卸单位应具备安全管理保证体系，有健全的安全管理制度。塔式起重机安装、拆卸作业应配备下列人员：1）持有安全生产考核合格证书的项目负责人和安全负责人、机械管理人员；2）持有建筑施工特种作业操作资格证书的建筑起重机械安装拆卸工、起重司机、起重信号工、司索工等特种作业操作人员。

塔式起重机应具有特种设备制造许可证、产品合格证、制造监督检验证明，并已在县级以上地方建设主管部门备案登记。有下列情况之一的塔式起重机严禁使用：1）国家明令淘汰的产品；2）超过规定使用年限经评估不合格的产品；3）不符合国家现行相关标准的产品；4）没有完整安全技术档案的产品。

塔式起重机安装、拆卸前，应编制专项施工方案，指导作业人员实施安装、拆卸作业。专项施工方案应根据塔式起重机说明书和作业场地的实际情况编制，并应符合国家现行相关标准的规定。专项施工方案应由本单位技术、安全、设备等部门审核、技术负责人审批后，经监理单位批准实施。

当多台塔式起重机在同一施工现场交叉作业时，应编制专项方案，并应采取防碰撞的安全措施。在塔式起重机的安装、使用及拆卸阶段，进入现场的作业人员必须佩戴安全帽、防滑鞋、安全带等防护用品，无关人员进严禁入作业区域内。在安装、拆卸作业期间，应设警戒区。塔式起重机使用时，起重臂和吊物下方严禁有人停留；物件吊运时，严禁从人员上方通过。严禁用塔式起重机载运人员。

安装作业中应统一指挥，明确指挥信号。当视线受阻、距离过远时，应采用对讲机或多级指挥。雨雪、浓雾天气严禁进行安装作业。安装时塔式起重机最大高度处的风速应符合使用说明书的要求，且风速不得超过 12m/s。塔式起重机不宜在夜间进行安装作业；当需在夜间进行塔式起重机安装和拆卸作业时，应保证提供足够的照明。当遇有特殊情况安装作业不能连续进行时，必须将已安装的部位固定牢靠并达到安全状态，经检查确认无隐患后，方可停止作业。塔式起重机的安全装置必须设置齐全，并应按程序进行调试合格。安装单位自检合格后，应委托有相应资质的检验检测机构进行检测。检验检测机构应出具

检测报告书。

塔式起重机使用前，应对起重司机、起重信号工、司索工等作业人员进行安全技术交底。作业中遇突发故障，应采取措施将吊物降落到安全地方，严禁吊物长时间悬挂在空中。遇有风速在12m/s及以上的大风或大雨、大雪、大雾等恶劣天气时，应停止作业。雨雪过后，应先经过试吊，确认制动器灵敏可靠后方可进行作业。夜间施工应有足够照明，照明的安装应符合现行行业标准《施工现场临时用电安全技术规范》JGJ 46—2005 的要求。

每班作业应做好例行保养，并应做好记录。记录的主要内容应包括结构件外观、安全装置、传动机构、连接件、制动器、索具、夹具、吊钩、滑轮、钢丝绳、液位、油位、油压、电源、电压等。实行多班作业的设备，应执行交接班制度，认真填写交接班记录，接班司机经检查确认无误后，方可开机作业。塔式起重机应实施各级保养。转场时，应做转场保养，并应有记录。塔式起重机的主要部件和安全装置等应进行经常性检查，每月不得少于一次，并应有记录；当发现有安全隐患时，应及时进行整改。

塔式起重机拆卸作业宜连续进行；当遇特殊情况拆卸作业不能继续时，应采取措施保证塔式起重机处于安全状态。拆卸应先降节、后拆除附着装置。拆卸完毕后，为塔式起重机拆卸作业而设置的所有设施应拆除，清理场地上作业时所用的吊索具、工具等各种零配件和杂物。

吊具、索具在每次使用前应进行检查，经检查确认符合要求后，方可继续使用。当发现有缺陷时，应停止使用。吊具、索具每6个月应进行一次检查，并应作好记录。检验记录应作为继续使用、维修或报废的依据。钢丝绳严禁采用打结方式系结吊物。

（4）施工升降机

《施工升降机》GB/T 10054—2005 规定，本标准适用于齿轮齿条式、钢丝绳式和混合式施工升降机。本标准不适用于电梯/矿井提升机、无导轨架的升降平台。

施工升降机是指用吊笼载人、载物沿导轨做上下运输的施工机械。齿轮齿条式施工升降机，是指采用齿轮齿条传动的施工升降机。钢丝绳式施工升降机，是指采用钢丝绳提升的施工升降机。混合式施工升降机，是指一个吊笼采用齿轮齿条传动，另一个吊笼采用钢丝绳提升的施工升降机。货用施工升降机，是指用于运载货物，禁止运载人员的施工升降机。人货两用施工升降机，是指用于运载人员及货物的施工升降机。

施工升降机应设置高度不低于1.8m的地面防护围栏，地面防护围栏应围成一周。围栏登机门的开启高度不应低于1.8m；围栏登机门应具有机械锁紧装置和电气安全开关，使吊笼只有位于底部规定位置时，围栏登机门才能开启，而在该门开启后吊笼不能起动。围栏门的电气安全开关可不装在围栏上。

每个吊笼上应装有渐进式防坠安全器（以下简称防坠安全器），不允许采用瞬时式安全器。额定载重量为200kg及以下、额定提升速度小于0.40m/s的施工升降机允许采用匀速式安全器。防坠安全器只能在有效的标定期限内使用，防坠安全器的有效标定期限不应超过两年。防坠安全器装机使用时，应按吊笼额定载重量进行坠落试验。以后至少每3个月应进行一次额定载重量的坠落试验。对重质量大于吊笼质量的施工升降机应加设对重的防坠安全器。防坠安全器在任何时候都应该起作用，包括安装和拆卸工况。

每个吊笼应装有上、下限位开关；人货两用施工升降机的吊笼还应装有极限开关。上、下限位开关可用自动复位型，切断的是控制回路；极限开关不允许用自动复位型，切断的是总电源。

人货两用施工升降机驱动吊笼的钢丝绳不应少于两根，且是相互独立的。钢丝绳的安全系数不应小于12，钢丝绳直径不应小于9mm。货用施工升降机驱动吊笼的钢丝绳允许用一根，其安全系数不应小于8。额定载重量不大于320kg的施工升降机，钢丝绳直径不应小于6mm；额定载重量大于320kg的施工升降机，钢丝绳直径不应小于8mm。

（5）施工升降机安全规程

《施工升降机安全规程》GB 10055—2007规定，本标准适用于《施工升降机》GB/T 10054—2005所定义的施工升降机（包括齿轮齿条式和钢丝绳式）。

吊笼应具有有效的装置使吊笼在导向装置失效时仍能保持在导轨上。有对重的施工升降机，当对重质量大于吊笼质量时，应有双向防坠安全器或对重防坠安全装置。

防坠安全器在施工升降机的接高和拆卸过程中应仍起作用。在非坠落试验的情况下，防坠安全器动作后，吊笼应不能运行。只有当故障排除，安全器复位后吊笼才能正常运行。作用于一个以上导向杆或导向绳的安全器，工作时应同时起作用。防坠安全器应防止由于外界物体侵入或因气候条件影响而不能正常工作。任何防坠安全器均不能影响施工升降机的正常运行。防坠安全器试验时，吊笼不允许载人。当吊笼装有两套或多套安全器时，都应采用渐进式安全器。防坠安全器只能在有效的标定期限内使用，有效标定期限不应超过一年。

施工升降机应设有限位开关、极限开关和防松绳开关。行程限位开关均应由吊笼或相关零件的运动直接触发。对于额定提升速度大于0.7m/s的施工升降机，还应设有吊笼上下运行减速开关，该开关的安装位置应保证在吊笼触发上下行程开关之前动作，使高速运行的吊笼提前减速。

施工升降机必须设置自动复位型的上、下行程限位开关。

齿轮齿条式施工升降机和钢丝绳式人货两用施工升降机必须设置极限开关，吊笼越程超出限位开关后，极限开关须切断总电源使吊笼停车。极限开关为非自动复位型的，其动作后必须手动复位才能使吊笼可重新启动。极限开关不应与限位开关共用一个触发元件。

施工升降机的对重钢丝绳或提升钢丝绳的绳数不少于两条且相互独立时，在钢丝绳组的一端应设置张力均衡装置，并装有由相对伸长量控制的非自动复位型的防松绳开关。当其中一条钢丝绳出现的相对伸长量超过允许值或断绳时，该开关将切断控制电路，吊笼停车。对采用单根提升钢丝绳或对重钢丝绳出现松绳时，防松绳开关立即切断控制电路，制动器制动。

施工升降机应装有超载保护装置，该装置应对吊笼内载荷、吊笼顶部载荷均有效。施工升降机应有主电路各相绝缘的手动开关，该开关应设在便于操作之处。开关手柄应能单向切断主电路且在“断开”的位置上可以锁住。

（6）建筑施工升降机安装、使用、拆卸安全技术规程

《建筑施工升降机安装、使用、拆卸安全技术规程》JGJ 215—2010规定，本规程适用于房屋建筑工程、市政工程所用的齿轮齿条式、钢丝绳式人货两用施工升降机，不适用于

电梯、矿井提升机、升降平台。

施工升降机安装单位应具备建设行政主管部门颁发的起重设备安装工程专业承包资质和建筑施工企业安全生产许可证。施工升降机安装、拆卸项目应配备与承担项目相适应的专业安装作业人员以及专业安装技术人员。施工升降机的安装拆卸工、电工、司机等应具有建筑施工特种作业操作资格证书。施工升降机使用单位应与安装单位签订施工升降机安装、拆卸合同，明确双方的安全生产责任。实行施工总承包的，施工总承包单位应与安装单位签订施工升降机安装、拆卸工程安全协议书。

施工升降机安装作业前，安装单位应编制施工升降机安装、拆卸工程专项施工方案，由安装单位技术负责人批准后，报送施工总承包单位或使用单位、监理单位审核，并告知工程所在地县级以上建设行政主管部门。

施工升降机安装前应对各部件进行检查。对有可见裂纹的构件应进行修复或更换，对有严重锈蚀、严重磨损、整体或局部变形的构件必须进行更换，符合产品标准的有关规定后方能进行安装。安装作业前，安装技术人员应根据施工升降机安装、拆卸工程专项施工方案和使用说明书的要求，对安装作业人员进行安全技术交底，并由安装作业人员在交底书上签字。有下列情况之一的施工升降机不得安装使用：1）属国家明令淘汰或禁止使用的；2）超过由安全技术标准或制造厂家规定使用年限的；3）经检验达不到安全技术标准规定的；4）无完整安全技术档案的；5）无齐全有效的安全保护装置的。

施工升降机必须安装防坠安全器。防坠安全器应在一年有效标定期内使用。施工升降机应安装超载保护装置。超载保护装置在载荷达到额定载重量的110%前应能中止吊笼启动，在齿轮齿条式载人施工升降机载荷达到额定载重量的90%时应能给出报警信号。

施工升降机的安装作业范围应设置警戒线及明显的警示标志。非作业人员不得进入警戒范围。任何人不得在悬吊物下方行走或停留。进入现场的安装作业人员应佩戴安全防护用品，高处作业人员应系安全带，穿防滑鞋。作业人员严禁酒后作业。安装作业中应统一指挥，明确分工。危险部位安装时应采取可靠的防护措施。当指挥信号传递困难时，应使用对讲机等通信工具进行指挥。当遇大雨、大雪、大雾或风速大于13m/s（六级风）等恶劣天气时，应停止安装作业。

安装单位自检合格后，应经有相应资质的检验检测机构监督检验。检验合格后，使用单位应组织租赁单位、安装单位和监理单位等进行验收。实行施工总承包的，应由施工总承包单位组织验收。严禁使用未经验收或验收不合格的施工升降机。

施工升降机司机应持有建筑施工特种作业操作资格证书，不得无证操作。使用单位应对施工升降机司机进行书面安全技术交底，交底资料应留存备查。严禁施工升降机使用超过有效标定期的防坠安全器。施工升降机额定载重量、额定乘员数标牌应置于吊笼醒目位置。严禁在超过额定载重量或额定乘员数的情况下使用施工升降机。应在施工升降机作业范围内设置明显的安全警示标志，应在集中作业区做好安全防护。当遇大雨、大雪、大雾、施工升降机顶部风速大于20m/s或导轨架、电缆表面结有冰层时，不得使用施工升降机。在施工升降机基础周边水平距离5m以内，不得开挖井、不得堆放易燃易爆物品及其他杂物。

施工升降机司机严禁酒后作业。工作时间内司机不应与其他人员闲谈，不应有妨碍施工升降机运行的行为。施工升降机司机应遵守安全操作规程和安全管理制度。实行多班作业的施工升降机，应执行交接班制度，交班司机应按本规程填写交接班记录表。接班司机应进行班前检查，确认无误后，方能开机作业。施工升降机使用过程中，运载物料的尺寸不应超过吊笼的界限。吊笼上的各类安全装置应保持完好有效。经过大雨、大雪、台风等恶劣天气后应对各安全装置进行全面检查，确认安全有效后方能使用。当在施工升降机运行中发现异常情况时，应立即停机，直到排除故障后方能继续运行。作业结束后应将施工升降机返回最底层停放，将各控制开关拨到零位，切断电源、锁好开关箱、吊笼门和地面防护围栏门。当遇到可能影响施工升降机安全技术性能的自然灾害、发生设备事故或停工6个月以上时，应对施工升降机重新组织检查验收。严禁在施工升降机运行中进行保养、维修作业。

施工升降机拆卸作业应符合拆卸工程专项施工方案的要求。应有足够的工作面作为拆卸场地，应在拆卸场地周围设置警戒线和醒目的安全警示标志，并应派专人监护。拆卸施工升降机时不得在拆卸作业区域内进行与拆卸无关的其他作业。夜间不得进行施工升降机的拆卸作业。施工升降机拆卸应连续作业。当拆卸作业不能连续完成时，应根据拆卸状态采取相应的安全措施。吊笼未拆除之前，非拆卸作业人员不得在地面防护围栏内、施工升降机运行通道内、导轨架内以及附墙架上等区域活动。

（7）龙门架及井架物料升降机安全技术标准

《龙门架及井架物料升降机安全技术规范》JGJ 88—2010 规定，本规范适用于建筑工程和市政工程所使用的以卷扬机或曳引机为动力、吊笼沿导轨垂直运行的物料提升机的设计、制作、安装、拆除及使用。不适用于电梯、矿井提升机及升降平台。

物料提升机额定起重量不宜超过 160kN；安装高度不宜超过 30m。当安装高度超过 30m 时，物料提升机除应具有起重量限制、防坠保护、停层及限位功能外，尚应符合下列规定：1）吊笼应有自动停层功能，停层后吊笼底板与停层平台的垂直高度偏差不应超过 30mm；2）防坠安全器应为渐进式；3）应具有自升降安拆功能；4）应具有语音及影像信号。

安装、拆除物料提升机的单位应具备下列条件：1）安装、拆除单位应具有起重机械安拆资质及安全生产许可证；2）安装、拆除作业人员必须经专门培训，取得特种作业资格证。

物料提升机安装、拆除前，应根据工程实际情况编制专项安装、拆除方案，且应经安装、拆除单位技术负责人审批后实施。专项安装、拆除方案应具有针对性、可操作性，并应包括下列内容：1）工程概况；2）编制依据；3）安装位置及示意图；4）专业安装、拆除技术人员的分工及职责；5）辅助安装、拆除起重设备的型号、性能、参数及位置；6）安装、拆除的工艺程序和安全技术措施；7）主要安全装置的调试及试验程序。

安装作业前的准备，应符合下列规定：1）物料提升机安装前，安装负责人应依据专项安装方案对安装作业人员进行安全技术交底；2）应确认物料提升机的结构、零部件和安全装置经出厂检验，并符合要求；3）应确认物料提升机的基础已验收，并符合要求；4）应确认辅助安装起重设备及工具经检验检测，并符合要求；5）应明确作业警戒区，并设专人监护。

基础的位置应保证视线良好，物料提升机任意部位与建筑物或其他施工设备间的安全距离不应小于 0.6m；与外电线路的安全距离应符合现行业标准《施工现场临时用电安全技术规范》JGJ46 的规定。钢丝绳宜设防护槽，槽内应设滚动托架，且应采用钢板网将槽口封盖。钢丝绳不得拖地或浸泡在水中。

物料提升机安装完毕后，应由工程负责人组织安装单位、使用单位、租赁单位和监理单位等对物料提升机安装质量进行验收，并应按本规范填写验收记录。物料提升机验收合格后，应在导轨架明显处悬挂验收合格标志牌。

拆除作业前，应对物料提升机的导轨架、附墙架等部位进行检查，确认无误后方能进行拆除作业。拆除作业应先挂吊具、后拆除附墙架或缆风绳及地脚螺栓。拆除作业中，不得抛掷构件。拆除作业宜在白天进行，夜间作业应有良好的照明。

使用单位应建立设备档案，档案内容应包括下列项目：1）安装检测及验收记录；2）大修及更换主要零部件记录；3）设备安全事故记录；4）累计运转记录。物料提升机必须由取得特种作业操作证的人员操作。物料提升机严禁载人。物料应在吊笼内均匀分布，不应过度偏载。不得装载超出吊笼空间的超长物料，不得超载运行。在任何情况下，不得使用限位开关代替控制开关运行。

物料提升机每班作业前司机应进行作业前检查，确认无误后方可作业。应检查确认下列内容：1）制动器可靠有效；2）限位器灵敏完好；3）停层装置动作可靠；4）钢丝绳磨损在允许范围内；5）吊笼及对重导向装置无异常；6）滑轮、卷筒防钢丝绳脱槽装置可靠有效；7）吊笼运行通道内无障碍物。当发生防坠安全器制停吊笼的情况时，应查明制停原因，排除故障，并应检查吊笼、导轨架及钢丝绳，应确认无误并重新调整防坠安全器后运行。

物料提升机夜间施工应有足够照明，照明用电应符合现行行业标准《施工现场临时用电安全技术规范》JGJ 46—2005 的规定。物料提升机在大雨、大雾、风速 13m/s 及以上大风等恶劣天气时，必须停止运行。作业结束后，应将吊笼返回最底层停放，控制开关应扳至零位，并应切断电源，锁好开关箱。

（8）建筑起重机械安全评估技术规程

《建筑起重机械安全评估技术规程》JGJ/T 189—2009 规定，本规程适用于建设工程使用的塔式起重机、施工升降机等建筑起重机械的安全评估。

安全评估是指对建筑起重机械的设计、制造情况进行了解，对使用保养情况记录进行检查，对钢结构的磨损、锈蚀、裂纹、变形等损伤情况进行检查与测量，并按规定对整机安全性能进行载荷试验，由此分析判别其安全度，作出合格或不合格结论的活动。

塔式起重机和施工升降机有下列情况之一的应进行安全评估：1）塔式起重机：630kN·m 以下（不含 630kN·m）、出厂年限超过 10 年（不含 10 年）；630～1250kN·m（不含 1250kN·m）、出厂年限超过 15 年（不含 15 年）；1250kN·m 以上（含 1250kN·m）、出厂年限超过 20 年（不含 20 年）；2）施工升降机：出厂年限超过 8 年（不含 8 年）的 SC 型施工升降机；出厂年限超过 5 年（不含 5 年）的 SS 型施工升降机。对超过设计规定相应载荷状态允许工作循环次数的建筑起重机械，应作报废处理。

安全评估程序应符合下列要求：1）设备产权单位应提供设备安全技术档案资料。设备安全技术档案资料应包括特种设备制造许可证、制造监督检验证明、出厂合格证、使用说明书、备案证明、使用履历记录等，并应符合本规程的要求；2）在设备解体状态下，应对设备外观进行全面目测检查，对重要结构件及可疑部位应进行厚度测量、直线度测量及无损检测等；3）设备组装调试完成后，应对设备进行载荷试验；4）根据设备安全技术档案资料情况、检查检测结果等，应依据本规程及有关标准要求，对设备进行安全评估判别，得出安全评估结论及有效期并出具安全评估报告；5）应对安全评估后的建筑起重机械进行唯一性标识。

塔式起重机和施工升降机安全评估的最长有效期限应符合下列规定：1）塔式起重机：630kN·m以下（不含630kN·m）评估合格最长有效期限为1年；630～1250kN·m（不含1250kN·m）评估合格最长有效期限为2年；1250kN·m以上（含1250kN·m）评估合格最长有效期限为3年。2）施工升降机：SC型评估合格最长有效期限为2年；SS型评估合格最长有效期限为1年。设备产权单位应持评估报告到原备案机关办理相应手续。

安全评估机构应对评估后的建筑起重机进行“合格”、“不合格”的标识。标识必须具有唯一性，并应置于重要结构件的明显部位。设备产权单位应注意对评估标识的保护。经评估为合格或不合格的建筑起重机械，设备产权单位应在建筑起重机械的标牌和司机室等部位挂牌明示。

7. 建筑机械设备使用安全技术规程的要求

建筑机械设备使用安全技术规程主要有《建筑机械使用安全技术规程》JGJ 33—2012、《施工现场机械设备检查技术规程》JGJ 160—2008等。

（1）建筑机械使用安全技术规程

《建筑机械使用安全技术规程》JGJ 33—2012规定，本规程适用于建筑施工中各类建筑机械的使用与管理。建筑机械的使用与管理，除应符合本规程外，还应符合国家现行有关标准的规定。

特种设备操作人员应经过专业培训、考核合格取得建设行政主管部门颁发的操作证，并应经过安全技术交底后持证上岗。机械必须按出厂使用说明书规定的技术性能、承载能力和使用条件，正确操作，合理使用，严禁超载、超速作业或任意扩大使用范围。机械上的各种安全防护和保险装置及各种安全信息装置必须齐全有效。

机械作业前，施工技术人员应向操作人员进行安全技术交底。操作人员应熟悉作业环境和施工条件，并应听从指挥，遵守现场安全管理规定。在工作中，应按规定使用劳动保护用品。高处作业时应系安全带。机械使用前，应对机械进行检查、试运转。操作人员在作业过程中，应集中精力，正确操作，并应检查机械工况，不得擅自离开工作岗位或将机械交给其他无证人员操作。无关人员不得进入作业区或操作室内。操作人员应根据机械有关保养维修规定，认真及时做好机械保养维修工作，保持机械的完好状态，并应做好维修保养记录。实行多班作业的机械，应执行交接班制度，填写交接班记录，接班人员上岗前应认真检查。应为机械提供道路、水电、作业棚及停放场地等作业条件，并应消除各种安全隐患。夜间作业应提供充足的照明。

机械设备的地基基础承载力应满足安全使用要求。机械安装、试机、拆卸应按使用说明书的要求进行。使用前应经专业技术人员验收合格。新机械、经过大修或技术改造的机械，应按出厂使用说明书的要求和现行行业标准《建筑机械技术试验规程》JGJ 34—86 的规定进行测试和试运转，并应符合本规程附录A的规定。机械在寒冷季节使用，应符合本规程附录B的规定。机械集中停放的场所、大型内燃机械，应有专人看管，并应按规定配备消防器材；机房及机械周边不得堆放易燃、易爆物品。变配电所、乙炔站、氧气站、空气压缩机房、发电机房、锅炉房等易燃易爆场所，挖掘机、起重机、打桩机等易发生安全事故的施工现场，应设置警戒区域，悬挂警示标志，非工作人员不得入内。

在机械产生对人体有害的气体、液体、尘埃、渣滓、放射性射线、振动、噪声等场所，应配置相应的安全保护设施、监测设备（仪器）、废品处理装置；在隧道、沉井、管道等狭小空间施工时，应采取措施，使有害物控制在规定的限度内。停用一个月以上或封存的机械，应做好停用或封存前的保养工作，并应采取预防风沙、雨淋、水泡、锈蚀等措施。机械使用的润滑油（脂）的性能应符合出厂使用说明书的规定，并应按时更换。当发生机械事故时，应立即组织抢救，并应保护事故现场，应按国家有关事故报告和调查处理规定执行。违反本规程的作业指令，操作人员应拒绝执行。清洁、保养、维修机械或电气装置前，必须先切断电源，等机械停稳后再进行操作。严禁带电或采用预约停送电时间的方式进行检修。机械不得带病运转。检修前，应悬挂“禁止合闸，有人工作”的警示牌。

1）动力与电气装置

内燃机机房应有良好的通风、防雨措施，周围应有 1m 宽以上的通道，排气管应引出室外，并不得与可燃物接触。室外使用的动力机械应搭设防护棚。冷却系统的水质应保持洁净，硬水应经软化处理后使用，并应按要求定期检查更换。电气设备的金属外壳应进行保护接地或保护接零，并应符合现行行业标准《施工现场临时用电安全技术规范》JGJ 46—2005 的规定。

在同一供电系统中，不得将一部分电气设备作保护接地，而将另一部分电气设备作保护接零。不得将暖气管、煤气管、自来水管作为工作零线或接地线使用。在保护接零的零线上不得装设开关或熔断器，保护零线应采用黄/绿双色线。不得利用大地为工作零线，不得借用机械本身金属结构为工作零线。电气设备的每个保护接地或保护接零点应采用单独的接地（零）线与接地干线（或保护零线）相连接。不得在一个接地（零）线中串接几个接地（零）点。大型设备应设置独立的保护接零，对高度超过 30m 的垂直运输设备应设置防雷接地保护装置。

电气设备的额定工作电压应与电源电压等级相符。电气装置遇跳闸时，不得强行合闸。应查明原因，排除故障后再行合闸。各种配电箱、开关箱应配锁，电箱门上应有编号和责任人标牌，电箱门内侧应有线路图，箱内不得存放任何其他物件并应保持清洁。非本岗位作业人员不得擅自开箱合闸。每班工作完毕后，应切断电源，锁好箱门。发生人身触电时，应立即切断电源后对触电者作紧急救护。不得在未切断电源之前与触电者直接接触。电气设备或线路发生火警时，应首先切断电源，在未切断电源之前，人员不得接触导线或电气设备，不得用水或泡沫灭火机进行灭火。

内燃机作业前应重点检查下列项目，并符合相应要求：①曲轴箱内润滑油油面应在标尺规定范围内；②冷却水或防冻液量应充足、清洁、无渗漏，风扇三角胶带应松紧合适；

③燃油箱油量应充足，各油管及接头处不应有漏油现象；④各总成连接件应安装牢固，附件应完整。

内燃机启动前，离合器应处于分离位置；有减压装置的柴油机，应先打开减压阀。不得用牵引法强制启动内燃机；当用摇柄启动汽油机时，应由下向上提动，不得向下硬压或连续摇转，启动后应迅速拿出摇把。当用手拉绳启动时，不得将绳的一端缠在手上。启动机每次启动时间应符合使用说明书的要求，当连续启动3次仍未能启动时，应检查原因，排除故障后再启动。启动后，应怠速运转3～5min，并应检查机油压力和排烟，各系统管路应无泄漏现象；应在温度和机油压力均正常后，开始作业。作业中内燃机水温不得超过90℃，超过时，不应立即停机，应继续怠速运转降温。当冷却水沸腾需开启水箱盖时，操作人员应戴手套，面部应避开水箱盖口，并应先卸压，后拧开。不得用冷水注入水箱或泼浇内燃机体强制降温。内燃机运行中出现异响、异味、水温急剧上升及机油压力急剧下降等情况时，应立即停机检查并排除故障。停机前应卸去载荷，进行低速运转，待温度降低后再停止运转。装有涡轮增压器的内燃机，应怠速运转5～10min后停机。有减压装置的内燃机，不得使用减压杆进行熄火停机。排气管向上的内燃机，停机后应在排气管口上加盖。

以内燃机为动力的发电机，其内燃机部分的操作应按本规程第3.2节的有关规定执行。新装、大修或停用10d及以上的发电机，使用前应测量定子和励磁回路的绝缘电阻及吸收比，转子绕组的绝缘电阻不得小于0.5MΩ，吸收比不得小于1.3，并应做好测量记录。作业前应检查内燃机与发电机传动部分，并应确保连接可靠，输出线路的导线绝缘应良好，各仪表应齐全、有效。启动前应将励磁变阻器的阻值放在最大位置上，应断开供电输出总开关，并应接合中性点接地开关，有离合器的发电机组应脱开离合器。内燃机启动后应空载运转，并应待运转正常后再接合发电机。启动后应检查并确认发电机无异响，滑环及整流子上电刷应接触良好，不得有跳动及产生火花现象。应在运转稳定，频率、电压达到额定值后，再向外供电。用电负荷应逐步加大，三相应保持平衡。不得对旋转着的发电机进行维修、清理。运转中的发电机不得使用帆布等物体遮盖。发电机组电源应与外电线路电源连锁，不得与外电并联运行。

发电机组并联运行应满足频率、电压、相位、相序相同的条件。并联线路两组以上时，应在全部进入空载状态后逐一供电。准备并联运行的发电机应在全部已进入正常稳定运转，接到“准备并联”的信号后，调整柴油机转速，并应在同步瞬间合闸。并联运行的发电机组如因负荷下降而需停车一台时，应先将需停车的一台发电机的负荷全部转移到继续运转的发电机上，然后按单台发电机停车的方法进行停机。如需全部停机则应先将负荷逐步切断，然后停机。移动式发电机使用前应将底架停放在平稳的基础上，不得在运转时移动发电机。发电机连续运行的允许电压值不得超过额定值的±10%。正常运行的电压变动范围应在额定值的±5%以内，功率因数为额定值时，发电机额定容量应恒定不变。发电机在额定频率值运行时，发电机频率变动范围不得超过±0.5Hz。发电机功率因数不宜超过迟相0.95。有自动励磁调节装置的，可允许短时间内在迟相0.95～1的范围内运行。发电机运行中应经常检查仪表及运转部件，发现问题应及时调整。定子、转子电流不得超过允许值。停机前应先切断各供电分路开关，然后切断发电机供电主开关，逐步减少载荷，将励磁变阻器复回到电阻最大值位置，使电压降至最低值，再切断励磁开关和中性点接地开关，最后停止内燃机运转。发电机经检修后应进行检查，转子及定子槽间不得留有工具、材料及其他杂物。

长期停用或可能受潮的电动机，使用前应测量绕组间和绕组对地的绝缘电阻，绝缘电阻值应大于 0.5MΩ，绕线转子电动机还应检查转子绕组及滑环对地绝缘电阻。电动机应装设过载和短路保护装置，并应根据设备需要装设断、错相和失压保护装置。电动机的熔丝额定电流应按下列条件选择：①单台电动机的熔丝额定电流为电动机额定电流的 150%～250%；②多台电动机合用的总熔丝额定电流为其中最大一台电动机额定电流的 150%～250%再加上其余电动机额定电流的总和。采用热继电器作电动机过载保护时，其容量应选择电动机额定电流的 100%～125%。

绕线式转子电动机的集电环与电刷的接触面不得小于满接触面的 75%。电刷高度磨损超过原标准 2/3 时应更换。在使用过程中不应有跳动和产生火花现象，并应定期检查电刷簧的压力确保可靠。直流电动机的换向器表面应光洁，当有机械损伤或火花灼伤时应修整。电动机额定电压变动范围应控制在－5%～＋10%之内。电动机运行中不应异响、漏电，轴承温度应正常，电刷与滑环应接触良好。旋转中电动机滑动轴承的允许最高温度应为 80℃，滚动轴承的允许最高温度应为 95℃。电动机在正常运行中，不得突然进行反向运转。电动机械在工作中遇停电时，应立即切断电源，并应将启动开关置于停止位置。电动机停止运行前，应首先将载荷卸去，或将转速降到最低，然后切断电源，启动开关应置于停止位置。

空气压缩机的内燃机和电动机的使用应符合本规程第 3.2 节和第 3.4 节的规定。空气压缩机作业区应保持清洁和干燥。贮气罐应放在通风良好处，距贮气罐 15m 以内不得进行焊接或热加工作业。空气压缩机的进排气管较长时，应加以固定，管路不得有急弯，并应设伸缩变形装置。贮气罐和输气管路每 3 年应作一次水压试验，试验压力应为额定压力的 150%。压力表和安全阀应每年至少校验一次。空气压缩机作业前应重点检查下列项目，并应符合相应要求：①内燃机燃油、润滑油应添加充足，电动机电源应正常；②各连接部位应紧固，各运动机构及各部阀门开闭应灵活，管路不得有漏气现象；③各防护装置应齐全良好，贮气罐内不得有存水；④电动空气压缩机的电动机及启动器外壳应接地良好，接地电阻不得大于 4Ω。

空气压缩机应在无载状态下启动，启动后应低速空运转，检视各仪表指示值并应确保符合要求；空气压缩机应在运转正常后，逐步加载。输气胶管应保持畅通，不得扭曲，开启送气阀前，应将输气管道连接好，并应通知现场有关人员后再送气。在出气口前方不得有人。作业中贮气罐内压力不得超过铭牌额定压力，安全阀应灵敏有效。进气阀、排气阀、轴承及各部件不得有异响或过热现象。每工作 2h，应将液气分离器、中间冷却器、后冷却器内的油水排放一次。贮气罐内的油水每班应排放 1～2 次。正常运转后，应经常观察各种仪表读数，并应随时按使用说明书进行调整。发现下列情况之一时应立即停机检查，并应在找出原因并排除故障后继续作业：①漏水、漏气、漏电或冷却水突然中断；②压力表、温度表、电流表、转速表指示值超过规定；③排气压力突然升高，排气阀、安全阀失效；④机械有异响或电动机电刷发生强烈火花；⑤安全防护、压力控制装置及电气绝缘装置失效。运转中，因缺水而使气缸过热停机时，应待气缸自然降温至60℃以下时，再进行加水作业。

当电动空气压缩机运转中停电时，应立即切断电源，并应在无载荷状态下重新启动。空气压缩机停机时，应先卸去载荷，再分离主离合器，最后停止内燃机或电动机的运转。空气压缩机停机后，在离岗前应关闭冷却水阀门，打开放气阀，放出各级冷却器和贮气罐内的油水和存气。在潮湿地区及隧道中施工时，对空气压缩机外露摩擦面应定期加注润滑油，对电动机和电气设备应做好防潮保护工作。

10kV以下配电装置。施工电源及高低压配电装置应设专职值班人员负责运行与维护，高压巡视检查工作不得少于2人，每半年应进行一次停电检修和清扫。高压油开关的瓷套管应保证完好，油箱不得有渗漏，油位、油质应正常，合闸指示器位置应正确，传动机构应灵活可靠。应定期对触头的接触情况、油质、三相合闸的同步性进行检查。停用或经修理后的高压油开关，在投入运行前应全面检查，应在额定电压下作合闸、跳闸操作各3次，其动作应正确可靠。隔离开关应每季度检查一次，瓷件应无裂纹和放电现象；接线柱和螺栓不应松动；刀型开关不应变形、损伤，应接触严密。三相隔离开关各相动触头与静触头应同时接触，前后相差不得大于3mm，打开角不得小于60°。避雷装置在雷雨季节之前应进行一次预防性试验，并应测量接地电阻。雷电后应检查阀型避雷器的瓷瓶、连接线和地线，应确保完好无损。低压电气设备和器材的绝缘电阻不得小于0.5MΩ。在易燃、易爆、有腐蚀性气体的场所应采用防爆型低压电器；在多尘和潮湿或易触及人体的场所应采用封闭型低压电器。电箱及配电线路的布置应执行现行行业标准《施工现场临时用电安全技术规范》JGJ 46—2005的规定。

2）建筑起重机械

建筑起重机械进入施工现场应具备特种设备制造许可证、产品合格证、特种设备制造监督检验证明、备案证明、安装使用说明书和自检合格证明。建筑起重机械有下列情形之一时，不得出租和使用：①属国家明令淘汰或禁止使用的品种、型号；②超过安全技术标准或制造厂规定的使用年限；③经检验达不到安全技术标准规定；④没有完整安全技术档案；⑤没有齐全有效的安全保护装置。

建筑起重机械的安全技术档案应包括下列内容：①购销合同、特种设备制造许可证、产品合格证、特种设备制造监督检验证明、安装使用说明书、备案证明等原始资料；②定期检验报告、定期自行检查记录、定期维护保养记录、维修和技术改造记录、运行故障和生产安全事故记录、累积运转记录等运行资料；③历次安装验收资料。

建筑起重机械装拆方案的编制、审批和建筑起重机械首次使用、升节、附墙等验收应按现行有关规定执行。建筑起重机械的装拆应由具有起重设备安装工程承包资质的单位施工，操作和维修人员应持证上岗。建筑起重机械的内燃机、电动机和电气、液压装置部分，应按本规程第3.2节、3.4节、3.6节和附录C的规定执行。选用建筑起重机械时，其主要性能参数、利用等级、载荷状态、工作级别等应与建筑工程相匹配。

施工现场应提供符合起重机械作业要求的通道和电源等工作场地和作业环境。基础与地基承载能力应满足起重机械的安全使用要求。操作人员在作业前应对行驶道路、架空电线、建（构）筑物等现场环境以及起吊重物进行全面了解。建筑起重机械应装有音响清晰的信号装置。在起重臂、吊钩、平衡重等转动物体上应有鲜明的色彩标志。建筑起重机械的变幅限位器、力矩限制器、起重量限制器、防坠安全器、钢丝绳防脱装置、防脱钩装置以及各种行程限位开关等安全保护装置，必须齐全有效，严禁随意调整或拆除。严禁利用限制器和限位装置代替操纵机构。

建筑起重机械安装工、司机、信号司索工作业时应密切配合，按规定的指挥信号执行。当信号不清或错误时，操作人员应拒绝执行。施工现场应采用旗语、口哨、对讲机等有效的联络措施确保通信畅通。在风速达到 9.0m/s 及以上或大雨、大雪、大雾等恶劣天气时。严禁进行建筑起重机械的安装拆卸作业。在风速达到 12.0m/s 及以上或大雨、大雪、大雾等恶劣天气时，应停止露天的起重吊装作业。重新作业前，应先试吊，并应确认各种安全装置灵敏可靠后进行作业。操作人员进行起重机械回转、变幅、行走和吊钩升降等动作前，应发出音响信号示意。

建筑起重机械作业时，应在臂长的水平投影覆盖范围外设置警戒区域，并应有监护措施；起重臂和重物下方不得有人停留、工作或通过。不得用吊车、物料提升机载运人员。不得使用建筑起重机械进行斜拉、斜吊和起吊埋设在地下或凝固在地面上的重物以及其他不明重量的物体。起吊重物应绑扎平稳、牢固，不得在重物上再堆放或悬挂零星物件。易散落物件应使用吊笼吊运。标有绑扎位置的物件，应按标记绑扎后吊运。吊索的水平夹角宜为 45°～60°，不得小于 30°，吊索与物件棱角之间应加保护垫料。起吊载荷达到起重机械额定起重量的 90%及以上时，应先将重物吊离地面不大于 200mm，检查起重机械的稳定性和制动可靠性，并应在确认重物绑扎牢固平稳后再继续起吊。对大体积或易晃动的重物应拴拉绳。重物的吊运速度应平稳、均匀，不得突然制动。回转未停稳前，不得反向操作。建筑起重机械作业时，在遇突发故障或突然停电时，应立即把所有控制器拨到零位，并及时关闭发动机或断开电源总开关，然后进行检修。起吊物不得长时间悬挂在空中，应采取措施将重物降落到安全位置。起重机械的任何部位与架空输电导线的安全距离应符合现行行业标准《施工现场临时用电安全技术规范》JGJ 46—2005 的规定。

建筑起重机械使用的钢丝绳，应有钢丝绳制造厂提供的质量合格证明文件。建筑起重机械使用的钢丝绳，其结构形式、强度、规格等应符合起重机使用说明书的要求。钢丝绳与卷筒应连接牢固，放出钢丝绳时，卷筒上应至少保留 3 圈，收放钢丝绳时应防止钢丝绳损坏、扭结、弯折和乱绳。钢丝绳采用编结固接时，编结部分的长度不得小于钢丝绳直径的 20 倍，并不应小于 300mm，其编结部分应用细钢丝捆扎。当采用绳卡固接时，与钢丝绳直径匹配的绳卡数量应符合表 4.1.26 的规定，绳卡间距应是 6～7 倍钢丝绳直径，最后一个绳卡距绳头的长度不得小于 140mm。绳卡滑鞍（夹板）应在钢丝绳承载时受力的一侧，U 形螺栓应在钢丝绳的尾端，不得正反交错。绳卡初次固定后，应待钢丝绳受力后再次紧固，并宜拧紧到使尾端钢丝绳受压处直径高度压扁 1/3。作业中应经常检查紧固情况。每班作业前，应检查钢丝绳及钢丝绳的连接部位。钢丝绳报废标准按现行国家标准《起重机钢丝绳保养、维护、安装、检验和报废》GB/T 5972—2016 的规定执行。在转动的卷筒上缠绕钢丝绳时，不得用手拉或脚踩引导钢丝绳，不得给正在运转的钢丝绳涂抹润滑脂。

建筑起重机械报废及超龄使用应符合国家现行有关规定。建筑起重机械的吊钩和吊环严禁补焊。当出现下列情况之一时应更换：①表面有裂纹、破口；②危险断面及钩颈永久变形；③挂绳处断面磨损超过高度10%；④吊钩衬套磨损超过原厚度50%；⑤销轴磨损超过其直径的5%。

建筑起重机械使用时，每班都应对制动器进行检查。当制动器的零件出现下列情况之一时，应作报废处理：①裂纹；②制动器摩擦片厚度磨损达原厚度50%；③弹簧出现塑性变形；④小轴或轴孔直径磨损达原直径的5%。建筑起重机械制动轮的制动摩擦面不应有妨碍制动性能的缺陷或沾染油污。制动轮出现下列情况之一时，应作报废处理：①裂纹；②起升、变幅机构的制动轮，轮缘厚度磨损大于原厚度的40%；③其他机构的制动轮，轮缘厚度磨损大于原厚度的50%；④轮面凹凸不平度达1.5～2.0mm（小直径取小值，大直径取大值）。

履带式起重机。起重机械应在平坦坚实的地面上作业、行走和停放。作业时，坡度不得大于3°，起重机械应与沟渠、基坑保持安全距离。起重机械启动前应重点检查下列项目，并应符合相应要求：①各安全防护装置及各指示仪表应齐全完好；②钢丝绳及连接部位应符合规定；③燃油、润滑油、液压油、冷却水等应添加充足；④各连接件不得松动；⑤在回转空间范围内不得有障碍物。

起重机械启动前应将主离合器分离，各操纵杆放在空挡位置。应按本规程第3.2节规定启动内燃机。内燃机启动后，应检查各仪表指示值，应在运转正常后接合主离合器，空载运转时，应按顺序检查各工作机构及制动器，应在确认正常后作业。作业时，起重臂的最大仰角不得超过使用说明书的规定。当无资料可查时，不得超过78°。起重机械变幅应缓慢平稳，在起重臂未停稳前不得变换档位。

起重机械工作时，在行走、起升、回转及变幅四种动作中，应只允许不超过两种动作的复合操作。当负荷超过该工况额定负荷的90%及以上时，应慢速升降重物，严禁超过两种动作的复合操作和下降起重臂。在重物起升过程中，操作人员应把脚放在制动踏板上，控制起升高度，防止吊钩冒顶。当重物悬停空中时，即使制动踏板被固定，仍应脚踩在制动踏板上。采用双机抬吊作业时，应选用起重性能相似的起重机进行。抬吊时应统一指挥，动作应配合协调，载荷应分配合理，起吊重量不得超过两台起重机在该工况下允许起重量总和的75%，单机的起吊载荷不得超过允许载荷的80%。在吊装过程中，两台起重机的吊钩滑轮组应保持垂直状态。

起重机械行走时，转弯不应过急；当转弯半径过小时，应分次转弯。起重机械不宜长距离负载行驶。起重机械负载时应缓慢行驶，起重量不得超过相应工况额定起重量的70%，起重臂应位于行驶方向正前方，载荷离地面高度不得大于500mm，并应拴好拉绳。起重机械上、下坡道时应无载行走，上坡时应将起重臂仰角适当放小，下坡时应将起重臂仰角适当放大。下坡严禁空档滑行。在坡道上严禁负载回转。作业结束后，起重臂应转至顺风方向，并应降至40°～60°之间，吊钩应提升到接近顶端的位置，关停内燃机，并应将各操纵杆放在空档位置，各制动器应加保险固定，操作室和机棚应关门加锁。

起重机械转移工地，应采用火车或平板拖车运输，所用跳板的坡度不得大于15°；起重机械装上车后，应将回转、行走、变幅等机构制动，应采用木楔楔紧履带两端，并应绑扎牢固；吊钩不得悬空摆动。起重机械自行转移时，应卸去配重，拆短起重臂，主动轮应在后面，机身、起重臂、吊钩等必须处于制动位置，并应加保险固定。起重机械通过桥梁、水坝、排水沟等构筑物时，应先查明允许载荷后再通过，必要时应采取加固措施。通过铁路、地下水管、电缆等设施时，应铺设垫板保护，机械在上面行走时不得转弯。

汽车、轮胎式起重机。起重机械工作的场地应保持平坦坚实，符合起重时的受力要求；起重机械应与沟渠、基坑保持安全距离。起重机械启动前应重点检查下列项目，并应符合相应要求：①各安全保护装置和指示仪表应齐全完好；②钢丝绳及连接部位应符合规定；③燃油、润滑油、液压油及冷却水应添加充足；④各连接件不得松动；⑤轮胎气压应符合规定；⑥起重臂应可靠搁置在支架上。

起重机械启动前，应将各操纵杆放在空挡位置，手制动器应锁死，应按本规程第3.2节有关规定启动内燃机。应在怠速运转3～5min后进行中高速运转，并应在检查各仪表指示值，确认运转正常后接合液压泵，液压达到规定值，油温超过30℃时，方可作业。作业前，应全部伸出支腿，调整机体使回转支撑面的倾斜度在无载荷时不大于1/1000（水准居中）。支腿的定位销必须插上。底盘为弹性悬挂的起重机，插支腿前应先收紧稳定器。作业中不得扳动支腿操纵阀。调整支腿时应在无载荷时进行，应先将起重臂转至正前方或正后方之后，再调整支腿。起重作业前，应根据所吊重物的重量和起升高度，并应按起重性能曲线，调整起重臂长度和仰角；应估计吊索长度和重物本身的高度，留出适当起吊空间。起重臂顺序伸缩时，应按使用说明书进行，在伸臂的同时应下降吊钩。当制动器发出警报时，应立即停止伸臂。

汽车式起重机变幅角度不得小于各长度所规定的仰角。汽车式起重机起吊作业时，汽车驾驶室内不得有人，重物不得超越汽车驾驶室上方，且不得在车的前方起吊。起吊重物达到额定起重量的50％及以上时，应使用低速档。作业中发现起重机倾斜、支腿不稳等异常现象时，应在保证作业人员安全的情况下，将重物降至安全的位置。当重物在空中需停留较长时间时，应将起升卷筒制动锁住，操作人员不得离开操作室。起吊重物达到额定起重量的90％以上时，严禁向下变幅，同时严禁进行两种及以上的操作动作。起重机械带载回转时，操作应平稳，应避免急剧回转或急停，换向应在停稳后进行。起重机械带载行走时，道路应平坦坚实，载荷应符合使用说明书的规定，重物离地面不得超过500mm，并应拴好拉绳，缓慢行驶。作业后，应先将起重臂全部缩回放在支架上，再收回支腿；吊钩应使用钢丝绳挂牢；车架尾部两撑杆应分别撑在尾部下方的支座内，并应采用螺母固定；阻止机身旋转的销式制动器应插入销孔，并应将取力器操纵手柄放在脱开位置，最后应锁住起重操作室门。起重机械行驶前，应检查确认各支腿收存牢固，轮胎气压应符合规定。行驶时，发动机水温应在80～90℃范围内，当水温未达到80℃时，不得高速行驶。起重机械应保持中速行驶，不得紧急制动，过铁道口或起伏路面时应减速，下坡时严禁空挡滑行，倒车时应有人监护指挥。行驶时，底盘走台上不得有人员站立或蹲坐，不得堆放物件。

塔式起重机。行走式塔式起重机的轨道基础应符合下列要求：①路基承载能力应满足塔式起重机使用说明书要求。②每间隔6m应设轨距拉杆一个，轨距允许偏差应为公称值的1/1000，且不得超过±3mm。③在纵横方向上，钢轨顶面的倾斜度不得大于1/1000；塔机安装后，轨道顶面纵、横方向上的倾斜度，对上回转塔机不应大于3/1000；对下回转塔机不应大于5/1000，在轨道全程中，轨道顶面任意两点的高差应小于100mm。④钢轨接头间隙不得大于 4mm，与另一侧轨道接头的错开距离不得小于 1.5m，接头处应架在轨枕上，接头两端高度差不得大于 2mm。⑤距轨道终端 1m 处应设置缓冲止挡器，其高度不应小于行走轮的半径。在轨道上应安装限位开关碰块，安装位置应保证塔机在与缓冲止挡器或与同一轨道上其他塔机相距大于 1m 处能完全停住，此时电缆线应有足够的富余长度。⑥鱼尾板连接螺栓应紧固，垫板应固定牢靠。

塔式起重机的混凝土基础应符合使用说明书和现行行业标准《塔式起重机混凝土基础工程技术规程》JGJ/T 187—2009 的规定。塔式起重机的基础应排水通畅，并应按专项方案与基坑保持安全距离。塔式起重机应在其基础验收合格后进行安装。塔式起重机的金属结构、轨道应有可靠的接地装置，接地电阻不得大于 4Ω。高位塔式起重机应设置防雷装置。装拆作业前应进行检查，并应符合下列规定：①混凝土基础、路基和轨道铺设应符合技术要求；②应对所装拆塔式起重机的各机构、结构焊缝、重要部位螺栓、销轴、卷扬机构和钢丝绳、吊钩、吊具、电气设备、线路等进行检查，消除隐患；③应对自升塔式起重机顶升液压系统的液压缸和油管、顶升套架结构、导向轮、顶升支撑（爬爪）等进行检查，使其处于完好工况；④装拆人员应使用合格的工具、安全带、安全帽；⑤装拆作业中配备的起重机械等辅助机械应状况良好，技术性能应满足装拆作业的安全要求；⑥装拆现场的电源电压、运输道路、作业场地等应具备装拆作业条件；⑦安全监督岗的设置及安全技术措施的贯彻落实应符合要求。

指挥人员应熟悉装拆作业方案，遵守装拆工艺和操作规程，使用明确的指挥信号。参与装拆作业的人员，应听从指挥，如发现指挥信号不清或有错误时，应停止作业。装拆人员应熟悉装拆工艺，遵守操作规程，当发现异常情况或疑难问题时，应及时向技术负责人汇报，不得自行处理。装拆顺序、技术要求、安全注意事项应按批准的专项施工方案执行。塔式起重机高强度螺栓应由专业厂家制造，并应有合格证明。高强度螺栓严禁焊接。安装高强螺栓时，应采用扭矩扳手或专用扳手，并应按装配技术要求预紧。在装拆作业过程中，当遇天气剧变、突然停电、机械故障等意外情况时，应将已装拆的部件固定牢靠，并经检查确认无隐患后停止作业。塔式起重机各部位的栏杆、平台、扶杆、护圈等安全防护装置应配置齐全。行走式塔式起重机的大车行走缓冲止挡器和限位开关碰块应安装牢固。因损坏或其他原因而不能用正常方法拆卸塔式起重机时，应按照技术部门重新批准的拆卸方案执行。塔式起重机安装过程中，应分阶段检查验收。各机构动作应正确、平稳，制动可靠，各安全装置应灵敏有效。在无载荷情况下，塔身的垂直度允许偏差应为 4/1000。

塔式起重机升降作业时，应符合下列规定：①升降作业应有专人指挥，专人操作液压系统，专人拆装螺栓。非作业人员不得登上顶升套架的操作平台。操作室内应只准一人操作；②升降作业应在白天进行；③顶升前应预先放松电缆，电缆长度应大于顶升总高度，并应紧固好电缆。下降时应适时收紧电缆；④升降作业前，应对液压系统进行检查和试机，应在空载状态下将液压缸活塞杆伸缩 3～4 次。检查无误后，再将液压缸活塞杆通过顶升梁借助顶升套架的支撑，顶起载荷 100～150mm，停 10min，观察液压缸载荷是否有下滑现象；⑤升降作业时，应调整好顶升套架滚轮与塔身标准节的间隙，并应按规定要求使起重臂和平衡臂处于平衡状态，将回转机构制动。当回转台与塔身标准节之间的最后一处连接螺栓（销轴）拆卸困难时，应将最后一处连接螺栓（销轴）对角方向的螺栓重新插入，再采取其他方法进行拆卸。不得用旋转起重臂的方法松动螺栓（销轴）；⑥顶升撑脚（爬爪）就位后，应及时插上安全销，才能继续升降作业；⑦升降作业完毕后，应按规定扭力紧固各连接螺栓，应将液压操纵杆扳到中间位置，并应切断液压升降机构电源。

塔式起重机的附着装置应符合下列规定：①附着建筑物的锚固点的承载能力应满足塔式起重机技术要求。附着装置的布置方式应按使用说明书的规定执行。当有变动时，应另行设计。②附着杆件与附着支座（锚固点）应采取销轴铰接。③安装附着框架和附着杆件时，应用经纬仪测量塔身垂直度，并应利用附着杆件进行调整，在最高锚固点以下垂直度允许偏差为2/1000。④安装附着框架和附着支座时，各道附着装置所在平面与水平面的夹角不得超过10°。⑤附着框架宜设置在塔身标准节连接处，并应箍紧塔身。⑥塔身顶升到规定附着间距时，应及时增设附着装置。塔身高出附着装置的自由端高度，应符合使用说明书的规定。⑦塔式起重机作业过程中，应经常检查附着装置，发现松动或异常情况时，应立即停止作业，故障未排除，不得继续作业。⑧拆卸塔式起重机时，应随着降落塔身的进程拆卸相应的附着装置。严禁在落塔之前先拆附着装置。⑨附着装置的安装、拆卸、检查和调整应有专人负责。⑩行走式塔式起重机作固定式塔式起重机使用时，应提高轨道基础的承载能力，切断行走机构的电源，并应设置阻挡行走轮移动的支座。

塔式起重机内爬升时应符合下列规定：①内爬升作业时，信号联络应通畅；②内爬升过程中，严禁进行塔式起重机的起升、回转、变幅等各项动作；③塔式起重机爬升到指定楼层后，应立即拔出塔身底座的支承梁或支腿，通过内爬升框架及时固定在结构上，并应顶紧导向装置或用楔块塞紧；④内爬升塔式起重机的塔身固定间距应符合使用说明书要求；⑤应对设置内爬升框架的建筑结构进行承载力复核，并应根据计算结果采取相应的加固措施。

雨天后，对行走式塔式起重机，应检查轨距偏差、钢轨顶面的倾斜度、钢轨的平直度、轨道基础的沉降及轨道的通过性能等；对固定式塔式起重机，应检查混凝土基础不均匀沉降。根据使用说明书的要求，应定期对塔式起重机各工作机构、所有安全装置、制动器的性能及磨损情况、钢丝绳的磨损及绳端固定、液压系统、润滑系统、螺栓销轴连接处等进行检查。配电箱应设置在距塔式起重机3m范围内或轨道中部，且明显可见；电箱中应设置带熔断式断路器及塔式起重机电源总开关；电缆卷筒应灵活有效，不得拖缆。塔式起重机在无线电台、电视台或其他电磁波发射天线附近施工时，与吊钩接触的作业人员，应戴绝缘手套和穿绝缘鞋，并应在吊钩上挂接临时放电装置。

当同一施工地点有两台以上塔式起重机并可能互相干涉时，应制定群塔作业方案；两台塔式起重机之间的最小架设距离应保证处于低位塔式起重机的起重臂端部与另一台塔式起重机的塔身之间至少有2m的距离；处于高位塔式起重机的最低位置的部件（吊钩升至最高点或平衡重的最低部位）与低位塔式起重机中处于最高位置部件之间的垂直距离不应小于2m。轨道式塔式起重机作业前，应检查轨道基础平直无沉陷，鱼尾板、连接螺栓及道钉不得松动，并应清除轨道上的障碍物，将夹轨器固定。

塔式起重机启动应符合下列要求：①金属结构和工作机构的外观情况应正常；②安全保护装置和指示仪表应齐全完好；③齿轮箱、液压油箱的油位应符合规定；④各部位连接螺栓不得松动；⑤钢丝绳磨损应在规定范围内，滑轮穿绕应正确；⑥供电电缆不得破损。

送电前，各控制器手柄应在零位。接通电源后，应检查并确认不得有漏电现象。作业前，应进行空载运转，试验各工作机构并确认运转正常，不得有噪声及异响，各机构的制动器及安全保护装置应灵敏有效，确认正常后方可作业。

起吊重物时，重物和吊具的总重量不得超过塔式起重机相应幅度下规定的起重量。应根据起吊重物和现场情况，选择适当的工作速度，操纵各控制器时应从停止点（零点）开始，依次逐级增加速度，不得越档操作。在变换运转方向时，应将控制器手柄扳到零位，待电动机停止运转后再转向另一方向，不得直接变换运转方向突然变速或制动。在提升吊钩、起重小车或行走大车运行到限位装置前，应减速缓行到停止位置，并应与限位装置保持一定距离。不得采用限位装置作为停止运行的控制开关。臂式塔式起重机的变幅动作应单独进行；允许带载变幅的动臂式塔式起重机，当荷载达到额定起重量的90%及以上时，不得增加幅度。重物就位时，应采用慢就位工作机构。重物水平移动时，重物底部应高出障碍物0.5m以上。回转部分不设集电器的塔式起重机，应安装回转限位器，在作业时，不得顺一个方向连续回转1.5圈。当停电或电压下降时，应立即将控制器扳到零位，并切断电源。如吊钩上挂有重物，应重复放松制动器，使重物缓慢地下降到安全位置。采用涡流制动调速系统的塔式起重机，不得长时间使用低速档或慢就位速度作业。

遇大风停止作业时，应锁紧夹轨器，将回转机构的制动器完全松开，起重臂应能随风转动。对轻型俯仰变幅塔式起重机，应将起重臂落下并与塔身结构锁紧在一起。作业中，操作人员临时离开操作室时，应切断电源。塔式起重机载人专用电梯不得超员，专用电梯断绳保护装置应灵敏有效。塔式起重机作业时，不得开动电梯。电梯停用时，应降至塔身底部位置，不得长时间悬在空中。在非工作状态时，应松开回转制动器，回转部分应能自由旋转；行走式塔式起重机应停放在轨道中间位置，小车及平衡重应置于非工作状态，吊钩组顶部宜上升到距起重臂底面2～3m处。停机时，应将每个控制器拨回零位，依次断开各开关，关闭操作室门窗；下机后，应锁紧夹轨器，断开电源总开关，打开高空障碍灯。检修人员对高空部位的塔身、起重臂、平衡臂等检修时，应系好安全带。停用的塔式起重机的电动机、电气柜、变阻器箱及制动器等应遮盖严密。动臂式和未附着塔式起重机及附着以上塔式起重机桁架上不得悬挂标语牌。

桅杆式起重机。桅杆式起重机应按现行国家标准《起重机设计规范》GB/T 3811—2008的规定进行设计，确定其使用范围及工作环境。桅杆式起重机专项方案必须按规定程序审批，并应经专家论证后实施。施工单位必须指定安全技术人员对桅杆式起重机的安装、使用和拆卸进行现场监督和监测。专项方案应包含下列主要内容：①工程概况、施工平面布置；②编制依据；③施工计划；④施工技术参数、工艺流程；⑤施工安全技术措施；⑥劳动力计划；⑦计算书及相关图纸。桅杆式起重机的卷扬机应符合本规程第4.7节的有关规定。

桅杆式起重机的安装和拆卸应划出警戒区，清除周围的障碍物，在专人统一指挥下，应按使用说明书和装拆方案进行。桅杆式起重机的基础应符合专项方案的要求。缆风绳的规格、数量及地锚的拉力、埋设深度等应按照起重机性能经过计算确定，缆风绳与地面的夹角不得大于60°，缆绳与桅杆和地锚的连接应牢固。地锚不得使用膨胀螺栓、定滑轮。缆风绳的架设应避开架空电线。在靠近电线的附近，应设置绝缘材料搭设的护线架。桅杆式起重机安装后应进行试运转，使用前应组织验收。提升重物时，吊钩钢丝绳应垂直，操作应平稳；当重物吊起离开支承面时，应检查并确认各机构工作正常后，继续起吊。

在起吊额定起重量的90%及以上重物前，应安排专人检查地锚的牢固程度。起吊时，缆风绳应受力均匀，主杆应保持直立状态。作业时，桅杆式起重机的回转钢丝绳应处于拉紧状态。回转装置应有安全制动控制器。桅杆式起重机移动时，应用满足承重要求的枕木排和滚杠垫在底座，并将起重臂收紧处于移动方向的前方。移动时，桅杆不得倾斜，缆风绳的松紧应配合一致。缆风钢丝绳安全系数不应小于3.5，起升、锚固、吊索钢丝绳安全系数不应小于8。

门式、桥式起重机与电动葫芦。起重机路基和轨道的铺设应符合使用说明书的规定，轨道接地电阻不得大于4Ω。门式起重机的电缆应设有电缆卷筒，配电箱应设置在轨道中部。用滑线供电的起重机应在滑线的两端标有鲜明的颜色，滑线应设置防护装置，防止人员及吊具钢丝绳与滑线意外接触。轨道应平直，鱼尾板连接螺栓不得松动，轨道和起重机运行范围内不得有障碍物。门式、桥式起重机作业前应重点检查下列项目，并应符合相应要求：①机械结构外观应正常，各连接件不得松动；②钢丝绳外表情况应良好，绳卡应牢固；③各安全限位装置应齐全完好。操作室内应垫木板或绝缘板，接通电源后应采用试电笔测试金属结构部分，并应确认无漏电现象；上、下操作室应使用专用扶梯。作业前，应进行空载试运转，检查并确认各机构运转正常，制动可靠，各限位开关灵敏有效。

在提升大件时不得用快速，并应拴拉绳防止摆动。吊运易燃、易爆、有害等危险品时，应经安全主管部门批准，并应有相应的安全措施。吊运路线不得从人员、设备上面通过；空车行走时，吊钩应离地面2m以上。吊运重物应平稳、慢速，行驶中不得突然变速或倒退。两台起重机同时作业时，应保持5m以上距离。不得用一台起重机顶推另一台起重机。起重机行走时，两侧驱动轮应保持同步，发现偏移应及时停止作业，调整修理后继续使用。作业中，人员不得从一台桥式起重机跨越到另一台桥式起重机。操作人员进入桥架前应切断电源。门式、桥式起重机的主梁挠度超过规定值时，应修复后使用。作业后，门式起重机应停放在停机线上，用夹轨器锁紧；桥式起重机应将小车停放在两条轨道中间，吊钩提升到上部位置。吊钩上不得悬挂重物。作业后，应将控制器拨到零位，切断电源，应关闭并锁好操作室门窗。

电动葫芦使用前应检查机械部分和电气部分，钢丝绳、链条、吊钩、限位器等应完好，电气部分应无漏电，接地装置应良好。电动葫芦应设缓冲器，轨道两端应设挡板。第一次吊重物时，应在吊离地面100mm时停止上升，检查电动葫芦制动情况，确认完好后再正式作业。露天作业时，电动葫芦应设有防雨棚。电动葫芦起吊时，手不得握在绳索与物体之间，吊物上升时应防止冲顶。电动葫芦吊重物行走时，重物离地不宜超过1.5m高。工作间歇不得将重物悬挂在空中。电动葫芦作业中发生异味、高温等异常情况时，应立即停机检查，排除故障后继续使用。使用悬挂电缆电气控制开关时，绝缘应良好，滑动应自如，人站立位置的后方应有2m的空地，并应能正确操作电钮。在起吊中，由于故障造成重物失控下滑时，应采取紧急措施，向无人处下放重物。在起吊中不得急速升降。电动葫芦在额定载荷制动时，下滑位移量不应大于80mm。作业完毕后，电动葫芦应停放在指定位置，吊钩升起，并切断电源，锁好开关箱。

卷扬机。卷扬机地基与基础应平整、坚实，场地应排水畅通，地锚应设置可靠。卷扬机应搭设防护棚。操作人员的位置应在安全区域，视线应良好。卷扬机卷筒中心线与导向滑轮的轴线应垂直，且导向滑轮的轴线应在卷筒中心位置，钢丝绳的出绳偏角应符合表4.7.3的规定。作业前，应检查卷扬机与地面的固定、弹性联轴器的连接应牢固，并应检查安全装置、防护设施、电气线路、接零或接地装置、制动装置和钢丝绳等并确认全部合格后再使用。

卷扬机至少应装有一个常闭式制动器。卷扬机的传动部分及外露的运动件应设防护罩。卷扬机应在司机操作方便的地方安装能迅速切断总控制电源的紧急断电开关，并不得使用倒顺开关。钢丝绳卷绕在卷筒上的安全圈数不得少于3圈。钢丝绳末端应固定可靠。不得用手拉钢丝绳的方法卷绕钢丝绳。钢丝绳不得与机架、地面摩擦，通过道路时，应设过路保护装置。建筑施工现场不得使用摩擦式卷扬机。卷筒上的钢丝绳应排列整齐，当重叠或斜绕时，应停机重新排列，不得在转动中用手拉脚踩钢丝绳。

作业中，操作人员不得离开卷扬机，物件或吊笼下面不得有人员停留或通过。休息时，应将物件或吊笼降至地面。作业中如发现异响、制动失灵、制动带或轴承等温度剧烈上升等异常情况时，应立即停机检查，排除故障后再使用。作业中停电时，应将控制手柄或按钮置于零位，并应切断电源，将物件或吊笼降至地面。作业完毕，应将物件或吊笼降至地面，并应切断电源，锁好开关箱。

井架、龙门架物料提升机。进入施工现场的井架、龙门架必须具有下列安全装置：①上料口防护棚；②层楼安全门、吊篮安全门、首层防护门；③断绳保护装置或防坠装置；④安全停靠装置；⑤起重量限制器；⑥上、下限位器；⑦紧急断电开关、短路保护、过电流保护、漏电保护；⑧信号装置；⑨缓冲器。

卷扬机应符合本规程第4.7节的有关规定。基础应符合使用说明书要求。缆风绳不得使用钢筋、钢管。提升机的制动器应灵敏可靠。运行中吊篮的四角与井架不得互相擦碰，吊篮各构件连接应牢固、可靠。井架、龙门架物料提升机不得和脚手架连接。不得使用吊篮载人，吊篮下方不得有人员停留或通过。作业后，应检查钢丝绳、滑轮、滑轮轴和导轨等，发现异常磨损，应及时修理或更换。下班前，应将吊篮降到最低位置，各控制开关置于零位，切断电源，锁好开关箱。

施工升降机。施工升降机基础应符合使用说明书要求，当使用说明书无要求时，应经专项设计计算，地基上表面平整度允许偏差为10mm，场地应排水通畅。施工升降机导轨架的纵向中心线至建筑物外墙面的距离宜选用使用说明书中提供的较小的安装尺寸。安装导轨架时，应采用经纬仪在两个方向进行测量校准。其垂直度允许偏差应符合表4.9.3的规定。导轨架自由高度、导轨架的附墙距离、导轨架的两附墙连接点间距离和最低附墙点高度不得超过使用说明书的规定。

施工升降机应设置专用开关箱，馈电容量应满足升降机直接启动的要求，生产厂家配置的电气箱内应装设短路、过载、错相、断相及零位保护装置。施工升降机周围应设置稳固的防护围栏。楼层平台通道应平整牢固，出入口应设防护门。全行程不得有危害安余运行的障碍物。施工升降机安装在建筑物内部井道中时，各楼层门应封闭并应有电气连锁装置。装设在阴暗处或夜班作业的施工升降机，在全行程上应有足够的照明，并应装设明亮的楼层编号标志灯。施工升降机的防坠安全器应在标定期限内使用，标定期限不应超过一年。使用中不得任意拆检调整防坠安全器。

施工升降机使用前，应进行坠落试验。施工升降机在使用中每隔3个月，应进行一次额定载重量的坠落试验，试验程序应按使用说明书规定进行，吊笼坠落试验制动距离应符合现行行业标准《施工升降机齿轮锥鼓形渐进式防坠安全器》JG 121—2000的规定。防坠安全器试验后及正常操作中，每发生一次防坠动作，应由专业人员进行复位。作业前应重点检查下列项目，并应符合相应要求：①结构不得有变形，连接螺栓不得松动；②齿条与齿轮、导向轮与导轨应接合正常；③钢丝绳应固定良好，不得有异常磨损；④运行范围内不得有障碍；⑤安全保护装置应灵敏可靠。启动前，应检查并确认供电系统、接地装置安全有效，控制开关应在零位。电源接通后，应检查并确认电压正常。应试验并确认各限位装置、吊笼、围护门等处的电气连锁装置良好可靠，电气仪表应灵敏有效。作业前应进行试运行，测定各机构制动器的效能。施工升降机应按使用说明书要求，进行维护保养，并应定期检验制动器的可靠性，制动力矩应达到使用说明书要求。

吊笼内乘人或载物时，应使载荷均匀分布，不得偏重，不得超载运行。操作人员应按指挥信号操作。作业前应鸣笛示警。在施工升降机未切断总电源开关前，操作人员不得离开操作岗位。施工升降机运行中发现有异常情况时，应立即停机并采取有效措施将吊笼就近停靠楼层，排除故障后再继续运行。在运行中发现电气失控时，应立即按下急停按钮，在未排除故障前，不得打开急停按钮。在风速达到20m/s及以上大风、大雨、大雾天气以及导轨架、电缆等结冰时，施工升降机应停止运行，并将吊笼降到底层，切断电源。暴风雨等恶劣天气后，应对施工升降机各有关安全装置等进行一次检查，确认正常后运行。施工升降机运行到最上层或最下层时，不得用行程限位开关作为停止运行的控制开关。当施工升降机在运行中由于断电或其他原因而中途停止时，可进行手动下降，将电动机尾端制动电磁铁手动释放拉手缓缓向外拉出，使吊笼缓慢地向下滑行。吊笼下滑时，不得超过额定运行速度，手动下降应由专业维修人员进行操纵。当需在吊笼的外面进行检修时，另外一个吊笼应停机配合，检修时应切断电源，并应有专人监护。作业后，应将吊笼降到底层，各控制开关拨到零位，切断电源，锁好开关箱，闭锁吊笼门和围护门。

3）土石方机械

机械进入现场前，应查明行驶路线上的桥梁、涵洞的上部净空和下部承载能力，确保机械安全通过。机械通过桥梁时，应采用低速挡慢行，在桥面上不得转向或制动。作业前，必须查明施工场地内明、暗铺设的各类管线等设施，并应采用明显记号标识。严禁在离地下管线、承压管道1m距离以内进行大型机械作业。作业中，应随时监视机械各部位的运转及仪表指示值，如发现异常，应立即停机检修。机械运行中，不得接触转动部位。在修理工作装置时，应将工作装置降到最低位置，并应将悬空工作装置垫上垫木。在电杆附近取土时，对不能取消的拉线、地垄和杆身，应留出土台，土台大小应根据电杆结构、掩埋深度和土质情况由技术人员确定。机械与架空输电线路的安全距离应符合现行行业标准《施工现场临时用电安全技术规范》JGJ 46—2005的规定。

在施工中遇下列情况之一时应立即停工：①填挖区土体不稳定，土体有可能坍塌；②地面涌水冒浆，机械陷车，或因雨水机械在坡道打滑；③遇大雨、雷电、浓雾等恶劣天气；④施工标志及防护设施被损坏；⑤工作面安全净空不足。机械回转作业时，配合人员必须在机械回转半径以外工作。当需在回转半径以内工作时，必须将机械停止回转并制动。雨期施工时，机械应停放在地势较高的坚实位置。机械作业不得破坏基坑支护系统。行驶或作业中的机械，除驾驶室外的任何地方不得有乘员。

单斗挖掘机。单斗挖掘机的作业和行走场地应平整坚实，松软地面应用枕木或垫板垫实，沼泽或淤泥场地应进行路基处理，或更换专用湿地履带。轮胎式挖掘机使用前应支好支腿，并应保持水平位置，支腿应置于作业面的方向，转向驱动桥应置于作业面的后方。履带式挖掘机的驱动轮应置于作业面的后方。采用液压悬挂装置的挖掘机，应锁住两个悬挂液压缸。作业前应重点检查下列项目，并应符合相应要求：①照明、信号及报警装置等应齐全有效；②燃油、润滑油、液压油应符合规定；③各铰接部分应连接可靠；④液压系统不得有泄漏现象；⑤轮胎气压应符合规定。启动前，应将主离合器分离，各操纵杆放在空挡位置，并应发出信号，确认安全后启动设备。启动后，应先使液压系统从低速到高速空载循环 10～20min，不得有吸空等不正常噪声，并应检查各仪表指示值，运转正常后再接合主离合器，再进行空载运转，顺序操纵各工作机构并测试各制动器，确认正常后开始作业。

作业时，挖掘机应保持水平位置，行走机构应制动，履带或轮胎应楔紧。平整场地时，不得用铲斗进行横扫或用铲斗对地面进行夯实。挖掘岩石时，应先进行爆破。挖掘冻土时，应采用破冰锤或爆破法使冻土层破碎。不得用铲斗破碎石块、冻土，或用单边斗齿硬啃。挖掘机最大开挖高度和深度，不应超过机械本身性能规定。在拉铲或反铲作业时，履带式挖掘机的履带与工作面边缘距离应大于 1.0m，轮胎式挖掘机的轮胎与工作面边缘距离应大于 1.5m。在坑边进行挖掘作业，当发现有塌方危险时，应立即处理险情，或将挖掘机撤至安全地带。坑边不得留有伞状边沿及松动的大块石。挖掘机应停稳后再进行挖土作业。当铲斗未离开工作面时，不得作回转、行走等动作。应使用回转制动器进行回转制动，不得用转向离合器反转制动。作业时，各操纵过程应平稳，不宜紧急制动。铲斗升降不得过猛，下降时，不得撞碰车架或履带。斗臂在抬高及回转时，不得碰到坑、沟侧壁或其他物体。挖掘机向运土车辆装车时，应降低卸落高度，不得偏装或砸坏车厢。回转时，铲斗不得从运输车辆驾驶室顶上越过。

作业中，当液压缸将伸缩到极限位置时，应动作平稳，不得冲撞极限块。作业中，当需制动时，应将变速阀置于低速挡位置。作业中，当发现挖掘力突然变化，应停机检查，不得在未查明原因前调整分配阀的压力。作业中，不得打开压力表开关，且不得将工况选择阀的操纵手柄放在高速挡位置。挖掘机应停稳后再反铲作业，斗柄伸出长度应符合规定要求，提斗应平稳。作业中，履带式挖掘机短距离行走时，主动轮应在后面，斗臂应在正前方与履带平行，并应制动回转机构。坡道坡度不得超过机械允许的最大坡度。下坡时应慢速行驶。不得在坡道上变速和空挡滑行。轮胎式挖掘机行驶前，应收回支腿并固定可靠，监控仪表和报警信号灯应处于正常显示状态。轮胎气压应符合规定，工作装置应处于行驶方向，铲斗宜离地面 1m。长距离行驶时，应将回转制动板踩下，并应采用固定销锁定回转平台。挖掘机在坡道上行走时熄火，应立即制动，并应揳住履带或轮胎，重新发动后，再继续行走。

作业后，挖掘机不得停放在高边坡附近或填方区，应停放在坚实、平坦、安全的位置，并应将铲斗收回平放在地面，所有操纵杆置于中位，关闭操作室和机棚。履带式挖掘机转移工地应采用平板拖车装运。短距离自行转移时，应低速行走。保养或检修挖掘机时，应将内燃机熄火，并将液压系统卸荷，铲斗落地。利用铲斗将底盘顶起进行检修时，应使用垫木将抬起的履带或轮胎垫稳，用木楔将落地履带或轮胎揳牢，然后再将液压系统卸荷，否则不得进入底盘下工作。

挖掘装载机。挖掘作业前应先将装载斗翻转，使斗口朝地，并使前轮稍离开地面，踏下并锁住制动踏板，然后伸出支腿，使后轮离地并保持水平位置。挖掘装载机在边坡卸料时，应有专人指挥，挖掘装载机轮胎距边坡缘的距离应大于 1.5m。动臂后端的缓冲块应保持完好；损坏时，应修复后使用。作业时，应平稳操纵手柄；支臂下降时不宜中途制动。挖掘时不得使用高速挡。应平稳回转挖掘装载机，并不得用装载斗砸实沟槽的侧面。挖掘装载机移位时，应将挖掘装置处于中间运输状态，收起支腿，提起提升臂。装载作业前，应将挖掘装置的回转机构置于中间位置，并应采用拉板固定。在装载过程中，应使用低速档。铲斗提升臂在举升时，不应使用阀的浮动位置。前四阀用于支腿伸缩和装载的作业与后四阀用于回转和挖掘的作业不得同时进行。

行驶时，不应高速和急转弯。下坡时不得空挡滑行。行驶时，支腿应完全收回，挖掘装置应固定牢靠，装载装置宜放低，铲斗和斗柄液压活塞杆应保持完全伸张位置。挖掘装载机停放时间超过 1h，应支起支腿，使后轮离地；停放时间超过 1d 时，应使后轮离地，并应在后悬架下面用垫块支撑。

推土机。推土机在坚硬土壤或多石土壤地带作业时，应先进行爆破或用松土器翻松。在沼泽地带作业时，应更换专用湿地履带板。不得用推土机推石灰、烟灰等粉尘物料，不得进行碾碎石块的作业。牵引其他机构设备时，应有专人负责指挥。钢丝绳的连接应牢固可靠。在坡道或长距离牵引时，应采用牵引杆连接。作业前应重点检查下列项目，并应符合相应要求：①各部件不得松动，应连接良好；②燃油、润滑油、液压油等应符合规定；③各系统管路不得有裂纹或泄漏；④各操纵杆和制动踏板的行程、履带的松紧度或轮胎气压应符合要求。启动前，应将主离合器分离，各操纵杆放在空挡位置，并应按照本规程第 3.2 节的规定启动内燃机，不得用拖、顶方式启动。启动后应检查各仪表指示值、液压系统，并确认运转正常，当水温达到 55℃、机油温度达到 45℃时，全载荷作业。

推土机机械四周不得有障碍物，并确认安全后开动，工作时不得有人站在履带或刀片的支架上。采用主离合器传动的推土机接合应平稳，起步不得过猛，不得使离合器处于半接合状态下运转；液力传动的推土机，应先解除变速杆的锁紧状态，踏下减速器踏板，变速杆应在低挡位，然后缓慢释放减速踏板。在块石路面行驶时，应将履带张紧。当需要原地旋转或急转弯时，应采用低速挡。当行走机构夹入块石时，应采用正、反向往复行驶使块石排除。在浅水地带行驶或作业时，应查明水深，冷却风扇叶不得接触水面。下水前和出水后，应对行走装置加注润滑脂。推土机上、下坡或超过障碍物时应采用低速档。

推土机上坡坡度不得超过 25°，下坡坡度不得大于 35°，横向坡度不得大于 10°。在 25°以上的陡坡上不得横向行驶，并不得急转弯。上坡时不得换档，下坡不得空档滑行。当需要在陡坡上推土时，应先进行填挖，使机身保持平衡。在上坡途中，当内燃机突然熄灭，应立即放下铲刀，并锁住制动踏板。在推土机停稳后，将主离合器脱开，把变速杆放到空挡位置，并应用木块将履带或轮胎揳死后，重新启动内燃机。下坡时，当推土机下行速度大于内燃机传动速度时，转向操纵的方向应与平地行走时操纵的方向相反，并不得使用制动器。填沟作业驶近边坡时，铲刀不得越出边缘。后退时，应先换档，后提升铲刀进行倒车。在深沟、基坑或陡坡地区作业时，应有专人指挥，垂直边坡高度应小于 2m。当大于 2m 时，应放出安全边坡，同时禁止用推土刀侧面推土。推土或松土作业时，不得超载，各项操作应缓慢平稳，不得损坏铲刀、推土架、松土器等装置；无液力变矩器装置的推土机，在作业中有超载趋势时，应稍微提升刀片或变换低速档。不得顶推与地基基础连接的钢筋混凝土桩等建筑物。顶推树木等物体不得倒向推土机及高空架设物。两台以上推土机在同一地区作业时，前后距离应大于 8.0m；左右距离应大于 1.5m。在狭窄道路上行驶时，未得前机同意，后机不得超越。

作业完毕后，宜将推土机开到平坦安全的地方，并应将铲刀、松土器落到地面。在坡道上停机时，应将变速杆挂低速档，接合主离合器，锁住制动踏板，并将履带或轮胎揳住。停机时，应先降低内燃机转速，变速杆放在空挡，锁紧液力传动的变速杆，分开主离合器，踏下制动踏板并锁紧，在水温降到 75℃以下、油温降到 90℃以下后熄火。推土机长途转移工地时，应采用平板拖车装运。短途行走转移距离不宜超过 10km，铲刀距地面宜为 400mm，不得用高速档行驶和进行急转弯，不得长距离倒退行驶。在推土机下面检修时，内燃机应熄火，铲刀应落到地面或捶稳。

拖式铲运机。铲运机作业时，应先采用松土器翻松。铲运作业区内不得有树根、大石块和大量杂草等。铲运机行驶道路应平整坚实，路面宽度应比铲运机宽度大 2m。启动前，应检查钢丝绳、轮胎气压、铲土斗及卸土扳回缩弹簧、拖把万向接头、撑架以及各部滑轮等，并确认处于正常工作状态；液压式铲运机铲斗和拖拉机连接插座与牵引连接块应锁定，各液压管路应连接可靠。开动前，应使铲斗离开地面，机械周围不得有障碍物。

作业中，严禁人员上下机械，传递物件，以及在铲斗内、拖把或机架上坐立。多台铲运机联合作业时，各机之间前后距离应大于 10m（铲土时应大于 5m），左右距离应大于 2m，并应遵守下坡让上坡、空载让重载、支线让干线的原则。在狭窄地段运行时，未经前机同意，后机不得超越。两机交会或超车时应减速，两机左右间距应大于 0.5m。铲运机上、下坡道时，应低速行驶，不得中途换档，下坡时不得空档滑行，行驶的横向坡度不得超过 6°，坡宽应大于铲运机宽度 2m。在新填筑的土堤上作业时，离堤坡边缘应大于 1m。当需在斜坡横向作业时，应先将斜坡挖填平整，使机身保持平衡。在坡道上不得进行检修作业。在陡坡上不得转弯、倒车或停车。在坡上熄火时，应将铲斗落地、制动牢靠后再启动。下陡坡时，应将铲斗触地行驶，辅助制动。铲土时，铲土与机身应保持直线行驶。助铲时应有助铲装置，并应正确开启斗门，不得切土过深。两机动作应协调配合，平稳接触，等速助铲。在下陡坡铲土时，铲斗装满后，在铲斗后轮未达到缓坡地段前，不得将铲斗提离地面，应防铲斗快速下滑冲击主机。在不平地段行驶时，应放低铲斗，不得将铲斗提升到高位。拖拉陷车时，应有专人指挥，前后操作人员应配合协调，确认安全后起步。作业后，应将铲运机停放在平坦地面，并应将铲斗落在地面上。液压操纵的铲运机应将液压缸缩回，将操纵杆放在中间位置，进行清洁、润滑后，锁好门窗。

非作业行驶时，铲斗应用锁紧链条挂牢在运输行驶位置上；拖式铲运机不得载人或装载易燃、易爆物品。修理斗门或在铲斗下检修作业时，应将铲斗提起后用销子或锁紧链条固定，再采用垫木将斗身顶住，并应采用木楔楔住轮胎。

自行式铲运机。自行式铲运机的行驶道路应平整坚实，单行道宽度不宜小于5.5m。多台铲运机联合作业时，前后距离不得小于20m，左右距离不得小于2m。作业前，应检查铲运机的转向和制动系统，并确认灵敏可靠。

铲土或在利用推土机助铲时，应随时微调转向盘，铲运机应始终保持直线前进。不得在转弯情况下铲土。下坡时，不得空档滑行，应踩下制动踏板辅助以内燃机制动，必要时可放下铲斗，以降低下滑速度。转弯时，应采用较大回转半径低速转向，操纵转向盘不得过猛；当重载行驶或在弯道上、下坡时，应缓慢转向。不得在大于15°的横坡上行驶，也不得在横坡上铲土。沿沟边或填方边坡作业时，轮胎离路肩不得小于0.7m，并应放低铲斗，降速缓行。在坡道上不得进行检修作业。遇在坡道上熄火时，应立即制动，下降铲斗，把变速杆放在空档位置，然后启动内燃机。穿越泥泞或松软地面时，铲运机应直线行驶，当一侧轮胎打滑时，可踏下差速器锁止踏板。当离开不良地面时，应停止使用差速器锁止踏板。不得在差速器锁止时转弯。夜间作业时，前后照明应齐全完好，前大灯应能照至30m；非作业行驶时，应符合本规程第5.5.17条的规定。

静作用压路机。压路机碾压的工作面，应经过适当平整，对新填的松软土，应先用羊足碾或打夯机逐层碾压或夯实后，再用压路机碾压。工作地段的纵坡不应超过压路机最大爬坡能力，横坡不应大于20°。应根据碾压要求选择机种。

当光轮压路机需要增加机重时，可在滚轮内加砂或水。当气温降至0℃及以下时，不得用水增重。轮胎压路机不宜在大块石基层上作业。作业前，应检查并确认滚轮的刮泥板应平整良好，各紧固件不得松动；轮胎压路机应检查轮胎气压，确认正常后启动。启动后，应检查制动性能及转向功能并确认灵敏可靠。开动前，压路机周围不得有障碍物或人员。不得用压路机拖拉任何机械或物件。碾压时应低速行驶。速度宜控制在3～4km/h范围内，在一个碾压行程中不得变速。碾压过程中应保持正确的行驶方向，碾压第二行时应与第一行重叠半个滚轮压痕。变换压路机前进、后退方向应在滚轮停止运动后进行。不得将换向离合器当作制动器使用。在新建场地上进行碾压时，应从中间向两侧碾压。碾压时，距场地边缘不应少于0.5m。在坑边碾压施工时，应由里侧向外侧碾压，距坑边不应少于1m。上下坡时，应事先选好档位，不得在坡上换档，下坡时不得空档滑行。两台以上压路机同时作业时，前后间距不得小于3m，在坡道上不得纵队行驶。在行驶中，不得进行修理或加油。需要在机械底部进行修理时，应将内燃机熄火，刹车制动，并楔住滚轮。对有差速器锁定装置的三轮压路机，当只有一只轮子打滑时，可使用差速器锁定装置，但不得转弯。

作业后，应将压路机停放在平坦坚实的场地，不得停放在软土路边缘及斜坡上，并不得妨碍交通，并应锁定制动。严寒季节停机时，宜采用木板将滚轮垫离地面，应防止滚轮与地面冻结。压路机转移距离较远时，应采用汽车或平板拖车装运。

振动压路机。作业时，压路机应先起步后起振，内燃机应先置于中速，然后再调至高速。压路机换向时应先停机；压路机变速时应降低内燃机转速。压路机不得在坚实的地面上进行振动。压路机碾压松软路基时，应先碾压 1～2 遍后再振动碾压。压路机碾压时，压路机振动频率应保持一致。换向离合器、起振离合器和制动器的调整，应在主离合器脱开后进行。上下坡时或急转弯时不得使用快速档。铰接式振动压路机在转弯半径较小绕圈碾压时不得使用快速档。压路机在高速行驶时不得接合振动。停机时应先停振，然后将换向机构置于中间位置，变速器置于空档，最后拉起手制动操纵杆。

振动压路机的使用除应符合本节要求外，还应符合本规程第 5.7 节的有关规定。

平地机。起伏较大的地面宜先用推土机推平，再用平地机平整。平地机作业区内不得有树根、大石块等障碍物。平地机不得用于拖拉其他机械。启动内燃机后，应检查各仪表指示值并应符合要求。开动平地机时，应鸣笛示意，并确认机械周围不得有障碍物及行人，用低速档起步后，应测试并确认制动器灵敏有效。

作业时，应先将刮刀下降到接近地面，起步后再下降刮刀铲土。铲土时，应根据铲土阻力大小，随时调整刮刀的切土深度。刮刀的回转、铲土角的调整及向机外侧斜，应在停机时进行；刮刀左右端的升降动作，可在机械行驶中调整。刮刀角铲土和齿耙松地时应采用一档速度行驶；刮土和平整作业时应用二、三档速度行驶。土质坚实的地面应先用齿耙翻松，翻松时应缓慢下齿。使用平地机清除积雪时，应在轮胎上安装防滑链，并应探明工作面的深坑、沟槽位置。平地机在转弯或调头时，应使用低速档；在正常行驶时，应使用前轮转向；当场地特别狭小时，可使用前后轮同时转向。平地机行驶时，应将刮刀和齿耙升到最高位置，并将刮刀斜放，刮刀两端不得超出后轮外侧。行驶速度不得超过使用说明书规定。下坡时，不得空档滑行。平地机作业中变矩器的油温不得超过 120℃。作业后，平地机应停放在平坦、安全的场地，刮刀应落在地面上，手制动器应拉紧。

轮胎式装载机。装载机与汽车配合装运作业时，自卸汽车的车厢容积应与装载机铲斗容量相匹配。装载机作业场地坡度应符合使用说明书的规定。作业区内不得有障碍物及无关人员。轮胎式装载机作业场地和行驶道路应平坦坚实。在石块场地作业时，应在轮胎上加装保护链条。装载机行驶前，应先鸣笛示意，铲斗宜提升离地 0.5m。装载机行驶过程中应测试制动器的可靠性。装载机搭乘人员应符合规定。装载机铲、斗不得载人。装载机高速行驶时应采用前轮驱动；低速铲装时，应采用四轮驱动。铲斗装载后升起行驶时，不得急转弯或紧急制动。装载机下坡时不得空档滑行。

装载机的装载量应符合使用说明书的规定。装载机铲斗应从正面铲料，铲斗不得单边受力。装载机应低速缓慢举臂翻转铲斗卸料。装载机操纵手柄换向应平稳。装载机满载时，铲臂应缓慢下降。在松散不平的场地作业时，应把铲臂放在浮动位置，使铲斗平稳地推进；当推进阻力增大时，可稍微提升铲臂。当铲臂运行到上下最大限度时，应立即将操纵杆回到空挡位置。装载机运载物料时，铲臂下铰点宜保持离地面 0.5m，并保持平稳行驶。铲斗提升到最高位置时，不得运输物料。铲装或挖掘时，铲斗不应偏载。铲斗装满后，应先举臂，再行走、转向、卸料。铲斗行走过程中不得收斗或举臂。当铲装阻力较大，出现轮胎打滑时，应立即停止铲装，排除过载后再铲装。在向汽车装料时，铲斗不得在汽车驾驶室上方越过。如汽车驾驶室顶无防护，驾驶室内不得有人。向汽车装料，宜降低铲斗高度，减小卸落冲击。汽车装料不得偏载、超载。装载机在坡、沟边卸料时，轮胎离边缘应保留安全距离，安全距离宜大于 1.5m；铲斗不宜伸出坡、沟边缘。在大于 3°的坡面上，装载机不得朝下坡方向俯身卸料。作业时，装载机变矩器油温不得超过 110℃，超过时，应停机降温。

作业后，装载机应停放在安全场地，铲斗应平放在地面上，操纵杆应置于中位，制动应锁定。装载机转向架未锁闭时，严禁站在前后车架之间进行检修保养。装载机铲臂升起后，在进行润滑或检修等作业时，应先装好安全销，或先采取其他措施支住铲臂。停车时，应使内燃机转速逐步降低，不得突然熄火，应防止液压油因惯性冲击而溢出油箱。

蛙式夯实机。蛙式夯实机宜适用于夯实灰土和素土。蛙式夯实机不得冒雨作业。作业前应重点检查下列项目，并应符合相应要求：①漏电保护器应灵敏有效，接零或接地及电缆线接头应绝缘良好；②传动皮带应松紧合适，皮带轮与偏心块应安装牢固；③转动部分应安装防护装置，并应进行试运转，确认正常；④负荷线应采用耐气候型的四芯橡皮护套软电缆。电缆线长不应大于 50m。夯实机启动后，应检查电动机旋转方向，错误时应倒换相线。

作业时，夯实机扶手上的按钮开关和电动机的接线应绝缘良好。当发现有漏电现象时，应立即切断电源，进行检修。夯实机作业时，应一人扶夯，一人传递电缆线，并应戴绝缘手套和穿绝缘鞋。递线人员应跟随夯机后或两侧调顺电缆线。电缆线不得扭结或缠绕，并应保持 3～4m 的余量。作业时，不得夯击电缆线。作业时，应保持夯实机平衡，不得用力压扶手。转弯时应用力平稳，不得急转弯。夯实填高松软土方时，应先在边缘以内 100～150mm 夯实 2～3 遍后，再夯实边缘。不得在斜坡上夯行，以防夯头后折。夯实房心土时，夯板应避开钢筋混凝土基础及地下管道等地下物。在建筑物内部作业时，夯板或偏心块不得撞击墙壁。多机作业时，其平行间距不得小于 5m，前后间距不得小于 10m。夯实机作业时，夯实机四周 2m 范围内，不得有非夯实机操作人员。夯实机电动机温升超过规定时，应停机降温。作业时，当夯实机有异常响声时，应立即停机检查。

作业后，应切断电源，卷好电缆线，清理夯实机。夯实机保管应防水防潮。

振动冲击夯。振动冲击夯适用于压实黏性土、砂及砾石等散状物料，不得在水泥路面和其他坚硬地面作业。内燃机冲击夯作业前，应检查并确认有足够的润滑油，油门控制器应转动灵活。

内燃机冲击夯启动后，应逐渐加大油门，夯机跳动稳定后开始作业。振动冲击夯作业时，应正确掌握夯机，不得倾斜，手把不宜握得过紧，能控制夯机前进速度即可。正常作业时，不得使劲往下压手把，以免影响夯机跳起高度。夯实松软土或上坡时，可将手把稍向下压，并应能增加夯机前进速度。根据作业要求，内燃冲击夯应通过调整油门的大小，在一定范围内改变夯机振动频率。内燃冲击夯不宜在高速下连续作业。当短距离转移时，应先将冲击夯手把稍向上抬起，将运转轮装入冲击夯的挂钩内，再压下手把，使重心后倾，再推动手把转移冲击夯。

强夯机械。担任强夯作业的主机，应按照强夯等级的要求经过计算选用。强夯机械的门架、横梁、脱钩器等主要结构和部件的材料及制作质量，应经过严格检查，对不符合设计要求的，不得使用。夯机驾驶室挡风玻璃前应增设防护网。夯机的作业场地应平整，门架底座与夯机着地部位的场地不平度不得超过 100mm。夯机在工作状态时，起重臂仰角应符合使用说明书的要求。梯形门架支腿不得前后错位，门架支腿在未支稳垫实前，不得提锤。变换夯位后，应重新检查门架支腿，确认稳固可靠，然后再将锤提升 100～300mm，检查整机的稳定性，确认可靠后作业。

夯锤下落后，在吊钩尚未降至夯锤吊环附近前，操作人员严禁提前下坑挂钩。从坑中提锤时，严禁挂钩人员站在锤上随锤提升。夯锤起吊后，地面操作人员应迅速撤至安全距离以外，非强夯施工人员不得进入夯点 30m 范围内。夯锤升起如超过脱钩高度仍不能自动脱钩时，起重指挥应立即发出停车信号，将夯锤落下，应查明原因并正确处理后继续施工。当夯锤留有的通气孔在作业中出现堵塞现象时，应及时清理，并不得在锤下作业。当夯坑内有积水或因黏土产生的锤底吸附力增大时，应采取措施排除，不得强行提锤。转移夯点时，夯锤应由辅机协助转移，门架随夯机移动前，支腿离地面高度不得超过 500mm。作业后，应将夯锤下降，放在坚实稳固的地面上。在非作业时，不得将锤悬挂在空中。

4）运输机械

各类运输机械应有完整的机械产品合格证以及相关的技术资料。启动前应重点检查下列项目，并应符合相应要求：①车辆的各总成、零件、附件应按规定装配齐全，不得有脱焊、裂缝等缺陷。螺栓、铆钉连接紧固不得松动、缺损。②各润滑装置应齐全并应清洁有效。③离合器应结合平稳、工作可靠、操作灵活，踏板行程应符合规定。④制动系统各部件应连接可靠，管路畅通。⑤灯光、喇叭、指示仪表等应齐全完整。⑥轮胎气压应符合要求。⑦燃油、润滑油、冷却水等应添加充足。⑧燃油箱应加锁。⑨运输机械不得有漏水、漏油、漏气、漏电现象。

运输机械启动后，应观察各仪表指示值，检查内燃机运转情况，检查转向机构及制动器等性能，并确认正常，当水温达到 40℃以上、制动气压达到安全压力以上时，应低档起步。起步时应检查周边环境，并确认安全。装载的物品应捆绑稳固牢靠，整车重心高度应控制在规定范围内，轮式机具和圆形物件装运时应采取防止滚动的措施。运输机械不得人货混装，运输过程中，料斗内不得载人。运输超限物件时，应事先勘察路线，了解空中、地面上、地下障碍以及道路、桥梁等通过能力，并应制定运输方案，应按规定办理通行手续。在规定时间内按规定路线行驶。超限部分白天应插警示旗，夜间应挂警示灯。装卸人员及电工携带工具随行，保证运行安全。运输机械水温未达到 70℃时，不得高速行驶。行驶中变速应逐级增减档位，不得强推硬拉。前进和后退交替时，应在运输机械停稳后换档。

运输机械行驶中，应随时观察仪表的指示情况，当发现机油压力低于规定值，水温过高，有异响、异味等情况时，应立即停车检查，并应排除故障后继续运行。运输机械运行时不得超速行驶，并应保持安全距离。进入施工现场应沿规定的路线行进。车辆上、下坡应提前换入低速档，不得中途换档。下坡时，应以内燃机变速箱阻力控制车速，必要时，可间歇轻踏制动器。严禁空档滑行。在泥泞、冰雪道路上行驶时，应降低车速，并应采取防滑措施。车辆涉水过河时，应先探明水深、流速和水底情况，水深不得超过排气管或曲轴皮带盘，并应低速直线行驶，不得在中途停车或换档。涉水后，应缓行一段路程，轻踏制动器使浸水的制动片上的水分蒸发掉。通过危险地区时，应先停车检查，确认可以通过后，应由有经验人员指挥前进。

运载易燃、易爆、剧毒、腐蚀性等危险品时，应使用专用车辆按相应的安全规定运输，并应有专业随车人员。爆破器材的运输，应符合现行国家标准《爆破安全规程》GB 6722—2014 的要求。起爆器材与炸药、不同种类的炸药严禁同车运输。车厢底部应铺软垫层，并应有专业押运人员，按指定路线行驶。不得在人口稠密处、交叉路口和桥上（下）停留。车厢应用帆布覆盖并设置明显标志。装运氧气瓶的车厢不得有油污，氧气瓶严禁与油料或乙炔气瓶混装。氧气瓶上防振胶圈应齐全，运行过程中，氧气瓶不得滚动及相互撞击。

车辆停放时，应将内燃机熄火，拉紧手制动器，关锁车门。在下坡道停放时应挂倒档，在上坡道停放时应挂一档，并应使用三角木楔等楔紧轮胎。平头型驾驶室需前倾时，应清理驾驶室内物件，关紧车门后前倾并锁定。平头型驾驶室复位后，应检查并确认驾驶室已锁定。在车底进行保养、检修时，应将内燃机熄火，拉紧手制动器并将车轮揳牢。车辆经修理后需要试车时，应由专业人员驾驶，当需在道路上试车时，应事先报经公安、公路等有关部门的批准。

自卸汽车。自卸汽车应保持顶升液压系统完好，工作平稳。操纵应灵活，不得有卡阻现象。各节液压缸表面应保持清洁。非顶升作业时，应将顶升操纵杆放在空档位置。顶升前，应拔出车厢固定锁。作业后，应及时插入车厢固定锁。固定锁应无裂纹，插入或拔出应灵活、可靠。在行驶过程中车厢挡板不得自行打开。

卸料时应听从现场专业人员指挥，车厢上方不得有障碍物，四周不得有人员来往，并应将车停稳。举升车厢时，应控制内燃机中速运转，当车厢升到顶点时，应降低内燃机转速，减少车厢振动。不得边卸边行驶。向坑洼地区卸料时，应和坑边保持安全距离。在斜坡上不得侧向倾卸。卸完料，车厢应及时复位，自卸汽车应在复位后行驶。自卸汽车不得装运爆破器材。车厢举升状态下，应将车厢支撑牢靠后，进入车厢下面进行检修、润滑等作业。装运混凝土或黏性物料后，应将车厢清洗干净。自卸汽车装运散料时，应有防止散落的措施。

平板拖车。拖车的制动器、制动灯、转向灯等应配备齐全，并应与牵引车的灯光信号同时起作用。行车前，应检查并确认拖挂装置、制动装置、电缆接头等连接良好。

拖车装卸机械时，应停在平坦坚实处，拖车应制动并用三角木揳紧车胎。装车时应调整好机械在车厢上的位置，各轴负荷分配应合理。平板拖车的跳板应坚实，在装卸履带式起重机、挖掘机、压路机时，跳板与地面夹角不宜大于 15°；在装卸履带式推土机、拖拉机时，跳板与地面夹角不宜大于 25°。装卸时应由熟练的驾驶人员操作，并应统一指挥。上、下车动作应平稳，不得在跳板上调整方向。装运履带式起重机时，履带式起重机起重臂应拆短，起重臂向后，吊钩不得自由晃动。推土机的铲刀宽度超过平板拖车宽度时，应先拆除铲刀后再装运。机械装车后，机械的制动器应锁定，保险装置应锁牢，履带或车轮应揳紧，机械应绑扎牢固。使用随车卷扬机装卸物件时，应有专人指挥，拖车应制动锁定，并应将车轮揳紧，防止在装卸时车辆移动。拖车长期停放或重车停放时间较长时，应将平板支起，轮胎不应承压。

机动翻斗车。机动翻斗车驾驶员应经考试合格，持有机动翻斗车专用驾驶证上岗。机动翻斗车行驶前，应检查锁紧装置，并应将料斗锁牢。

机动翻斗车行驶时，不得用离合器处于半结合状态来控制车速。在路面不良状况下行驶时，应低速缓行。机动翻斗车不得靠近路边或沟旁行驶，并应防侧滑。在坑沟边缘卸料时，应设置安全挡块。车辆接近坑边时，应减速行驶，不得冲撞挡块。上坡时，应提前换入低档行驶；下坡时，不得空档滑行；转弯时，应先减速，急转弯时，应先换入低档。机动翻斗车不宜紧急刹车，应防止向前倾覆。机动翻斗车不得在卸料工况下行驶。内燃机运转或料斗内有载荷时，不得在车底下进行作业。多台机动翻斗车纵队行驶时，前后车之间应保持安全距离。

散装水泥车。在装料前应检查并清除散装水泥车的罐体及料管内积灰和结渣等杂物，管道不得有堵塞和漏气现象；阀门开闭应灵活，部件连接应牢固可靠，压力表工作应正常。在打开装料口前，应先打开排气阀，排除罐内残余气压。装料完毕，应将装料口边缘上堆积的水泥清扫干净，盖好进料口，并锁紧。

散装水泥车卸料时，应装好卸料管，关闭卸料管蝶阀和卸压管球阀，并应打开二次风管，接通压缩空气。空气压缩机应在无载情况下启动。在确认卸料阀处于关闭状态后，向罐内加压，当达到卸料压力时，应先打开二次风嘴阀后再打开卸料阀，并用二次风嘴阀调整空气与水泥比例。卸料过程中，应注意观察压力表的变化情况，当发现压力突然上升，输气软管堵塞时，应停止送气，并应放出管内有压气体，及时排除故障。卸料作业时，空气压缩机应有专人管理，其他人员不得擅自操作。在进行加压卸料时，不得增加内燃机转速。卸料结束后，应打开放气阀，放尽罐内余气，并应关闭各部阀门。

雨雪天气，散装水泥车进料口应关闭严密，并不得在露天装卸作业。

皮带运输机。固定式皮带运输机应安装在坚固的基础上，移动式皮带运输机在开动前应将轮子揳紧。皮带运输机在启动前，应调整好输送带的松紧度，带扣应牢固，各传动部件应灵活可靠，防护罩应齐全有效。电气系统应布置合理，绝缘及接零或接地应保护良好。输送带启动时，应先空载运转，在运转正常后，再均匀装料。不得先装料后启动。

输送带上加料时，应对准中心，并宜降低加料高度，减少落料对输送带的冲击。作业中，应随时观察输送带运输情况，当发现带有松动、走偏或跳动现象时，应停机进行调整。作业时，人员不得从带上面跨越，或从带下面穿过。输送带打滑时，不得用手拉动。输送带输送大块物料时，输送带两侧应加装挡板或栅栏。多台皮带运输机串联作业时，应从卸料端按顺序启动；停机时，应从装料端开始按顺序停机。作业时需要停机时，应先停止装料，将带上物料卸完后，再停机。皮带运输机作业中突然停机时，应立即切断电源，清除运输带上的物料，检查并排除故障。作业完毕后，应将电源断开，锁好电源开关箱，清除输送机上的砂土，应采用防雨护罩将电动机盖好。

5）桩工机械

桩工机械类型应根据桩的类型、桩长、桩径、地质条件、施工工艺等综合考虑选择。施工现场应按桩机使用说明书的要求进行整平压实，地基承载力应满足桩机的使用要求。在基坑和围堰内打桩，应配置足够的排水设备。桩机作业区内不得有妨碍作业的高压线路、地下管道和埋设电缆。作业区应有明显标志或围栏，非工作人员不得进入。桩机电源供电距离宜在200m以内，工作电源电压的允许偏差为其公称值的±5%。电源容量与导线截面应符合设备施工技术要求。作业前，应由项目负责人向作业人员作详细的安全技术交底。桩机的安装、试机、拆除应严格按设备使用说明书的要求进行。安装桩锤时，应将桩锤运到立柱正前方2m以内，并不得斜吊。桩机的立柱导轨应按规定润滑。桩机的垂直度应符合使用说明书的规定。作业前，应检查并确认桩机各部件连接牢靠，各传动机构、齿轮箱、防护罩、吊具、钢丝绳、制动器等应完好，起重机起升、变幅机构工作正常，润滑油、液压油的油位符合规定，液压系统无泄漏，液压缸动作灵敏，作业范围内不得有非工作人员或障碍物。

水上打桩时，应选择排水量比桩机重量大4倍以上的作业船或安装牢固的排架，桩机与船体或排架应可靠固定，并应采取有效的锚固措施。当打桩船或排架的偏斜度超过3°时，应停止作业。桩机吊桩、吊锤、回转、行走等动作不应同时进行。吊桩时，应在桩上拴好拉绳，避免桩与桩锤或机架碰撞。桩机吊锤（桩）时，锤（桩）的最高点离立柱顶部的最小距离应确保安全。轨道式桩机吊桩时应夹紧夹轨器。桩机在吊有桩和锤的情况下，操作人员不得离开岗位。桩机不得侧面吊桩或远距离拖桩。桩机在正前方吊桩时，混凝土预制桩与桩机立柱的水平距离不应大于4m，钢桩不应大于7m，并应防止桩与立柱碰撞。使用双向立柱时，应在立柱转向到位，并应采用锁销将立柱与基杆锁住后起吊。

施打斜桩时，应先将桩锤提升到预定位置，并将桩吊起，套入桩帽，桩尖插入桩位后再后仰立柱。履带三支点式桩架在后倾打斜桩时，后支撑杆应顶紧；轨道式桩架应在平台后增加支撑，并夹紧夹轨器。立柱后仰时，桩机不得回转及行走。桩机回转时，制动应缓慢，轨道式和步履式桩架同向连续回转不应大于一周。桩锤在施打过程中，监视人员应在距离桩锤中心5m以外。插桩后，应及时校正桩的垂直度。桩入土3m以上时，不得用桩机行走或回转动作来纠正桩的倾斜度。拔送桩时，不得超过桩机起重能力；拔送载荷应符合下列规定：①电动桩机拔送载荷不得超过电动机满载电流时的载荷；②内燃机桩机拔送桩时，发现内燃机明显降速，应立即停止作业。

作业过程中，应经常检查设备的运转情况，当发生异响、吊索具破损、紧固螺栓松动、漏气、漏油、停电以及其他不正常情况时，应立即停机检查，排除故障。桩机作业或行走时，除本机操作人员外，不应搭载其他人员。桩机行走时，地面的平整度与坚实度应符合要求，并应有专人指挥。走管式桩机横移时，桩机距滚管终端的距离不应小于1m。桩机带锤行走时，应将桩锤放至最低位。履带式桩机行走时，驱动轮应置于尾部位置。在有坡度的场地上，坡度应符合桩机使用说明书的规定，并应将桩机重心置于斜坡上方，沿纵坡方向作业和行走。桩机在斜坡上不得回转。在场地的软硬边际，桩机不应横跨软硬边际。遇风速12.0m/s及以上的大风和雷雨、大雾、大雪等恶劣气候时，应停止作业。当风速达到13.9m/s及以上时，应将桩机顺风向停置，并应按使用说明书的要求，增设缆风绳，或将桩架放倒。桩机应有防雷措施，遇雷电时，人员应远离桩机。冬期作业应清除桩机上积雪，工作平台应有防滑措施。桩孔成型后，当暂不浇注混凝土时，孔口必须及时封盖。

作业中，当停机时间较长时，应将桩锤落下垫稳。检修时，不得悬吊桩锤。桩机在安装、转移和拆运时，不得强行弯曲液压管路。作业后，应将桩机停放在坚实平整的地面上，将桩锤落下垫实，并切断动力电源。轨道式桩架应夹紧夹轨器。

柴油打桩锤。作业前应检查导向板的固定与磨损情况，导向板不得有松动或缺件，导向面磨损不得大于7mm。作业前应检查并确认起落架各工作机构安全可靠，启动钩与上活塞接触线距离应在 5～10mm 之间。作业前应检查柴油锤与桩帽的连接，提起柴油锤，柴油锤脱出砧座后，柴油锤下滑长度不应超过使用说明书的规定值，超过时，应调整桩帽连接钢丝绳的长度。作业前应检查缓冲胶垫，当砧座和橡胶垫的接触面小于原面积 2/3 时，或下汽缸法兰与砧座间隙小于使用说明书的规定值时，均应更换橡胶垫。水冷式柴油锤应加满水箱，并应保证柴油锤连续工作时有足够的冷却水。冷却水应使用清洁的软水。冬期作业时应加温水。桩帽上缓冲垫木的厚度应符合要求，垫木不得偏斜。金属桩的垫木厚度应为 100～150mm；混凝土桩的垫木厚度应为 200～250mm。柴油锤启动前，柴油锤、桩帽和桩应在同一轴线上，不得偏心打桩。

在软土打桩时，应先关闭油门冷打，当每击贯入度小于 100mm 时，再启动柴油锤。柴油锤运转时，冲击部分的跳起高度应符合使用说明书的要求，达到规定高度时，应减小油门，控制落距。当上活塞下落而柴油锤未燃爆，上活塞发生短时间的起伏时，起落架不得落下，以防撞击碰块。打桩过程中，应有专人负责拉好曲臂上的控制绳，在意外情况下，可使用控制绳紧急停锤。柴油锤启动后，应提升起落架，在锤击过程中起落架与上汽缸顶部之间的距离不应小于 2m。筒式柴油锤上活塞跳起时，应观察是否有润滑油从泄油孔中流出。下活塞的润滑油应按使用说明书的要求加注。柴油锤出现早燃时，应停止工作，并应按使用说明书的要求进行处理。

作业后，应将柴油锤放到最低位置，封盖上汽缸和吸排气孔，关闭燃料阀，将操作杆置于停机位置，起落架升至高于桩锤 1m 处，并应锁住安全限位装置。长期停用的柴油锤，应从桩机上卸下，放掉冷却水、燃油及润滑油，将燃烧室及上、下活塞打击面清洗干净，并应做好防腐措施，盖上保护套，入库保存。

振动桩锤。作业前，应检查并确认振动桩锤各部位螺栓、销轴的连接牢靠，减振装置的弹簧、轴和导向套完好。作业前，应检查各传动胶带的松紧度，松紧度不符合规定时应及时调整。作业前，应检查夹持片的齿形。当齿形磨损超过 4mm 时，应更换或用堆焊修复。使用前，应在夹持片中间放一块 10～15mm 厚的钢板进行试夹。试夹中液压缸应无渗漏，系统压力应正常，夹持片之间无钢板时不得试夹。作业前，应检查并确认振动桩锤的导向装置牢固可靠。导向装置与立柱导轨的配合间隙应符合使用说明书的规定。悬挂振动桩锤的起重机吊钩应有防松脱的保护装置。振动桩锤悬挂钢架的耳环应加装保险钢丝绳。

振动桩锤启动时间不应超过使用说明书的规定。当启动困难时，应查明原因，排除故障后继续启动。启动时应监视电流和电压，当启动后的电流降到正常值时，开始作业。夹桩时，夹紧装置和桩的头部之间不应有空隙。当液压系统工作压力稳定后，才能启动振动桩锤。沉桩前，应以桩的前端定位，并按使用说明书的要求调整导轨与桩的垂直度。沉桩时，应根据沉桩速度放松吊桩钢丝绳。沉桩速度、电机电流不得超过使用说明书的规定。沉桩速度过慢时，可在振动桩锤上按规定增加配重。当电流急剧上升时，应停机检查。拔桩时，当桩身埋入部分被拔起 1.0～1.5m 时，应停止拔桩，在拴好吊桩用钢丝绳后，再起振拔桩。当桩尖离地面只有 1.0～2.0m 时，应停止振动拔桩，由起重机直接拔桩。桩拔出后，吊桩钢丝绳未吊紧前，不得松开夹紧装置。拔桩应按沉桩的相反顺序起拔。夹紧装置在夹持板桩时，应靠近相邻一根。对工字桩应夹紧腹板的中央。当钢板桩和工字桩的头部有钻孔时，应将钻孔焊平或将钻孔以上割掉，或应在钻孔处焊接加强板，防止桩断裂。振动桩锤在正常振幅下仍不能拔桩时，应停止作业，改用功率较大的振动桩锤。拔桩时，拔桩力不应大于桩架的负荷能力。振动桩锤作业时，减振装置各摩擦部位应具有良好的润滑。减振器横梁的振幅超过规定时，应停机查明原因。作业中，当遇液压软管破损、液压操纵失灵或停电时，应立即停机，并应采取安全措施，不得让桩从夹紧装置中脱落。

停止作业时，在振动桩锤完全停止运转前不得松开夹紧装置。作业后，应将振动桩锤沿导杆放至低处，并采用木块垫实，带桩管的振动桩锤可将桩管沉入土中 3m 以上。振动桩锤长期停用时，应卸下振动桩锤。

静力压桩机。桩机纵向行走时，不得单向操作一个手柄，应两个手柄一起动作。短船回转或横向行走时，不应碰触长船边缘。桩机升降过程中，四个顶升缸中的两个一组，交替动作，每次行程不得超过 100mm。当单个顶升缸动作时，行程不得超过 50mm。压桩机在顶升过程中，船形轨道不宜压在已入土的单一桩顶上。

压桩作业时，应有统一指挥，压桩人员和吊桩人员应密切联系，相互配合。起重机吊桩进入夹持机构，进行接桩或插桩作业后，操作人员在压桩前应确认吊钩已安全脱离桩体。操作人员应按桩机技术性能作业，不得超载运行。操作时动作不应过猛，应避免冲击。桩机发生浮机时，严禁起重机作业。如起重机已起吊物体，应立即将起吊物卸下，暂停压桩，在查明原因采取相应措施后，方可继续施工。压桩时，非工作人员应离机 10m。起重机的起重臂及桩机配重下方严禁站人。压桩时，操作人员的身体不得进入压桩台与机身的间隙之中。压桩过程中，桩产生倾斜时，不得采用桩机行走的方法强行纠正，应先将桩拔起，清除地下障碍物后，重新插桩。在压桩过程中，当夹持的桩出现打滑现象时，应通过提高液压缸压力增加夹持力，不得损坏桩，并应及时找出打滑原因，排除故障。桩机接桩时，上一节桩应提升 350～400mm，并不得松开夹持板。当桩的贯入阻力超过设计值时，增加配重应符合使用说明书的规定。当桩压到设计要求时，不得用桩机行走的方式，将超过规定高度的桩顶部分强行推断。

作业完毕，桩机应停放在平整地面上，短船应运行至中间位置，其余液压缸应缩进回程，起重机吊钩应升至最高位置，各部制动器应制动，外露活塞杆应清理干净。作业后，应将控制器放在“零位”，并依次切断各部电源，锁闭门窗，冬期应放尽各部积水。转移工地时，应按规定程序拆卸桩机，所有油管接头处应加保护盖帽。

转盘钻孔机。钻架的吊重中心、钻机的卡孔和护进管中心应在同一垂直线上，钻杆中心偏差不应大于 20mm。钻头和钻杆连接螺纹应良好，滑扣的不得使用。钻头焊接应牢固可靠，不得有裂纹。钻杆连接处应安装便于拆卸的垫圈。作业前，应先将各部操纵手柄置于空挡位置，人力盘动时不得有卡阻现象，然后空载运转，确认一切正常后方可作业。

开钻时，应先送浆后开钻；停机时，应先停钻后停浆。泥浆泵应有专人看管，对泥浆质量和浆面高度应随时测量和调整，随时清除沉淀池中杂物，出现漏浆现象时应及时补充。开钻时，钻压应轻，转速应慢。在钻进过程中，应根据地质情况和钻进深度，选择合适的钻压和钻速，均匀给进。换挡时，应先停钻，挂上挡后再开钻。加接钻杆时，应使用特制的连接螺栓紧固，并应做好连接处的清洁工作。钻机下和井孔周围 2m 以内及高压胶管下，不得站人。钻杆不应在旋转时提升。发生提钻受阻时，应先设法使钻具活动后再慢慢提升，不得强行提升。当钻进受阻时，应采用缓冲击法解除，并查明原因，采取措施继续钻进。钻架、钻台平车、封口平车等的承载部位不得超载。使用空气反循环时，喷浆口应遮拦，管端应固定。

钻进结束时，应把钻头略为提起，降低转速，空转5～20min后再停钻。停钻时，应先停钻后停风。作业后，应对钻机进行清洗和润滑，并应将主要部位进行遮盖。

螺旋钻孔机。安装前，应检查并确认钻杆及各部件不得有变形；安装后，钻杆与动力头中心线的偏斜度不应超过全长的1%。安装钻杆时，应从动力头开始，逐节往下安装。不得将所需长度的钻杆在地面上接好后一次起吊安装。钻机安装后，电源的频率与钻机控制箱的内频率应相同，不同时，应采用频率转换开关予以转换。钻机应放置在平稳、坚实的场地上。汽车式钻机应将轮胎支起，架好支腿，并应采用自动微调或线锤调整挺杆，使之保持垂直。启动前应检查并确认钻机各部件连接应牢固，传动带的松紧度应适当，减速箱内油位应符合规定，钻深限位报警装置应有效。启动前，应将操纵杆放在空挡位置。启动后，应进行空载运转试验，检查仪表、制动等各项，温度、声响应正常。

钻孔时，应将钻杆缓慢放下，使钻头对准孔位，当电流表指针偏向无负荷状态时即可下钻。在钻孔过程中，当电流表超过额定电流时，应放慢下钻速度。钻机发出下钻限位报警信号时，应停钻，并将钻杆稍稍提升，在解除报警信号后，方可继续下钻。卡钻时，应立即停止下钻。查明原因前，不得强行启动。作业中，当需改变钻杆回转方向时，应在钻杆完全停转后再进行。作业中，当发现阻力过大、钻进困难、钻头发出异响或机架出现摇晃、移动、偏斜时，应立即停钻，在排除故障后，继续施钻。钻机运转时，应有专人看护，防止电缆线缠绕钻杆。钻孔时，不得用手清除螺旋片中的泥土。钻孔过程中，应经常检查钻头的磨损情况，当钻头磨损量超过使用说明书的允许值时，应予更换。作业中停电时，应将各控制器放置零位，切断电源，并应及时采取措施，将钻杆从孔内拔出。

作业后，应将钻杆及钻头全部提升至孔外，先清除钻杆和螺旋叶片上的泥土，再将钻头放下接触地面，锁定各部制动，将操纵杆放到空挡位置，切断电源。

全套管钻机。作业前应检查并确认套管和浇注管内侧不得有损坏和明显变形，不得有混凝土粘结。钻机内燃机启动后，应先怠速运转，再逐步加速至额定转速。钻机对位后，应进行试调，达到水平后，再进行作业。第一节套管入土后，应随时调整套管的垂直度。当套管入土深度大于5m时，不得强行纠偏。在套管内挖土碰到硬土层时，不得用锤式抓斗冲击硬土层，应采用十字凿锤将硬土层有效的破碎后，再继续挖掘。用锤式抓斗挖掘管内土层时，应在套管上加装保护套管接头的喇叭口。套管在对接时，接头螺栓应按出厂说明书规定的扭矩对称拧紧。接头螺栓拆下时，应立即洗净后浸入油中。起吊套管时，不得用卡环直接吊在螺纹孔内，损坏套管螺纹，应使用专用工具吊装。

挖掘过程中，应保持套管的摆动。当发现套管不能摆动时，应拔出液压缸，将套管上提，再用起重机助拔，直至拔起部分套管能摆动为止。浇注混凝土时，钻机操作应和灌注作业密切配合，应根据孔深、桩长适当配管，套管与浇注管保持同心，在浇注管埋入混凝土2～4m之间时，应同步拔管和拆管。上拔套管时，应左右摆动。套管分离时，下节套管头应用卡环保险，防止套管下滑。作业后，应及时清除机体、锤式抓斗及套管等外表的混凝土和泥砂，将机架放回行走位置，将机组转移至安全场所。

旋挖钻机。作业地面应坚实平整，作业过程中地面不得下陷，工作坡度不得大于2°。

钻机驾驶员进出驾驶室时，应利用阶梯和扶手上下。在作业过程中，不得将操纵杆当扶手使用。钻机行驶时，应将上车转台和底盘车架销住，履带式钻机还应锁定履带伸缩油缸的保护装置。钻孔作业前，应检查并确认固定上车转台和底盘车架的销轴已拔出。履带式钻机应将履带的轨距伸至最大。在钻机转移工作点、装卸钻具钻杆、收臂放塔和检修调试时，应有专人指挥，并确认附近不得有非作业人员和障碍。卷扬机提升钻杆、钻头和其他钻具时，重物应位于桅杆正前方。卷扬机钢丝绳与桅杆夹角应符合使用说明书的规定。

开始钻孔时，钻杆应保持垂直，位置应正确，并应慢速钻进，在钻头进入土层后，再加快钻进。当钻斗穿过软硬土层交界处时，应慢速钻进。提钻时，钻头不得转动。作业中，发生浮机现象时，应立即停止作业，查明原因并正确处理后，继续作业。钻机移位时，应将钻桅及钻具提升到规定高度，并应检查钻杆，防止钻杆脱落。作业中，钻机作业范围内不得有非工作人员进入。钻机短时停机，钻桅可不放下，动力头及钻具应下放，并宜尽量接近地面。长时间停机，钻桅应按使用说明书的要求放置。钻机保养时，应按使用说明书的要求进行，并应将钻机支撑牢靠。

深层搅拌机。搅拌机就位后，应检查搅拌机的水平度和导向架的垂直度，并应符合使用说明书的要求。作业前，应先空载试机，设备不得有异响，并应检查仪表、油泵等，确认正常后，正式开机运转。吸浆、输浆管路或粉喷高压软管的各接头应连接紧固。泵送水泥浆前，管路应保持湿润。

作业中，应控制深层搅拌机的入土切削速度和提升搅拌的速度，并应检查电流表，电流不得超过规定。发生卡钻、停钻或管路堵塞现象时，应立即停机，并应将搅拌头提离地面，查明原因，妥善处理后，重新开机施工。作业中，搅拌机动力头的润滑应符合规定，动力头不得断油。当喷浆式搅拌机停机超过 3h，应及时拆卸输浆管路，排除灰浆，清洗管道。作业后，应按使用说明书的要求，做好清洁保养工作。

成槽机。作业前，应检查各传动机构、安全装置、钢丝绳等，并应确认安全可靠后，空载试车，试车运行中，应检查油缸、油管、油马达等液压元件，不得有渗漏油现象，油压应正常，油管盘、电缆盘应运转灵活，不得有卡滞现象，并应与起升速度保持同步。成槽机回转应平稳，不得突然制动。成槽机作业中，不得同时进行两种及以上动作。钢丝绳应排列整齐，不得松乱。成槽机起重性能参数应符合主机起重性能参数，不得超载。

安装时，成槽抓斗应放置在把杆铅锤线下方的地面上，把杆角度应为 75°～78°。起升把杆时，成槽抓斗应随着逐渐慢速提升，电缆与油管应同步卷起，以防油管与电缆损坏。接油管时应保持油管的清洁。工作场地应平坦坚实，在松软地面作业时，应在履带下铺设厚度在 30mm 以上的钢板，钢板纵向间距不应大于 30mm。起重臂最大仰角不得超过 78°，并应经常检查钢丝绳、滑轮，不得有严重磨损及脱槽现象，传动部件、限位保险装置、油温等应正常。成槽机行走履带应平行槽边，并应尽可能使主机远离槽边，以防槽段塌方。

成槽机工作时，把杆下不得有人员，人员不得用手触摸钢丝绳及滑轮。成槽机工作时，应检查成槽的垂直度，并应及时纠偏。成槽机工作完毕，应远离槽边，抓斗应着地，设备应及时清洁。拆卸成槽机时，应将把杆置于 75°～78°位置，放落成槽抓斗，逐渐变幅把杆，同步下放起升钢丝绳、电缆与油管，并应防止电缆、油管拉断。运输时，电缆及油管应卷绕整齐，并应垫高油管盘和电缆盘。

冲孔桩机。冲孔桩机施工场地应平整坚实。作业前应重点检查下列项目，并应符合相应要求：①连接应牢固，离合器、制动器、棘轮停止器、导向轮等传动应灵活可靠；②卷筒不得有裂纹，钢丝绳缠绕应正确，绳头应压紧，钢丝绳断丝、磨损不得超过规定；③安全信号和安全装置应齐全良好；④桩机应有可靠的接零或接地，电气部分应绝缘良好；⑤开关应灵敏可靠。

卷扬机启动、停止或到达终点时，速度应平缓。冲孔作业时，不得碰撞护筒、孔壁和钩挂护筒底缘；重锤提升时，应缓慢平稳。卷扬机钢丝绳应按规定进行保养及更换。卷扬机换向应在重锤停稳后进行，减少对钢丝绳的破坏。钢丝绳上应设有标记，提升落锤高度应符合规定，防止提锤过高，击断锤齿。停止作业时，冲锤应提出孔外，不得埋锤，并应及时切断电源；重锤落地前，司机不得离岗。

6）混凝土机械

液压系统的溢流阀、安全阀应齐全有效，调定压力应符合说明书要求。系统应无泄漏，工作应平稳，不得有异响。混凝土机械的工作机构、制动器、离合器、各种仪表及安全装置应齐全完好。电气设备作业应符合现行行业标准《施工现场临时用电安全技术规范》JGJ 46—2005的有关规定。插入式、平板式振捣器的漏电保护器应采用防溅型产品，其额定漏电动作电流不应大于15mA；额定漏电动作时间不应大于0.1s。冬期施工，机械设备的管道、水泵及水冷却装置应采取防冻保温措施。

混凝土搅拌机。作业区应排水通畅，并应设置沉淀池及防尘设施。操作人员视线应良好。操作台应铺设绝缘垫板。作业前应重点检查下列项目，并应符合相应要求：①料斗上、下限位装置应灵敏有效，保险销、保险链应齐全完好。钢丝绳报废应按现行国家标准《起重机　钢丝绳　保养、维护、安装、检验和报废》GB/T 5972—2016的规定执行；②制动器、离合器应灵敏可靠；③各传动机构、工作装置应正常。开式齿轮、皮带轮等传动装置的安全防护罩应齐全可靠。齿轮箱、液压油箱内的油质和油量应符合要求；④搅拌筒与托轮接触应良好，不得窜动、跑偏；⑤搅拌筒内叶片应紧固，不得松动，叶片与衬板间隙应符合说明书规定；⑥搅拌机开关箱应设置在距搅拌机5m的范围内。

作业前应进行空载运转，确认搅拌筒或叶片运转方向正确。反转出料的搅拌机应进行正、反转运转。空载运转时，不得有冲击现象和异常声响。供水系统的仪表计量应准确，水泵、管道等部件应连接可靠，不得有泄漏。搅拌机不宜带载启动，在达到正常转速后上料，上料量及上料程序应符合使用说明书的规定。料斗提升时，人员严禁在料斗下停留或通过；当需在料斗下方进行清理或检修时，应将料斗提升至上止点，并必须用保险销锁牢或用保险链挂牢。搅拌机运转时，不得进行维修、清理工作。当作业人员需进入搅拌筒内作业时，应先切断电源，锁好开关箱，悬挂“禁止合闸”的警示牌，并应派专人监护。作业完毕，宜将料斗降到最低位置，并应切断电源。

混凝土搅拌运输车。液压系统和气动装置的安全阀、溢流阀的调整压力应符合使用说明书的要求。卸料槽锁扣及搅拌筒的安全锁定装置应齐全完好。燃油、润滑油、液压油、制动液及冷却液应添加充足，质量应符合要求，不得有渗漏。搅拌筒及机架缓冲件应无裂纹或损伤，筒体与托轮应接触良好。搅拌叶片、进料斗、主辅卸料槽不得有严重磨损和变形。装料前应先启动内燃机空载运转，并低速旋转搅拌筒3～5min，当各仪表指示正常、制动气压达到规定值时，并检查确认后装料。装载量不得超过规定值。行驶前，应确认操作手柄处于“搅动”位置并锁定，卸料槽锁扣应扣牢。搅拌行驶时最高速度不得大于50km/h。

出料作业时，应将搅拌运输车停靠在地势平坦处，应与基坑及输电线路保持安全距离，并应锁定制动系统。进入搅拌筒维修、清理混凝土前，应将发动机熄火，操作杆置于空挡，将发动机钥匙取出，并应设专人监护，悬挂安全警示牌。

混凝土输送泵。混凝土泵应安放在平整、坚实的地面上，周围不得有障碍物，支腿应支设牢靠，机身应保持水平和稳定，轮胎应楔紧。混凝土输送管道的敷设应符合下列规定：①管道敷设前应检查并确认管壁的磨损量应符合使用说明书的要求，管道不得有裂纹、砂眼等缺陷。新管或磨损量较小的管道应敷设在泵出口处。②管道应使用支架或与建筑结构固定牢固。泵出口处的管道底部应依据泵送高度、混凝土排量等设置独立的基础，并能承受相应荷载。③敷设垂直向上的管道时，垂直管不得直接与泵的输出口连接，应在泵与垂直管之间敷设长度不小于15m的水平管，并加装逆止阀。④敷设向下倾斜的管道时，应在泵与斜管之间敷设长度不小于5倍落差的水平管。当倾斜度大于7°时，应加装排气阀。

作业前应检查并确认管道连接处管卡扣牢，不得泄漏。混凝土泵的安全防护装置应齐全可靠，各部位操纵开关、手柄等位置应正确，搅拌斗防护网应完好牢固。砂石粒径、水泥强度等级及配合比应符合出厂规定，并应满足混凝土泵的泵送要求。混凝土泵启动后，应空载运转，观察各仪表的指示值，检查泵和搅拌装置的运转情况，并确认一切正常后作业。泵送前应向料斗加入清水和水泥砂浆润滑泵及管道。混凝土泵在开始或停止泵送混凝土前，作业人员应与出料软管保持安全距离，作业人员不得在出料口下方停留。出料软管不得埋在混凝土中。泵送混凝土的排量、浇注顺序应符合混凝土浇筑施工方案的要求。施工荷载应控制在允许范围内。混凝土泵工作时，料斗中混凝土应保持在搅拌轴线以上，不应吸空或无料泵送。

混凝土泵工作时，不得进行维修作业。混凝土泵作业中，应对泵送设备和管路进行观察，发现隐患应及时处理。对磨损超过规定的管子、卡箍、密封圈等应及时更换。混凝土泵作业后应将料斗和管道内的混凝土全部排出，并对泵、料斗、管道进行清洗。清洗作业应按说明书要求进行。不宜采用压缩空气进行清洗。

混凝土泵车。混凝土泵车应停放在平整坚实的地方，与沟槽和基坑的安全距离应符合使用说明书的要求。臂架回转范围内不得有障碍物，与输电线路的安全距离应符合现行行业标准《施工现场临时用电安全技术规范》JGJ 46—2005的有关规定。混凝土泵车作业前，应将支腿打开，并应采用垫木垫平，车身的倾斜度不应大于3°。作业前应重点检查下列项目，并应符合相应要求：①安全装置应齐全有效，仪表应指示正常；②液压系统、工作机构应运转正常；③料斗网格应完好牢固；④软管安全链与臂架连接应牢固。

伸展布料杆应按出厂说明书的顺序进行。布料杆在升离支架前不得回转。不得用布料杆起吊或拖拉物件。当布料杆处于全伸状态时，不得移动车身。当需要移动车身时，应将上段布料杆折叠固定，移动速度不得超过10km/h。不得接长布料配管和布料软管。

插入式振捣器。作业前应检查电动机、软管、电缆线、控制开关等，并应确认处于完好状态。电缆线连接应正确。

操作人员作业时应穿戴符合要求的绝缘鞋和绝缘手套。电缆线应采用耐候型橡皮护套铜芯软电缆，并不得有接头。电缆线长度不应大于30m。不得缠绕、扭结和挤压，并不得承受任何外力。振捣器软管的弯曲半径不得小于500mm，操作时应将振捣器垂直插入混凝土，深度不宜超过600mm。振捣器不得在初凝的混凝土、脚手板和干硬的地面上进行试振。在检修或作业间断时，应切断电源。作业完毕，应切断电源，并应将电动机、软管及振动棒清理干净。

附着式、平板式振捣器。作业前应检查电动机、电源线、控制开关等，并确认完好无破损。附着式振捣器的安装位置应正确，连接应牢固，并应安装减振装置。平板式振捣器应采用耐气候型橡皮护套铜芯软电缆，并不得有接头和承受任何外力，其长度不应超过30m。

附着式、平板式振捣器的轴承不应承受轴向力，振捣器使用时，应保持振捣器电动机轴线在水平状态。平板式振捣器作业时应使用牵引绳控制移动速度，不得牵拉电缆。在同一块混凝土模板上同时使用多台附着式振捣器时，各振动器的振频应一致，安装位置宜交错设置。安装在混凝土模板上的附着式振捣器，每次作业时间应根据施工方案确定。作业完毕，应切断电源，并应将振捣器清理干净。

混凝土振动台。作业前应检查电动机、传动及防护装置，并确认完好有效。轴承座、偏心块及机座螺栓应紧固牢靠。振动台应设有可靠的锁紧夹，振动时应将混凝土槽锁紧，混凝土模板在振动台上不得无约束振动。振动台电缆应穿在电管内，并预埋牢固。作业前应检查并确认润滑油不得有泄漏，油温、传动装置应符合要求。

在作业过程中，不得调节预置拨码开关。振动台应保持清洁。

混凝土喷射机。喷射机风源、电源、水源、加料设备等应配套齐全。管道应安装正确，连接处应紧固密封。当管道通过道路时，管道应有保护措施。喷射机内部应保持干燥和清洁。应按出厂说明书规定的配合比配料，不得使用结块的水泥和未经筛选的砂石。作业前应重点检查下列项目，并应符合相应要求：①安全阀应灵敏可靠；②电源线应无破损现象，接线应牢靠；③各部密封件应密封良好，橡胶结合板和旋转板上出现的明显沟槽应及时修复；④压力表指针显示应正常。应根据输送距离，及时调整风压的上限值；⑤喷枪水环管应保持畅通。

启动时，应按顺序分别接通风、水、电。开启进气阀时，应逐步达到额定压力。启动电动机后，应空载试运转，确认一切正常后方可投料作业。机械操作人员和喷射作业人员应有信号联系，送风、加料、停料、停风及发生堵塞时，应联系畅通，密切配合。喷嘴前方不得有人员。发生堵管时，应先停止喂料，敲击堵塞部位，使物料松散，然后用压缩空气吹通。操作人员作业时，应紧握喷嘴，不得甩动管道。作业时，输送软管不得随地拖拉和折弯。停机时，应先停止加料，再关闭电动机，然后停止供水，最后停送压缩空气，并应将仓内及输料管内的混合料全部喷出。停机后，应将输料管、喷嘴拆下清洗干净，清除机身内外粘附的混凝土料及杂物，并应使密封件处于放松状态。

混凝土布料机。设置混凝土布料机前，应确认现场有足够的作业空间，混凝土布料机任一部位与其他设备及构筑物的安全距离不应小于0.6m。混凝土布料机的支撑面应平整坚实。固定式混凝土布料机的支撑应符合使用说明书的要求，支撑结构应经设计计算，并应采取相应加固措施。手动式混凝土布料机应有可靠的防倾覆措施。混凝土布料机作业前应重点检查下列项目，并应符合相应要求：①支腿应打开垫实，并应锁紧；②塔架的垂直度应符合使用说明书要求；③配重块应与臂架安装长度匹配；④臂架回转机构润滑应充足，转动应灵活；⑤机动混凝土布料机的动力装置、传动装置、安全及制动装置应符合要求；⑥混凝土输送管道应连接牢固。

手动混凝土布料机回转速度应缓慢均匀，牵引绳长度应满足安全距离的要求。输送管出料口与混凝土浇筑面宜保持 1m 的距离，不得被混凝土掩埋。人员不得在臂架下方停留。当风速达到 10.8m/s 及以上或大雨、大雾等恶劣天气应停止作业。

7）钢筋加工机械

机械的安装应坚实稳固。固定式机械应有可靠的基础；移动式机械作业时应楔紧行走轮。手持式钢筋加工机械作业时，应佩戴绝缘手套等防护用品。加工较长的钢筋时，应有专人帮扶。帮扶人员应听从机械操作人员指挥，不得任意推拉。

钢筋调直切断机。料架、料槽应安装平直，并应与导向筒、调直筒和下切刀孔的中心线一致。切断机安装后，应用手转动飞轮，检查传动机构和工作装置，并及时调整间隙，紧固螺栓。在检查并确认电气系统正常后，进行空运转。切断机空运转时，齿轮应啮合良好，并不得有异响，确认正常后开始作业。

作业时，应按钢筋的直径，选用适当的调直块、曳引轮槽及传动速度。调直块的孔径应比钢筋直径大 2～5mm。曳引轮槽宽应和所需调直钢筋的直径相符合。大直径钢筋宜选用较慢的传动速度。在调直块未固定或防护罩未盖好前，不得送料。作业中，不得打开防护罩。送料前，应将弯曲的钢筋端头切除。导向筒前应安装一根长度宜为 1m 的钢管。钢筋送入后，手应与曳轮保持安全距离。当调直后的钢筋仍有慢弯时，可逐渐加大调直块的偏移量，直到调直为止。切断 3～4 根钢筋后，应停机检查钢筋长度，当超过允许偏差时，应及时调整限位开关或定尺板。

钢筋切断机。接送料的工作台面应和切刀下部保持水平，工作台的长度应根据加工材料长度确定。启动前，应检查并确认切刀不得有裂纹，刀架螺栓应紧固，防护罩应牢靠。应用手转动皮带轮，检查齿轮啮合间隙，并及时调整。启动后，应先空运转，检查并确认各传动部分及轴承运转正常后，开始作业。

机械未达到正常转速前，不得切料。操作人员应使用切刀的中、下部位切料，应紧握钢筋对准刃口迅速投入，并应站在固定刀片一侧用力压住钢筋，防止钢筋末端弹出伤人。不得用双手分在刀片两边握住钢筋切料。操作人员不得剪切超过机械性能规定强度及直径的钢筋或烧红的钢筋。一次切断多根钢筋时，其总截面积应在规定范围内。剪切低合金钢筋时，应更换高硬度切刀，剪切直径应符合机械性能的规定。切断短料时，手和切刀之间的距离应大于 150mm，并应采用套管或夹具将切断的短料压住或夹牢。机械运转中，不得用手直接清除切刀附近的断头和杂物。在钢筋摆动范围和机械周围，非操作人员不得停留。当发现机械有异常响声或切刀歪斜等不正常现象时，应立即停机检修。

液压式切断机启动前，应检查并确认液压油位符合规定。切断机启动后，应空载运转，检查并确认电动机旋转方向应符合规定，并应打开放油阀，在排净液压缸体内的空气后开始作业。手动液压式切断机使用前，应将放油阀按顺时针方向旋紧，作业完毕后，应立即按逆时针方向旋松。

钢筋弯曲机。工作台和弯曲机台面应保持水平。作业前应准备好各种芯轴及工具，并应按加工钢筋的直径和弯曲半径的要求，装好相应规格的芯轴和成型轴、挡铁轴。芯轴直径应为钢筋直径的 2.5 倍。挡铁轴应有轴套。挡铁轴的直径和强度不得小于被弯钢筋的直径和强度。启动前，应检查并确认芯轴、挡铁轴、转盘等不得有裂纹和损伤，防护罩应有效。在空载运转并确认正常后，开始作业。

作业时，应将需弯曲的一端钢筋插入在转盘固定销的间隙内，将另一端紧靠机身固定销，并用手压紧，在检查并确认机身固定销安放在挡住钢筋的一侧后，启动机械。弯曲作业时，不得更换轴芯、销子，不得变换角度以及调速，不得进行清扫和加油。对超过机械铭牌规定直径的钢筋不得进行弯曲。在弯曲未经冷拉或带有锈皮的钢筋时，应戴防护镜。在弯曲高强度钢筋时，应进行钢筋直径换算，钢筋直径不得超过机械允许的最大弯曲能力，并应及时调换相应的芯轴。操作人员应站在机身设有固定销的一侧。成品钢筋应堆放整齐，弯钩不得朝上。转盘换向应在弯曲机停稳后进行。

钢筋冷拉机。应根据冷拉钢筋的直径，合理选用冷拉卷扬机。卷扬钢丝绳应经封闭式导向滑轮，并应和被拉钢筋成直角。操作人员应能见到全部冷拉场地。卷扬机与冷拉中心线距离不得小于 5m。冷拉场地应设置警戒区，并应安装防护栏及警告标志。非操作人员不得进入警戒区。作业时，操作人员与受拉钢筋的距离应大于 2m。采用配重控制的冷拉机应有指示起落的记号或专人指挥。冷拉机的滑轮、钢丝绳应相匹配。配重提起时，配重离地高度应小于 300mm。配重架四周应设置防护栏杆及警告标志。

作业前，应检查冷拉机，夹齿应完好；滑轮、拖拉小车应润滑灵活；拉钩、地锚及防护装置应齐全牢固。采用延伸率控制的冷拉机，应设置明显的限位标志，并应有专人负责指挥。照明设施宜设置在张拉警戒区外。当需设置在警戒区内时，照明设施安装高度应大于 5m，并应有防护罩。作业后，应放松卷扬钢丝绳，落下配重，切断电源，并锁好开关箱。

钢筋冷拔机。启动机械前，应检查并确认机械各部连接应牢固，模具不得有裂纹，轧头与模具的规格应配套。钢筋冷拔量应符合机械出厂说明书的规定。机械出厂说明书未作规定时，可按每次冷拔缩减模具孔径 0.5～1.0mm 进行。轧头时，应先将钢筋的一端穿过模具，钢筋穿过的长度宜为 100～150mm，再用夹具夹牢。

作业时，操作人员的手与轧辊应保持 300～500mm 的距离。不得用手直接接触钢筋和滚筒。冷拔模架中应随时加足润滑剂，润滑剂可采用石灰和肥皂水调和晒干后的粉末。当钢筋的末端通过冷拔模后，应立即脱开离合器，同时用手闸挡住钢筋末端。冷拔过程中，当出现断丝或钢筋打结乱盘时，应立即停机处理。

钢筋螺纹成型机。在机械使用前，应检查并确认刀具安装应正确，连接应牢固，运转部位润滑应良好，不得有漏电现象，空车试运转并确认正常后作业。钢筋应先调直再下料。钢筋切口端面应与轴线垂直，不得用气割下料。

加工锥螺纹时，应采用水溶性切削润滑液。当气温低于 0℃时，可掺入 15%～20%亚硝酸钠。套丝作业时，不得用机油作润滑液或不加润滑液。加工时，钢筋应夹持牢固。机械在运转过程中，不得清扫刀片上面的积屑杂物和进行检修。不得加工超过机械铭牌规定直径的钢筋。

钢筋除锈机。作业前应检查并确认钢丝刷应固定牢靠，传动部分应润滑充分，封闭式防护罩及排尘装置等应完好。操作人员应束紧袖口，并应佩戴防尘口罩、手套和防护眼镜。带弯钩的钢筋不得上机除锈。弯度较大的钢筋宜在调直后除锈。操作时，应将钢筋放平，并侧身送料。不得在除锈机正面站人。较长钢筋除锈时，应有 2 人配合操作。

8）木工机械

机械操作人员应穿紧口衣裤，并束紧长发，不得系领带和戴手套。机械的电源安装和拆除及机械电气故障的排除，应由专业电工进行。机械应使用单向开关，不得使用倒顺双向开关。机械安全装置应齐全有效，传动部位应安装防护罩，各部件应连接紧固。

机械作业场所应配备齐全可靠的消防器材。在工作场所，不得吸烟和动火，并不得混放其他易燃易爆物品。工作场所的木料应堆放整齐，道路应畅通。机械应保持清洁，工作台上不得放置杂物。机械的皮带轮、锯轮、刀轴、锯片、砂轮等高速转动部件的安装应平衡。各种刀具破损程度不得超过使用说明书的规定要求。加工前，应清除木料中的铁钉、铁丝等金属物。装设除尘装置的木工机械作业前，应先启动排尘装置，排尘管道不得变形、漏气。机械运行中，不得测量工件尺寸和清理木屑、刨花和杂物。

机械运行中，不得跨越机械传动部分。排除故障、拆装刀具应在机械停止运转，并切断电源后进行。操作时，应根据木材的材质、粗细、湿度等选择合适的切削和进给速度。操作人员与辅助人员应密切配合，并应同步匀速接送料。使用多功能机械时，应只使用其中一种功能，其他功能的装置不得妨碍操作。作业后，应切断电源，锁好闸箱，并应进行清理、润滑。机械噪声不应超过建筑施工场界噪声限值；当机械噪声超过限值时，应采取降噪措施。机械操作人员应按规定佩戴个人防护用品。

带锯机。作业前，应对锯条及锯条安装质量进行检查。锯条齿侧或锯条接头处的裂纹长度超过 10mm、连续缺齿两个和接头超过两处的锯条不得使用。当锯条裂纹长度在 10mm 以下时，应在裂纹终端冲一止裂孔。锯条松紧度应调整适当。带锯机启动后，应空载试运转，并应确认运转正常，无串条现象后，开始作业。

作业中，操作人员应站在带锯机的两侧，跑车开动后，行程范围内的轨道周围不应站人，不应在运行中跑车。原木进锯前，应调好尺寸，进锯后不得调整。进锯速度应均匀。倒车应在木材的尾端越过锯条 500mm 后进行，倒车速度不宜过快。平台式带锯作业时，送接料应配合一致。送料、接料时不得将手送进台面。锯短料时，应采用推棍送料。回送木料时，应离开锯条 50min 及以上。带锯机运转中，当木屑堵塞吸尘管口时，不得清理管口。作业中，应根据锯条的宽度与厚度及时调节档位或增减带锯机的压砣（重锤）。当发生锯条口松或串条等现象时，不得用增加压砣（重锤）重量的办法进行调整。

圆盘锯。木工圆锯机上的旋转锯片必须设置防护罩。安装锯片时，锯片应与轴同心，夹持锯片的法兰盘直径应为锯片直径的 1/4。锯片不得有裂纹。锯片不得有连续 2 个及以上的缺齿。被锯木料的长度不应小于 500mm。作业时，锯片应露出木料 10～20mm。送料时，不得将木料左右晃动或抬高；遇木节时，应缓慢送料；接近端头时，应采用推棍送料。当锯线走偏时，应逐渐纠正，不得猛扳，以防止损坏锯片。

作业时，操作人员应戴防护眼镜，手臂不得跨越锯片，人员不得站在锯片的旋转方向。

平面刨（手压刨）。刨料时，应保持身体平稳，用双手操作。刨大面时，手应按在木料上面；刨小料时，手指不得低于料高一半。不得手在料后推料。当被刨木料的厚度小于30mm，或长度小于400mm时，应采用压板或推棍推进。厚度小于15mm，或长度小于250mm的木料，不得在平刨上加工。刨旧料前，应将料上的钉子、泥砂清除干净。

被刨木料如有破裂或硬节等缺陷时，应处理后再施刨。遇木槎、节疤应缓慢送料。不得将手按在节疤上强行送料。刀片、刀片螺钉的厚度和重量应一致，刀架与夹板应吻合贴紧，刀片焊缝超出刀头或有裂缝的刀具不应使用。刀片紧固螺钉应嵌入刀片槽内，并离刀背不得小于10mm。刀片紧固力应符合使用说明书的规定。机械运转时，不得将手伸进安全挡板里侧去移动挡板或拆除安全挡板。

压刨床（单面和多面）。作业时，不得一次刨削两块不同材质或规格的木料，被刨木料的厚度不得超过使用说明书的规定。操作者应站在进料的一侧。送料时应先进大头。接料人员应在被刨料离开料辊后接料。刨刀与刨床台面的水平间隙应在10～30mm之间。不得使用带开口槽的刨刀。每次进刀量宜为2～5mm。遇硬木或节疤，应减小进刀量，降低送料速度。刨料的长度不得小于前后压辊之间距离。厚度小于10mm的薄板应垫托板作业。

压刨床的逆止爪装置应灵敏有效。进料齿辊及托料光辊应调整水平，上下距离应保持一致，齿辊应低于工件表面1～2mm，光辊应高出台面0.3～0.8mm。工作台面不得歪斜和高低不平。刨削过程中，遇木料走横或卡住时，应先停机，再放低台面，取出木料，排除故障。

木工车床。车削前，应对车床各部装置及工具、卡具进行检查，并确认安全可靠。工件应卡紧，并应采用顶针顶紧。应进行试运转，确认正常后，方可作业。应根据工件木质的硬度，选择适当的进刀量和转速。

车削过程中，不得用手摸的方法检查工件的光滑程度。当采用砂纸打磨时，应先将刀架移开。车床转动时，不得用手来制动。方形木料应先加工成圆柱体，再上车床加工。不得切削有节疤或裂缝的木料。

木工铣床（裁口机）。作业前，应对铣床各部件及铣刀安装进行检查，铣刀不得有裂纹或缺损，防护装置及定位止动装置应齐全可靠。

当木料有硬节时，应低速送料。应在木料送过铣刀口150mm后，再进行接料。当木料铣切到端头时，应在已铣切的一端接料。送短料时，应用推料棍。铣切量应按使用说明书的规定执行。不得在木料中间插刀。卧式铣床的操作人员作业时，应站在刀刃侧面，不得面对刀刃。

开榫机。作业前，应紧固好刨刀、锯片，并试运转3～5min，确认正常后作业。作业时，应侧身操作，不得面对刀具。切削时，应用压料杆将木料压紧，在切削完毕前，不得松开压料杆。短料开榫时，应用垫板将木料夹牢，不得用手直接握料作业。不得上机加工有节疤的木料。

打眼机。作业前，应调整好机架和卡具，台面应平稳，钻头应垂直，凿心应在凿套中心卡牢，并应与加工的钻孔垂直。打眼时，应使用夹料器，不得用手直接扶料。遇节疤时，应缓慢压下，不得用力过猛。作业中，当凿心卡阻或冒烟时，应立即抬起手柄。不得用手直接清理钻出的木屑。更换凿心时，应先停车，切断电源，并应在平台上垫上木板后进行。

锉锯机。作业前，应检查并确认砂轮不得有裂缝和破损，并应安装牢固。启动时，应先空运转，当有剧烈振动时，应找出偏重位置，调整平衡。作业时，操作人员不得站在砂轮旋转时离心力方向一侧。当撑齿钩遇到缺齿或撑钩妨碍锯条运动时，应及时处理。

锉磨锯齿的速度宜按下列规定执行：带锯应控制在 40～70 齿/min；圆锯应控制在 26～30 齿/min。锯条焊接时应接合严密，平滑均匀，厚薄一致。

磨光机。作业前，应对下列项目进行检查，并符合相应要求：①盘式磨光机防护装置应齐全有效；②砂轮应无裂纹破损；③带式磨光机砂筒上砂带的张紧度应适当；④各部轴承应润滑良好，紧固连接件应连接可靠。

磨削小面积工件时，宜尽量在台面整个宽度内排满工件，磨削时，应渐次连续进给。带式磨光机作业时，压垫的压力应均匀。砂带纵向移动时，砂带应和工作台横向移动互相配合。盘式磨光机作业时，工件应放在向下旋转的半面进行磨光。手不得靠近磨盘。

9）地下施工机械

地下施工机械选型和功能应满足施工地质条件和环境安全要求。地下施工机械及配套设施应在专业厂家制造，应符合设计要求，并应在总装调试合格后才能出厂。出厂时，应具有质量合格证书和产品使用说明书。作业前，应充分了解施工作业周边环境，对邻近建（构）筑物、地下管网等应进行监测，并应制定对建（构）筑物、地下管线保护的专项安全技术方案。

作业中，应对有害气体及地下作业面通风量进行监测，并应符合职业健康安全标准的要求。作业中，应随时监视机械各运转部位的状态及参数，发现异常时，应立即停机检修。气动设备作业时，应按照相关设备使用说明书和气动设备的操作技术要求进行施工。应根据现场作业条件，合理选择水平及垂直运输设备，并应按相关规范执行。地下施工机械作业时，必须确保开挖土体稳定。地下施工机械施工过程中，当停机时间较长时，应采取措施，维持开挖面稳定。

地下施工机械使用前，应确认其状态良好，满足作业要求。使用过程中，应按使用说明书的要求进行保养、维修，并应及时更换受损的零件。掘进过程中，遇到施工偏差过大、设备故障、意外的地质变化等情况时，必须暂停施工，经处理后再继续。地下大型施工机械设备的安装、拆卸应按使用说明书的规定进行，并应制定专项施工方案，由专业队伍进行施工，安装、拆卸过程中应有专业技术和安全人员监护。

顶管机。选择顶管机，应根据管道所处土层性质、管径、地下水位、附近地上与地下建（构）筑物和各种设施等因素，经技术经济比较后确定。导轨应选用钢质材料制作，安装后应牢固，不得在使用中产生位移，并应经常检查校核。

千斤顶的安装应符合下列规定：①千斤顶宜固定在支撑架上，并应与管道中心线对称，其合力应作用在管道中心的垂面上；②当千斤顶多于一台时，宜取偶数，且其规格宜相同；当规格不同时，其行程应同步，并应将同规格的千斤顶对称布置；③千斤顶的油路应并联，每台千斤顶应有进油、回油的控制系统。油泵和千斤顶的选型应相匹配，并应有备用油泵；油泵安装完毕，应进行试运转，并应在合格后使用。

顶进前，全部设备应经过检查并经过试运转确认合格。顶进时，工作人员不得在顶铁上方及侧面停留，并应随时观察顶铁有无异常迹象。顶进开始时，应先缓慢进行，在各接触部位密合后，再按正常顶进速度顶进。千斤顶活塞退回时，油压不得过大，速度不得过快。安装后的顶铁轴线应与管道轴线平行、对称。顶铁、导轨和顶铁之间的接触面不得有杂物。顶铁与管口之间应采用缓冲材料衬垫。

管道顶进应连续作业。管道顶进过程中，遇下列情况之一时，应立即停止顶进，检查原因并经处理后继续顶进：①工具管前方遇到障碍；②后背墙变形严重；③顶铁发生扭曲现象；④管位偏差过大且校正无效；⑤顶力超过管端的允许顶力；⑥油泵、油路发生异常现象；⑦管节接缝、中继间渗漏泥水、泥浆；⑧地层、邻近建（构）筑物、管线等周围环境的变形量超出控制允许值。

使用中继间应符合下列规定：①中继间安装时应将凸头安装在工具管方向，凹头安装在工作井一端；②中继间应有专职人员进行操作，同时应随时观察有可能发生的问题；③中继间使用时，油压、顶力不宜超过设计油压顶力，应避免引起中继间变形；④中继间应安装行程限位装置，单次推进距离应控制在设计允许距离内；⑤穿越中继间的高压进水管、排泥管等软管应与中继间保持一定距离，应避免中继间往返时损坏管线。

盾构机。盾构机组装前，应对推进千斤顶、拼装机、调节千斤顶进行试验验收。盾构机组装前，应将防止盾构机后退的推进系统平衡阀、调节拼装机的回转平衡阀的二次溢流压力调到设计压力值。盾构机组装前，应将液压系统各非标制品的阀组按设计要求进行密闭性试验。盾构机组装完成后，应先对各部件、各系统进行空载、负载调试及验收，最后应进行整机空载和负载调试及验收。盾构机始发、接收前，应落实盾构基座稳定措施，确保牢固。

盾构机应在空载调试运转正常后，开始盾构始发施工。在盾构始发阶段，应检查各部位润滑并记录油脂消耗情况；初始推进过程中，应对推进情况进行监测，并对监测反馈资料进行分析，不断调整盾构掘进施工参数。盾构掘进中，每环掘进结束及中途停止掘进时，应按规定程序操作各种机电设备。盾构掘进中，当遇有下列情况之一时，应暂停施工，并应在排除险情后继续施工：①盾构位置偏离设计轴线过大；②管片严重碎裂和渗漏水；③开挖面发生坍塌或严重的地表隆起、沉降现象；④遭遇地下不明障碍物或意外的地质变化；⑤盾构旋转角度过大，影响正常施工；⑥盾构扭矩或顶力异常。

盾构暂停掘进时，应按程序采取稳定开挖面的措施，确保暂停施工后盾构姿态稳定不变。暂停掘进前，应检查并确认推进液压系统不得有渗漏现象。双圆盾构掘进时，双圆盾构两刀盘应相向旋转，并保持转速一致，不得接触和碰撞。盾构带压开仓更换刀具时，应确保工作面稳定，并应进行持续充分的通风及毒气测试合格后，进行作业。地下情况较复杂时，作业人员应戴防毒面具。更换刀具时，应按专项方案和安全规定执行。盾构切口与到达接收井距离小于 10m 时，应控制盾构推进速度、开挖面压力、排土量。盾构推进到冻结区域停止推进时，应每隔 10min 转动刀盘一次，每次转动时间不得少于 5min。当盾构全部进入接收井内基座上后，应及时做好管片与洞圈间的密封。盾构调头时应专人指挥，应设专人观察设备转向状态，避免方向偏离或设备碰撞。

管片拼装时，应按下列规定执行：①管片拼装应落实专人负责指挥，拼装机操作人员应按照指挥人员的指令操作，不得擅自转动拼装机；②举重臂旋转时，应鸣号警示，严禁施工人员进入举重臂回转范围内。拼装工应在全部就位后开始作业。在施工人员未撤离施工区域时，严禁启动拼装机；③拼装管片时，拼装工必须站在安全可靠的位置，不得将手脚放在环缝和千斤顶的顶部；④举重臂应在管片固定就位后复位。封顶拼装就位未完毕时，施工人员不得进入封顶块的下方；⑤举重臂拼装头应拧紧到位，不得松动，发现有磨损情况时，应及时更换，不得冒险吊运；⑥管片在旋转上升之前，应用举重臂小脚将管片固定，管片在旋转过程中不得晃动；⑦当拼装头与管片预埋孔不能紧固连接时，应制作专用的拼装架。拼装架设计应经技术部门审批，并经过试验合格后开始使用；⑧拼装管片应使用专用的拼装销，拼装销应有限位装置；⑨装机回转时，在回转范围内，不得有人；⑩管片吊起或升降架旋回到上方时，放置时间不应超过 3min。

盾构的保养与维修应坚持“预防为主、经常检测、强制保养、养修并重”的原则，并应由专业人员进行保养与维修。盾构机拆除退场时，应按下列规定执行：①机械结构部分应先按液压、泥水、注浆、电气系统顺序拆卸，最后拆卸机械结构件；②吊装作业时，应仔细检查并确认盾构机各连接部件与盾构机已彻底拆开分离，千斤顶全部缩回到位，所有注浆、泥水系统的手动阀门已关闭；③大刀盘应按要求位置停放，在井下分解后，应及时吊上地面；④拼装机按规定位置停放，举重钳应缩到底；提升横梁应烧焊马脚固定，同时在拼装机横梁底部应加焊接支撑，防止下坠。

盾构机转场运输时，应按下列规定执行：①应根据设备的最大尺寸，对运输线路进行实地勘察；②设备应与运输车辆有可靠固定措施；③设备超宽、超高时，应按交通法规办理各类通行证。

10）焊接机械

焊接（切割）前，应先进行动火审查，确认焊接（切割）现场防火措施符合要求，并应配备相应的消防器材和安全防护用品，落实监护人员后，开具动火证。焊接设备应有完整的防护外壳，一、二次接线柱处应有保护罩。现场使用的电焊机应设有防雨、防潮、防晒、防砸的措施。焊割现场及高空焊割作业下方。严禁堆放油类、木材、氧气瓶、乙炔瓶、保温材料等易燃、易爆物品。电焊机绝缘电阻不得小于 0.5MΩ，电焊机导线绝缘电阻不得小于 1MΩ，电焊机接地电阻不得大于 4Ω。电焊机导线和接地线不得搭在易燃、易爆、带有热源或有油的物品上；不得利用建（构）筑物的金属结构、管道、轨道或其他金属物体，搭接起来，形成焊接回路，并不得将电焊机和工件双重接地；严禁使用氧气、天然气等易燃易爆气体管道作为接地装置。电焊机的一次侧电源线长度不应大于 5m，二次线应采用防水橡皮护套铜芯软电缆，电缆长度不应大于 30m，接头不得超过 3 个，并应双线到位。当需要加长导线时，应相应增加导线的截面积。当导线通过道路时，应架高，或穿入防护管内埋设在地下；当通过轨道时，应从轨道下面通过。当导线绝缘受损或断股时，应立即更换。

电焊钳应有良好的绝缘和隔热能力。电焊钳握柄应绝缘良好，握柄与导线连接应牢靠，连接处应采用绝缘布包好。操作人员不得用胳膊夹持电焊钳，并不得在水中冷却电焊钳。对承压状态的压力容器和装有剧毒、易燃、易爆物品的容器，严禁进行焊接或切割作业。当需焊割受压容器、密闭容器、粘有可燃气体和溶液的工件时，应先消除容器及管道内压力，清除可燃气体和溶液，并冲洗有毒、有害、易燃物质；对存有残余油脂的容器，宜用蒸汽、碱水冲洗，打开盖口，并确认容器清洗干净后，应灌满清水后进行焊割。在容器内和管道内焊割时，应采取防止触电、中毒和窒息的措施。焊、割密闭容器时，应留出气孔，必要时应在进、出气口处装设通风设备；容器内照明电压不得超过12V；容器外应有专人监护。焊割铜、铝、锌、锡等有色金属时，应通风良好，焊割人员应戴防毒面罩或采取其他防毒措施。当预热焊件温度达150～700℃时，应设挡板隔离焊件发出的辐射热，焊接人员应穿戴隔热的石棉服装和鞋、帽等。

雨雪天不得在露天电焊。在潮湿地带作业时，应铺设绝缘物品，操作人员应穿绝缘鞋。电焊机应按额定焊接电流和暂载率操作，并应控制电焊机的温升。当清除焊渣时，应戴防护眼镜，头部应避开焊渣飞溅方向。交流电焊机应安装防二次侧触电保护装置。

交（直）流焊机。使用前，应检查并确认初、次级线接线正确，输入电压符合电焊机的铭牌规定，接线螺母、螺栓及其他部件完好齐全，不得松动或损坏。直流焊机换向器与电刷接触应良好。

当多台焊机在同一场地作业时，相互间距不应小于600mm，应逐台启动，并应使三相负载保持平衡。多台焊机的接地装置不得串联。移动电焊机或停电时，应切断电源，不得用拖拉电缆的方法移动焊机。调节焊接电流和极性开关应在卸除负荷后进行。硅整流直流电焊机主变压器的次级线圈和控制变压器的次级线圈不得用摇表测试。长期停用的焊机启用时，应空载通电一定时间，进行干燥处理。

氩弧焊机。作业前，应检查并确认接地装置安全可靠，气管、水管应通畅，不得有外漏。工作场所应有良好的通风措施。应先根据焊件的材质、尺寸、形状，确定极性，再选择焊机的电压、电流和氩气的流量。安装氩气表、氩气减压阀、管接头等配件时，不得粘有油脂，并应拧紧丝扣（至少5扣）。开气时，严禁身体对准氩气表和气瓶节门，应防止氩气表和气瓶节门打开伤人。水冷型焊机应保持冷却水清洁。在焊接过程中，冷却水的流量应正常，不得断水施焊。焊机的高频防护装置应良好；振荡器电源线路中的连锁开关不得分接。

使用氩弧焊时，操作人员应戴防毒面罩。应根据焊接厚度确定钨极粗细，更换钨极时，必须切断电源。磨削钨极端头时，应设有通风装置，操作人员应佩戴手套和口罩，磨削下来的粉尘，应及时清除。钍、铈、钨极不得随身携带，应贮存在铅盒内。焊机附近不宜有振动。焊机上及周围不得放置易燃、易爆或导电物品。氮气瓶和氩气瓶与焊接地点应相距3m以上，并应直立固定放置。作业后，应切断电源，关闭水源和气源。焊接人员应及时脱去工作服，清洗外露的皮肤。

点焊机。作业前，应清除上下两电极的油污。作业前，应先接通控制线路的转向开关和焊接电流的开关，调整好极数，再接通水源、气源，最后接通电源。焊机通电后，应检查并确认电气设备、操作机构、冷却系统、气路系统工作正常，不得有漏电现象。

作业时，气路、水冷系统应畅通。气体应保持干燥。排水温度不得超过40℃，排水量可根据水温调节。严禁在引燃电路中加大熔断器。当负载过小，引燃管内电弧不能发生时，不得闭合控制箱的引燃电路。正常工作的控制箱的预热时间不得少于5min。当控制箱长期停用时，每月应通电加热30min。更换闸流管前，应预热30min。

二氧化碳气体保护焊机。作业前，二氧化碳气体应按规定进行预热。开气时，操作人员必须站在瓶嘴的侧面。作业前，应检查并确认焊丝的进给机构、电线的连接部分、二氧化碳气体的供应系统及冷却水循环系统符合要求，焊枪冷却水系统不得漏水。

二氧化碳气瓶宜存放在阴凉处，不得靠近热源，并应放置牢靠。二氧化碳气体预热器端的电压，不得大于36V。

埋弧焊机。作业前，应检查并确认各导线连接应良好；控制箱的外壳和接线板上的罩壳应完好；送丝滚轮的沟槽及齿纹应完好；滚轮、导电嘴（块）不得有过度磨损，接触应良好；减速箱润滑油应正常。软管式送丝机构的软管槽孔应保持清洁，并定期吹洗。

在焊接中，应保持焊剂连续覆盖，以免焊剂中断露出电弧。在焊机工作时，手不得触及送丝机构的滚轮。作业时，应及时排走焊接中产生的有害气体，在通风不良的室内或容器内作业时，应安装通风设备。

对焊机。对焊机应安置在室内或防雨的工棚内，并应有可靠的接地或接零。当多台对焊机并列安装时，相互间距不得小于3m，并应分别接在不同相位的电网上，分别设置各自的断路器。焊接前，应检查并确认对焊机的压力机构应灵活，夹具应牢固，气压、液压系统不得有泄漏。焊接前，应根据所焊接钢筋的截面，调整二次电压，不得焊接超过对焊机规定直径的钢筋。断路器的接触点、电极应定期光磨，二次电路连接螺栓应定期紧固。冷却水温度不得超过40℃；排水量应根据温度调节。

焊接较长钢筋时，应设置托架。闪光区应设挡板，与焊接无关的人员不得入内。冬期施焊时，温度不应低于8℃。作业后，应放尽机内冷却水。

竖向钢筋电渣压力焊机。应根据施焊钢筋直径选择具有足够输出电流的电焊机。电源电缆和控制电缆连接应正确、牢固。焊机及控制箱的外壳应接地或接零。作业前，应检查供电电压并确认正常，当一次电压降大于8%时，不宜焊接。焊接导线长度不得大于30m。作业前，应检查并确认控制电路正常，定时应准确，误差不得大于5%，机具的传动系统、夹装系统及焊钳的转动部分应灵活自如，焊剂应已干燥，所需附件应齐全。作业前，应按所焊钢筋的直径，根据参数表，标定好所需的电流和时间。

起弧前，上下钢筋应对齐，钢筋端头应接触良好。对锈蚀或粘有水泥等杂物的钢筋，应在焊接前用钢丝刷清除，并保证导电良好。每个接头焊完后，应停留5～6min保温，寒冷季节应适当延长保温时间。焊渣应在完全冷却后清除。

气焊（割）设备。气瓶每三年应检验一次，使用期不应超过20年。气瓶压力表应灵敏正常。操作者不得正对气瓶阀门出气口，不得用明火检验是否漏气。现场使用的不同种类气瓶应装有不同的减压器，未安装减压器的氧气瓶不得使用。氧气瓶、压力表及其焊割机具上不得粘染油脂。氧气瓶安装减压器时，应先检查阀门接头，并打开氧气瓶阀门吹除污垢，然后安装减压器。开启氧气瓶阀门时，应采用专用工具，动作应缓慢。氧气瓶中的氧气不得全部用尽，应留49kPa以上的剩余压力。关闭氧气瓶阀门时，应先松开减压器的活门螺栓。

乙炔钢瓶使用时，应设有防止回火的安全装置；同时使用两种气体作业时，不同气瓶都应安装单向阀，防止气体相互倒灌。作业时，乙炔瓶与氧气瓶之间的距离不得少于5m，气瓶与明火之间的距离不得少于10m。乙炔软管、氧气软管不得错装。乙炔气胶管、防止回火装置及气瓶冻结时，应用40℃以下热水加热解冻，不得用火烤。点火时，焊枪口不得对人。正在燃烧的焊枪不得放在工件或地面上。焊枪带有乙炔和氧气时，不得放在金属容器内，以防止气体逸出，发生爆燃事故。点燃焊（割）炬时，应先开乙炔阀点火，再开氧气阀调整火。关闭时，应先关闭乙炔阀，再关闭氧气阀。氢氧并用时，应先开乙炔气，再开氢气，最后开氧气，再点燃。灭火时，应先关氧气，再关氢气，最后关乙炔气。

操作时，氢气瓶、乙炔瓶应直立放置，且应安放稳固。作业中，发现氧气瓶阀门失灵或损坏不能关闭时，应让瓶内的氧气自动放尽后，再进行拆卸修理。作业中，当氧气软管着火时，不得折弯软管断气，应迅速关闭氧气阀门，停止供氧。当乙炔软管着火时，应先关熄炬火，可弯折前面一段软管将火熄灭。工作完毕，应将氧气瓶、乙炔瓶气阀关好，拧上安全罩，检查操作场地，确认无着火危险，方准离开。氧气瓶应与其他气瓶、油脂等易燃、易爆物品分开存放，且不得同车运输。氧气瓶不得散装吊运。运输时，氧气瓶应装有防振圈和安全帽。

等离子切割机。作业前，应检查并确认不得有漏电、漏气、漏水现象，接地或接零应安全可靠。应将工作台与地面绝缘，或在电气控制系统安装空载断路继电器。小车、工件位置应适当，工件应接通切割电路正极，切割工作面下应设有熔渣坑。应根据工件材质、种类和厚度选定喷嘴孔径，调整切割电源、气体流量和电极的内缩量。自动切割小车应经空车运转，并应选定合适的切割速度。

操作人员应戴好防护面罩、电焊手套、帽子、滤膜防出口罩和隔声耳罩。切割时，操作人员应站在上风处操作。可从工作台下部抽风，并宜缩小操作台上的敞开面积。切割时，当空载电压过高时，应检查电器接地或接零、割炬把手绝缘情况。高频发生器应设有屏蔽护罩，用高频引弧后，应立即切断高频电路。作业后，应切断电源，关闭气源和水源。

仿形切割机。应按出厂使用说明书要求接通切割机的电源，并应做好保护接地或接零。作业前，应先空运转，检查并确认氧、乙炔和加装的仿形样板配合无误后，开始切割作业。作业后，应清理保养设备，整理并保管好氧气带、乙炔气带及电缆线。

11）其他中小型机械

中小型机械应安装稳固，用电应符合现行行业标准《施工现场临时用电安全技术规范》JGJ 46—2005的有关规定。中小型机械上的外露传动部分和旋转部分应设有防护罩。室外使用的机械应搭设机械防护棚或采取其他防护措施。

咬口机。不得用手触碰转动中的辊轮，工件送到末端时，手指应离开工件。工件长度、宽度不得超过机械允许加工的范围。作业中如有异物进入辊中，应及时停车处理。

剪板机。启动前，应检查并确认各部润滑、紧固应完好，切刀不得有缺口。剪切钢板的厚度不得超过剪板机规定的能力。切窄板材时，应在被剪板材上压一块较宽钢板，使垂直压紧装置下落时，能压牢被剪板材。应根据剪切板材厚度，调整上下切刀间隙。正常切刀间隙不得大于板材厚度的5%，斜口剪时，不得大于7%。间隙调整后，应进行手转动及空车运转试验。剪板机限位装置应齐全有效。制动装置应根据磨损情况，及时调整。

多人作业时，应有专人指挥。应在上切刀停止运动后送料。送料时，应放正、放平、放稳，手指不得接近切刀和压板，并不得将手伸进垂直压紧装置的内侧。

折板机。作业前，应先校对模具，按被折板厚的1.5～2倍预留间隙，并进行试折，在检查并确认机械和模具装备正常后，再调整到折板规定的间隙，开始正式作业。作业中，应经常检查上模具的紧固件和液压或气压系统，当发现有松动或泄漏等情况，应立即停机，并妥善处理后，继续作业。批量生产时，应使用后标尺挡板进行对准和调整尺寸，并应空载运转，检查并确认其摆动应灵活可靠。

卷板机。作业中，操作人员应站在工件的两侧，并应防止人手和衣服被卷入轧辊内。工件上不得站人。用样板检查圆度时，应在停机后进行。滚卷工件到末端时，应留一定的余量。滚卷较厚、直径较大的筒体或材料强度较大的工件时，应少量下降动轧辊，并应经多次滚卷成型。滚卷较窄的筒体时，应放在轧辊中间滚卷。

坡口机。刀排、刀具应稳定牢固。当工件过长时，应加装辅助托架。作业中，不得俯身近视工件。不得用手摸坡口及擦拭铁屑。

法兰卷圆机。加工型钢规格不应超过机具的允许范围。当轧制的法兰不能进入第二道型辊时，不得用手直接推送，应使用专用工具送人。当加工法兰直径超过1000mm时，应采取加装托架等安全措施。作业时，人员不得靠近法兰尾端。

套丝切管机。应按加工管径选用板牙头和板牙，板牙应按顺序放入，板牙应充分润滑。当工件伸出卡盘端面的长度较长时，后部应加装辅助托架，并调整好高度。切断作业时，不得在旋转手柄上加长力臂。切平管端时，不得进刀过快。当加工件的管径或椭圆度较大时，应两次进刀。

弯管机。弯管机作业场所应设置围栏。应按加工管径选用管模，并应按顺序将管模放好。不得在管子和管模之间加油。作业时，应夹紧机件，导板支承机构应按弯管的方向及时进行换向。

小型台钻。多台钻床布置时，应保持合适安全距离。操作人员应按规定穿戴防护用品，并应扎紧袖口。不得围围巾及戴手套。启动前应检查下列各项，并应符合相应要求：①各部螺栓应紧固；②行程限位、信号等安全装置应齐全有效；③润滑系统应保持清洁，油量应充足；④电气开关、接地或接零应良好；⑤传动及电气部分的防护装置应完好牢固；⑥夹具、刀具不得有裂纹、破损。

钻小件时，应用工具夹持；钻薄板时，应用虎钳夹紧，并应在工件下垫好木板。手动进钻退钻时，应逐渐增压或减压，不得用管子套在手柄上加压进钻。排屑困难时，进钻、退钻应反复交替进行。不得用手触摸旋转的刀具或将头部靠近机床旋转部分，不得在旋转着的刀具下翻转、卡压或测量工件。

喷浆机。开机时，应先打开料桶开关，让石灰浆流人泵体内部后，再开动电动机带泵旋转。作业后，应往料斗注入清水，开泵清洗直到水清为止，再倒出泵内积水，清洗疏通喷头座及滤网，并将喷枪擦洗干净。长期存放前，应清除前、后轴承座内的灰浆积料，堵塞进浆口，从出浆口注入机油约50mL，再堵塞出浆口，开机运转约30s，使泵体内润滑防锈。

柱塞式、隔膜式灰浆泵。输送管路应连接紧密，不得渗漏；垂直管道应固定牢固；管道上不得加压或悬挂重物。作业前应检查并确认球阀完好，泵内无干硬灰浆等物，安全阀已调整到预定的安全压力。泵送前，应先用水进行泵送试验，检查并确认各部位无渗漏。被输送的灰浆应搅拌均匀，不得混入石子或其他杂物，灰浆稠度应为80～120mm。

泵送时，应先开机后加料，并应先用泵压送适量石灰膏润滑输送管道，然后再加入稀灰浆，最后调整到所需稠度。泵送过程中，当泵送压力超过预定的1.5MPa时，应反向泵送；当反向泵送无效时，应停机卸压检查，不得强行泵送。当短时间内不需泵送时，可打开回浆阀使灰浆在泵体内循环运行。当停泵时间较长时，应每隔3～5min泵送一次，泵送时间宜为0.5min。当因故障停机时，应先打开泄浆阀使压力下降，然后排除故障。灰浆泵压力未达到零时，不得拆卸空气室、安全阀和管道。作业后，应先采用石灰膏或浓石灰水把输送管道里的灰浆全部泵出，再用清水将泵和输送管道清洗干净。

挤压式灰浆泵。使用前，应先接好输送管道，往料斗加注清水，启动灰浆泵，当输送胶管出水时，应折起胶管，在升到额定压力时，停泵、观察各部位，不得有渗漏现象。作业前，应先用清水，再用白灰膏润滑输送管道后，再泵送灰浆。

泵送过程中，当压力迅速上升，有堵管现象时，应反转泵送2～3转，使灰浆返回料斗，经搅拌后再泵送，当多次正反泵仍不能畅通时，应停机检查，排除堵塞。工作间歇时，应先停止送灰，后停止送气，并应防止气嘴被灰浆堵塞。作业后，应将泵机和管路系统全部清洗干净。

水磨石机。水磨石机宜在混凝土达到设计强度70%～80%时进行磨削作业。作业前，应检查并确认各连接件应紧固，磨石不得有裂纹、破损，冷却水管不得有渗漏现象。电缆线不得破损，保护接零或接地应良好。

在接通电源、水源后，应先压扶把使磨盘离开地面，再启动电动机，然后应检查并确认磨盘旋转方向与箭头所示方向一致，在运转正常后，再缓慢放下磨盘，进行作业。作业中，使用的冷却水不得间断，用水量宜调至工作面不发干。作业中，当发现磨盘跳动或异响，应立即停机检修。停机时，应先提升磨盘后关机。作业后，应切断电源，清洗各部位的泥浆，并应将水磨石机放置在干燥处。

混凝土切割机。使用前，应检查并确认电动机接线正确，接零或接地应良好，安全防护装置应有效，锯片选用应符合要求，并安装正确。

启动后，应先空载运转，检查并确认锯片运转方向应正确，升降机构应灵活，一切正常后，开始作业。切割厚度应符合机械出厂铭牌的规定。切割时应匀速切割。切割小块料时，应使用专用工具送料，不得直接用手推料。作业中，当发生跳动及异响时，应立即停机检查，排除故障后，继续作业。锯台上和构件锯缝中的碎屑应采用专用工具及时清除。作业后，应清洗机身，擦干锯片，排放水箱余水，并存放在干燥处。

通风机。通风机应有防雨防潮措施。通风机和管道安装应牢固。风管接头应严密，口径不同的风管不得混合连接。风管转角处应做成大圆角。风管安装不应妨碍人员行走及车辆通行，风管出风口距工作面宜为6～10m。爆破工作面附近的管道应采取保护措施。通风机及通风管应装有风压水柱表，并应随时检查通风情况。启动前应检查并确认主机和管件的连接应符合要求、风扇转动应平稳、电流过载保护装置应齐全有效。

通风机应运行平稳，不得有异响。对无逆止装置的通风机，应在风道回风消失后进行检修。当电动机温升超过铭牌规定等异常情况时，应停机降温。不得在通风机和通风管上放置或悬挂任何物件。

离心水泵。水泵安装应牢固、平稳，电气设备应有防雨防潮设施。高压软管接头连接应牢固可靠，并宜平直放置。数台水泵并列安装时，每台之间应有0.8～1.0m的距离；串联安装时，应有相同的流量。冬期运转时，应做好管路、泵房的防冻、保温工作。启动前应进行检查，并应符合下列规定：①电动机与水泵的连接应同心，联轴节的螺栓应紧固，联轴节的转动部分应有防护装置；②管路支架应稳固。管路应密封可靠，不得有堵塞或漏水现象；③排气阀应畅通。

启动时，应加足引水，并应将出水阀关闭；当水泵达到额定转速时，旋开真空表和压力表的阀门，在指针位置正常后，逐步打开出水阀。运转中发现下列现象之一时，应立即停机检修：①漏水、漏气及填料部分发热；②底阀滤网堵塞，运转声音异常；③电动机温升过高，电流突然增大；④机械零件松动。水泵运转时，人员不得从机上跨越。水泵停止作业时，应先关闭压力表，再关闭出水阀，然后切断电源。冬期停用时，应放净水泵和水管中积水。

潜水泵。潜水泵应直立于水中，水深不得小于0.5m，不宜在含大量泥砂的水中使用。潜水泵放入水中或提出水面时，不得拉拽电缆或出水管，并应切断电源。潜水泵应装设保护接零和漏电保护装置，工作时，泵周围30m以内水面，不得有人、畜进入。启动前应进行检查，并应符合下列规定：①水管绑扎应牢固；②放气、放水、注油等螺塞应旋紧；③叶轮和进水节不得有杂物；④电气绝缘应良好。

接通电源后，应先试运转，检查并确认旋转方向应正确，无水运转时间不得超过使用说明书规定。应经常观察水位变化，叶轮中心至水平面距离应在0.5～3.0m之间，泵体不得陷入污泥或露出水面。电缆不得与井壁、池壁摩擦。潜水泵的启动电压应符合使用说明书的规定，电动机电流超过铭牌规定的限值时，应停机检查，并不得频繁开关机。潜水泵不用时，不得长期浸没于水中，应放置在干燥通风处。电动机定子绕组的绝缘电阻不得低于0.5MΩ。

深井泵。深井泵应使用在含砂量低于0.01%的水中，泵房内设预润水箱。深井泵的叶轮在运转中，不得与壳体摩擦。深井泵在运转前，应将清水注入壳体内进行预润。深井泵启动前，应检查并确认：①底座基础螺栓应紧固；②轴向间隙应符合要求，调节螺栓的保险螺母应装好；③填料压盖应旋紧，并应经过润滑；④电动机轴承应进行润滑；⑤用手旋转电动机转子和止退机构，应灵活有效。

深井泵不得在无水情况下空转。水泵的一、二级叶轮应浸入水位1m以下。运转中应经常观察井中水位的变化情况。当水泵振动较大时，应检查水泵的轴承或电动机填料处磨损情况，并应及时更换零件。停泵时，应先关闭出水阀，再切断电源，锁好开关箱。

泥浆泵。泥浆泵应安装在稳固的基础架或地基上，不得松动。启动前应进行检查，并应符合下列规定：①各部位连接应牢固；②电动机旋转方向应正确；③离合器应灵活可靠；④管路连接应牢固，并应密封可靠，底阀应灵活有效。启动前，吸水管、底阀及泵体内应注满引水，压力表缓冲器上端应注满油。

启动时，应先将活塞往复运动两次，并不得有阻梗，然后空载启动。运转中，应经常测试泥浆含砂量。泥浆含砂量不得超过10%。有多档速度的泥浆泵，在每班运转中，应将几档速度分别运转，运转时间不得少于30min。泥浆泵换档变速应在停泵后进行。运转中，当出现异响、电机明显温升或水量、压力不正常时，应停泵检查。泥浆泵应在空载时停泵。停泵时间较长时，应全部打开放水孔，并松开缸盖，提起底阀放水杆，放尽泵体及管道中的全部泥浆。当长期停用时，应清洗各部泥砂、油垢，放尽曲轴箱内的润滑油，并应采取防锈、防腐措施。

真空泵。真空室内过滤网应完整，集水室通向真空泵的回水管上的旋塞开启应灵活，指示仪表应正常，进出水管应按出厂说明书要求连接。真空泵启动后，应检查并确认电机旋转方向与罩壳上箭头指向一致，然后应堵住进水口，检查泵机空载真空度，表值显示不应小于96kPa。当不符合上述要求时，应检查泵组、管道及工作装置的密封情况，有损坏时，应及时修理或更换。

作业时，应经常观察机组真空表，并应随时做好记录。作业后，应冲洗水箱及滤网的泥砂，并应放尽水箱内存水。冬期施工或存放不用时，应把真空泵内的冷却水放尽。

手持电动工具。使用手持电动工具时，应穿戴劳动防护用品。施工区域光线应充足。刀具应保持锋利，并应完好无损；砂轮不得受潮、变形、破裂或接触过油、碱类，受潮的砂轮片不得自行烘干，应使用专用机具烘干。手持电动工具的砂轮和刀具的安装应稳固、配套，安装砂轮的螺母不得过紧。

在一般作业场所应使用Ⅰ类电动工具；在潮湿或金属构架等导电性能良好的作业场所应使用Ⅱ类电动工具；在锅炉、金属容器、管道内等作业场所应使用Ⅲ电动工具；Ⅱ、Ⅲ类电动工具开关箱、电源转换器应在作业场所外面；在狭窄作业场所操作时，应有专人监护。使用Ⅰ类电动工具时，应安装额定漏电动作电流不大于15mA、额定漏电动作时间不大于0.1s的防溅型漏电保护器。在雨期施工前或电动工具受潮后，必须采用500V兆欧表检测电动工具绝缘电阻，且每年不少于2次。

非金属壳体的电动机、电器，在存放和使用时不应受压、受潮，并不得接触汽油等溶剂。手持电动工具的负荷线应采用耐气候型橡胶护套铜芯软电缆，并不得有接头，水平距离不宜大于3m，负荷线插头插座应具备专用的保护触头。作业前应重点检查下列项目，并应符合相应要求：①外壳、手柄不得裂缝、破损；②电缆软线及插头等应完好无损，保护接零连接应牢固可靠，开关动作应正常；③各部防护罩装置应齐全牢固。

机具启动后，应空载运转，检查并确认机具转动应灵活无阻。作业时，加力应平稳，不得超载使用。作业中应注意声响及温升，发现异常应立即停机检查。在作业时间过长，机具温升超过60℃时，应停机冷却。作业中，不得用手触摸刃具、模具和砂轮，发现其有磨钝、破损情况时，应立即停机修整或更换。停止作业时，应关闭电动工具，切断电源，并收好工具。

使用电钻、冲击钻或电锤时，应符合下列规定：①机具启动后，应空载运转，应检查并确认机具联动灵活无阻；②钻孔时，应先将钻头抵在工作表面，然后开动，用力应适度，不得晃动；转速急剧下降时，应减小用力，防止电机过载；不得用木杠加压钻孔；③电钻和冲击钻或电锤实行40%断续工作制，不得长时间连续使用。

使用角向磨光机时，应符合下列要求：①砂轮应选用增强纤维树脂型，其安全线速度不得小于 80m/s。配用的电缆与插头应具有加强绝缘性能，并不得任意更换；②磨削作业时，应使砂轮与工件面保持 15°～30°的倾斜位置；切削作业时，砂轮不得倾斜，并不得横向摆动。

使用电剪时，应符合下列规定：①作业前，应先根据钢板厚度调节刀头间隙量，最大剪切厚度不得大于铭牌标定值；②作业时，不得用力过猛，当遇阻力，轴往复次数急剧下降时，应立即减少推力；③使用电剪时，不得用手摸刀片和工件边缘。

使用射钉枪时，应符合下列规定：①不得用手掌推压钉管和将枪口对准人；②击发时，应将射钉枪垂直压紧在工作面上。当两次扣动扳机，子弹不击发时，应保持原射击位置数秒钟后，再退出射钉弹；③在更换零件或断开射钉枪之前，射枪内不得装有射钉弹。

使用拉铆枪时，应符合下列规定：①被铆接物体上的铆钉孔应与铆钉相配合，过盈量不得太大；②铆接时，可重复扣动扳机，直到铆钉被拉断为止，不得强行扭断或撬断；③作业中，当接铆头子或并帽有松动时，应立即拧紧。

使用云（切）石机时，应符合下列规定：①作业时应防止杂物、泥尘混入电动机内，并应随时观察机壳温度，当机壳温度过高及电刷产生火花时，应立即停机检查处理；②切割过程中用力应均匀适当，推进刀片时不得用力过猛。当发生刀片卡死时，应立即停机，慢慢退出刀片，重新对正后再切割。

12）建筑机械磨合期的使用

建筑机械操作人员应在生产厂家的培训指导下，了解机器的结构、性能，根据产品使用说明书的要求进行操作、保养。新机和大修后机械在初期使用时，应遵守磨合期规定。机械设备的磨合期，除原制造厂有规定外，内燃机械宜为 100h，电动机械宜为 50h，汽车宜为 1000km。磨合期间，应采用符合其内燃机性能的燃料和润滑油料。启动内燃机时，不得猛加油门，应在 500～600r/min 下稳定运转数分钟，使内燃机内部运动机件得到良好的润滑，随着温度上升而逐渐增加转速。在严寒季节，应先对内燃机进行预热后再启动。

磨合期内，操作应平稳，不得骤然增加转速，并宜按下列规定减载使用：①起重机从额定起重量 50%开始，逐步增加载荷，且不得超过额定起重量的 80%；②挖掘机在工作 30h 内，应先挖掘松的土壤，每次装料应为斗容量的 1/2；在以后 70h 内，装料可逐步增加，且不得超过斗容量的 3/4；③推土机、铲运机和装载机，应控制刀片铲土和铲斗装料深度，减少推土、铲土量和铲斗装载量，从 50%开始逐渐增加，不得超过额定载荷的 80%；④汽车载重量应按规定标准减载 20%～25%，并应避免在不良的道路上行驶和拖带挂车，最高车速不宜超过 40km/h；⑤其他内燃机械和电动机械在磨合期内，在无具体规定时，应减速 30%和减载荷 20%～30%。

在磨合期内，应观察各仪表指示，检查润滑油、液压油、冷却液、制动液以及燃油品质和油（水）位，并注意检查整机的密封性，保持机器清洁，应及时调整、紧固松动的零部件；应观察各机构的运转情况，并应检查各轴承、齿轮箱、传动机构、液压装置以及各连接部分的温度，发现运转不正常、过热、异响等现象时，应及时查明原因并排除。在磨合期，应在机械明显处悬挂“磨合期”的标志，在磨合期满后再取下。磨合期间，应按规定更换内燃机曲轴箱机油和机油滤清器芯；同时应检查各齿轮箱润滑油清洁情况，并按规定及时更换润滑油，清洗润滑系统。

磨合期满，应由机械管理人员和驾驶员、修理工配合进行一次检查、调整以及紧固工作。内燃机的限速装置应在磨合期满后拆除。磨合期应分工明确，责任到人。在磨合期前，应把磨合期各项要求和注意事项向操作人员交底；磨合期中，应随时检查机械使用运转情况，详细填写机械磨合期记录；磨合期满后，应由机械技术负责人审查签章，将磨合期记录归入技术档案。

13）建筑机械寒冷季节的使用

在进入寒冷季节前，机械使用单位应制定寒冷季节施工安全技术措施，并对机械操作人员进行寒冷季节使用机械设备的安全教育，同时应做好防寒物资的供应工作。在进入寒冷季节前，对在用机械设备应进行一次换季保养，换用适合寒冷季节的燃油、润滑油、液压油、防冻液、蓄电池液等。对停用机械设备，应放尽存水。

当室外温度低于5℃时，水冷却的机械设备停止使用后，操作人员应及时放尽机体存水。放水时，应在水温降低到50～60℃时进行，机械应处于平坦位置，拧开水箱盖，并应打开缸体、水泵、水箱等所有放水阀。在存水没有放尽前，操作人员不得离开。存水放净后，各放水阀应保持开启状态，并将“无水”标志牌挂在机械的明显处。为了防止失误，应由专职人员按时进行检查。使用防冻液的机械设备，在加入防冻液前，应对冷却系统进行清洗，并应根据气温要求，按比例配制防冻冷却液。在使用中应经常检查防冻液，不足时应及时增添。在气温较低的地区，内燃机、水箱等都应有保温套。工作中如停车时间较长，冷却水有冻结可能时，应放水防冻。

燃料、润滑油、液压油、蓄电池液的选用。应根据气温按出厂要求选用燃料。汽油机在低温下应选用辛烷值较高标号的汽油。柴油机在最低气温4℃以上地区使用时，应采用0号柴油；在最低气温－5℃以上地区使用时，应采用－10号柴油；在最低气温－14℃以上地区使用时，应采用－20号柴油；在最低气温－29℃以上地区使用时，应采用－35号柴油；在最低气温－30℃以下地区使用时，应采用－50号柴油。在低温条件下缺乏低凝度柴油时，应采用预热措施。寒冷季节，应按规定换用较低凝固温度的润滑油、机油及齿轮油。液压油应随气温变化而换用。液压油应使用同一品种、标号。使用蓄电池的机械，在寒冷季节，蓄电池液密度不得低于1.25，发电机电流应调整到15A以上。严寒地区，蓄电池应加装保温装置。

存放及启动。寒冷季节，机械设备宜在室内存放。露天存放的大型机械，应停放在避风处，并加盖篷布。在没有保温设施情况下启动内燃机，应将水加热到60～80℃时，再加入内燃机冷却系统，并可用喷灯加热进气支管。不得用机械拖顶的方法启动内燃机。无预热装置的内燃机，在工作完毕后，可将曲轴箱内润滑油趁热放出，存放在清洁容器内；启动时，先将容器内的润滑油加温到70～80℃，再将油加入曲轴箱。不得用明火直接燃烤曲轴箱。内燃机启动后，应先怠速空转10～20min，再逐步增加转速。

14）液压装置的使用

液压元件在安装前应清洗干净，安装应在清洁的环境中进行。液压泵、液压马达和液压阀的进、出油口不得反接。连接螺钉应按规定扭力拧紧。油管应用管夹与机器固定，不得与其他物体摩擦。软管不得有急弯或扭曲。

液压油的选择和清洁。应使用出厂说明书中所规定的牌号液压油。应通过规定的滤油器向油箱注入液压油。应经常检查和清洗滤油器，发现损坏，应及时更换。应定期检查液压油的清洁度，按规定应及时更换，并应认真填写检测及加油记录。盛装液压油的容器应保持清洁，容器内壁不得涂刷油漆。

启动前的检查和启动、运转作业。液压油箱内的油面应在标尺规定的上、下限范围内。新机开机后，部分油进入各系统，应及时补充。冷却器应有充足的冷却液，散热风扇应完好有效。液压泵的出入口与旋转方向应与标牌标志一致。换新联轴器时，不得敲打泵轴。各液压元件应安装牢固，油管及密封圈不得有渗漏。液压泵启动时，所有操纵杆应处于中间位置。在严寒地区启动液压泵时，可使用加热器提高油温。启动后，应按规定空载运转液压系统。初次使用及停机时间较长时，液压系统启动后，应空载运行，并应打开空气阀，将系统内空气排除干净，检查并确认各部件工作正常后，再进行作业。溢流阀的调定压力不得超过规定的最高压力。运转中，应随时观察仪表读数，检查油温、油压、响声、振动等情况，发现问题，应立即停机检修。液压油的工作温度宜保持在30～60℃范围内，最高油温不应超过80℃；当油温超规定时，应检查油量、油黏度、冷却器、过滤器等是否正常，在故障排除后，继续使用。液压系统应密封良好，不得吸入空气。高压系统发生泄漏时，不得用手去检查，应立即停机检修。拆检蓄能器、液压油路等高压系统时，应在确保系统内无高压后拆除。泄压时，人员不得面对放气阀或高压系统喷射口。

液压系统在作业中，当出现下列情况之一时，应停机检查：①油温超过允许范围；②系统压力不足或完全无压力；③流量过大、过小或完全不流油；④压力或流量脉动；⑤不正常响声或振动；⑥换向阀动作失灵；⑦工作装置功能不良或卡死；⑧液压系统泄漏、内渗、串压、反馈严重。作业完毕后，工作装置及控制阀等应回复原位，并应按规定进行保养。

（2）施工现场机械设备检查技术规程

《施工现场机械设备检查技术规程》JGJ 160—2008规定，施工现场机械设备使用单位应建立健全施工现场机械设备安全使用管理制度和岗位责任制度，并应对现场机械设备进行检查。

发电机组电源必须与外电线路电源连锁，严禁与外电线路并列运行；当2台及2台以上发电机组并列运行时，必须装设同步装置，并应在机组同步后再向负载供电。施工现场的电动空气压缩机电动机的额定电压应与电源电压等级相符。

固定式空气压缩机应安装在室内符合规定的基础上，并应高出室内地面0.25～0.30m。移动式空气压缩机应处于水平状态，放置稳固，其拖车应可靠接地，工作前应将前后轮卡住，不应有窜动。室外使用的空气压缩机应搭设防护棚。

施工现场临时用电的电力系统严禁利用大地和动力设备金属结构体作相线或工作零线。保护零线上不应装设开关或熔断器，不应通过工作电流，且不应断线。用电设备的保护地线或保护零线应并联接地，严禁串联接地或接零。每台用电设备应有各自专用的开关箱，严禁用同一个开关箱直接控制2台及2台以上用电设备（含插座）。

土方及筑路机械主要工作性能应达到使用说明书中各项技术参数指标。技术资料应齐全；机械的使用、维修、保养、事故记录应及时、准确、完整、字迹清晰。机械在靠近架空高压输电线路附近作业或停放时，与架空高压输电线路之间的距离应符合国家现行标准

《施工现场临时用电安全技术规范》JGJ 46—2005 的规定。

桩工机械主要工作性能应达到说明书中所规定的各项技术参数。打桩机操作、指挥人员应持有效证件上岗。桩工机械使用的钢丝绳、电缆、夹头、卸甲、螺栓等材料及标准件应有制造厂签发的出厂产品合格证、质量保证书、技术性能参数等文件。桩工机械外观应整洁，不应有油污、锈蚀、漏油、漏气、漏电、漏水。

各类起重机应装有音响清晰的喇叭、电铃或汽笛等信号装置；在起重臂、吊钩、平衡臂等转动体上应标以明显的色彩标志。起重机的变幅指示器、力矩限制器、起重量限制器以及各种行程限位开关等安全保护装置，应完好齐全、灵敏可靠，不应随意调整或拆除；严禁利用限制器和限位装置代替操纵机构。

固定式混凝土机械应有良好的设备基础，移动式混凝土机械应安放在平坦坚实的地坪上，地基承载力应能承受工作荷载和振动荷载，其场地周边应有良好的排水条件。

焊接机械的用电应符合国家现行标准《施工现场临时用电安全技术规范》JGJ 46—2005 的有关规定；焊接机械的零部件应完整，不应有缺损。安全防护装置应齐全、有效；漏电保护器参数应匹配，安装应正确，动作应灵敏可靠；接地（接零）应良好，应配装二次侧漏电保护器。

钢筋加工机械的安全防护应符合下列规定：1）安全防护装置及限位应齐全、灵敏可靠，防护罩、板安装应牢固，不应破损。2）接地（接零）应符合用电规定，接地电阻不应大于 4Ω。3）漏电保护器参数应匹配，安装应正确，动作应灵敏可靠；电气保护（短路、过载、失压）应齐全有效。

木工机械及其他机械的整机应符合下列规定：1）机械安装应坚实稳固，保持水平位置；2）金属结构不应有开焊、裂纹；3）机构应完整，零部件应齐全，连接应可靠；4）外观应清洁，不应有油垢和明显锈蚀；5）传动系统运转应平稳，不应有异常冲击、振动、爬行、窜动、噪声、超温、超压，传动皮带应完好，不应破损，松紧应适度；6）变速系统换档应自如，不应有跳档，各档速度应正常；7）操作系统应灵敏可靠，配置操作按钮、手轮、手柄应齐全，反应应灵敏，各仪表指示数据应准确；8）各导轨及工作面不应严重磨损、碰伤、变形；9）刀具安装应牢固，定位应准确有效；10）积尘装置应完好，工作应可靠。

装修机械整机应符合下列规定：1）金属结构不应有开焊、裂纹；2）零部件应完整，随机附件应齐全；3）外观应清洁，不应有油垢和明显锈蚀；4）传动系统运转应平稳，不应有异常冲击、振动、爬行、窜动、噪声、超温、超压；5）传动皮带应齐全完好，松紧应适度；6）操作系统应灵敏可靠，各仪表指示数据应准确。

掘进机械应按照使用说明书规定的技术性能和使用条件合理使用，严禁任意扩大使用范围。隧道施工应加强电器的绝缘，选用特殊绝缘构造的加强型电器，或选用额定电压高一级的电器；在有瓦斯的隧道中应设有防护措施；高海拔地区应选用高原电器设备。盾构机的选用应与周围岩土条件相适应。

8. 建筑施工模板安全技术标准的要求

《建筑施工模板安全技术规范》JGJ 162—2008 规定，本规范适用于建筑施工中现浇混凝土工程模板体系的设计、制作、安装和拆除。

模板体系，是指由面板、支架和连接件三部分系统组成的体系，可简称为“模板”。模板材料选用主要有钢材、冷弯薄壁型钢、木材、铝合金型材以及竹、木胶合模板板材等。模板类型包括普通模板、爬升模板、飞模、隧道模等。

从事模板作业的人员，应经常组织安全技术培训。从事高处作业人员，应定期体检，不符合要求的不得从事高处作业。安装和拆除模板时，操作人员应佩戴安全帽、系安全带、穿防滑鞋。安全帽和安全带应定期检查，不合格者严禁使用。

模板及配件进场应有出厂合格证或当年的检验报告，安装前应对所用部件（立柱、楞梁、吊环、扣件等）进行认真检查，不符合要求者不得使用。

模板工程应编制施工设计和安全技术措施，并应严格按施工设计与安全技术措施规定施工。满堂模板、建筑层高 8m 及以上和梁跨大于或等于 15m 的模板，在安装、拆除作业前，工程技术人员应以书面形式向作业班组进行施工操作的安全技术交底，作业班组应对照书面交底进行上、下班的自检和互检。

施工过程中应经常对下列项目进行检查：1）立柱底部基土回填夯实的状况。2）垫木应满足设计要求。3）底座位置应正确，顶托螺杆伸出长度应符合规定。4）立杆的规格尺寸和垂直度应符合要求，不得出现偏心荷载。5）扫地杆、水平拉杆、剪刀撑等的设置应符合规定，固定应可靠。6）安全网和各种安全设施应符合要求。

在高处安装和拆除模板时，周围应设安全网或搭脚手架，并应加设防护栏杆。在临街面及交通要道地区，尚应设警示牌，派专人看管。作业时，模板和配件不得随意堆放，模板应放平放稳，严防滑落。脚手架或操作平台上临时堆放的模板不宜超过 3 层，连接件应放在箱盒或工具袋中，不得散放在脚手板上。脚手架或操作平台上的施工总荷载不得超过其设计值。对负荷面积大和高 4m 以上的支架立柱采用扣件式钢管、门式和碗扣式钢管脚手架时，除应有合格证外，对所用扣件应用扭矩扳手进行抽检，达到合格后方可承力使用。多人共同操作或扛抬组合钢模板时，必须密切配合、协调一致、互相呼应。

施工用的临时照明和行灯的电压不得超过 36V；若为满堂模板、钢支架及特别潮湿的环境时，不得超过 12V。照明行灯及机电设备的移动线路应采用绝缘橡胶套电缆线。有关避雷、防触电和架空输电线路的安全距离应遵守国家现行标准《施工现场临时用电安全技术规范》JGJ 46—2005 的有关规定。施工用的临时照明和动力线应用绝缘线和绝缘电缆线，且不得直接固定在钢模板上。夜间施工时，应有足够的照明，并应制定夜间施工的安全措施。施工用临时照明和机电设备线严禁非电工乱拉乱接。同时还应经常检查线路的完好情况，严防绝缘破损漏电伤人。

模板安装时，上下应有人接应，随装随运，严禁抛掷。且不得将模板支搭在门窗框上，也不得将脚手板支搭在模板上，并严禁将模板与上料井架及有车辆运行的脚手架或操作平台支成一体。支模过程中如遇中途停歇，应将已就位模板或支架连接稳固，不得浮搁或悬空。拆模中途停歇时，应将已松扣或已拆松的模板、支架等拆下运走，防止构件坠落或作业人员扶空坠落伤人。严禁人员攀登模板、斜撑杆、拉条或绳索等，也不得在高处的墙顶、独立梁或在其模板上行走。安装高度在 2m 及其以上时，应遵守国家现行标准《建筑施工高处作业安全技术规范》JGJ 80—2016 的有关规定。

模板施工中应设专人负责安全检查，发现问题应报告有关人员处理。当遇险情时，应立即停工和采取应急措施；待修复或排除险情后，方可继续施工。

寒冷地区冬期施工用钢模板时，不宜采用电热法加热混凝土，否则应采取防触电措施。在大风地区或大风季节施工时，模板应有抗风的临时加固措施。当钢模板高度超过15m时，应安设避雷设施，避雷设施的接地电阻不得大于4Ω。若遇恶劣天气，如大雨、大雾、沙尘、大雪及六级以上大风时，应停止露天高处作业。五级及以上风力时，应停止高空吊运作业。雨雪停止后，应及时清除模板和地面上的冰雪及积水。

使用后的木模板应拔除铁钉，分类进库，堆放整齐。若为露天堆放，顶面应遮防雨棚布。

使用后的钢模、钢构件应遵守下列规定：1）使用后的钢模、桁架、钢楞和立柱应将粘结物清理洁净，清理时严禁采用铁锤敲击的方法。2）清理后的钢模、桁架、钢楞、立柱，应逐块、逐榀、逐根进行检查，发现翘曲、变形、扭曲、开焊等必须修理完善。3）清理整修好的钢模、桁架、钢楞、立柱应刷防锈漆，对立即待用钢模板的表面应刷脱模剂，而暂不用的钢模表面可涂防锈油一度。4）钢模板及配件，使用后必须进行严格清理检查，已损坏断裂的应剔除，不能修复的应报废。螺栓的螺纹部分应整修上油，然后应分别按规格分类装于箱笼内备用。5）钢模板及配件等修复后，应进行检查验收。凡检查不合格者应重新整修。待合格后方准应用，其修复后的质量标准应符合规定。6）钢模板由拆模现场运至仓库或维修场地时，装车不宜超出车栏杆，少量高出部分必须拴牢，零配件应分类装箱，不得散装运输。7）经过维修、刷油、整理合格的钢模板及配件，如需运往其他施工现场或入库，必须分类装入集装箱内，杆应成捆、配件应成箱，清点数量，入库或接收单位验收。8）装车时，应轻搬轻放，不得相互碰撞。卸车时，严禁成捆从车上推下和拆散抛掷。9）钢模板及配件应放入室内或敞棚内，若无条件需露天堆放时，则应装入集装箱内，底部垫高100mm，顶面应遮盖防水棚布或塑料布，但集装箱堆放高度不宜超过2层。

9. 施工现场临时建筑、环境卫生、消防安全和劳动防护用品标准规范的要求

施工现场临时建筑、环境卫生、消防安全和劳动防护用品标准规范主要有《施工现场临时建筑物技术规范》JGJ/T 188—2009、《建设工程施工现场环境与卫生标准》JGJ 146—2013、《建设工程施工现场消防安全技术规范》GB 50720—2011、《建筑施工作业劳动防护用品配备及使用标准》JGJ 184—2009等。

（1）施工现场临时建筑物技术规范

施工现场临时建筑物，是指施工现场使用的暂设性的办公用房、生活用房、围挡等建（构）筑物。

《施工现场临时建筑物技术规范》JGJ /T188—2009规定，临时建筑应由专业技术人员编制施工组织设计，并应经企业技术负责人批准后方可实施。临时建筑的施工安装、拆卸或拆除应编制施工方案，并应由专业人员施工、专业技术人员现场监督。

临时建筑建设场地应具备路通、水通、电通、讯通和平整的条件。临时建筑、施工现场、道路及其他设施的布置应符合消防、卫生、环保和节约用地的有关要求。临时建筑层

数不宜超过两层。临时建筑设计使用年限应为 5 年。

临时建筑结构选型应遵循可循环利用的原则，并应根据地理环境、使用功能、荷载特点、材料供应和施工条件等因素综合确定。临时建筑不宜采用钢筋混凝土楼面、屋面结构；严禁采用钢管、毛竹、三合板、石棉瓦等搭设简易的临时建筑物；严禁将夹芯板作为活动房的竖向承重构件使用。临时建筑所采用的原材料、构配件和设备等，其品种、规格、性能等应满足设计要求并符合国家现行标准的规定，不得使用已被国家淘汰的产品。

活动房主要承重构件的设计使用年限不应小于 20 年，并应有生产企业、生产日期等标志。活动房构件的周转使用次数不宜超过 10 次，累计使用年限不宜超过 20 年。当周转使用次数超过 10 次或累计使用年限超过 20 年时，应进行质量检测，合格后方可继续使用。

临时建筑应根据当地气候条件，采取抵抗风、雪、雨、雷电等自然灾害的措施。临时建筑不应建造在易发生滑坡、坍塌、泥石流、山洪等危险地段和低洼积水区域，应避开水源保护区、水库泄洪区、濒险水库下游地段、强风口和危房影响范围，且应避免有害气体、强噪声等对临时建筑使用人员的影响。当临时建筑建造在河沟、高边坡、深基坑边时，应采取结构加强措施。临时建筑不应占压原有的地下管线；不应影响文物和历史文化遗产的保护与修复。

临时建筑的选址与布局应与施工组织设计的总体规划协调一致。办公区、生活区和施工作业区应分区设置，且应采取相应的隔离措施，并应设置导向、警示、定位、宣传等标识。

办公区、生活区宜位于建筑物的坠落半径和塔吊等机械作业半径之外。临时建筑与架空明设的用电线路之间应保持安全距离。临时建筑不应布置在高压走廊范围内。办公区应设置办公用房、停车场、宣传栏、密闭式垃圾收集容器等设施。生活用房宜集中建设、成组布置，并宜设置室外活动区域。厨房、卫生间宜设置在主导风向的下风侧。

临时建筑地面应采取防水、防潮、防虫等措施，且应至少高出室外地面 150mm。临时建筑周边应排水通畅、无积水。临时建筑屋面应为不上人屋面。

办公用房宜包括办公室、会议室、资料室、档案室等。办公用房室内净高不应低于 2.5m。办公室的人均使用面积不宜小于 $4m^2$，会议室使用面积不宜小于 $30m^2$。生活用房宜包括宿舍、食堂、餐厅、厕所、盥洗室、浴室、文体活动室等。

宿舍应符合下列规定：1）宿舍内应保证必要的生活空间，人均使用面积不宜小于 $2.5m^2$，室内净高不应低于 2.5m。每间宿舍居住人数不宜超过 16 人。2）宿舍内应设置单人铺，层铺的搭设不应超过 2 层。3）宿舍内宜配置生活用品专柜，宿舍门外宜配置鞋柜或鞋架。

食堂应符合下列规定：1）食堂与厕所、垃圾站等污染源的距离不宜小于 15m，且不应设在污染源的下风侧。2）食堂宜采用单层结构，顶棚宜设吊顶。3）食堂应设置独立的操作间、售菜（饭）间、储藏间和燃气罐存放间。4）操作间应设置冲洗池、清洗池、消毒池、隔油池；地面应做硬化和防滑处理。5）食堂应配备机械排风和消毒设施。操作间油烟应经处理后方可对外排放。6）食堂应设置密闭式泔水桶。

厕所、盥洗室、浴室应符合下列规定：1）施工现场应设置自动水冲式或移动式厕所。

2）厕所的厕位设置应满足男厕每 50 人、女厕每 25 人设 1 个蹲便器，男厕每 50 人设 1m 长小便槽的要求。蹲便器间距不应小于 900mm，蹲位之间宜设置隔板，隔板高度不宜低于 900mm。3）盥洗间应设置盥洗池和水嘴。水嘴与员工的比例宜为 1∶20，水嘴间距不宜小于 700mm。4）淋浴间的淋浴器与员工的比例宜为 1∶20，淋浴器间距不宜小于 1000mm。5）淋浴间应设置储衣柜或挂衣架。6）厕所、盥洗室、淋浴间的地面应做硬化和防滑处理。

活动房应按照使用说明书的规定使用。活动房超过设计使用年限时，应对房屋结构和围护系统进行全面检查，并应对结构安全性能进行评估，合格后方可继续使用。周转使用规定年限内的活动房重新组装前，应对主要构件进行检查维护，达到质量要求的方可使用。

临时建筑使用单位应建立健全安全保卫、卫生防疫、消防、生活设施的使用和生活管理等各项管理制度。临时建筑使用单位应定期对生活区住宿人员进行安全、治安、消防、卫生防疫、环境保护等宣传教育。临时建筑使用单位应建立临时建筑防风、防汛、防雨雪灾害等应急预案，在风暴、洪水、雨雪来临前，应组织进行全面检查，并应采取可靠的加固措施。临时建筑使用单位应建立健全维护管理制度，组织相关人员对临时建筑的使用情况进行定期检查、维护，并应建立相应的使用台账记录。对检查过程中发现的问题和安全隐患，应及时采取相应措施。

临时建筑在使用过程中，不应更改原设计的使用功能。楼面的使用荷载不宜超过设计值；当楼面的使用荷载超过设计值时，应对结构进行安全评估。临时建筑在使用过程中，不得随意开洞、打孔或对结构进行改动，不得擅自拆除隔墙和围护构件。

生活区内不得存放易燃、易爆、剧毒、放射源等化学危险物品。活动房内不得存放有腐蚀性的化学材料。在墙体上安装吊挂件时，应满足结构受力的要求。严禁擅自安装、改造和拆除临时建筑内的电线、电器装置和用电设备，严禁使用电炉等大功率用电设备。

临时建筑的拆除应遵循“谁安装、谁拆除”的原则；当出现可能危及临时建筑整体稳定的不安全情况时，应遵循“先加固、后拆除”的原则。拆除施工前，施工单位应编制拆除施工方案、安全操作规程及采取相关的防尘降噪、堆放、清除废弃物等措施，并应按规定程序进行审批，对作业人员进行技术交底。临时建筑拆除前，应做好拆除范围内的断水、断电、断燃气等工作。拆除过程中，现场用电不得使用被拆临时建筑中的配电线。

临时建筑的拆除应符合环保要求，拆下的建筑材料和建筑垃圾应及时清理。楼面、操作平台不得集中堆放建筑材料和建筑垃圾。建筑垃圾宜按规定清运，不得在施工现场焚烧。拆除区周围应设立围栏、挂警告牌，并应派专人监护，严禁无关人员逗留。当遇到五级以上大风、大雾和雨雪等恶劣天气时，不得进行临时建筑的拆除作业。拆除高度在 2m 及以上的临时建筑时，作业人员应在专门搭设的脚手架上或稳固的结构部位上操作，严禁作业人员站在被拆墙体、构件上作业。

临时建筑拆除后，场地宜及时清理干净。当没有特殊要求时，地面宜恢复原貌。

（2）建筑施工现场环境与卫生标准

环境卫生指施工现场生产、生活环境的卫生，包括食品卫生、饮水卫生、废污处理、卫生防疫等。临时设施指施工期间临时搭建、租赁及使用的各种建筑物、构筑物。施工人员指在施工现场从事施工活动的管理人员和作业人员，包括建设、施工、监理等各方参建人员。建筑垃圾指在新建、扩建、改建各类房屋建筑与市政基础设施工程施工过程中产生的弃土、弃料及其他废弃物。

《建设工程施工现场环境与卫生标准》JGJ 146—2013 中规定，本标准适用于新建、扩建、改建的房屋建筑与市政基础设施工程的施工现场环境与卫生的管理。建设工程施工现场环境与卫生管理除应符合本标准的规定外，尚应符合国家现行有关标准的规定。

建设工程施工总承包单位应对施工现场的环境与卫生负总责，分包单位应服从总承包单位的管理。参建单位及现场人员应有维护施工现场环境与卫生的责任和义务。建设工程的环境与卫生管理应纳入施工组织设计或编制专项方案，应明确环境与卫生管理的目标和措施。施工现场应建立环境与卫生管理制度，落实管理责任，应定期检查并记录。建设工程的参建单位应根据法律法规的规定，针对可能发生的环境、卫生等突发事件建立应急管理体系，制定相应的应急预案并组织演练。当施工现场发生有关环境、卫生等突发事件时，应按相关规定及时向施工现场所在地建设行政主管部门和相关部门报告，并应配合调查处置。施工人员的教育培训、考核应包括环境与卫生等有关内容。

施工现场临时设施、临时道路的设置应科学合理，并应符合安全、消防、节能、环保等有关规定。施工区、材料加工及存放区应与办公区、生活区划分清晰，并应采取相应的隔离措施。施工现场应实行封闭管理，并应采用硬质围挡。市区主要路段的施工现场围挡高度不应低于 2.5m，一般路段围挡高度不应低于 1.8m。围挡应牢固、稳定、整洁。距离交通路口 20m 范围内占据道路施工设置的围挡，其 0.8m 以上部分应采用通透性围挡，并应采取交通疏导和警示措施。施工现场出入口应标有企业名称或企业标识。主要出入口明显处应设置工程概况牌，施工现场大门内应有施工现场总平面图和安全管理、环境保护与绿色施工、消防保卫等制度牌和宣传栏。

施工单位应采取有效的安全防护措施。参建单位必须为施工人员提供必备的劳动防护用品，施工人员应正确使用劳动防护用品。劳动防护用品应符合现行行业标准《建筑施工作业劳动防护用品配备及使用标准》JGJ 184—2009 的规定。有毒有害作业场所应在醒目位置设置安全警示标识，并应符合现行国家标准《工作场所职业病危害警示标识》GBZ 158—2003 的规定。施工单位应依据有关规定对从事有职业病危害作业的人员定期进行体检和培训。施工单位应根据季节气候特点，做好施工人员的饮食卫生和防暑降温、防寒保暖、防中毒、卫生防疫等工作。

施工总平面布置、临时设施的布局设计及材料选用应科学合理，节约能源。临时用电设备及器具应选用节能型产品。施工现场宜利用新能源和可再生资源。施工现场宜利用拟建道路路基作为临时道路路基。临时设施应利用既有建筑物、构筑物和设施。土方施工应优化施工方案，减少土方开挖和回填量。施工现场周转材料宜选择金属、化学合成材料等可回收再利用产品代替，并应加强保养维护，提高周转率。施工现场应合理安排材料进场计划，减少二次搬运，并应实行限额领料。施工现场办公应利用信息化管理，减少办公用品的使用及消耗。施工现场生产生活用水用电等资源能源的消耗应实行计量管理。

施工现场应保护地下水资源。采取施工降水时应执行国家及当地有关水资源保护的规定，并应综合利用抽排出的地下水。施工现场应采用节水器具，并应设置节水标识。施工现场宜设置废水回收、循环再利用设施，宜对雨水进行收集利用。施工现场应对可回收再利用物资及时分拣、回收、再利用。

施工现场的主要道路应进行硬化处理。裸露的场地和堆放的土方应采取覆盖、固化或绿化等措施。施工现场土方作业应采取防止扬尘措施，主要道路应定期清扫、洒水。拆除建筑物或构筑物时，应采用隔离、洒水等降噪、降尘措施，并应及时清理废弃物。土方和建筑垃圾的运输必须采用封闭式运输车辆或采取覆盖措施。施工现场出口处应设置车辆冲洗设施，并应对驶出车辆进行清洗。建筑物内垃圾应采用容器或搭设专用封闭式垃圾道的方式清运。严禁凌空抛掷。施工现场严禁焚烧各类废弃物。在规定区域内的施工现场应使用预拌混凝土及预拌砂浆。采用现场搅拌混凝土或砂浆的场所应采取封闭、降尘、降噪措施。水泥和其他易飞扬的细颗粒建筑材料应密闭存放或采取覆盖等措施。当市政道路施工进行铣刨、切割等作业时，应采取有效防扬尘措施。灰土和无机料应采用预拌进场，碾压过程中应洒水降尘。城镇、旅游景点、重点文物保护区及人口密集区的施工现场应使用清洁能源。施工现场的机械设备、车辆的尾气排放应符合国家环保排放标准。当环境空气质量指数达到中度及以上污染时，施工现场应增加洒水频次，加强覆盖措施，减少易造成大气污染的施工作业。

施工现场应设置排水沟及沉淀池，施工污水应经沉淀处理达到排放标准后，方可排入市政污水管网。废弃的降水井应及时回填，并应封闭井口，防止污染地下水。施工现场临时厕所的化粪池应进行防渗漏处理。施工现场存放的油料和化学溶剂等物品应设置专用库房，地面应进行防渗漏处理。施工现场的危险废物应按国家有关规定处理，严禁填埋。

施工现场场界噪声排放应符合现行国家标准《建筑施工场界环境噪声排放标准》GB 12523 的规定。施工现场应对场界噪声排放进行监测、记录和控制，并应采取降低噪声的措施。施工现场宜选用低噪声、低振动的设备，强噪声设备宜设置在远离居民区的一侧，并应采用隔声、吸声材料搭设防护棚或屏障。进入施工现场的车辆严禁鸣笛。装卸材料应轻拿轻放。因生产工艺要求或其他特殊需要，确需进行夜间施工的，施工单位应加强噪声控制，并应减少人为噪声。施工现场应对强光作业和照明灯具采取遮挡措施，减少对周边居民和环境的影响。

施工现场应设置办公室、宿舍、食堂、厕所、盥洗设施、淋浴房、开水间、文体活动室、职工夜校等临时设施。文体活动室应配备文体活动设施和用品。尚未竣工的建筑物内严禁设置宿舍。生活区、办公区的通道、楼梯处应设置应急疏散、逃生指示标识和应急照明灯。宿舍内宜设置烟感报警装置。施工现场应设置封闭式建筑垃圾站。办公区和生活区应设置封闭式垃圾容器。生活垃圾应分类存放，并应及时清运、消纳。施工现场应配备常用药及绷带、止血带、担架等急救器材。宿舍内应保证必要的生活空间，室内净高不得小于 2.5m，通道宽度不得小于 0.9m，住宿人员人均面积不得小于 2.5m。每间宿舍居住人员不得超过 16 人。宿舍应有专人负责管理，床头宜设置姓名卡。施工现场生活区宿舍、休息室必须设置可开启式外窗，床铺不应超过 2 层，不得使用通铺。施工现场宜采用集中供暖，使用炉火取暖时应采取防止一氧化碳中毒的措施。彩钢板活动房严禁使用炉火或明火取暖。宿舍内应有防暑降温措施。宿舍应设置生活用品专柜、鞋柜或鞋架、垃圾桶等生活设施。生活区应提供晾晒衣物的场所和晾衣架。宿舍照明电源宜选用安全电压，采用强电照明的宜使用限流器。生活区宜单独设置手机充电柜或充电房间。

食堂应设置在远离厕所、垃圾站、有毒有害场所等有污染源的地方。食堂应设置隔油池，并应定期清理。食堂应设置独立的制作间、储藏间，门扇下方应设不低于0.2m的防鼠挡板。制作间灶台及其周边应采取易清洁、耐擦洗措施，墙面处理高度应大于1.5m，地面应做硬化和防滑处理，并应保持墙面、地面整洁。食堂应配备必要的排风和冷藏设施，宜设置通风天窗和油烟净化装置，油烟净化装置应定期清洗。食堂宜使用电炊具。使用燃气的食堂，燃气罐应单独设置存放间并应加装燃气报警装置，存放间应通风良好并严禁存放其他物品。供气单位资质应齐全，气源应有可追溯性。食堂制作间的炊具宜存放在封闭的橱柜内，刀、盆、案板等炊具应生熟分开。食堂制作间、锅炉房、可燃材料库房及易燃易爆危险品库房等应采用单层建筑，应与宿舍和办公用房分别设置，并应按相关规定保持安全距离。临时用房内设置的食堂、库房和会议室应设在首层。易燃易爆危险品库房应使用不燃材料搭建，面积不应超过200m。

食堂应取得相关部门颁发的许可证，并应悬挂在制作间醒目位置。炊事人员必须经体检合格并持证上岗。炊事人员上岗应穿戴洁净的工作服、工作帽和口罩，并应保持个人卫生。非炊事人员不得随意进入食堂制作间。食堂的炊具、餐具和公用饮水器具应及时清洗定期消毒。施工现场应加强食品、原料的进货管理，建立食品、原料采购台账，保存原始采购单据。严禁购买无照、无证商贩的食品和原料。食堂应按许可范围经营，严禁制售易导致食物中毒食品和变质食品。生熟食品应分开加工和保管，存放成品或半成品的器皿应有耐冲洗的生熟标识。成品或半成品应遮盖，遮盖物品应有正反面标识。各种佐料和副食应存放在密闭器皿内，并应有标识。存放食品原料的储藏间或库房应有通风、防潮、防虫、防鼠等措施，库房不得兼作他用。粮食存放台距墙和地面应大于0.2m。当施工现场遇突发疫情时，应及时上报，并应按卫生防疫部门相关规定进行处理。

施工现场应设置水冲式或移动式厕所，厕所地面应硬化，门窗应齐全并通风良好。厕位宜设置门及隔板，高度不应小于0.9m。厕所面积应根据施工人员数量设置。厕所应设专人负责，定期清扫、消毒，化粪池应及时清掏。高层建筑施工超过8层时，宜每隔4层设置临时厕所。淋浴间内应设置满足需要的淋浴喷头，并应设置储衣柜或挂衣架。施工现场应设置满足施工人员使用的盥洗设施。盥洗设施的下水管口应设置过滤网，并应与市政污水管线连接，排水应通畅。生活区应设置开水炉、电热水器或保温水桶，施工区应配备流动保温水桶。开水炉、电热水器、保温水桶应上锁由专人负责管理。未经施工总承包单位批准，施工现场和生活区不得使用电热器具。办公区和生活区应设专职或兼职保洁员，并应采取灭鼠、灭蚊蝇、灭蟑螂等措施。

（3）建设工程施工现场消防安全技术标准

《建设工程施工现场消防安全技术规范》GB 50720—2011中规定，临时用房、临时设施的布置应满足现场防火、灭火及人员安全疏散的要求。

下列临时用房和临时设施应纳入施工现场总平面布局：1）施工现场的出入口、围墙、围挡。2）场内临时道路。3）给水管网或管路和配电线路敷设或架设的走向、高度。4）施工现场办公用房、宿舍、发电机房、变配电房、可燃材料库房、易燃易爆危险品库房、可燃材料堆场及其加工场、固定动火作业场等。5）临时消防车道、消防救援场地和消防水源。

施工现场出入口的设置应满足消防车通行的要求，并宜布置在不同方向，其数量不宜少于 2 个。当确有困难只能设置 1 个出入口时，应在施工现场内设置满足消防车通行的环形道路。

固定动火作业场应布置在可燃材料堆场及其加工场、易燃易爆危险品库房等全年最小频率风向的上风侧，并宜布置在临时办公用房、宿舍、可燃材料库房、在建工程等全年最小频率风向的上风侧。易燃易爆危险品库房应远离明火作业区、人员密集区和建筑物相对集中区。可燃材料堆场及其加工场、易燃易爆危险品库房不应布置在架空电力线下。易燃易爆危险品库房与在建工程的防火间距不应小于 15m，可燃材料堆场及其加工场、固定动火作业场与在建工程的防火间距不应小于 10m，其他临时用房、临时设施与在建工程的防火间距不应小于 6m。

施工现场内应设置临时消防车道，临时消防车道与在建工程、临时用房、可燃材料堆场及其加工场的距离不宜小于 5m，且不宜大于 40m；施工现场周边道路满足消防车通行及灭火救援要求时，施工现场内可不设置临时消防车道。临时消防车道的设置应符合下列规定：1）临时消防车道宜为环形，设置环形车道确有困难时，应在消防车道尽端设置尺寸不小于 12m×12m 的回车场。2）临时消防车道的净宽度和净空高度均不应小于 4m。3）临时消防车道的右侧应设置消防车行进路线指示标识。4）临时消防车道路基、路面及其下部设施应能承受消防车通行压力及工作荷载。

下列建筑应设置环形临时消防车道，设置环形临时消防车道确有困难时，除应按本规范的规定设置回车场外，尚应按本规范的规定设置临时消防救援场地：1）建筑高度大于 24m 的在建工程。2）建筑工程单体占地面积大于 3000m^2 的在建工程。3）超过 10 栋，且成组布置的临时用房。

临时消防救援场地的设置应符合下列规定：1）临时消防救援场地应在在建工程装饰装修阶段设置。2）临时消防救援场地应设置在成组布置的临时用房场地的长边一侧及在建工程的长边一侧。3）临时救援场地宽度应满足消防车正常操作要求，且不应小于 6m，与在建工程外脚手架的净距不宜小于 2m，且不宜超过 6m。

在建工程作业场所的临时疏散通道应采用不燃、难燃材料建造，并应与在建工程结构施工同步设置，也可利用在建工程施工完毕的水平结构、楼梯。外脚手架、支模架的架体宜采用不燃或难燃材料搭设，下列工程的外脚手架、支模架的架体应采用不燃材料搭设：1）高层建筑。2）既有建筑改造工程。下列安全防护网应采用阻燃型安全防护网：1）高层建筑外脚手架的安全防护网。2）既有建筑外墙改造时，其外脚手架的安全防护网。3）临时疏散通道的安全防护网。

作业场所应设置明显的疏散指示标志，其指示方向应指向最近的临时疏散通道人口。作业层的醒目位置应设置安全疏散示意图。施工现场应设置灭火器、临时消防给水系统和应急照明等临时消防设施。临时消防设施应与在建工程的施工同步设置。房屋建筑工程中，临时消防设施的设置与在建工程主体结构施工进度的差距不应超过 3 层。在建工程可利用已具备使用条件的永久性消防设施作为临时消防设施。当永久性消防设施无法满足使用要求时，应增设临时消防设施，并应符合本规范的有关规定。

施工现场的消火栓泵应采用专用消防配电线路。专用消防配电线路应自施工现场总配电箱的总断路器上端接入，且应保持不间断供电。地下工程的施工作业场所宜配备防毒面具。临时消防给水系统的贮水池、消火栓泵、室内消防竖管及水泵接合器等应设置醒目标识。施工现场或其附近应设置稳定、可靠的水源，并应能满足施工现场临时消防用水的需要。消防水源可采用市政给水管网或天然水源。当采用天然水源时，应采取确保冰冻季节、枯水期最低水位时顺利取水的措施，并应满足临时消防用水量的要求。

施工现场的消防安全管理应由施工单位负责。实行施工总承包时，应由总承包单位负责。分包单位应向总承包单位负责，并应服从总承包单位的管理，同时应承担国家法律、法规规定的消防责任和义务。监理单位应对施工现场的消防安全管理实施监理。

施工单位应根据建设项目规模、现场消防安全管理的重点，在施工现场建立消防安全管理组织机构及义务消防组织，并应确定消防安全负责人和消防安全管理人员，同时应落实相关人员的消防安全管理责任。施工单位应针对施工现场可能导致火灾发生的施工作业及其他活动，制定消防安全管理制度，消防安全管理制度应包括下列主要内容：1）消防安全教育与培训制度。2）可燃及易燃易爆危险品管理制度。3）用火、用电、用气管理制度。4）消防安全检查制度。5）应急预案演练制度。

施工单位应编制施工现场防火技术方案，并应根据现场情况变化及时对其修改、完善。防火技术方案应包括下列主要内容：1）施工现场重大火灾危险源辨识。2）施工现场防火技术措施。3）临时消防设施、临时疏散设施配备。4）临时消防设施和消防警示标识布置图。

施工单位应编制施工现场灭火及应急疏散预案。灭火及应急疏散预案应包括下列主要内容：1）应急灭火处置机构及各级人员应急处置职责。2）报警、接警处置的程序和通讯联络的方式。3）扑救初起火灾的程序和措施。4）应急疏散及救援的程序和措施。

施工人员进场时，施工现场的消防安全管理人员应向施工人员进行消防安全教育和培训。消防安全教育和培训应包括下列内容：1）施工现场消防安全管理制度、防火技术方案、灭火及应急疏散预案的主要内容。2）施工现场临时消防设施的性能及使用、维护方法。3）扑灭初起火灾及自救逃生的知识和技能。4）报警、接警的程序和方法。

施工作业前，施工现场的施工管理人员应向作业人员进行消防安全技术交底。消防安全技术交底应包括下列主要内容：1）施工过程中可能发生火灾的部位或环节。2）施工过程应采取的防火措施及应配备的临时消防设施。3）初起火灾的扑救方法及注意事项。4）逃生方法及路线。

施工过程中，施工现场的消防安全负责人应定期组织消防安全管理人员对施工现场的消防安全进行检查。消防安全检查应包括下列主要内容：1）可燃物及易燃易爆危险品的管理是否落实。2）动火作业的防火措施是否落实。3）用火、用电、用气是否存在违章操作，电、气焊及保温防水施工是否执行操作规程。4）临时消防设施是否完好有效。5）临时消防车道及临时疏散设施是否畅通。

施工单位应依据灭火及应急疏散预案，定期开展灭火及应急疏散的演练。施工单位应做好并保存施工现场消防安全管理的相关文件和记录，并应建立现场消防安全管理档案。

施工现场的重点防火部位或区域应设置防火警示标识。施工单位应做好施工现场临时消防设施的日常维护工作，对已失效、损坏或丢失的消防设施应及时更换、修复或补充。临时消防车道、临时疏散通道、安全出口应保持畅通，不得遮挡、挪动疏散指示标识，不得挪用消防设施。施工期间，不应拆除临时消防设施及临时疏散设施。施工现场严禁吸烟。

（4）建筑施工作业劳动防护用品配备及使用标准

《建筑施工作业劳动防护用品配备及使用标准》JGJ 184—2009 规定，从事施工作业人员必须配备符合国家现行有关标准的劳动防护用品，并应按规定正确使用。劳动防护用品的配备，应按照“谁用工，谁负责”的原则，由用人单位为作业人员按作业工种配备。

进入施工现场人员必须佩戴安全帽。作业人员必须戴安全帽、穿工作鞋和工作服；应按作业要求正确使用劳动防护用品。在 2m 及以上的无可靠安全防护设施的高处、悬崖和陡坡作业时，必须系挂安全带。

从事机械作业的女工及长发者应配备工作帽等个人防护用品。从事登高架设作业、起重吊装作业的施工人员应配备防止滑落的劳动防护用品，应为从事自然强光环境下作业的施工人员配备防止强光伤害的劳动防护用品。从事施工现场临时用电工程作业的施工人员应配备防止触电的劳动防护用品。从事焊接作业的施工人员应配备防止触电、灼伤、强光伤害的劳动防护用品。从事锅炉、压力容器、管道安装作业的施工人员应配备防止触电、强光伤害的劳动防护用品。从事防水、防腐和油漆作业的施工人员应配备防止触电、中毒、灼伤的劳动防护用品。从事基础施工、主体结构、屋面施工、装饰装修作业人员应配备防止身体、手足、眼部等受到伤害的劳动防护用品。

冬期施工期间或作业环境温度较低的，应为作业人员配备防寒类防护用品。雨期施工期间应为室外作业人员配备雨衣、雨鞋等个人防护用品。对环境潮湿及水中作业的人员应配备相应的劳动防护用品。

建筑施工企业不得采购和使用无厂家名称、无产品合格证、无安全标志的劳动防护用品。劳动防护用品的使用年限应按国家现行相关标准执行。劳动防护用品达到使用年限或报废标准的应由建筑施工企业统一收回报废，并应为作业人员配备新的劳动防护用品。劳动防护用品有定期检测要求的应按照其产品的检测周期进行检测。

建筑施工企业应建立健全劳动防护用品购买、验收、保管、发放、使用、更换、报废管理制度。在劳动防护用品使用前，应对其防护功能进行必要的检查。建筑施工企业应教育从业人员按照劳动防护用品使用规定和防护要求，正确使用劳动防护用品。建筑施工企业应对危险性较大的施工作业场所及具有尘毒危害的作业环境设置安全警示标识及应使用的安全防护用品标识牌。

10. 施工企业安全生产评价标准的要求

施工企业安全生产评价标准主要有《施工企业安全生产管理规范》GB 50565—2011、《施工企业安全生产评价标准》JGJ/T 77—2010、《建筑施工安全检查标准》JGJ 59—2011 等。

（1）施工企业安全生产管理规范

《施工企业安全生产管理规范》GB 50565—2011 规定，施工企业的安全生产管理体系应根据企业安全管理目标、施工生产特点和规模建立完善，并应有效运行。施工企业必须依法取得安全生产许可证，并应在资质等级许可的范围内承揽工程。施工企业应根据施工生产特点和规模，并以安全生产责任制为核心，建立健全安全生产管理制度。

施工企业主要负责人应依法对本单位的安全生产工作全面负责，其中法定代表人应为企业安全生产第一责任人，其他负责人应对分管范围内的安全生产负责。施工企业其他人员应对岗位职责范围内的安全生产负责。施工企业应设立独立的安全生产管理机构，并应按规定配备专职安全生产管理人员。施工企业各管理层应对从业人员开展针对性的安全生产教育培训。

施工企业应依法确保安全生产所需资金的投入并有效使用。施工企业必须配备满足安全生产需要的法律、法规、各类安全技术标准和操作规程。施工企业应依法为从业人员提供合格的劳动保护用品，办理相关保险，进行健康检查。施工企业严禁使用国家明令淘汰的技术、工艺、设备、设施和材料。施工企业宜通过信息化管理，辅助安全生产管理。施工企业应按本规范要求，定期对安全生产管理状况进行分析评估，并实施改进。

施工企业应依据企业的总体发展规划，制定企业年度及中长期安全管理目标。安全管理目标应包括生产安全事故控制指标、安全生产及文明施工管理目标。安全管理目标应分解到各管理层及相关职能部门和岗位，并应定期进行考核。施工企业各管理层及相关职能部门和岗位应根据分解的安全管理目标，配置相应的资源，并应有效管理。施工企业必须建立安全生产组织体系，明确企业安全生产的决策、管理、实施的机构或岗位。施工企业安全生产组织体系应包括各管理层的主要负责人，各相关职能部门及专职安全生产管理机构，相关岗位及专兼职安全管理人员。

施工企业应建立和健全与企业安全生产组织相对应的安全生产责任体系，并应明确各管理层、职能部门、岗位的安全生产责任。施工企业安全生产责任体系应符合下列要求：1）企业主要负责人应领导企业安全管理工作，组织制定企业中长期安全管理目标和制度，审议、决策重大安全事项；2）各管理层主要负责人应明确并组织落实本管理层各职能部门和岗位的安全生产职责，实现本管理层的安全管理目标；3）各管理层的职能部门及岗位应承担职能范围内与安全生产相关的职责，互相配合，实现相关安全管理目标，应包括下列主要职责：①技术管理部门（或岗位）负责安全生产的技术保障和改进；②施工管理部门（或岗位）负责生产计划、布置、实施的安全管理；③材料管理部门（或岗位）负责安全生产物资及劳动防护用品的安全管理；④动力设备管理部门（或岗位）负责施工临时用电及机具设备的安全管理；⑤专职安全生产管理机构（或岗位）负责安全管理的检查、处理；⑥其他管理部门（或岗位）分别负责人员配备、资金、教育培训、卫生防疫、消防等安全管理。

施工企业应依据职责落实各管理层、职能部门、岗位的安全生产责任。施工企业各管理层、职能部门、岗位的安全生产责任应形成责任书，并应经责任部门或责任人确认。责任书的内容应包括安全生产职责、目标、考核奖惩标准等。施工企业应依据法律法规，结合企业的安全管理目标、生产经营规模、管理体制建立安全生产管理制度。施工企业安全生产管理制度应包括安全生产教育培训、安全费用管理、施工设施、设备及劳动防护用品的安全管理、安全生产技术管理、分包（供）方安全生产管理、施工现场安全管理、应急救援管理、生产安全事故管理、安全检查和改进、安全考核和奖惩等制度。施工企业的各项安全生产管理制度应规定工作内容、职责与权限、工作程序及标准。施工企业安全生产管理制度，应随有关法律法规以及企业生产经营、管理体制的变化，适时更新、修订完善。施工企业各项安全生产管理活动必须依据企业安全生产管理制度开展。

施工企业安全生产教育培训应贯穿于生产经营的全过程，教育培训应包括计划编制、组织实施和人员持证审核等工作内容。施工企业安全生产教育培训计划应依据类型、对象、内容、时间安排、形式等需求进行编制。安全教育和培训的类型应包括各类上岗证书的初审、复审培训，三级教育（企业、项目、班组）、岗前教育、日常教育、年度继续教育。安全生产教育培训的对象应包括企业各管理层的负责人、管理人员、特殊工种以及新上岗、待岗复工、转岗、换岗的作业人员。

施工企业的人员上岗应符合下列要求：1）企业主要负责人、项目负责人和专职安全生产管理人员必须经安全生产知识和管理能力考核合格，依法取得安全生产考核合格证书；2）企业的各类管理人员必须具备与岗位相适应的安全生产知识和管理能力，依法取得必要的岗位资格证书；3）特种作业人员必须经安全技术理论和操作技能考核合格，依法取得建筑施工特种作业人员操作资格证书。

施工企业新上岗操作工人必须进行岗前教育培训，教育培训应包括下列内容：1）安全生产法律法规和规章制度；2）安全操作规程；3）针对性的安全防范措施；4）违章指挥、违章作业、违反劳动纪律产生的后果；5）预防、减少安全风险以及紧急情况下应急救援的基本知识、方法和措施。

施工企业应结合季节施工要求及安全生产形势对从业人员进行日常安全生产教育培训。施工企业每年应按规定对所有从业人员进行安全生产继续教育，教育培训应包括下列内容：1）新颁布的安全生产法律法规、安全技术标准规范和规范性文件；2）先进的安全生产技术和管理经验；3）典型事故案例分析。施工企业应定期对从业人员持证上岗情况进行审核、检查，并应及时统计、汇总从业人员的安全教育培训和资格认定等相关记录。

安全生产费用管理应包括资金的提取、申请、审核审批、支付、使用、统计、分析、审计检查等工作内容。施工企业应按规定提取安全生产所需的费用。安全生产费用应包括安全技术措施、安全教育培训、劳动保护、应急准备等，以及必要的安全评价、监测、检测、论证所需费用。施工企业各管理层应根据安全生产管理需要，编制安全生产费用使用计划，明确费用使用的项目、类别、额度、实施单位及责任者、完成期限等内容，并应经审核批准后执行。施工企业各管理层相关负责人必须在其管辖范围内，按专款专用、及时足额的要求，组织落实安全生产费用使用计划。施工企业各管理层应建立安全生产费用分类使用台账，应定期统计，并应报上一级管理层。施工企业各管理层应定期对下一级管理层的安全生产费用使用计划的实施情况进行监督审查和考核。施工企业各管理层应对安全生产费用情况进行年度汇总分析，并应及时调整安全生产费用的比例。

施工企业施工设施、设备和劳动防护用品的安全管理应包括购置、租赁、装拆、验收、检测、使用、保养、维修、改造和报废等内容。施工企业应根据安全管理目标，生产经营特点、规模、环境等，配备符合安全生产要求的施工设施、设备、劳动防护用品及相关的安全检测器具。生产经营活动内容可能包含机械设备的施工企业，应按规定设置相应的设备管理机构或者配备专职的人员进行设备管理。施工企业应建立并保存施工设施、设备、劳动防护用品及相关的安全检测器具管理档案，并应记录下列内容：1）来源、类型、数量、技术性能、使用年限等静态管理信息，以及目前使用地点、使用状态、使用责任人、检测、日常维修保养等动态管理信息；2）采购、租赁、改造、报废计划及实施情况。施工企业应定期分析施工设施、设备、劳动防护用品及相关的安全检测器具的安全状态，确定指导、检查的重点，采取必要的改进措施。施工企业应自行设计或优先选用标准化、定型化、工具化的安全防护设施。

施工企业安全技术管理应包括对安全生产技术措施的制订、实施、改进等管理。施工企业各管理层的技术负责人应对管理范围的安全技术管理负责。施工企业应定期进行技术分析，改造、淘汰落后的施工工艺、技术和设备，应推行先进、适用的工艺、技术和装备，并应完善安全生产作业条件。施工企业应依据工程规模、类别、难易程度等明确施工组织设计、专项施工方案（措施）的编制、审核和审批的内容、权限、程序及时限。施工企业应根据施工组织设计、专项施工方案（措施）的审核、审批权限，组织相关职能部门审核，技术负责人审批。审核、审批应有明确意见并签名盖章。编制、审批应在施工前完成。施工企业应根据施工组织设计、专项安全施工方案（措施）编制和审批权限的设置，分级进行安全技术交底，编制人员应参与安全技术交底、验收和检查。施工企业可结合生产实际制订企业内部安全技术标准和图集。

分包方安全生产管理应包括分包单位以及供应商的选择、施工过程管理、评价等工作内容。施工企业应依据安全生产管理责任和目标，明确对分包（供）单位和人员的选择和清退标准、合同约定和履约控制等的管理要求。施工企业对分包单位的安全管理应符合下列要求：1）选择合法的分包（供）单位；2）与分包（供）单位签订安全协议，明确安全责任和义务；3）对分包单位施工过程的安全生产实施检查和考核；4）及时清退不符合安全生产要求的分包（供）单位；5）分包工程竣工后对分包（供）单位安全生产能力进行评价。

施工企业对分包（供）单位检查和考核，应包括下列内容：1）分包单位安全生产管理机构的设置、人员配备及资格情况；2）分包（供）单位违约、违章记录；3）分包单位安全生产绩效。施工企业可建立合格分包（供）方名录，并应定期审核、更新。

施工企业应加强工程项目施工过程的日常安全管理，工程项目部应接受企业各管理层职能部门和岗位的安全生产管理。施工企业的工程项目部应接受建设行政主管部门及其他相关部门的监督检查，对发现的问题应按要求落实整改。施工企业的工程项目部应根据企业安全生产管理制度，实施施工现场安全生产管理，应包括下列内容：1）制定项目安全管理目标，建立安全生产组织与责任体系，明确安全生产管理职责，实施责任考核；2）配置满足安全生产、文明施工要求的费用、从业人员、设施、设备和劳动防护用品及相关的检测器具；3）编制安全技术措施、方案、应急预案；4）落实施工过程的安全生产措施，组织安全检查，整改安全隐患；5）组织施工现场场容场貌、作业环境和生活设施安全文明达标；6）确定消防安全责任人，制定用火、用电、使用易燃易爆材料等各项消防安全管理制度和操作规程，设置消防通道、消防水源，配备消防设施和灭火器材，并在施工现场入口处设置明显标志；7）组织事故应急救援抢险；8）对施工安全生产管理活动进行必要的记录，保存应有的资料。

工程项目部应建立健全安全生产责任体系，安全生产责任体系应符合下列要求：1）项目经理应为工程项目安全生产第一责任人，应负责分解落实安全生产责任，实施考核奖惩，实现项目安全管理目标；2）工程项目总承包单位、专业承包和劳务分包单位的项目经理、技术负责人和专职安全生产管理人员，应组成安全管理组织，并应协调、管理现场安全生产，项目经理应按规定到岗带班指挥生产；3）总承包单位、专业承包和劳务分包单位应按规定配备项目专职安全生产管理人员，负责施工现场各自管理范围内的安全生产日常管理；4）工程项目部其他管理人员应承担本岗位管理范围内的安全生产职责；5）分包单位应服从总承包单位管理，并应落实总承包项目部的安全生产要求；6）施工作业班组应在作业过程中执行安全生产要求；7）作业人员应严格遵守安全操作规程，并应做到不伤害自已、不伤害他人和不被他人伤害。

项目专职安全生产管理人员应按规定到岗，并应履行下列主要安全生产职责：1）对项目安全生产管理情况应实施巡查，阻止和处理违章指挥、违章作业和违反劳动纪律等现象，并应做好记录；2）对危险性较大分部分项工程应依据方案实施监督并作好记录；3）应建立项目安全生产管理档案，并应定期向企业报告项目安全生产情况。

工程项目施工前，应组织编制施工组织设计、专项施工方案，内容应包括工程概况、编制依据、施工计划、施工工艺、施工安全技术措施、检查验收内容及标准、计算书及附图等，并应按规定进行审批、论证、交底、验收、检查。工程项目应定期及时上报现场安全生产信息；施工企业应全面掌握企业所属工程项目的安全生产状况，并应作为隐患治理、考核奖惩的依据。

施工企业的应急救援管理应包括建立组织机构，应急预案编制、审批、演练、评价、完善和应急救援响应工作程序及记录等内容。施工企业应建立应急救援组织机构，并应组织救援队伍，同时应定期进行演练调整等日常管理。施工企业应建立应急物资保障体系，应明确应急设备和器材配备、储存的场所和数量，并应定期对应急设备和器材进行检查、维护、保养。施工企业应根据施工管理和环境特征，组织各管理层制订应急救援预案，应包括下列内容：1）紧急情况、事故类型及特征分析；2）应急救援组织机构与人员及职责分工、联系方式；3）应急救援设备和器材的调用程序；4）与企业内部相关职能部门和外部政府、消防、抢险、医疗等相关单位与部门的信息报告、联系方法；5）抢险急救的组织、现场保护、人员撤离及疏散等活动的具体安排。施工企业各管理层应对全体从业人员进行应急救援预案的培训和交底；接到相关报告后，应及时启动预案。施工企业应根据应急救援预案，定期组织专项应急演练；应针对演练、实战的结果，对应急预案的适宜性和可操作性组织评价，必要时应进行修改和完善。

施工企业生产安全事故管理应包括报告、调查、处理、记录、统计、分析改进等工作内容。生产安全事故发生后，施工企业应按规定及时上报。实行施工总承包时，应由总承包企业负责上报。情况紧急时，可越级上报。生产安全事故报告应包括下列内容：1）事故的时间、地点和相关单位名称；2）事故的简要经过；3）事故已经造成或者可能造成的伤亡人数（包括失踪、下落不明的人数）和初步估计的直接经济损失；4）事故的初步原因；5）事故发生后采取的措施及事故控制情况；6）事故报告单位或报告人员。生产安全事故报告后出现新情况时，应及时补报。

生产安全事故调查和处理应做到事故原因不查清楚不放过、事故责任者和从业人员未受到教育不放过、事故责任者未受到处理不放过、没有采取防范事故再发生的措施不放过。施工企业应建立生产安全事故档案，事故档案应包括下列资料：1）依据生产安全事故报告要素形成的企业职工伤亡事故统计汇总表；2）生产安全事故报告；3）事故调查情况报告、对事故责任者的处理决定、伤残鉴定、政府的事故处理批复资料及相关影像资料；4）其他有关的资料。

施工企业安全检查和改进管理应包括安全检查的内容、形式、类型、标准、方法、频次，整改、复查，以及安全生产管理评价与持续改进等工作内容。施工企业安全检查应包括下列内容：1）安全目标的实现程度；2）安全生产职责的履行情况；3）各项安全生产管理制度的执行情况；4）施工现场管理行为和实物状况；5）生产安全事故、未遂事故和其他违规违法事件的报告调查、处理情况；6）安全生产法律法规、标准规范和其他要求的执行情况。

施工企业安全检查的形式应包括各管理层的自查、互查以及对下级管理层的抽查等；安全检查的类型应包括日常巡查、专项检查、季节性检查、定期检查、不定期抽查等，并应符合下列要求：1）工程项目部每天应结合施工动态，实行安全巡查；2）总承包工程项目部应组织各分包单位每周进行安全检查；3）施工企业每月应对工程项目施工现场安全生产情况至少进行一次检查，并应针对检查中发现的倾向性问题、安全生产状况较差的工程项目，组织专项检查；4）施工企业应针对承建工程所在地区的气候与环境特点，组织季节性的安全检查。

施工企业安全检查应配备必要的检查、测试器具，对存在的问题和隐患，应定人、定时间、定措施组织整改，并应跟踪复查直至整改完毕。施工企业对安全检查中发现的问题，宜按隐患类别分类记录，定期统计，并应分析确定多发和重大隐患类别，制订实施治理措施。施工企业应定期对安全生产管理的适宜性、符合性和有效性进行评估，应确定改进措施，并对其有效性进行跟踪验证和评价。发生下列情况时，企业应及时进行安全生产管理评估：1）适用法律法规发生变化；2）企业组织机构和体制发生重大变化；3）发生生产安全事故；4）其他影响安全生产管理的重大变化。施工企业应建立并保存安全检查和改进活动的资料与记录。

施工企业安全考核和奖惩管理应包括确定对象、制订内容及标准、实施奖惩等内容。安全考核的对象应包括施工企业各管理层的主要负责人、相关职能部门及岗位和工程项目的参建人员。企业各管理层的主要负责人应组织对本管理层各职能部门、下级管理层的安全生产责任进行考核和奖惩。安全考核应包括下列内容：1）安全目标实现程度；2）安全职责履行情况；3）安全行为；4）安全业绩。施工企业应针对生产经营规模和管理状况，明确安全考核的周期，并应及时兑现奖惩。

（2）施工企业安全生产评价标准

施工企业指从事土木工程、建筑工程、线路管道和设备安装工程、装修工程的企业。安全生产指为预防生产过程中发生事故而采取的各种措施和活动。安全生产条件指满足安全生产所需要的各种因素及其组合。核验指根据建设行政主管部门、安全监督机构或其他相关机构日常的监督、检查记录等资料，对施工现场安全生产管理常态进行复核、追溯。

危险源指可能导致死亡、伤害、职业病、财产损失、工作环境破坏或这些情况组合的根源或状态。

《施工企业安全生产评价标准》JGJ/T 77—2010 规定，本标准适用于对施工企业进行安全生产条件和能力的评价。施工企业安全生产评价，除应执行本标准的规定外，尚应符合国家现行有关标准的规定。

1）安全生产管理评价

施工企业安全生产条件应按安全生产管理、安全技术管理、设备和设施管理、企业市场行为和施工现场安全管理等 5 项内容进行考核，并应按本标准附录 A 中的内容具体实施考核评价。每项考核内容应以评分表的形式和量化的方式，根据其评定项目的量化评分标准及其重要程度进行评定。安全生产管理评价应为对企业安全管理制度建立和落实情况的考核，其内容应包括安全生产责任制度、安全文明资金保障制度、安全教育培训制度、安全检查及隐患排查制度、生产安全事故报告处理制度、安全生产应急救援制度 6 个评定项目。

施工企业安全生产责任制度的考核评价应符合下列要求：①未建立以企业法人为核心分级负责的各部门及各类人员的安全生产责任制，则该评定项目不应得分；②未建立各部门、各级人员安全生产责任落实情况考核的制度及未对落实情况进行检查的，则该评定项目不应得分；③未实行安全生产的目标管理、制定年度安全生产目标计划、落实责任和责任人及未落实考核的，则该评定项目不应得分；④对责任制和目标管理等的内容和实施，应根据具体情况评定折减分数。

施工企业安全文明资金保障制度的考核评价应符合下列要求：①制度未建立且每年未对与本企业施工规模相适应的资金进行预算和决算，未专款专用，则该评定项目不应得分；②未明确安全生产、文明施工资金使用、监督及考核的责任部门或责任人，应根据具体情况评定折减分数。

施工企业安全教育培训制度的考核评价应符合下列要求：①未建立制度且每年未组织对企业主要负责人、项目经理、安全专职人员及其他管理人员的继续教育的，则该评定项目不应得分；②企业年度安全教育计划的编制，职工培训教育的档案管理，各类人员的安全教育，应根据具体情况评定折减分数。

施工企业安全检查及隐患排查制度的考核评价应符合下列要求：①未建立制度且未对所属的施工现场、后方场站、基地等组织定期和不定期安全检查的，则该评定项目不应得分；②隐患的整改、排查及治理，应根据具体情况评定折减分数。

施工企业生产安全事故报告处理制度的考核评价应符合下列要求：①未建立制度且未及时、如实上报施工生产中发生伤亡事故的，则该评定项目不应得分；②对已发生的和未遂事故，未按照“四不放过”原则进行处理的，则该评定项目不应得分；③未建立生产安全事故发生及处理情况事故档案的，则该评定项目不应得分。

施工企业安全生产应急救援制度的考核评价应符合下列要求：①未建立制度且未按照本企业经营范围，并结合本企业的施工特点，制定易发、多发事故部位、工序、分部、分项工程的应急救援预案，未对各项应急预案组织实施演练的，则该评定项目不应得分；②应急救援预案的组织、机构、人员和物资的落实，应根据具体情况评定折减分数。

2）安全技术管理评价

安全技术管理评价应为对企业安全技术管理工作的考核，其内容应包括法规、标准和操作规程配置，施工组织设计，专项施工方案（措施），安全技术交底，危险源控制5个评定项目。

施工企业法规、标准和操作规程配置及实施情况的考核评价应符合下列要求：①未配置与企业生产经营内容相适应的、现行的有关安全生产方面的法规、标准，以及各工种安全技术操作规程，并未及时组织学习和贯彻的，则该评定项目不应得分；②配置不齐全，应根据具体情况评定折减分数。

施工企业施工组织设计编制和实施情况的考核评价应符合下列要求：①未建立施工组织设计编制、审核、批准制度的，则该评定项目不应得分；②安全技术措施的针对性及审核、审批程序的实施情况等，应根据具体情况评定折减分数。

施工企业专项施工方案（措施）编制和实施情况的考核评价应符合下列要求：①未建立对危险性较大的分部、分项工程专项施工方案编制、审核、批准制度的，则该评定项目不应得分；②制度的执行，应根据具体情况评定折减分数。

施工企业安全技术交底制定和实施情况的考核评价应符合下列要求：①未制定安全技术交底规定的，则该评定项目不应得分；②安全技术交底资料的内容、编制方法及交底程序的执行，应根据具体情况评定折减分数。

施工企业危险源控制制度的建立和实施情况的考核评价应符合下列要求：①未根据本企业的施工特点，建立危险源监管制度的，则该评定项目不应得分；②危险源公示、告知及相应的应急预案编制和实施，应根据具体情况评定折减分数。

3）设备和设施管理评价

设备和设施管理评价应为对企业设备和设施安全管理工作的考核，其内容应包括设备安全管理、设施和防护用品、安全标志、安全检查测试工具4个评定项目。

施工企业设备安全管理制度的建立和实施情况的考核评价应符合下列要求：①未建立机械、设备（包括应急救援器材）采购、租赁、安装、拆除、验收、检测、使用、检查、保养、维修、改造和报废制度的，则该评定项目不应得分；②设备的管理台账、技术档案、人员配备及制度落实，应根据具体情况评定折减分数。

施工企业设施和防护用品制度的建立及实施情况的考核评价应符合下列要求：①未建立安全设施及个人劳保用品的发放、使用管理制度的，则该评定项目不应得分；②安全设施及个人劳保用品管理的实施及监管，应根据具体情况评定折减分数。

施工企业安全标志管理规定的制定和实施情况的考核评价应符合下列要求：①未制定施工现场安全警示、警告标识、标志使用管理规定的，则该评定项目不应得分；②管理规定的实施、监督和指导，应根据具体情况评定折减分数。

施工企业安全检查测试工具配备制度的建立和实施情况的考核评价应符合下列要求：①未建立安全检查检验仪器、仪表及工具配备制度的，则该评定项目不应得分；②配备及使用，应根据具体情况评定折减分数。

4）企业市场行为评价

企业市场行为评价应为对企业安全管理市场行为的考核，其内容包括安全生产许可证、安全生产文明施工、安全质量标准化达标、资质机构与人员管理制度 4 个评定项目。

施工企业安全生产许可证许可状况的考核评价应符合下列要求：①未取得安全生产许可证而承接施工任务的、在安全生产许可证暂扣期间承接工程的、企业承发包工程项目的规模和施工范围与本企业资质不相符的，则该评定项目不应得分；②企业主要负责人、项目负责人和专职安全管理人员的配备和考核，应根据具体情况评定折减分数。

施工企业安全生产文明施工动态管理行为的考核评价应符合下列要求：①企业资质因安全生产、文明施工受到降级处罚的，则该评定项目不应得分；②其他不良行为，视其影响程度、处理结果等，应根据具体情况评定折减分数。

施工企业安全质量标准化达标情况的考核评价应符合下列要求：①本企业所属的施工现场安全质量标准化年度达标合格率低于国家或地方规定的，则该评定项目不应得分；②安全质量标准化年度达标优良率低于国家或地方规定的，应根据具体情况评定折减分数。

施工企业资质、机构与人员管理制度的建立和人员配备情况的考核评价应符合下列要求：①未建立安全生产管理组织体系、未制定人员资格管理制度、未按规定设置专职安全管理机构、未配备足够的安全生产专管人员的，则该评定项目不应得分；②实行分包的，总承包单位未制定对分包单位资质和人员资格管理制度并监督落实的，则该评定项目不应得分。

5）施工现场安全管理评价

施工现场安全管理评价应为对企业所属施工现场安全状况的考核，其内容应包括施工现场安全达标、安全文明资金保障、资质和资格管理、生产安全事故控制、设备设施工艺选用、保险 6 个评定项目。

施工现场安全达标考核，企业应对所属的施工现场按现行规范标准进行检查，有一个工地未达到合格标准的，则该评定项目不应得分。

施工现场安全文明资金保障，应对企业按规定落实其所属施工现场安全生产、文明施工资金的情况进行考核，有一个施工现场未将施工现场安全生产、文明施工所需资金编制计划并实施、未做到专款专用的，则该评定项目不应得分。

施工现场分包资质和资格管理规定的制定以及施工现场控制情况的考核评价应符合下列要求：①未制定对分包单位安全生产许可证、资质、资格管理及施工现场控制的要求和规定，且在总包与分包合同中未明确参建各方的安全生产责任，分包单位承接的施工任务不符合其所具有的安全资质，作业人员不符合相应的安全资格，未按规定配备项目经理、专职或兼职安全生产管理人员的，则该评定项目不应得分；②对分包单位的监督管理，应根据具体情况评定折减分数。

施工现场生产安全事故控制的隐患防治、应急预案的编制和实施情况的考核评价应符合下列要求：①未针对施工现场实际情况制定事故应急救援预案的，则该评定项目不应得分；②对现场常见、多发或重大隐患的排查及防治措施的实施，应急救援组织和救援物资的落实，应根据具体情况评定折减分数。

施工现场设备、设施、工艺管理的考核评价应符合下列要求：①使用国家明令淘汰的设备或工艺，则该评定项目不应得分；②使用不符合国家现行标准的且存在严重安全隐患的设施，则该评定项目不应得分；③使用超过使用年限或存在严重隐患的机械、设备、设施、工艺的，则该评定项目不应得分；④对其余机械、设备、设施以及安全标识的使用情况，应根据具体情况评定折减分数；⑤对职业病的防治，应根据具体情况评定折减分数。

施工现场保险办理情况的考核评价应符合下列要求：①未按规定办理意外伤害保险的，则该评定项目不应得分；②意外伤害保险的办理实施，应根据具体情况评定折减分数。

6）评价方法

施工企业每年度应至少进行一次自我考核评价。发生下列情况之一时，企业应再进行复核评价：①适用法律、法规发生变化时；②企业组织机构和体制发生重大变化后；③发生生产安全事故后；④其他影响安全生产管理的重大变化。

施工企业考核自评应由企业负责人组织，各相关管理部门均应参与。评价人员应具备企业安全管理及相关专业能力，每次评价不应少于3人。对施工企业安全生产条件的量化评价应符合下列要求：①当施工企业无施工现场时，应采用本标准附录A中表A—1～表A—4进行评价；②当施工企业有施工现场时，应采用本标准附录A中表A—1～表A—5进行评价；③施工企业的安全生产情况应依据自评价之月起前12个月以来的情况，施工现场应依据自开工日起至评价时的安全管理情况；④施工现场评价结论，应取抽查及核验的施工现场评价结果的平均值，且其中不得有一个施工现场评价结果为不合格。

抽查及核验企业在建施工现场，应符合下列要求：①抽查在建工程实体数量，对特级资质企业不应少于8个施工现场；对一级资质企业不应少于5个施工现场；对一级资质以下企业不应小于3个施工现场；企业在建工程实体少于上述规定数量的，则应全数检查；②核验企业所属其他在建施工现场安全管理状况，核验总数不应少于企业在建工程项目总数的50%。抽查发生因工死亡事故的企业在建施工现场，应按事故等级或情节轻重程度，在本标准规定的基础上分别增加2～4个在建工程项目；应增加核验企业在建工程项目总数的10%～30%。对评价时无在建工程项目的企业，应在企业有在建工程项目时，再次进行跟踪评价。

安全生产条件和能力评分应符合下列要求：①施工企业安全生产评价应按评定项目、评分标准和评分方法进行，并应符合本标准附录A的规定，满分分值均应为100分；②在评价施工企业安全生产条件能力时，应采用加权法计算，权重系数应符合表4.0.8的规定，并应按本标准附录B进行评价。

评价等级

施工企业安全生产考核评定应分为合格、基本合格、不合格三个等级，并宜符合下列要求：①对有在建工程的企业，安全生产考核评定宜分为合格、不合格2个等级；②对无在建工程的企业，安全生产考核评定宜分为基本合格、不合格2个等级。

（3）建筑施工安全检查标准

经修订并发布的《建筑施工安全检查标准》JGJ 59—2011，将检查评定项目分为安全管理、文明施工、扣件式钢管脚手架、门式钢管脚手架、碗扣式钢管脚手架、承插型盘扣式钢管脚手架、满堂脚手架、悬挑式脚手架、附着式升降脚手架、高处作业吊篮、基坑工程、模板支架、高处作业、施工用电、物料提升机、施工升降机、塔式起重机、起重吊装、施工机具19项。

二、施工现场安全管理知识

建筑安全生产同工程质量一样，都是建筑业发展的永恒主题。建筑施工现场安全生产管理是建筑施工企业安全生产管理的核心，是建筑施工安全生产管理工作的基础。建筑施工企业安全生产管理体系的运行，就是要确保施工现场安全生产体系的正常运转。施工现场安全生产管理体系能否正常运转，则是评价建筑施工企业安全生产管理体系是否完善的重要依据。

建筑施工企业的安全生产管理制度，是指导和规范施工现场安全生产管理的重要依据。没有完善的企业安全生产管理制度，就难以实现有效的施工现场安全生产管理。施工现场安全生产管理机制的完善和提高，将会推进建筑施工企业安全生产管理水平的提高。

（一）施工现场安全管理的基本要求

施工现场的安全生产管理，应当按照国家和地方有关法规和标准的规定，遵循本施工企业的各项安全生产管理制度，结合本项目特点，建立完善的安全生产管理体系。

施工现场安全管理的基本要求主要是：

（1）确定安全管理目标。施工现场的安全生产工作应当依法做到以人为本，坚持安全发展，坚持安全第一、预防为主、综合治理的方针，强化和落实施工现场的项目管理班子主体责任，按照本企业的安全生产管理要求，确定安全生产管理目标，运用科学管理手段，有效利用资源，通过计划、组织、指挥、协调、控制等，最大限度地防范事故风险，避免因事故而造成人员伤亡和财产损失，努力实现零事故、零死亡的安全生产目标。

（2）建立安全管理组织体系。施工现场应当依法设立安全生产管理机构，配备专职安全生产管理人员。施工现场的安全生产管理机构应当与本企业安全生产管理机构形成运转有效的管理网络。

按照规定组建工程项目安全生产领导小组，由总承包企业、专业承包企业和劳务分包企业项目经理、技术负责人和专职安全生产管理人员组成，实行建设工程项目专职安全生产管理人员由施工企业委派制度，施工作业班组可以设置兼职安全巡查员，并建立健全施工现场安全生产管理体系和安全生产情况报告制度。工程项目安全生产领导小组的主要职责有：贯彻落实国家有关安全生产法律法规和标准；组织制定项目安全生产管理制度并监督实施；编制项目生产安全事故应急救援预案并组织演练；保证项目安全生产费用的有效使用；组织编制危险性较大工程的安全专项施工方案；开展项目安全教育培训；组织实施项目安全检查和隐患排查；建立项目安全生产管理档案；及时、如实报告生产安全事故。

项目经理是经施工单位法定代表人授权，代表施工企业在施工现场履行全面管理职责的总负责人，是施工现场安全生产的第一责任人，对安全施工负责。项目经理要落实各项安全生产规章制度和操作规程，确保有效使用安全生产费用，根据工程特点组织制定安全施工措施，消除安全事故隐患，及时、如实报告生产安全事故。

施工现场的专职安全生产管理人员应当由建筑施工企业安全生产管理机构委派，并定期将安全生产管理情况向企业安全生产管理机构报告。专职安全生产管理人员负责对安全生产进行现场监督检查，发现安全事故隐患应及时向项目负责人和安全生产管理机构报告；对违章指挥、违章操作的，应当立即制止。

(3) 按照安全生产法律法规、标准要求，建立健全施工现场安全生产规章制度和操作规程。重点是安全生产责任制度、安全生产资金保障制度、安全生产教育培训制度、安全生产检查制度、施工单位负责人施工现场带班制度、重大事故隐患治理督办制度、安全生产技术措施、施工现场安全防护措施、消防安全措施、工伤保险和意外伤害保险制度、施工安全事故应急救援制度、生产安全事故报告和调查处理制度等。

(4) 确保安全生产资金有效使用。施工企业应当依法合规提取和使用安全生产费用，专款专用，改善安全生产条件。安全生产费用应当据实列入成本。项目经理作为工程项目的主要负责人，必须履行安全生产资金投入和有效使用的管理职责，保证施工企业投入的安全生产资金能够在工程项目得到有效使用，否则应承担相应的责任。

(5) 选择合法的分包（供应）单位。要同分包（供应）单位签订安全生产协议，明确安全生产职责，明确对分包（供应）单位及人员的选择和清退标准、合同条款约定和履约过程控制的管理要求。

(6) 确保施工现场人员安全。人是生产活动的重要因素，又是安全生产的保护对象。保障好劳动者的生命安全和身体健康，是安全生产的首要任务。因此，应当制定和完善安全生产制度，并采取有效的措施。主要是：①安全生产教育培训制度，包括三级安全教育，新上岗、转岗、脱岗后重新上岗人员的安全培训，采用“四新”技术时的安全培训，每年至少一次的安全教育培训等。要通过安全生产教育培训，增强施工现场人员的安全意识，掌握安全生产知识，提高安全生产技能。②关键岗位持证上岗制度，如特种作业人员、专职安全生产管理人员、项目经理等，必须按照国家规定通过考核合格后，持证上岗从业。特种作业人员应取得住房城乡建设主管部门颁发的建筑施工特种作业操作资格证书，每年不得少于24小时的安全教育培训或者继续教育。③劳动保护措施。要依法对劳动者的就业权、报酬权、劳动保护权、休息权、劳工参与权等进行保护，对女职工、未成年工等特殊群体采取特殊的保护措施。④针对施工现场的特点，对施工作业人员的作业环境采取安全防护措施，保障施工作业人员安全。⑤为施工作业人员提供合格的劳保用品并监督其正确使用，为施工作业人员提供合格的施工机具，制定和落实安全操作规程。⑥采取有效的职业危害防治措施。

(7) 建立健全机械设备、施工机具及配件和安全防护用具的进场查验制度。施工企业采购、租赁的安全防护用具、机械设备、施工机具及配件，应当具有生产（制造）许可证、产品合格证，并依法在进入施工现场前进行查验，确定专人管理，配备符合安全要求的施工设施、设备及相关的安全检测器具，定期进行检查、维修和保养，建立相应的资料档案，按照国家有关规定及时报废。施工企业应当采取相应措施，保证使用的施工起重机械和整体提升脚手架、模板等自升式架设设施的安全。严禁使用国家明令淘汰的安全技术、工艺、设备、设施和材料。

（8）制定安全生产技术措施。建筑施工企业在编制施工组织设计时，应当根据建筑工程的特点制定相应的安全技术措施；对专业性较强的工程项目，应当编制专项安全施工组织设计，并采取安全技术措施。对危险性较大的分部分项工程，应当按照规定编制专项施工方案。施工前，负责项目管理的技术人员应当对有关安全施工的技术要求向作业班组、作业人员作出详细说明，并由双方签字确认。

（9）保证施工现场的办公区、生活区、作业现场及环境的安全。建筑施工企业应当在施工现场采取保障安全、防范危险、预防火灾等措施，如在危险部位设置安全警示标志，在不同施工阶段和暂停施工时采取安全措施，对施工现场临时设施落实安全卫生要求，对施工现场周边环境实施安全防护，加强危险作业安全管理等；有条件的，应当对施工现场实行封闭管理。施工现场对毗邻的建筑物、构筑物和特殊作业环境可能造成损害的，建筑施工企业应当采取安全防护措施。

（10）制定应急救援预案，建立应急管理体系，完善应急救援管理。施工生产安全事故具有突发性、群体性等特点。因此，要根据施工现场的安全管理、工程特点、环境特征和危险等级，针对可能发生事故的类别、性质、特点和范围等，制定生产安全事故应急救援预案，一旦发生事故，可以迅速有效开展应急行动，将可能发生的事故损失和不利影响尽量减少到最低。施工现场应急救援管理应当包括：制定应急救援预案，建立应急救援组织，配备应急救援人员，配置必要的应急救援器材、设备，定期组织演练，以及评价、完善应急救援响应工作程序及记录等。

（11）发生生产安全事故后，应当依法报告和处理事故。建筑施工企业一旦发生生产安全事故，必须按照国家有关伤亡事故报告和调查处理的规定，及时、如实地向安全生产监督管理部门、住房城乡建设主管部门或者其他有关部门报告。实行施工总承包的建设工程，由总承包单位负责上报事故。

（12）依法办理安全生产许可证。建筑施工企业应当具备安全生产条件。不具备安全生产条件，未取得安全生产许可证的建筑施工企业，不得从事生产经营活动；已取得安全生产许可证的建筑施工企业，应当保持和完善安全生产条件，接受安全生产许可证颁发管理机关和工程所在地住房城乡建设主管部门的监督管理。

（二）施工现场安全管理的主要内容

按照现行的法律法规等规定，施工现场安全管理的主要内容是：

（1）制定项目安全管理目标，建立安全生产管理体系，实施安全生产责任考核。

贯彻“安全第一、预防为主、综合治理”的方针，树立“零事故、零伤亡”的理念，制定和实现施工项目部及施工企业的安全生产目标。

建立安全生产管理体系。要明确项目经理是施工现场安全生产第一责任人，对施工现场的安全生产全面负责。由项目经理领导的安全生产领导小组是施工现场安全生产管理机构。施工企业应当对以项目经理为首的施工项目部实行安全生产责任考核。

施工项目部应当根据《建筑施工企业安全生产管理机构设置及专职安全生产管理人员

配备办法》的规定配备建筑施工现场的专职安全员（详见本书“一、安全管理相关规定和标准”的有关内容）。对于采用新技术、新工艺、新材料或致害因素多、施工作业难度大的工程项目，专职安全生产管理人员的数量可根据实际情况，在规定的标准数量上予以增加。作业班组可以设置兼职安全巡查员，对本班组的作业场所进行安全监督检查。

（2）按照安全生产法律法规、标准要求，建立健全施工现场安全生产规章制度。

施工现场应当按照施工企业的安全生产管理制度，结合本施工项目部的特点，制定具体的规章制度和操作规程。重点是：

1）安全生产责任制度

安全生产责任制是指企业中各级领导、各个部门、各类人员在各自职责范围内对安全生产应承担相应责任的制度。施工现场的安全生产责任制度应当贯彻落实企业安全生产责任制度，充分体现“管生产必须管安全”、“安全生产，人人有责”和责、权、利相统一的原则。建立以安全生产责任制为中心的各项安全管理制度，是保障安全生产的重要手段。

按照《建设工程安全生产管理条例》的规定，建设工程实行施工总承包的，由总承包单位对施工现场的安全生产负总责。总承包单位应当自行完成建设工程主体结构的施工。总承包单位依法将建设工程分包给其他单位的，分包合同中应当明确各自的安全生产方面的权利、义务。总承包单位和分包单位对分包工程的安全生产承担连带责任。分包单位应当服从总承包单位的安全生产管理，分包单位不服从管理导致生产安全事故的，由分包单位承担主要责任。据此，施工总承包单位的项目负责人必须加强对分包单位的安全管理。

项目负责人应当对工程项目落实带班制度负责。《建筑施工企业负责人及项目负责人施工现场带班暂行办法》规定，项目负责人带班生产是指项目负责人在施工现场组织协调工程项目的质量安全生产活动。项目负责人带班生产时，要全面掌握施工现场的安全生产状况，加强对重点部位、关键环节的控制，及时消除隐患。要认真做好带班生产记录并签字存档备查。项目负责人每月带班生产的时间不得少于当月施工时间的80％。

2）安全生产资金保障制度

建设工程项目使用的安全生产资金包括两部分：一是指建筑施工企业按规定标准提取在成本中列支，用于改进和完善施工企业或者施工项目安全生产条件的资金，称为安全生产费用。二是指建设单位在编制工程概算时，确定建设工程安全作业环境及安全施工措施所需的费用，称为安全生产措施费用。

安全生产费用、安全生产措施费用的提取和使用，应当按照《建设工程安全生产管理条例》和《企业安全生产费用提取和使用管理办法》、《建筑安装工程费用项目组成》、《建筑工程安全防护、文明施工措施费用及使用管理规定》等执行（详见本书“一、安全管理相关规定和标准”的有关内容）。安全防护、文明施工措施费应当确保专款专用，并按规定发放劳动保护用品，更换已损坏或已到使用期限的劳动保护用品

3）安全生产教育培训制度

安全生产教育培训制度，是指对从业人员进行安全生产的教育和安全生产技能的培训，并将这种教育和培训制度化、规范化，以提高全体人员的安全意识和安全生产的管理水平，减少、防止生产安全事故的发生。其内容包括了安全思想意识教育、安全生产知识教育、安全生产技能教育、安全生产法制教育、企业安全生产规章制度和操作规程等；方

式可多种多样，面授、讲座、橱窗展示、黑板报、竞赛、表演、每天的班前安全会议等。

安全生产教育的对象是企业全体员工，包含主要负责人在内的管理人员以及所有从业人员。按照《中华人民共和国安全生产法》的规定，被派遣劳动者也应纳入本单位从业人员统一管理，对被派遣劳动者应当进行安全生产教育和培训；大、中专院校的实习学生也应成为建筑施工企业安全生产教育对象之一。

安全生产教育培训的形式主要包括：①对施工企业负责人、项目负责人、专职安全生产管理人员的法定考核。按照《建设工程安全生产管理条例》的规定，施工单位的主要负责人、项目负责人、专职安全生产管理人员应当经建设行政主管部门或者其他有关部门考核合格后方可任职。安全生产考核的内容包括安全生产管理能力和安全生产知识两个方面。②特种作业人员上岗前的资格考核。特种作业人员是指从事特殊岗位作业的人员，不同于一般的施工作业人员。特种作业人员所从事的岗位有较大的危险性，容易发生人员伤亡事故，对操作者本人、他人及周围设施的安全有重大危害（对于建筑施工特种作业人员的管理规定，详见本书“一、安全管理相关规定和标准”的有关内容）。③对全体员工进行法定的安全生产定期培训。施工单位应当对管理人员和作业人员每年至少进行一次安全生产教育培训，其教育培训情况记入个人工作档案。安全生产教育培训考核不合格的人员，不得上岗。④三级安全教育。三级安全教育是指作业人员进入新的岗位或者新的施工现场前，应当接受来自施工企业、项目部、班组这三个管理层级的安全生产教育培训，其教育内容和侧重点各有所不同。未经教育培训或者教育培训考核不合格的人员，不得上岗作业。⑤施工单位在采用新技术、新工艺、新设备、新材料时，应当对作业人员进行有针对性的相应的安全生产教育培训。

4）安全生产检查制度

建筑施工企业应当建立安全生产检查制度，加强隐患管理。“检查”是现代管理方法“PDCA”（计划、实施、检查、处理）中的关键环节。安全生产检查制度是落实安全生产责任、全面提高安全生产管理水平和操作水平的重要管理制度。施工现场安全生产检查的要求是在企业安全生产检查制度的框架下，根据施工现场的实际情况，建立施工现场的安全生产检查制度，落实企业的安全生产检查相关要求。通过安全生产检查，可以随时掌握施工现场的安全生产状况，发现各种不安全因素，消除安全隐患，做到防患于未然。

施工现场安全生产检查的第一责任人是项目经理。专职安全生产管理人员的基本工作任务，是对施工现场的安全生产状况进行经常性检查，对于检查中发现的安全问题，应当立即处理；不能处理的，应当及时报告项目经理；项目经理应当及时处理。发现违章指挥、违章操作行为的，应当场向当事人指出，立即制止。在检查中发现重大事故隐患的，专职安全生产管理人员应按规定向项目经理及施工单位安全生产管理机构报告。检查及处理情况要如实记录在案。

安全生产检查的内容，包括查思想、查制度、查安全措施实施、查作业人员安全行为、查机械设备和施工机具、查环境安全，以及所有与安全有关的事项。安全生产检查有日常检查、定期检查、专项检查、抽查以及季节性检查等多种形式。

对于施工现场的安全生产检查，应当注意如下事项：①项目经理部须明确专职安全生产管理人员对施工现场安全生产的监督管理职权，确保其履行职责。②安全生产检查采取班组自查、项目部日常检查、企业定期巡查以及政府主管部门专项检查、抽查等多层级的管理方式。③总承包单位应当将分包单位的安全检查纳入本单位的安全生产检查体系，加强对分包单位的安全管理。④对于检查出来的安全隐患，须按照“定人、定期限、定措施”的方针落实整改，按规定期限由原检查人进行复查，不消除隐患决不能放过。⑤施工现场安全生产检查应与安全生产岗位责任和考核挂钩。

《房屋市政工程生产安全重大隐患排查治理挂牌督办暂行办法》中的有关规定，详见本书“一、安全管理相关规定和标准”的相关内容。

5）生产安全事故报告和调查处理制度

建筑施工生产安全事故报告和调查处理，应当按照《安全生产法》、《建筑法》、《生产安全事故报告和调查处理条例》、《建设工程安全生产管理条例》和原建设部《关于进一步规范房屋建筑和市政工程生产安全事故报告和调查处理工作的若干意见》等有关规定执行（详见本书“一、安全管理相关规定和标准”的相关内容）。

（3）安全生产技术措施制度

施工组织设计是规划和指导施工全过程的综合性技术经济文件。安全技术措施是为了实现施工安全生产，在安全防护及技术、管理等方面采取的措施。安全技术措施可分为防止事故发生的安全技术措施和减少事故损失的安全技术措施。

《建筑法》、《建设工程安全生产管理条例》和《危险性较大的分部分项工程安全管理办法》等，均对在施工组织设计中编制安全技术措施、施工现场临时用电方案和达到一定规模的危险性较大的分部分项工程应单独编制专项施工方案等做出了明确规定（详见本书“一、安全管理相关规定和标准”和“四、熟悉安全专项施工方案的内容和编制办法”的相关内容）。

此外，施工前应当作安全技术交底，即对有关安全施工的技术要求作出详细说明。它有助于作业班组和作业人员尽快了解工程概况、施工方法、安全技术措施等情况，掌握操作方法和注意事项，以保护作业人员的人身安全。安全技术交底通常有施工工种安全技术交底、分部分项工程施工安全技术交底、大型特殊工程单项安全技术交底、设备安装工程技术交底以及采用新工艺、新技术、新材料施工的安全技术交底等。《建设工程安全生产管理条例》规定，建设工程施工前，施工单位负责项目管理的技术人员应当对有关安全施工的技术要求向施工作业班组、作业人员作出详细说明，并由双方签字确认。

（4）施工现场安全防护措施制度

建筑施工企业应当在施工现场采取维护安全、防范危险、预防火灾等措施；有条件的，应当对施工现场实行封闭管理。施工现场对毗邻的建筑物、构筑物和特殊作业环境可能造成损害的，建筑施工企业应当采取安全防护措施。

常用的安全防护措施主要有：①在施工现场危险部位设置安全警示标志。施工企业应当在施工现场入口处、施工起重机械、临时用电设施、脚手架、出入通道口、楼梯口、电梯井口、孔洞口、桥梁口、隧道口、基坑边沿、爆破物及有害危险气体和液体存放处等危险部位，设置明显的安全警示标志。安全警示标志必须符合国家标准。危险部位是指存在着危险因素，容易造成施工作业人员或者其他人员伤亡的地点，如施工现场入口处、施工起重机械、临时用电设施、脚手架、出入通道口、楼梯口、电梯井口、孔洞口、桥梁口、隧道口、基坑边沿、爆破物及有害危险气体和液体存放处等。安全警示标志是指提醒人们注意的各种标牌、文字、符号以及灯光等，一般由安全色、几何图形和图形符号构成。国家标准规定的安全色有红、蓝、黄、绿四种颜色：红色表示禁止、停止；蓝色表示指令或必须遵守的规定；黄色表示警告、注意；绿色表示提示、安全状态、通行。②施工企业应当根据不同施工阶段和周围环境及季节、气候的变化，在施工现场采取相应的安全施工措施。施工现场暂时停止施工的，施工单位应当做好现场防护，所需费用由责任方承担，或者按照合同约定执行。③施工企业应当将施工现场的办公、生活区与作业区分开设置，并保持安全距离；办公、生活区的选址应当符合安全性要求。职工的膳食、饮水、休息场所等应当符合卫生标准。施工单位不得在尚未竣工的建筑物内设置员工集体宿舍。施工现场临时搭建的建筑物应当符合安全使用要求。施工现场使用的装配式活动房屋应当具有产品合格证。④对施工现场周边环境设施的安全防护措施。建设单位应当向施工企业提供施工现场及毗邻区域内供水、排水、供电、供气、供热、通信、广播电视等地下管线资料，气象和水文观测资料，相邻建筑物和构筑物、地下工程的有关资料，并保证资料的真实、准确、完整。施工企业应根据建设单位提供的有关资料，对因建设工程施工可能造成损害的毗邻建筑物、构筑物和地下管线等，采取专项防护措施。施工企业应遵守有关环境保护法律、法规的规定，在施工现场采取措施，防止或者减少粉尘、废气、废水、固体废物、噪声、振动和施工照明对人和环境的危害和污染。⑤危险作业的施工现场安全管理。建筑施工企业进行爆破、起重吊装、模板脚手架等的搭设拆除以及相关部门规定的其他危险作业时，应当安排专门人员进行现场安全管理，确保安全措施的落实，作业人员应遵守相应的安全操作规程。⑥安全防护设备、机械设备等的安全管理。施工企业采购、租赁的安全防护用具、机械设备、施工机具及配件，应当具有生产（制造）许可证、产品合格证，并在进入施工现场前进行查验。施工现场的安全防护用具、机械设备、施工机具及配件必须由专人管理，定期进行检查、维修和保养，建立相应档案，并按照国家有关规定及时报废，不能让不合格的产品流入施工现场，并加强日常的检查、维修和保养，保障其正常使用和运转。施工企业应当向作业人员提供安全防护用具和安全防护服装，并书面告知危险岗位的操作规程和违章操作的危害。作业人员有权对施工现场的作业条件、作业程序和作业方式中存在的安全问题提出批评、检举和控告，有权拒绝违章指挥和强令冒险作业。在施工中发生危及人身安全的紧急情况时，作业人员有权立即停止作业或者在采取必要的应急措施后撤离危险区域。作业人员应当遵守安全施工的强制性标准、规章制度和操作规程，正确使用安全防护用具、机械设备等。⑦施工企业在使用施工起重机械和整体提升脚手架、模板等自升式架设设施前，应当组织有关单位进行验收，也可以委托具有相应资质的检验检测机构进行验收；使用承租的机械设备和施工机具及配件的，由施工总承包单位、分包单位、出租单位和安装单位共同进行验收。验收合格的方可使用。施工企业应当自施工起重机械和整体提升脚手架、模板等自升式架设设施验收合格之日起30日内，向建设行政主管部门或者其他有关部门登记。登记标志应当置于或者附着于该设备的显著位置。

（5）施工现场消防安全管理

施工现场应当建立消防安全责任制度，确定消防安全责任人，制定用火、用电、使用易燃易爆材料等消防安全管理制度和操作规程，设置消防通道、消防水源，配备消防设施和灭火器材，并在施工现场入口处设置明显标志。

公共建筑在营业、使用期间不得进行外保温材料施工作业，居住建筑进行节能改造作业期间应撤离居住人员，并设消防安全巡逻人员，严格分离用火用焊作业与保温施工作业，严禁在施工建筑内安排人员住宿。新建、改建、扩建工程的外保温材料一律不得使用易燃材料，严格限制使用可燃材料。建筑室内装饰装修材料必须符合国家、行业标准和消防安全要求。

项目经理是施工现场消防安全的第一责任人，应当组织制定消防安全责任制度，采取措施保障施工过程中的消防安全。施工现场要设置消防通道，并确保畅通；施工要按有关规定设置消防水源，满足施工现场火灾扑救的消防供水要求。施工现场应当配备必要的消防设施和灭火器材。施工现场的重点防火部位和在建高层建筑的各个楼层，应在明显和方便取用的地方配置适当数量的手提式灭火器、消防沙袋等消防器材。动用明火必须实行严格的消防安全管理，禁止在具有火灾、爆炸危险的场所使用明火；需要进行明火作业的，动火部门和人员应当按照用火管理制度办理审批手续，落实现场监护人，在确认无火灾、爆炸危险后方可动火施工；动火施工人员应当遵守消防安全规定并落实相应的消防安全措施，易燃易爆危险物品和场所应有具体防火防爆措施；电焊、气焊、电工等特殊工种人员必须具备上岗作业资格。

要建立消防安全自我评估机制，消防安全重点单位每季度、其他单位每半年自行或委托有资质的机构对本单位进行一次消防安全检查评估，做到安全自查、隐患自除、责任自负。施工单位防火检查的内容应当包括：①火灾隐患的整改情况以及防范措施的落实情况；②疏散通道、消防车通道、消防水源情况；③灭火器材配置及有效情况；④用火、用电有无违章情况；⑤重点工种人员及其他施工人员消防知识掌握情况；⑥消防安全重点部位管理情况；⑦易燃易爆危险物品和场所防火防爆措施落实情况；⑧防火巡查落实情况等。

项目部应加强对从业人员的消防安全教育培训，建立施工现场消防组织，制定灭火和疏散预案，并至少每半年组织一次演练，提高施工人员及时报警、扑灭初期火灾和自救逃生能力。

(6) 工伤保险和意外伤害保险制度

《建筑法》规定，建筑施工企业应当依法为职工参加工伤保险，缴纳工伤保险费。鼓励企业为从事危险作业的职工办理意外伤害保险，支付保险费。

工伤保险是面向施工企业全体员工的强制性保险。意外伤害保险则是针对施工现场从事危险作业的特殊职工群体，法律鼓励施工企业再为他们办理意外伤害保险，使这部分人员能够比其他职工依法获得更多的权益保障。

(7) 施工生产安全事故应急救援预案制度

施工单位应当依法制定本单位生产安全事故应急救援预案，建立应急救援组织或者配备应急救援人员，配备必要的应急救援器材、设备，并定期组织事故应急救援抢险演练。

根据建设工程施工的特点、范围，施工单位应对施工现场易发生重大事故的部位、环节进行监控，编制施工现场生产安全事故应急救援预案。实行施工总承包的，由总承包单位统一组织编制建设工程生产安全事故应急救援预案。工程总承包单位和分包单位按照应急救援预案，各自建立应急救援组织或者配备应急救援人员，配备救援器材、设备，并定期组织演练。

应急救援预案针对可能发生的不同事故情况，可分为综合应急预案、专项应急预案和现场处置方案。施工现场的应急救援预案主要是专项应急预案和现场处置方案。专项应急预案应包括危险性分析、可能发生的事故特征、应急组织机构与职责、预防措施、应急处置程序和应急保障等；现场处置方案应包括危险性分析、可能发生事故特征、应急处置程序、应急处置要点和注意事项等。

项目部的生产安全事故应急救援预案由其安全生产领导小组组织技术、安全、质量等专业管理人员进行编制，并应报施工企业审批。事故应急救援预案应当作为安全报监的材料之一，报工程所在地的建筑安全监督管理部门备案。项目部应当将事故应急救援预案告知现场所有施工作业人员，组织培训交底活动，并定期组织演练。施工期间，事故应急救援预案的内容应在施工现场的显著位置予以公示。

（8）文明施工要求

安全文明施工是在施工过程中科学组织安全生产，规范化、标准化管理施工现场，使施工现场按照现代化施工的要求，实现施工现场的场容场貌、作业环境和生活设施安全文明达标，保持良好的施工环境和施工秩序，保障施工作业人员的生命安全与身体健康，保证财产不受损失，尽可能地减少对相关环境的影响。

文明施工的要求：①工地四周按规定设置连续密闭的围挡；②进出口设置大门，门头设置企业标志；③实现封闭管理，施工人员凭胸卡出入工地，来访人员进行登记；④施工现场入口处，在醒目位置公示“五牌一图”（工程概况牌、管理人员名单及监督电话牌、消防保卫牌、安全生产牌、文明施工牌和施工现场总平面图）；⑤按总平面图堆放材料，堆放应整齐并进行标识，工作面做到每天工完、料尽、场地清，建筑垃圾放置在指定位置并及时清运出场，易燃易爆物品存放在危险品仓库并有防火防爆措施；⑥宿舍、食堂、浴室等生活区符合文明、卫生要求，生活区设置学习和娱乐场所，引导员工从事精神健康的各种活动；⑦施工现场设保健卫生室，配备保健药箱、常用药及绷带、止血带、颈托、担架等急救器材；⑧制定防止环境污染的措施和防止扬尘、噪声的方案，夜间施工除按规定办理许可手续外，还应张挂安民告示，严禁焚烧有毒、有害物质。

（9）施工安全生产管理台账制度

要建立施工安全生产管理台账，对施工安全生产管理活动进行必要的记录，保存应有的资料和原始记录，作为管理、考核、追责的依据。

（三）施工现场安全管理的主要方式

施工现场安全管理需要完善的管理体系和有效的管理手段来实现。施工现场的安全管理是运用科学的管理思想、管理组织、管理方法和管理手段，对施工现场的各种生产要素进行计划、组织、控制、协调、激励等，保证施工现场按预定的目标实现优质、高效、低耗、安全、文明的生产。

施工现场安全管理的主要方式，应当遵循管理理论中的反馈原理、封闭原理和 PDCA

循环原理，以建筑施工企业的安全生产目标为导向，以各项安全生产管理制度为保障，通过决策计划、组织实施、检查反馈和纠正偏差的步骤予以实现，重点在找出危险源、控制风险、消灭隐患、杜绝事故，在实现安全生产管理目标的过程中提高项目部乃至整个施工企业的安全生产管理能力和管理水平。

施工现场安全生产管理的主要方式如下：

（1）反馈原理

反馈原理是控制论的一个基本概念，就是由控制系统把信息输送出去，又把其作用结果返送回来，对输入信号与输出信号进行比较，比较差值作为系统新的信号再次输出，这样不断地反馈，使得最终反馈的信息无限接近系统对此输出的信息，以实现控制的作用，达到预定的目的。

（2）封闭原理

封闭原理是指任何一个系统里的领导手段必须构成一个连续封闭的回路，才能形成有效的管理运动。封闭原理是管理学中的一个最基本原理，要求对工作有明确的要求和规范，有法定的管理机构、管理人员和管理办法，有切实的监督考核措施，并对考核结果有明确的奖罚，以构成一个连续封闭的回路，形成有效的管理运动。

任何一个管理系统，都可以看作是由决策中心、执行机构、监督机构和反馈机构四部分所组成。其中，决策中心是管理活动的起点，是根据系统外部的信息和反馈机构传递的反馈信息发出活动指令，该指令一方面通向执行机构，一方面通向监督机构，执行机构必须贯彻决策中心的指令，监督机构则要监督执行情况。执行结果输出给反馈机构，由其对信息进行处理，并比较执行结果和决策指令，找出差距后返回决策中心；决策中心继续根据反馈信息和外部输入信息发出新的指令。这样就形成了一个相对封闭的回路，使管理活动不断反复运动，推动了系统整体功能的有效发挥。

在这个相对封闭的回路中，监督机构和反馈机构起着相当重要的作用。如果没有监督机构，就无法保证执行机构能准确无误地执行决策中心的指令；没有反馈机构，执行结果出现偏差也无法得到纠正。如果缺少反馈机构，就会出现由执行机构自我执行、自我反馈、自我检查，将带来诸多弊端，决策中心会因为得不到准确的执行情况而失去调节系统的功能，甚至会盲目发出错误指令，导致整个系统的失败。所以，决策中心制订的管理制度、操作规程哪怕是再合理，也将无法发挥其应有的效力，无法落实在管理实践之中。

目前在不少的管理工作中，往往是重要求、轻规范，或重规范、轻监督，或重监督、轻奖罚，前紧后松，有始无终，导致了前纠后乱、屡禁不止的现象时有发生。推行封闭管理，就是为了克服这些弊端，提高管理效能。如果施工企业或施工现场制定的安全生产规章制度，不能按照封闭原理进行有效运转，则将变成一纸空文，形同虚设。

（3）PDCA 循环

PDCA 循环又叫戴明循环，是管理学中的一个通用模型，最早是休哈特于 1930 年提出构想，1950 年由美国质量管理专家戴明博士再度挖掘出来，加以广泛宣传，并运用于持续改善产品质量的过程。PDCA 循环体现了上述的反馈原理和封闭原理。PDCA 循环已成为管理学的一个基本方法，应用到管理包括安全管理活动的各个方面。

PDCA 是英语单词 Plan（计划）、Do（执行）、Check（检查）和 Action（行动）的第

一个字母组成。PDCA 循环就是按这样的顺序进行质量管理，并循环不止地进行下去的科学程序。

P（plan）计划，包括安全生产方针、管理目标的确定和安全活动计划的制定。D（Do）执行，是根据安全策划将安全管理的具体措施逐一实现的过程。C（check）检查，是对执行计划的结果进行检查和比对分析，明确效果，找出问题。A（action）行动，是对总结检查的结果进行处理，对成功经验加以肯定，并予以标准化；对于失败教训也要总结，引起重视。对于没有解决的问题，应提交给下一个 PDCA 循环中去解决。四个过程不是运行一次就结束的，而是周而复始地进行。一个循环结束解决了一些问题，而未解决的问题进入下一个循环，这样呈阶梯式上升。

PDCA 循环的特点：一是大环套小环，小环保大环，该特点可使 PDCA 循环以多级管理的模式进行；二是 PDCA 循环具有阶梯式上升趋势，因而良好的 PCDA 管理模型，需要在量变的基础上不断提升，才能达到质变的效果。

（4）安全检查

封闭原理中的“监督机构”，实际上就是施工现场的安全检查机制。

安全检查是以查思想、查管理、查隐患、查整改、查责任落实、查事故处理为主要内容，按照规定的安全检查项目、形式、类型、标准、方法和频次，进行检查、复查以及安全生产管理评估等。针对检查中发现的问题，要坚决进行整改，并对相关责任人员进行教育，使其从思想上引起足够的重视，在行为上加以改进。

（5）安全生产绩效考核和奖惩

对管理人员及分包单位实行安全考核和奖惩管理，是开展施工现场安全管理工作的必要方式和手段，包括确定考核和奖惩的对象、制订考核内容及奖罚标准、定期组织实施考核以及落实奖罚等。绩效考核必须与安全生产责任制结合起来，体现责、权、利的统一，才能达到良好的管理效果。

建筑施工企业和项目部在确定绩效考核目标、具体办法和考核内容时，应当将安全生产目标和安全生产管理的具体要求纳入考核体系。

（6）安全生产评价

安全生产评价的对象包括施工现场安全生产条件和安全生产状况两类。对施工现场安全生产条件的评价，主要是针对《建筑施工企业安全生产许可证管理规定》中确定的 12 项安全生产条件进行评价，评价工具是《建筑施工安全生产条件评价规范》DGJ 32/J 55—2012；对施工现场安全生产状况的检查评价，主要依据《建筑施工安全检查标准》JGJ 59—2011 进行。评价主体可以是项目部、施工企业或是建设行政主管部门。不同评价主体组织的两种评价，其导致的后果会有所不同。例如，建设行政主管部门对施工现场安全生产条件的评价结果若为不合格，将可能影响到施工企业的安全生产许可证；而其组织的安全生产状况评价，则可能会影响项目的评优。

三、施工项目安全生产管理计划的内容和编制办法

（一）施工项目安全生产管理计划的主要内容

施工现场安全管理是通过制定安全生产管理计划，建立安全生产保证体系，并使之有效运行来实现其主要任务的。

施工项目安全管理计划应主要包括下列内容：①确定项目重要危险因素，制定项目职业健康安全管理目标；②建立有管理层次的项目安全管理组织机构，并明确责任；③根据项目特点，进行安全管理方面的资源配置；④建立有针对性的安全生产管理制度；⑤针对项目重要危险因素，制定相应的安全技术措施，对达到一定规模的危险性较大的分部（分项）工程应编制安全专项施工方案；⑥根据季节、气候的变化，编制相应的季节性安全施工措施。

施工现场安全生产保证体系是由四个基本部分组成，即组织结构、程序、过程和资源：①组织结构，是指项目部为行使其安全管理的职能而按某种方式建立的职责、权限及其相互关系。②程序，是为了进行某项活动所规定的途径。程序就是我们通常所称的管理标准、管理制度等。③过程，是将输入转化为输出的一组彼此相关的资源和活动。所有工作都是通过过程来完成的。对于安全管理的过程，可以理解为在每一个分部分项工程施工前，将书面的安全技术措施进行交底或培训等作为输入，通过职工的遵章守纪、安全施工，配备安全用具、防护用品，具有资格的操作人员和防护设施、合格的机械设备等资源，开展检查、整改等一系列活动，确保安全地完成诸如的贯通、辅助工程等的施工。安全管理通过实施过程的管理来实现，过程的安全状况要取决于所投入的资源和活动。④资源，包括人员、设备、设施、资金、技术和方法。

构建施工现场安全生产保证体系，要做到职责分明、各负其责；建立体系，依法办事；预防为主、把握重点；封闭管理、持续改进。

施工现场安全生产保证体系的内容应当包含：①制定安全管理目标。工程项目的安全管理目标，应由项目部负责制订并形成文件，由该项目安全生产的第一责任人——项目经理批准并跟踪执行情况。安全管理目标是项目管理目标的重要组成部分，并与施工企业的总目标相一致，应体现“安全第一、预防为主、综合治理”的方针。安全管理目标通常包括杜绝重大伤亡事故、设备管线事故、火灾事故；安全标准化工地创建目标；文明工地创建目标；遵循有关法律法规规章以及对业主和社会要求的承诺；其他需要满足的目标。安全管理目标应自上而下层层分解，明确到各部门、各岗位，确保施工现场每个员工正确理解并明确目标要求，自觉关心安全生产、文明施工，做好本部门、本岗位的工作，以确保

工程项目部安全管理目标落实到实处。②建立健全安全管理组织，明确安全生产职责和权限。项目部的安全生产组织机构应当在项目经理领导下，以安全生产领导小组为直接责任部门，项目技术负责人、专职安全生产管理人员为直接责任人，其他各部门参与、全员参加的组织形式。对于同安全生产有关的管理、执行和检查监督部门及人员，应明确其职责、权限和相互关系，建立健全安全生产责任制，并形成文件。安全职能是施工现场客观存在的涉及安全方面的管理职能。项目部各有关职能部门和包括管理、操作岗位，都直接或间接地参与施工过程中的相应安全活动，为了确保安全管理目标的实现，都要按规定履行各自的管理职能。建立有效运行的安全生产保证体系的核心内容，就是全面落实安全职能，其要素应该有机地分配到相关职能部门或岗位，特别是项目经理、项目技术负责人和专职安全生产管理人员等编制安全保证计划、决定资源配置、实施监督检查、验证纠正和预防措施的人员；对人员应授予足够的权限，明确执行规定的职责，使其能有责任完成安全管理目标的要求。③配备资源。应当确定并提供充分而必要的资源，满足施工现场安全管理对人员、设施、设备、资金、技术和方法等方面的需求，使工程项目部能正常有效地实施安全管理。通常应包括：a. 施工组织设计、安全技术措施、专项施工方案等技术文件。b. 配备符合要求的相应人员。参与施工的人员都须经过培训上岗。管理人员须按有关规定经培训后持证上岗；特种作业人员须依法经培训考核后持证上岗。c. 采用先进、可靠的施工安全技术和作业过程中的各类安全防护设施。d. 配置临时安全用电技术及防触电措施，消防器材及设施应按规定的要求配置。e. 配备各类施工机械的限位、过载、保险等安全装置，做到齐全、有效。f. 必要的安全检测工具，如准备接地电阻测试仪、风速仪、测定噪声的分贝计、照明度测试仪、瓦斯检测仪等。g. 安全技术措施的经费。工程项目部应为劳动保护、安全防护措施落实必要的经费。④安全生产策划，是指确定安全管理目标以及确定采用安全体系要素的应用目标和要求的活动，是使施工现场满足安保体系要求的方法。策划的结果是形成安全生产保证计划的书面管理性文件。⑤施工现场安全生产保证计划的控制要点是实现安全生产目标的关键点，包括：a. 安全设施设备、安全防护用品的采购；b. 分包方控制；c. 施工过程安全控制；d. 事故隐患控制。⑥检查检验和标识。检查是指为了确保满足规定的要求，对实体（活动、过程、设施、设备、人员、组织、体系等）的状态进行连续的（持续的或一定频次的）监视和验证，并对记录进行分析的活动。安全检查的目的在于确认施工过程是否满足安全生产、文明施工的要求，并及时发现、排除事故隐患。检验是指对实体的一个或多个特性进行的诸如测量、检查、试验或度量并将结果与规定要求进行比较以确定每项特性的合格情况所进行的活动。安全检验的目的在于通过验收活动，确保只有合格的安全设施所需的材料、设备和防护用品，合格的机械、施工和防护设施才能投入使用。标识是指为了防止安全设施所需的材料、设备的防护用品，机械、施工和防护设施的混用、错用，必要时实现可追溯性，对其品牌、规格、型号和检查、检验状态所作的识别标志。由于施工现场情况多变、多工种立体交叉作业，为了及时发现事故隐患，排除施工中的不安全因素，纠正违章作业，监督安全技术措施的执行，堵塞事故漏洞，防患于未然，必须对安全生产中易发生事故的主要环节、部位、工艺完成情况进行全过程的动态监督检查，以不断改善劳动条件，防止事故的发生。⑦纠正和预防措施。纠正措施，是指对实际的不符合安全生产要求的事故和事故隐患产生原因进行调查分析，针对原因采取措施，防止重复发生事故和事故隐患再发生的全部活动。预防措施，是指对潜在的不符合安全生产要求的事故隐患进行原因分析，针对原因采取措施，防止事故隐患和事故发生的全部活动。纠正、预防措施的实施要投入一定的人、物、财等资源，其采取措施的程度应与存在问题的危害程度和风险相适应，对于安全风险大、危害程度大的事故隐患应按要求进行原因调查、采取治本措施，不能简单处置了事。⑧教育和培训。安全生产保证体系的成功实施，要依靠施工现场全体人员的参与，需要他们具有良好的安全意识和安全知识。因此，保证他们得到适当的教育培训，是实现施工现场安全保证体系有效运行，达到安全生产目标的重要环节。安全生产保证计划中应包含教育培训的目的和重要性、对象、内容和形式、时间、建立并保存教育培训记录等内容。⑨安全记录，包括与安全设施有关的记录和安全保证体系运行记录，如工程概况、安全管理目标、组织机构、安全生产保证体系要素分配与部门岗位职责，内部安全体系审核记录，现场施工安全控制记录，检查、检验和标识记录，事故调查处理记录，事故隐患控制记录，各类人员上岗资格和培训教育记录等。⑩持续改进。安全生产保证计划应按照PDCA循环体现持续改进的思想。

（二）施工项目安全生产管理计划的基本编制办法

施工项目安全管理计划应在施工活动开始前，由项目安全部门牵头，组织生产、技术等部门编写，报项目经理批准后实施。安全管理计划应包括下列内容：

（1）安全生产管理计划审批表。

（2）编制说明。

（3）工程概况：1）工程简介：工程的地理位置、性质或用途；工程的规模、结构形式、檐口高度等；为适应安全生产及文明施工要求必须明确的其他事宜。2）工程难点分析：与工程所处环境有关的场所如学校、医院等，施工噪声控制与防尘污染，文明施工；多台塔吊作业时，防止可能相互碰撞的措施；高层建筑脚手架的搭设与拆除；危险性较大分部分项工程的实施等；工程安全重点部位，如基础施工管线（电缆、水煤气管道等）保护、脚手架、电梯井道防护、施工用电、大型机械（塔吊、外用电梯）装拆与使用管理等。

（4）安全生产管理方针及目标。安全生产管理方针是安全管理方面总的指导思想和管理宗旨，应及时向员工传达贯彻。安全生产管理目标应包括伤亡控制指标、安全达标、文明施工目标等。

（5）安全生产及文明施工管理体系要求。明确安全生产管理目标；成立以项目经理为施工现场安全生产管理第一责任人的安全生产领导小组，明确安全生产领导小组的主要职责；明确施工现场安全管理组织机构网络；明确项目部主要管理人员的安全生产责任制，并让责任人履行签字手续。

（6）安全生产保证体系文件。包括：①适用的安全支持性文件清单；②安全生产保证计划的适用范围；③安全生产保证计划的管理要求。

（7）实施。主要是安全职责、教育和培训、文件控制、安全物资采购和进场验证、分包控制、施工过程控制、事故的应急救援。

1）安全职责。安全生产保证计划应说明：①安全管理目标；②安全管理组织；③各个岗位或部门的职责；④资源。

2）教育和培训。安全生产保证计划应说明：①安全教育和培训的项目领导和部门或岗位的职责与权限；②对全体员工安全教育和培训的内容。

3）文件控制。安全生产保证计划应说明：①项目部对所收到文件的收发记录控制要求；②明确收发文件的责任人和对文件处理要求。

4）安全物资采购和进场验证。安全生产保证计划应说明：①项目部应明确安全物资的项目领导和主管部门或岗位的职责与权限；②对自行采购的安全物资或外部租赁的设备的具体控制要求；③内部转移或调拨的安全物资的控制要求；④对分包商采购或自带的安全物资的控制要求；⑤对进场安全物资的验证要求。

5）分包控制。安全生产保证计划应说明项目部必须按分包合同对分包商在施工现场内的施工或服务活动实施控制，并形成记录。控制的内容和方法包括：①审核批准分包商编制的专项施工组织设计和施工方案，包括安全技术措施；②提供或验证必要的安全物资、工具、设施、设备；③确认分包商进场从业人员的资格，依据施工现场安全生产保证体系文件，进行有针对性的安全教育、培训和施工交底，形成由双方负责人签字认可的记录，并确保在作业前和作业时，由分包商对其从业人员实施必要的安全教育培训；④安排专人对分包商施工和服务全过程的安全生产实施指导、监督、检查和业绩评价，对发现的问题进行处理，并与分包商及时沟通信息。

6）施工过程控制。安全生产保证计划应说明项目部须根据施工现场安全生产保证体系策划的结果和安排，确保与所识别的危险源和不利环境因素有关的活动、人员、设施、设备在施工过程中处于受控状态，从根本上控制和减小安全风险和不利环境影响。项目部对施工过程控制的内容和方式包括：①针对施工过程中需控制的活动，制定或确认必要的施工组织设计、专项施工方案、专项安全措施、安全程序、规章制度或作业指导书，并组织落实；②将采购和分包活动中需实施控制的有关要求通知供应商和分包商，并按要求对其施工和服务提供过程进行控制；③对从业的管理人员和操作人员进行针对性的资格能力鉴定、安全教育和培训、安全交底，及时提供必需的劳动防护用品；④对安全物资进行验收、标识、检查和防护；⑤对施工设施、设备及安全防护设施的搭设和拆除进行交底与过程防护、监控，在使用前进行验收、检测、标识，在使用中进行检查、维护和保养，并及时调整和完善；⑥对重点防火部位、活动和物资进行标识、防护，配置消防器材和实行动火审批；⑦保持施工现场的场容场貌、作业环境和生活设施文明卫生、规范有序，保护道路管线和周边环境，减少并有效处理废水、废气、粉尘、噪声、振动和固体废弃物，组织好施工期间的道路交通；⑧对与重大危险源和重大不利环境因素有关的重点部位、过程和活动，组织专人监控；⑨就施工现场危险源、不利环境因素及安全生产的有关信息，与从业人员及相关方进行交流与沟通，对涉及重大危险源和重大不利环境因素的问题及时做出处理，并形成记录和回复；⑩形成并保存施工过程控制活动的记录。

7）事故的应急救援。安全生产保证计划应说明：①项目部应针对可能发生的事故制定相应的应急救援预案，准备应急救援物资，并在事故发生时组织实施，防止事故扩大，减少与之有关的伤害和不利环境影响。②项目部应配合事故的调查、分析，制定和实施纠正措施和预防措施。

（8）检查和改进

项目部应建立安全检查制度，对施工现场的安全状况和业绩进行日常检查。具体控制要求：

1）安全检查的控制。安全检查的控制主要是：①检查的人员及其职责权限；②检查的对象、标准、方法和频次；③对安全检查中发现的不符合规定要求和存在隐患的设施、设备、过程、行为，定人、定时间、定措施进行整改处置，并跟踪复查；④对安全检查和整改处置活动进行记录，并通过汇总分析，寻找薄弱环节，确定需改进的问题及采取纠正措施或预防措施的要求；⑤对用于检查的检测设备进行校正和维护，并保存校正和维护的记录。

2）纠正措施和预防措施。项目部应对严重的或经常发生的不合格、事故或险肇事故，企业或政府主管部门提出的问题、隐患及整改要求，社会投诉的问题，进行调查和原因分析，针对原因制定并实施相应的纠正措施或预防措施，防止再次发生。

3）内部审核。项目部须以施工现场安全生产保证体系的业绩为重点，在主要施工阶段组织内部审核，以便确定：①项目部在安全生产保证计划中明确各主要施工阶段内审的时间和节点安排；②项目部明确对内审中发现的不合格，提出制定、实施纠正措施和验证的有关责任部门或岗位。

4）安全评估。项目经理应对各主要施工阶段的施工现场安全生产保证体系的适宜性、充分性、有效性，及时组织评估，明确评估的时间安排，编制阶段性安全评估报告；项目部明确组织安全评估的责任部门或岗位的职责与权限要求。

（9）安全记录

项目部应在安全生产保证计划中明确安全记录的主管部门或岗位的职责与权限；本项目需建立的安全记录清单；应当从哪里获得安全记录；安全记录的填写和保管要求。

四、安全专项施工方案的内容和编制办法

（一）安全专项施工方案的主要内容

安全专项施工方案是对某个具体的分部分项工程如深基坑、高大模板等，针对施工中的难点、要点，编制专门的方案指导施工。进行安全检查时，要根据专项施工方案进行检查。

《建筑法》规定，建筑施工企业在编制施工组织设计时，应当根据建筑工程的特点制定相应的安全技术措施；对专业性较强的工程项目，应当编制专项安全施工组织设计，并采取安全技术措施。

《建设工程安全生产管理条例》规定，对下列达到一定规模的危险性较大的分部分项工程编制专项施工方案，并附具安全验算结果，经施工单位技术负责人、总监理工程师签字后实施，由专职安全生产管理人员进行现场监督：1）基坑支护与降水工程；2）土方开挖工程；3）模板工程；4）起重吊装工程；5）脚手架工程；6）拆除、爆破工程；7）国务院建设行政主管部门或者其他有关部门规定的其他危险性较大的工程。对上述工程中涉及深基坑、地下暗挖工程、高大模板工程的专项施工方案，施工单位还应当组织专家进行论证、审查。

住房和城乡建设部还制定发布了《危险性较大的分部分项工程安全管理办法》，明确了安全专项施工方案编制内容，规范了专家论证程序，以确保安全专项施工方案的实施，防范建筑施工生产安全事故的发生。

1. 危险性较大的分部分项工程的范围

危险性较大的分部分项工程，是指建筑工程在施工过程中存在的、可能导致作业人员群死群伤或造成重大不良社会影响的分部分项工程。其包括的范围和超过一定规模的危险性较大的分部分项工程，详见本书“一、安全管理相关规定和标准”的相关内容。

危险性较大的分部分项工程安全专项施工方案，是指施工单位在编制施工组织（总）设计的基础上，针对危险性较大的分部分项工程单独编制的安全技术措施文件。施工组织设计中的安全技术措施与安全专项施工方案不能相互取代。

2. 危险性较大的分部分项工程的编制、审核和实施

（1）建设单位在申请领取施工许可证或办理安全监督手续时，应当提供危险性较大的分部分项工程清单和安全管理措施。施工单位、监理单位应当建立危险性较大的分部分项工程安全管理制度。

（2）施工单位应当在危险性较大的分部分项工程施工前编制专项方案；对于超过一定规模的危险性较大的分部分项工程，施工单位应当组织专家对专项方案进行论证。建筑工程实行施工总承包的，专项方案应当由施工总承包单位组织编制。其中，起重机械安装拆卸工程、深基坑工程、附着式升降脚手架等专业工程实行分包的，其专项方案可由专业承包单位组织编制。

（3）专项方案应当由施工单位技术部门组织本单位施工技术、安全、质量等部门的专业技术人员进行审核。经审核合格的，由施工单位技术负责人签字。实行施工总承包的，专项方案应当由总承包单位技术负责人及相关专业承包单位技术负责人签字。

不需专家论证的专项方案，经施工单位审核合格后报监理单位，由项目总监理工程师审核签字。

（4）超过一定规模的危险性较大的分部分项工程专项方案，应当由施工单位组织召开专家论证会。实行施工总承包的，由施工总承包单位组织召开专家论证会。专家组成员应当由5名及以上符合相关专业要求的专家组成，本项目参建各方的人员不得以专家身份参加专家论证会。

专家论证的主要内容：专项方案内容是否完整、可行；专项方案计算书和验算依据是否符合有关标准规范；安全施工的基本条件是否满足现场实际情况。专项方案经论证后，专家组应当提交论证报告，对论证的内容提出明确的意见，并在论证报告上签字。该报告作为专项方案修改完善的指导意见。

施工单位应当根据论证报告修改完善专项方案，并经施工单位技术负责人、项目总监理工程师、建设单位项目负责人签字后，方可组织实施。实行施工总承包的，应当由施工总承包单位、相关专业承包单位技术负责人签字。

专项方案经论证后需做重大修改的，施工单位应当按照论证报告修改，并重新组织专家进行论证。

（5）专项方案实施前，编制人员或项目技术负责人应当向现场管理人员和作业人员进行安全技术交底。

（6）施工单位应当严格按照专项方案组织施工，不得擅自修改、调整专项方案。如因设计、结构、外部环境等因素发生变化确需修改的，修改后的专项方案应当重新审核。对于超过一定规模的危险性较大工程的专项方案，施工单位应当重新组织专家进行论证。

施工单位应当指定专人对专项方案实施情况进行现场监督和按规定进行监测。发现不按照专项方案施工的，应当要求其立即整改；发现有危及人身安全紧急情况的，应当立即组织作业人员撤离危险区域。施工单位技术负责人应当定期巡查专项方案实施情况。

对于按规定需要验收的危险性较大的分部分项工程，施工单位、监理单位应当组织有关人员进行验收。验收合格的，经施工单位项目技术负责人及项目总监理工程师签字后，方可进入下一道工序。

（二）安全专项施工方案的基本编制办法

收集技术资料和做好调查研究工作是编制安全专项施工方案的基础，要做到考虑全面、重点突出、方案可行并具有先进性。编制前，应对企业实际施工情况做到清楚了解，对施工组织和施工技术全面掌握。应该讲，编写建筑安全专项施工方案是全面提高施工现场的安全生产管理水平，有效预防生产安全事故的发生，确保施工现场从业人员的安全和健康，实行安全检查评价工作标准化、规范化管理的需要，也是衡量建筑施工企业安全生产管理水平优劣的一项重要标志。

《危险性较大的分部分项工程安全管理办法》中规定，专项方案编制应当包括以下内容：①工程概况，危险性较大的分部分项工程概况、施工平面布置、施工要求和技术保证条件。②编制依据，相关法律、法规、规范性文件、标准、规范及图纸（国标图集）、施工组织设计等。③施工计划，包括施工进度计划、材料与设备计划。④施工工艺技术，技术参数、工艺流程、施工方法、检查验收等。⑤施工安全保证措施，组织保障、技术措施、应急预案、监测监控等。⑥劳动力计划，专职安全生产管理人员、特种作业人员等。⑦计算书及相关图纸。

专项方案编制的原则是：①认真贯彻国家的有关法律法规和方针政策，严格执行建设程序，遵循建设工程施工规律和技术准则，符合工程合同要求，坚持合理的施工工艺和施工顺序。②积极采用先进的施工管理办法，科学组织立体交叉及平行流水作业，保持施工的节奏性、均衡性和连续性。③积极采用国内外先进的施工工艺和施工技术，确立科学的施工方法，提高工程质量，确保安全施工、文明施工。④合理配置机具设备，提高作业机械化程度，扩大机械化施工范围，改善作业条件，提高劳动生产率。⑤精心规划施工，合理布置设施，注重环境保护。⑥结合工程特点，除常规做法外，应抓住工程中危险因素，做到方案内容具体，重点、难点突出，具有针对性、指导性、可操作性。

专项方案的编制框架是：①工程概况；②施工部署；③施工方法；④监控及救援预案；⑤技术组织措施。

施工准备工作包括技术准备、现场准备、机械材料准备等。

(1) 深基坑支护工程的安全专项施工方案编制内容及要点

主要技术标准：《建筑地基基础工程施工质量验收规范》GB 50202—2002；《建筑地基处理技术规范》JGJ 79—2012；《建筑基坑支护技术规程》JG 120—2012；《建筑桩基技术规范》JGJ 94—2008；《钢筋焊接及验收规程》JGJ 18—2012。

方案编制内容：①工程概况、地层特性；②编制依据；③支护结构形式选定；④支护结构设计、支护结构主要技术参数；⑤支护结构施工流程（包括工序搭接）；⑥支护结构施工工艺、质量保证措施、质量检验方法；⑦安全生产技术措施；⑧设计计算书；⑨应急救援预案；⑩附图：支护结构平面布置图、支护结构剖面图、细部（节点）详图。

方案编制要点：地下连续墙、钻孔灌注桩、深层搅拌桩、SMW 工法柱、钢或混凝土支撑等基坑支护工程和土体加固工程的设计方案，工程施工质量直接影响基坑及周边环境的安全性。

(2) 深基坑降水工程的安全专项施工方案编制内容及要点

主要技术标准：《建筑地基基础工程施工质量验收规范》GB 50202—2002；《管井技术规范》GB 50296—2014；《建筑与市政降水工程技术规范》JGJ/T 111—2016。

方案编制内容：①工程概况、地层特性、水文地质；②编制依据；③降水目标和效果、抽水量估算、底板稳定性验算；④降水井及观测井布置和数量、降水井结构、降水井工作结果分析，包括降水时间计算；⑤抽水方法、降水试运行方法、正式降水前成井的临时维护方法、正式降水运行方法、水位监测方法；⑥降水注意事项和安全措施；⑦降水所需的施工机具（如工程钻具）、主要材料（如井管）配置、临时用电和用水配置；⑧应急救援预案；⑨附图：成井阶段平面布置图；阶段降水平面布置图；降水井剖面图；阶段降水剖面图；临时用电和用水平面布置图；⑩设计计算书。

方案编制要点：降水安全专项施工方案应明确降水目标和效果，以及对地下水位的控制方法，防止因地下承压水抽取过少、基坑开挖后产生管涌，而抽取过多时造成周边地面下沉。

（3）深基坑土方开挖工程的安全专项施工方案编制内容及要点

主要技术标准：①《建筑地基基础工程施工质量验收规范》GB 50202—2002；②《建筑边坡工程技术规范》GB 50330—2013；③《建筑基坑支护技术规程》JGJ 120—2012。

方案编制内容：①工程概况、地层特性、周边环境；②编制依据；③土方开挖阶段平面布置及行车路线、施工道路设计（包括支撑部位的道路设计）；④挖土机械和运输车辆选择（包括机型、载重量和最大重量）；⑤挖土机械和运输车辆配置、卸土地点选择；⑥土方开挖工艺流程、土方开挖形式（如抽槽、分区开挖等）、分层分阶段土方量统计、阶段性工期安排；⑦地下管线和周边环境保护措施；⑧基坑周边荷载控制措施；⑨支护结构防渗漏措施；⑩安全技术措施（如临边防护、防止上下立体交叉作业、夜间施工）；⑪施工进度保证措施；⑫应急救援预案；⑬附图：施工现场平面布置图、土方开挖道路、挖土机械位置及行车路线图、开挖平面分区图。

方案编制要点：深基坑土方开挖工程的安全专项施工方案，应明确分层、分段开挖和支撑形式等工艺和流程以及时间节点等，确保基坑支护结构的稳定性和周边环境的安全性。

（4）水平混凝土构件模板支撑系统的安全专项施工方案编制内容及要点

主要技术标准：《混凝土结构工程施工质量验收规范》GB 50204—2015）；《建筑施工模板安全技术规范》JGJ 162—2008；《建筑施工扣件式钢管脚手架安全技术规范》JGJ 130—2011。

方案编制内容：①工程概况；②编制依据；③搭设材料的选用（包括立杆底部垫板、立杆、扫地杆、纵横向水平杆、垂直剪刀撑、水平剪刀撑、扣件、梁板底支撑方木和板材等）；④搭设尺寸（包括立杆纵横向间距、纵横向水平杆步距、垂直剪刀撑或水平剪刀撑的设置位置、立杆底部垫板长度等）；⑤搭设工艺要求（包括立杆垂直度、杆件接长方式、杆件接长位置、立杆搭接长度、杆件的连接方式、扣件拧紧力矩等）；⑥拆模时的混凝土强度、混凝土强度值的确定方法；⑦安全技术措施；⑧设计计算书、梁板等荷载计算，包括施工荷载、地基承载力计算、立杆稳定性计算、纵横向水平杆受力计算（包括抗弯和挠度等）；⑨应急救援预案；⑩附图：模板支撑系统平面布置图、模板支撑系统剖面图、模板施工节点图。

方案编制要点：水平混凝土构件模板支撑系统的安全专项施工方案，应明确施工荷载、模板支撑系统承重结构和构造形式，确保模板支撑系统有足够的承载能力、刚度和稳定性。

（5）起重吊装工程的安全专项施工方案编制内容及要点

主要技术标准：《起重吊运指挥信号》GB 5082—1985；《建筑机械使用安全技术规程》JGJ 33—2012。

方案编制要求：①工程概况；②编制依据；③主要构件工况（包括构件规格、重量、起吊高度、作业半径等）；④主要起重机械选用（包括机械名称、型号规格、起重性能、用途、台数等）；⑤吊装工艺流程（吊装工序）；⑥构件吊点设置、绑扎要求、试吊方法、起吊构件稳定措施、构件就位后临时固定措施；⑦起重机械安全使用措施（包括地面道路承载力和平整度的确定方法和要求等）；⑧吊索具安全使用措施（如吊索具的规格、使用部位等）；⑨警戒区设置和管理（如设置全封闭警戒区、专人监护等）；⑩吊装作业安全措施（如指挥信号传递方式、预防物体坠落措施等）；⑪高处作业人员安全设施和措施（如安全绳设置和安全带使用、作业通道设置、操作平台等）；⑫防火措施（如焊接时接火盘的设置等）；⑬安全用电措施（如高处作业时线路架设、用电设施安放等）；⑭应急救援预案；⑮附图：吊装施工平面布置图、构件临时固定布置图、安全设施布置图。

方案编制要点：起重吊装的安全专项施工方案，应明确吊装工序、吊装控制、吊装安全措施，防止高处坠人物事故。

（6）落地式钢管脚手架的安全专项施工方案编制内容及要点

主要技术标准：《建筑施工扣件式钢管脚手架安全技术规范》JGJ 130—2011；《建筑施工高处作业安全技术规范》JGJ 80—2016。

方案编制要求：①工程概况；②编制依据；③搭设材料的选用（包括立杆底部垫板、立杆、扫地杆、剪刀撑、扣件、与墙面的拉结材料、脚手板（笆）、挡脚板、密目网等）；④搭设尺寸（包括立杆底部垫板长度、立杆纵距与横距、步距、内立杆距外墙面的距离、剪刀撑设置位置与要求、拉结点设置和间距等）；⑤搭设要求（脚手架基础处理、立杆垂直度、杆件接长方式、杆件接长位置、采用搭接方式时的搭接长度、杆件连接方式、脚手板（笆）铺设和固定、防护栏杆和挡脚板设置、立网设置位置和固定、上下通道设置位置与数量、水平隔离措施、接地措施等）；⑥搭设顺序；⑦搭设质量保证措施；⑧脚手架搭拆和使用安全技术措施；⑨应急救援预案；⑩附图：脚手架立杆布置图、脚手架立面图、拉结点与杆件搭接接长细部节点图；⑪设计计算书。

方案编制要点：落地式钢管脚手架的安全专项施工方案，应明确脚手架的形式、构造要求、搭设顺序（工艺），以及搭拆时的安全技术措施，确保搭设、拆除和使用人员的安全。

（7）施工升降机（物料提升机）安装拆除的安全专项施工方案编制内容及要点

主要技术标准：《吊笼有垂直导向的人货两用施工升降机》GB 26557—2011；《建筑施工升降机安装、使用、拆卸安全技术规程》JGJ 215—2010；《施工升降机》GB/T 10054—2005；《建筑机械使用安全技术规程》JGJ 33—2012；《龙门架及井架物料提升机安全技术规范》JGJ 88—2010。

方案编制要求：①工程概况；②编制依据；③施工升降机型号、数量、设置位置选定；④基础设计计算；⑤安装准备工作、安装流程和安装工艺（包括底座、吊笼、架体、天梁及滑轮、地锚及缆风绳、附墙、驱动机构、钢丝绳和对重、安全防护装置、控制电箱等)；⑥调试方法（包括停靠装置、上下限位装置、极限开关、防坠器、钢丝绳张力、各种传动机构等)；⑦保护装置试验时间和方法（包括停层保护、断松绳保护、限载或超载保护等)；⑧拆卸准备工作、拆卸流程和拆卸工艺；⑨安全技术措施（如安全管理、装拆时对天气条件的要求等)；⑩应急救援预案；⑪附图：施工升降机（物料提升机）平面布置图、基础平面布置图、基础详图、附着节点详图；⑫设计计算书。

方案编制要点：施工升降机（物料提升机）安装拆除的安全专项施工方案，应明确其型号和安装、加节、拆卸及附着工艺、安全技术措施，防止在安装、加节、拆卸过程中发生生产安全事故。

五、施工现场安全事故的防范知识

（一）施工现场安全事故的主要类型

施工现场主要事故类型为“六大伤害”，即高处坠落、物体打击、坍塌、触电、机械伤害、起重伤害。此外，由于施工现场易燃材料多，电气焊等动火作业多，火灾也逐渐成为施工现场较为常见的一种事故类型，中毒（硫化氢）事故在部分地区也时有发生。

（1）危险源

《职业健康安全管理体系要求》GB/T 28001—2011 指出，危险源是指可能导致人身伤害和（或）健康损害的根源、状态或行为，或其组合。其中，健康损害是指可确认的、有工作活动和（或）工作相关状况引起或加重的身体和精神的不良状态。《施工企业安全生产评价标准》则定义为，危险源是指可能导致死亡、伤害、职业病、财产损失、工作环境破坏或这些情况组合的根源或状态。

为了区别危险源对人体不利作用的特点和效果，通常将其分为危险因素（强调突发性和瞬间作用）和有害因素（强调在一定时间范围内的积累作用）。危险因素是指能对人造成伤亡、对物造成突发性损坏的因素；有害因素是指影响人的身体健康、导致疾病或对物造成慢性损坏的因素。

《生产过程危险和有害因素分类与代码》GB/T 13861—2009 将生产过程中的危险、有害因素，分为人的因素、物的因素、环境因素和管理因素 4 大类。

危险源由三个要素构成：潜在危险性、存在条件和触发因素。

1）危险源的种类

根据危险源在事故发生、发展中的作用，一般把危险源划分为两大类，即第一类危险源和第二类危险源。第一类危险源是指在系统中存在的、可能发生意外释放的能量，包括生产过程中各种能量源、能量载体或危险物质。它决定了事故后果的严重程度，其具有的能量越多，发生的事故后果越严重，如：土石方工程的边坡、存放易燃易爆物品的仓库等。第二类危险源是指导致用于约束、限制能量或危险物质的措施失效或者被破坏的各种不安全因素。它往往是一些围绕着第一类危险源随机发生的现象，其出现的情况决定事故发生的可能性，即出现得越频繁，发生事故的可能性就越大。人的不安全行为和物的不安全状态是造成能量或危险物质意外释放的直接原因。从系统安全的观点来看，第二类危险源包括人的失误、物的故障、环境影响和管理缺陷等因素。

工业生产作业过程的危险源一般分为七类：①化学品类：毒害性、易燃易爆性、腐蚀性等危险物品；②辐射类：放射源、射线装置及电磁辐射装置等；③生物类：动物、植物、微生物（传染病病原体类等）等危害个体或群体生存的生物因子；④特种设备类：电梯、起重机械、锅炉、压力容器（含气瓶）、压力管道、客运索道、大型游乐设施、场（厂）内专用机动车；⑤电气类：高电压或高电流、高速运动、高温作业、高空作业等非常态、静态、稳态装置或作业；⑥土木工程类：建筑工程、水利工程、矿山工程、铁路工程、公路工程等；⑦交通运输类：汽车、火车、飞机、轮船等。

2）危险源的识别

危险源的识别，是从生产活动中识别出可能造成人员伤害或疾病、财产损失、环境破坏的危险或有害因素的存在并确定其特性的过程。国内外已开发出的危险源识别方法有几十种之多，如安全检查表、预危险性分析、危险和操作性研究、故障类型和影响性分析、事件树分析、故障树分析、LEC法、储存量比对法等。其中，最简便和应用最广泛的危险源识别方法是安全检查表法。

安全检查表法（Safety Checklist Analysis，缩写SCA）是依据相关的标准、规范，对工程、系统中已知的危险类别、设计缺陷以及与一般工艺设备、操作、管理有关的潜在危险性和有害性进行判别检查。它适用于工程、系统的各个阶段，是系统安全工程的一种最基础、最简便、广泛应用的系统危险性评价方法。

安全检查表法的优点有：①安全检查表能够事先编制，做到系统化、科学化，不漏掉任何可能导致事故的因素，为事故树的绘制和分析做好准备。②可根据现有的法律法规、标准规范和规章制度等检查执行情况，使检查工作法规化、规范化。③通过事故树分析和编制安全检查表，将实践经验上升到理论，从感性认识到理性认识，并用理论去指导实践，充分认识各种影响事故发生的因素的危险程度。④安全检查表，按照原因事件的重要顺序排列，有问有答，通俗易懂，能使人们清楚地知道哪些原因事件最重要，哪些次要，促进职工采取正确的方法进行操作，起到安全教育的作用。⑤安全检查表可同安全生产责任制相结合，按不同的检查对象使用不同的安全检查表，易于分清责任，还可提出改进措施，并进行检验。⑥查表简明易懂，易于掌握，检查人员按表逐项检查，操作方便，能弥补自身知识和经验不足的缺陷。

安全检查表法的缺点是：①可以做定性的评价，但不能定量。②往往凭借经验，对已存在的对象评价。③编制安全检查表的难度和工作量大，检查表质量受制于编制者的知识水平及经验积累。④要有事先编制的各类检查表，有评分、评级标准。

编制安全检查表的主要依据：①国家和地方的相关安全法规、规定、规程、规范和标准，行业、企业的规章制度、标准及企业安全生产操作规程。②国内外行业、企业事故统计案例、经验教训。③行业及企业安全生产的经验，特别是本企业安全生产的实践经验，引发事故的各种潜在不安全因素及杜绝或减少事故发生的成功经验。④系统安全分析的结果，如采用事故树分析方法找出的不安全因素，或作为防止事故控制点源列入安全检查表。

安全检查表分析法的主要操作步骤：①收集评价对象的有关数据资料；②选择或编制安全检查表；③现场检查评价；④编写评价结果分析。

3）危险源的风险评价

风险评价的目的，是认识和理解可能由生产活动过程所产生的危险源，并确保其对人员所产生的风险能够得到评价、排序并控制在可接受程度范围内。《职业健康安全管理体系实施指南》GB/T 28001—2011 中指出，风险评价是指对危险源导致的风险进行评估、对现有控制措施的充分性加以考虑以及对风险是否可接受予以确定的过程。

危险源的风险评价是重大危险源控制的关键措施之一。对危险源的风险评价，应遵循系统的思想和方法，以保证危险源评价的正确合理。一般来说，重大危险源的风险分析评价应当包括：辨识各类危险因素的原因与机制；依次评价已辨识的危险事件发生的概率；评价危险事件的后果；评价危险事件发生概率和发生后果的联合作用。

对危险源进行了识别后，应当逐一评价危险源造成风险的可能性和大小，对风险进行分级。按照风险等级的评估方法，将风险发生的可能性分为很大、中等、极小三个级别，将事故后果按照严重程度也分为三个级别：轻度损失、中度损失和重大损失，风险的等级与其发生的可能性、后果有关，这样可以得到一个风险等级评估表。

根据风险的可接受程度，应当制定相应的控制预防措施和不同风险等级的风险控制措施计划。不同的企业和不同的工程项目，应当根据不同的条件和风险评价情况，选择合理的安全管理方案，采取适合的安全控制措施。鉴于危险源会随着工序、进度、人员、环境以及管理的变化而不断变化，对危险源的辨识和评价也不能是静态的，应当是动态变化的，针对危险源制定出来的控制措施也要及时进行相应调整。

风险评价方法可分为定性和定量两种：①定性评价：这是依据以往的数据分析和经验对危险源进行的直观判断。对同一危险源，不同的评价人员可能得出不同的评价结果。但对于防治常见危害和多发事故来说，这种方法较有效。如施工现场重点防范的“六大伤害”，就是在对以往施工事故进行统计分析的基础上提出的。②定量评价：这是通过对危险源的构成进行综合计算，确定其风险等级。两种评价方法各有利弊，施工企业可综合采用，取长补短，综合确定评价结果。当对得出的评价结果有异议时，应本着“就高不就低”的原则，采用高风险值的评价结果。

针对建筑施工的特点，可将施工现场的危险源分为重大的和一般的风险两类。在严重不符合安全生产法规的情况下，符合下列情况之一，可判断为不可承受风险，即重大危险源：①可能造成死亡事故；②重大及以上设备事故；③可能发生重伤事故；④会引起停产。在不符合安全生产法规的情况下，符合下列情况之一，可判断为一般风险：①可能造成轻伤事故；②相关方有合理抱怨或要求。

4）危险源管理

生产安全事故的根源在于生产活动场所存在的危险源。为了控制和减少发生事故的风险，实现安全生产的目标，改善并提升企业安全生产环境，预防生产安全事故，需要对生产活动场所存在的危险源进行识别，以采取管理手段和管理措施加以控制。对于危险源控制的基本思路，是要识别与生产活动相关的所有危险源，运用科学的风险评价方法对所有危险源逐一进行评价，找出重大危险源，并针对重大危险源有针对性地制定安全控制措施和安全生产管理方案，明确危险源的辨识、评价和控制活动与安全生产保证计划其他各要素之间的联系，对其实施进行安全控制。危险源的识别、评价和控制是随着生产活动的变化而动态变化的，需要及时进行更新。

危险源管理是一个不断完善、更新的动态循环和持续改进的过程，通常由危险源识别、危险源风险评价、编制安全保证计划、实施安全控制措施计划和安全检查五个基本环节构成。在建设工程项目施工过程中，项目管理人员应根据法律法规、标准规范、施工方案、施工工艺、相关方要求及群众投诉等客观情况的变化，以及安全检查中发现所遗漏的危险因素或者新发现的危险因素，定期或不定期地对原有的识别、评价和控制策划结果及时进行评审，必要时进行更新，不断改进、补充和完善，使之呈螺旋式上升。每经过一个循环过程，都需要制定新的安全目标及其实施方案，使原有的安全生产保证计划不断改进和完善，达到一个新的运行状态。

(2) 施工现场生产安全事故的分类

所谓生产安全事故，是指在生产经营活动中发生的意外突发事件的总称，通常会造成人员伤亡或者财产损失，使正常的生产经营活动中断。

1) 生产安全事故的分类

按伤害程度划分：①轻伤，指损失工作日为1个工作日以上（含1个工作日），105个工作日以下的失能伤害；②重伤，指损失工作日为105个工作日以上（含105个工作日）的失能伤害，重伤的损失工作日最多不超过6000日；③死亡。损失工作日定为6000日，是根据我国职工的平均退休年龄和平均死亡年龄计算出来的。该分类是按照伤亡事故造成的损失工作日来计算的。损失工作日是指受伤害者丧失劳动力的工作日。各种伤害情况的损失工作日，可根据《企业职工伤亡事故分类标准》GB 6441—86进行计算或选取。

按事故严重程度划分：①轻伤事故，即只有轻伤的事故；②重伤事故，即有重伤而无死亡的事故；③死亡事故，即发生了人员死亡的事故。

按事故类别划分：《企业职工伤亡事故分类标准》GB 6441—86中将事故类别划分为20类，即物体打击、车辆伤害、机械伤害、起重伤害、触电、淹溺、灼烫、火灾、高处坠落、坍塌、冒顶片帮、透水、放炮、火药爆炸、瓦斯爆炸、锅炉爆炸、容器爆炸、其他爆炸、中毒和窒息、其他伤害。

按伤亡事故的等级划分：《生产安全事故报告和调查处理条例》将生产安全事故，按照造成的人员伤亡或者直接经济损失划分为四个等级（详见本书“一、安全管理相关规定和标准”的相关内容）。

2) 建筑施工现场生产安全事故的分类

建筑施工现场生产安全事故主要有以下10种：①高处坠落，是指在高处作业中发生坠落造成的伤亡事故；②触电，是指电流流经人体而造成的生理伤害事故；③物体打击，是指失控物体的惯性力造成的人身伤害事故；④机械伤害，是指机械设备运动（静止）部件、工具、加工件直接与人体接触引起的夹击、碰撞、剪切、卷入、绞、碾、割、刺等伤害；⑤起重伤害，是指各种起重作用（包括起重机安装、检修、试验）中发生的挤压、坠落、（吊具、吊重）物体打击和触电的伤害事故；⑥坍塌，是指物体在外力或重力作用下，超过自身的强度极限或因结构稳定性破坏而造成的事故，如开挖基坑时的土石塌方、脚手架坍塌、堆置物倒塌等；⑦车辆伤害，是指机动车辆引起的机械伤害事故；⑧火灾，是指造成人员伤亡或财产损失的企业火灾事故；⑨中毒和窒息，是指人体接触有毒物质而引起的人体急性中毒事故，或在地下管道、暗井、涵洞、密闭容器等不通风或缺氧的空间工作引起突然晕倒甚至死亡的窒息事故；⑩其他伤害。

（二）施工现场安全生产重大隐患及多发性事故

施工现场安全生产重大隐患，是指根据作业场所、设备及设施的不安全状态，人的不安全行为和管理上的缺陷，可能导致重大人身伤亡或者重大经济损失的事故隐患。近几年来，全国建筑施工生产安全事故中，坍塌事故特别是深基坑、高大模板支撑系统坍塌事故多发，且易造成群死群伤；高处坠落、物体打击事故所占比例较大。为此，住房和城乡建设部明确要求，各地要认真开展以深基坑、脚手架为重点的预防坍塌事故的专项整治及隐患排查治理工作，及时消除建筑施工现场存在的隐患。

（1）施工现场安全生产的有害因素

《生产过程危险和有害因素分类与代码》GB/T 13861—2009 中指出，按可能导致生产过程中危险和有害因素的性质进行分类，生产过程危险和有害因素共分为四大类，分别是“人的因素”、“物的因素”、“环境因素”、“管理因素”。

1）人的因素。人的因素是指与生产各环节有关的，来自人员自身或人为性质的危险和有害因素。人的不安全因素分为个体固有的不安全因素和人的不安全行为两大类。

个体固有的不安全因素，是指人员的心理、生理、能力中所具有的不能适应工作岗位要求而影响安全的因素。它主要包括：心理上具有影响安全的性格、气质、情绪等；生理上存在的视觉、听觉等感官器官的缺陷、体能的缺陷等，导致不能适合工作岗位的安全需求；能力上（指知识技能、应变能力、资格资质等）不能满足工作岗位的安全要求。例如，人员粗心大意、丢三落四的性格特点，节假日前后的情绪波动，听力衰退、色盲色弱等生理缺陷，高血压、心脏病等生理疾病，未经培训尚未掌握安全生产知识技能等客观的因素，均属于个体固有的不安全因素。人的不安全行为，是指能造成事故的人为错误，是人为地使系统发生故障或使风险不可控，是作业人员主观原因导致的违背安全设计、违反安全生产规章制度、不遵守安全操作规程等错误行为。

《企业职工伤亡事故分类》中将人的不安全行为分为 13 种类型：①操作错误、忽视安全、忽视警告。未经许可开动、关停、移动机器，开动、关停机器时未给信号，开关未锁紧造成意外转动、通电或泄漏等，忘记关闭设备，忽视警告标志、警告信号，操作错误（指按钮、阀门、扳手、把柄等的操作），奔跑作业，供料或送料时速度过快，机器超速运转，违章驾驶场内机动车辆，酒后作业，客货混载，工件紧固不牢等。②造成安全装置失效。具体的表现有拆除了安全装置，安全装置因人为原因失去作用，由于错误的调整或维修造成安全装置失效等。③使用不安全设备，包括临时使用不牢固的设施，使用无安全装置的设备等。④用手代替工具操作。具体表现为用手代替手动工具，用手清除切屑，不用夹具固定工件，用手拿工件进行机加工等。⑤物体（指成品、半成品、材料、工具、切屑和生产用品等）存放不当。⑥冒险进入危险场所。具体表现为冒险进入涵洞，接近漏料处（无安全设施），无关人员进入危险作业区域且无安全防护措施，未经安全监察人员允许进入油罐或井中，未“敲帮问顶”即开始作业，冒进信号，调车场超速上下车，易燃易爆场合明使用火，未及时瞭望等。⑦攀、坐在不安全位置（如平台护栏、汽车挡板、吊车吊钩）。⑧起重作业时在起吊物下作业、停留。⑨机器运转时即进行加油、修理、检查、调整、焊接、清扫等工作。⑩有分散注意力行为。⑪在必须使用个人防护用品用具的作业或场合中，忽视其使用。具体的表现有未戴护目镜或面罩，未戴防护手套，未穿安全鞋，未佩戴安全帽，未佩戴呼吸护具，未使用安全带等。⑫不安全装束。在有旋转零部件的设备旁作业穿过肥大服装，未将长发盘进帽子中，操纵带有旋转零部件的设备时戴手套等。⑬对易燃、易爆等危险物品处理错误。

2）物的因素。物的因素是指机械、设备、设施、材料等方面存在的危险和有害因素。物的不安全状态，是指能导致事故发生的物质条件，包括机械设备等物质或环境所存在的不安全因素，又称为物的不安全条件或不安全状态。

《企业职工伤亡事故分类》中将物的不安全状态分为以下类型：①防护、保险、信号等装置缺乏或有缺陷。具体有：无防护，包括无防护罩、无安全保险装置、无报警装置、无安全标志、无护栏或护栏损坏、（电气）未接地、绝缘不良等；防护不当，包括防护罩未在适当位置、防护装置调整不当、坑道掘进、隧道开凿支撑不当、防爆装置不当、电气装置带电部分裸露等。②设备、设施、工具、附件有缺陷。具体有：设计不当，结构不合安全要求，包括通道门遮挡视线、制动装置有缺欠、安全间距不够、拦车网有缺欠、工件有锋利毛刺毛边、设施上有锋利倒梭等；强度不够，包括机械强度不够、绝缘强度不够、起吊重物的绳索不合安全要求等；设备在非正常状态下运行，包括设备带“病”运转、超负荷运转等；维修、调整不良，包括设备失修、地面不平、保养不当、设备失灵等。③个人防护用品用具—防护服、手套、护目镜及面罩、呼吸器官护具、听力护具、安全带、安全帽、安全鞋等缺少或有缺陷，包括无个人防护用品、用具或者所用的防护用品、用具不符合安全要求。

3）环境因素。环境因素是指生产作业环境中的危险和有害因素。《生产过程危险和有害因素分类与代码》GB 13861—2009 中指出，环境因素包括室内、室外、地上、地下（如隧道、矿井）、水上、水下等作业（施工）环境。

生产（施工）场地环境不良，具体是：①照明光线不良，包括了照度不足、作业场地烟雾尘弥漫视物不清、光线过强等。②通风不良，包括了无通风、通风系统效率低、风流短路等。③作业场所狭窄。④作业场地杂乱，包括了工具、制品、材料堆放不安全等。⑤交通线路的配置不安全。⑥操作工序设计或配置不安全。⑦地面滑，包括了地面有油或其他液体、冰雪覆盖、地面有其他易滑物等。⑧贮存方法不安全。⑨环境温度、湿度不当。

4）管理因素。管理因素是指管理上的失误、缺陷和管理责任所导致的危险和有害因素。管理上的不安全因素，通常也称为管理上的失误或缺陷，也是事故潜在的不安全因素。

管理上的不安全因素，主要是安全组织机构不健全、安全责任制未落实、安全管理规章制度不完善、操作规程不规范、事故应急预案及响应缺陷、培训制度不完善、安全投入不足、职业健康管理不完善等。

作为间接的原因，主要是：①技术上的缺陷；②教育上的缺陷；③生理上的缺陷；④心理上的缺陷；⑤管理工作上的缺陷；⑥学校教育和社会、历史上的原因造成的缺陷。

通过对大量事故的原因分析，许多事故都是由多种原因交织而形成，是由人的不安全因素和物的不安全状态结合而成。但是，人的不安全行为是影响建筑安全生产的主要因素。因此，要预防和控制建筑生产安全事故，除须改变环境的不安全条件、管理上的缺陷和消除物（或机器）的不安全状态，更重要的是应努力消除人的各种不安全行为。

（2）施工现场安全生产的重大危险源

建筑施工多为露天作业和高处作业，施工场地狭窄，作业环境较差。因而，施工现场的危险源较多。根据不安全因素的分类，结合施工现场的特点，总结多发事故的教训，对施工现场存在的重大危险源可以归纳为：

1）基坑支护、人工挖孔桩、脚手架、模板和支撑、起重机械、物料提升机、施工电梯等工程局部甚至整体结构失稳，导致机械设备倾覆或土方坍塌导致人员伤亡等后果。

2）高处作业（作业面距离基准面高度差达到 2m）、临边洞口作业，因安全防护不到位导致人员从高处坠落；作业面的材料或建筑垃圾堆放不当，导致人员滑倒致伤甚至死亡；作业人员未佩戴安全带或安全带失效造成人员高处坠落。

3）因荷载过重或管理不善，材料构件、施工工具等发生堆放散落、高空坠落，导致撞击、砸伤下方人员。

4）临时用电设备设施、施工机械及机具漏电、电源线老化等，或者未按规定采取接地保护、漏电保护措施，造成人员触电或线路短路造成电器火灾。

5）起重吊装作业中吊物、吊臂、吊具、吊索等意外失控，造成周边建筑物、构筑物损坏和人员伤亡等后果。

6）人工挖孔桩、隧道掘进、市政管道接口等，因通风排气不畅造成人员窒息或中毒。

7）易燃易爆物管理不当，焊接动火作业不符合安全操作规程，引发爆炸、火灾。

8）使用挖掘机进行基坑开挖等作业时，损坏地下的电气、供水、供热、供气管道等，引起大面积停电、停水、停气等事故。

9）深基坑、隧道、地铁、竖井、大型管沟的施工，因支护、支撑等设施失稳而造成施工场所破坏、人员伤亡，还会引起地面、周边建筑设施等的倾斜、塌陷、坍塌、爆炸与火灾等。基坑开挖、人工挖孔桩等施工降水作业，造成周围建筑物因地基不均匀沉降而倾斜、开裂、倒塌等。

10）生活区用电不安全引发的火灾，不安全使用燃气导致爆炸，因食品不卫生导致中毒以及由争执、矛盾引发治安事件等。

11）遭遇台风、暴雨、暴风雪等自然灾害导致人员和财产损失。

12）其他。

（3）施工现场常见的事故类型

据统计，2016 年房屋市政工程生产安全事故按照类型划分，高处坠落事故 333 起，占总数的 52.52％；物体打击事故 97 起，占总数的 15.3％；坍塌事故 67 起，占总数的 10.57％；起重伤害事故 56 起，占总数的 8.83％；机械伤害、触电、车辆伤害、中毒和窒息等其他事故 81 起，占总数的 12.7％。

通过对近年来建筑施工生产安全事故的统计数据分析，建筑施工生产安全事故类型主要是高处坠落、物体打击、坍塌、起重伤害、机械伤害和触电，被称为建筑施工的“六大伤害”。这些事故通常是以一般事故为多，以城市居多，而且是多次的重复发生。因此，施工现场应当重点防范这“六大伤害”的事故反复发生。

建筑施工生产安全事故的主要特点是：①危害的严重性。施工生产安全事故的影响往往较大，会直接导致人员伤亡或财产损失，特别是重大施工生产安全事故会导致群死群伤或巨大财产损失。因此，必须警钟长鸣，常抓不懈。否则，一旦发生事故，其造成的损失将无法挽回。②原因的复杂性。建筑施工生产的特点，决定了影响建筑安全生产的因素众多，使施工生产安全事故的原因错综复杂。就是同类事故，其发生原因也将是多种多样，这给分析事故原因、判断事故性质等都增加了难度。③隐患的可变性。建筑施工中的安全隐患有可能随着时间推移而不断发展甚至加重，如果不及时加以整改和处理，很可能会发展为重大事故，带来严重的后果。因此，在分析和处理施工安全隐患时，要关注其可变性，及时采取有效措施，进行纠正或消除，杜绝恶化为伤亡事故。④事故的多发性。不少事故在施工过程中的某些部位或工序或作业活动中经常发生。因此，对多发性事故应注意总结事故发生的规律，认真吸取教训，及时采用有效的预防措施，加强事前预控和事中防控。

（三）施工现场安全事故的主要防范措施

施工现场安全事故的主要防范措施是：①建立以项目经理为第一责任人的安全生产领导组织，抓好各级管理人员安全生产责任的落实和制度落实。②按照检查制度、标准规范，对施工现场各类设施开展检查活动，对人员的不安全行为进行综合监督管理，对物的不安全状态及时消除，并改善作业条件。③开展经常性的安全宣传教育和安全技术培训，使职工认识到法律法规、规章制度、操作规程是用鲜血换来的经验总结，是人人必须遵循的行为准则，使职工在施工中增强安全意识，做到不伤害自己、不伤害他人、不被他人伤害。④按照科学的作业标准、操作规程，规范各工种作业人员的安全行为，防范事故发生。⑤抓好生产技术和安全技术的管理工作，规范技术措施编制、审核和审批，严格按照技术措施组织施工。⑥做好现场文明施工，及时消除危险源，促进施工现场管理标准化、规范化。

针对施工现场常见的“六大伤害”特点，还应当对高处坠落、物体打击、坍塌、起重伤害、机械伤害和触电分别采取相应的安全防范措施。

（1）高处坠落

建筑施工高处作业比较多，致使在施工现场可能发生高处坠落的施工作业行为较普遍，如施工人员在2m以上脚手架进行作业、各类登高作业、外用电梯安装作业及临边洞口作业等。

对于高处坠落事故的主要防范措施是：①施工单位在编制施工组织设计时，应制定预防高处坠落事故的安全技术措施。项目部应结合施工组织设计，根据工程特点编制预防高处坠落事故的专项施工方案，并组织实施。②高处作业人员应当接受高处作业安全知识的教育培训和经过体检，并经考核和体检合格后方可上岗作业，要对高处作业技术措施和安全专项施工方案进行技术交底并签字确认。对于攀登和悬空高处作业人员及搭设高处作业安全设施的人员，须经专业技术培训及专业考试合格后持证上岗，并定期进行体检。③施工单位应为高处作业人员提供合格的安全帽、安全带等必备的安全防护用具，作业人员应按规定正确佩戴和使用。使用安全带应做垂直悬挂，高挂低用较安全。当作水平位置悬挂使用时，要注意摆动碰撞。不宜低挂高用；不应将绳打结使用，以免绳结受力后剪断；不应将挂钩直接挂在不牢固物和直接挂在非金属绳上，防止绳被割断。④高处作业安全设施的主要受力杆件，力学计算按一般结构力学公式，强度及挠度计算按现行有关规范进行，但钢受弯构件的强度计算不考虑塑性影响，构造上应符合现行的相应规范的要求。⑤加强对临边和洞口的安全管理，采取有效防护措施，按照技术规范的要求设置牢固的盖板、防护栏杆、张挂安全网等。⑥电梯井口必须设防护栏杆或固定栅门；电梯井内应每隔两层，最多隔10m设一道安全网。⑦井架与施工运输电梯、脚手架等与建筑物通道的两侧边，必须设防护栏杆。地面通道上方应装设安全防护棚。双笼井架通道中间，应予以分隔封闭。各种垂直运输接料平台，除两侧设防护栏杆外，平台口还应设置安全门或活动防护栏杆。⑧施工现场通道附近的各类洞口与坑槽等处，除设置防护设施与安全标志外，夜间还应设红灯示警。⑨攀登的用具，结构构造上必须牢固可靠。作业人员应从规定的通道上下，不得在阳台之间等非规定通道进行攀登，也不得任意利用吊车臂架等施工设备进行攀登。上下梯子时，必须面向梯子，且不得手持器物。⑩施工中对高处作业的安全技术设施，发现有缺陷和隐患时，必须及时解决；危及人身安全时，必须停止作业。⑪因作业需临时拆除或变动安全防护设施时，必须经施工负责人同意，并采取相应的可靠措施，在作业后应立即恢复。⑫防护棚搭设与拆除时应设警戒区，并应派专人监护。严禁上下同时拆除。⑬雨天和雪天进行高处作业时，必须采取可靠的防滑、防寒和防冻措施。凡水、冰、霜、雪均应及时清除。对进行高处作业的高耸建筑物，应事先设置避雷设施。遇有6级以上强风、浓雾等恶劣气候，不得进行露天攀登与悬空高处作业。暴风雪及台风暴雨后，应对高处作业安全设施逐一加以检查，发现有松动、变形、损坏或脱落等现象，应立即修理完善。

（2）物体打击

物体打击事故，是指物体在重力或其他外力的作用下产生运动，打击人体而造成的伤害事故。在施工现场，物体打击事故的主要是发生在物料工具从高处坠落至地面，击伤地面人员，或者物料工具从地面坠落至基坑、槽等低处而击伤低处作业人员。

对于物体打击事故的主要防范措施是：①避免交叉作业。在施工计划安排时，尽量避免和减少同一垂直线内的立体交叉作业。当无法避免交叉作业时，必须设置能阻挡上层坠落物体的隔离层。②模板的安装和拆除应按照施工方案进行作业，对2m以上的高处作业应有可靠的立足点，拆除作业时不得留有悬空的模板，防止掉下砸伤人。③从事起重机械的安装拆卸、脚手架、模板的搭设或拆除、桩基作业、预应力钢筋张拉作业区以及建筑物拆除作业等危险作业时，必须设警戒区。警戒区应由专人负责监护，严禁非作业人员穿越警戒区或在其中停留。④脚手架两侧应设有0.5～0.6m和1.0～1.2m的双层防护栏杆和高度为18～20cm的挡脚板。脚手架外侧挂密目式安全网，网间不应有空缺。脚手架拆除时，拆下的脚手杆、脚手板、钢管、扣件、钢丝绳等材料，应向下传递或用绳吊下，严禁投掷。脚手板上堆放的材料、构件、工具应均匀地堆放整齐，防止倒塌坠落。⑤上下传递物件禁止抛掷。⑥深坑、槽的四周边沿在规定范围内，禁止堆放物料。深坑槽施工所有材料均应用溜槽运送，严禁抛掷。⑦做到工完场清。清理各楼层的杂物，集中放在斗车或桶内，及时吊运至地面，严禁从高处向下抛掷。⑧手动工具应放置在工具袋内，禁止随手乱放，避免坠落伤人。⑨拆除施工时除设置警戒区域外，拆下的材料要用物料提升机或施工电梯及时清理运走，散碎材料应用溜槽顺槽溜下。⑩使用圆盘锯小型机械设备时，保证设备的安全装置完好，工人必须遵守操作规程，避免机械伤人。⑪通道和施工现场出入口上方，均应搭设坚固、密封的防护棚。高层建筑应搭设双层防护棚。⑫进入施工现场必须正确佩戴安全帽，安全帽的质量必须符合国家标准。⑬作业人员应在规定的安全通道内出入和上下，不得在非规定通道位置行走。禁止作业人员在防护栏杆、平台等的下方有物件坠落危险的地方休息、聊天。

（3）坍塌

坍塌事故主要是因建筑物、构筑物、堆置物以及材料堆放受外力或内力的作用所导致。坍塌事故常会引发坠落、物体打击、掩埋、窒息等事故，造成人员伤亡甚至是群死群伤。施工现场的坍塌事故可分为土方或堆料（工具）坍塌、脚手架或模板坍塌、拆除工程坍塌和起重机械坍塌。

对于坍塌事故的主要防范措施是：①土方坍塌的防范措施。a. 土方开挖前应了解水文地质及地下设施情况，制定施工方案，并严格执行。基础施工要有支护方案。b. 按规定设边坡，在无法留有边坡时，应采取打桩、设置支撑等措施，确保边坡稳定。c. 开挖沟槽、基坑等，应根据土质和挖掘深度等条件放足边坡坡度。挖出的土堆放在距坑、槽边距离不得小于设计的规定，且堆放高度不超过 1.5m。开挖过程中，应经常检查边壁土稳固情况，发现有裂缝、疏松或支撑走动，要随时采取措施。d. 需要在坑、槽边堆放材料和施工机械的，距坑槽边的距离应满足安全的要求。e. 挖土顺序应并遵循由上而下逐层开挖的原则，禁止采用掏洞的操作方法。f. 基坑内要采取排水措施，及时排除积水，降低地下水位，防止土方浸泡引起坍塌。g. 施工作业人员必须严格遵守安全操作规程。上下要走专用的通道，不得直接从边坡上攀爬，不得拆移土壁支撑和其他支护设施。发现危险时，应采取必要的防护措施后逃离到安全区域，并及时报告。h. 经常查看边坡和支护情况，发现异常，应及时采取措施。i. 支护设施拆除通常采用自下而上，随填土进程，填一层拆一层，不得一次拆到顶。②模板和脚手架等工作平台坍塌的防范措施。a. 模板工程、脚手架工程应有专项施工方案，附具安全验算结果，并经审查批准后，在专职安全生产管理人员的监督下实施。b. 架子工等搭设拆除人员必须取得特种作业资格。c. 搭设完毕使用前，需要经过验收合格方可使用。d. 作业层上的施工荷载应符合设计要求，不得超载。不得将模板支架、缆风绳、泵送混凝土和砂浆的输送管等固定在架体上；严禁悬挂起重设备；严禁拆除或移动架体上安全防护设施。e. 脚手架使用期间，严禁拆除主节点处的纵、横向水平杆，纵、横向扫地杆，连墙件等杆件。f. 混凝土强度必须达到设计值，才可以拆模板。③拆除工程坍塌的防范措施。a. 拆除工程应由具备拆除施工资质的队伍承担。b. 拆除施工前 15 日到当地建设行政主管部门备案。c. 有拆除方案，包含拟拆除建筑物、构筑物及可能危及毗邻建筑的说明、拆除施工组织方案、堆放清理废弃物的措施等。d. 拆除作业人员经过安全培训合格。e. 人工拆除应当遵循自上而下的拆除顺序，禁止用推倒法，不得数层同时拆除。拆除过程中，要采取措施防止尚未拆除部分倒塌。f. 机械拆除同样应当自上而下拆除，机械拆除现场禁止人员进入。g. 爆破作业符合相关安全规定。④起重机械坍塌的防范措施。a. 起重机械的安装拆卸应由具备相应的安装拆卸资质的专业承包单位担任。b. 安装拆卸人员属于特种作业人员，应取得相应的资格。c. 编制专项施工方案，有技术人员在旁指挥。d. 安装完毕，需由使用单位、安装单位、租赁单位、总承包单位共同验收合格方可使用。e. 加强对起重机械使用过程中的日常安全检查、维护和保养。f. 属于国家淘汰或命令禁止使用的起重机械，不得使用。

（4）起重伤害

起重事故，是指在进行各种起重作业（包括吊运、安装、检修、试验）中发生的重物（包括吊具、吊重或吊臂）坠落、夹挤、物体打击、起重机倾翻、触电等事故。

对于起重伤害事故的主要防范措施是：①起重吊装作业前，编制起重吊装施工方案。②各种吊装作业前，应预先在吊装现场设置安全警戒标志并设专人监护，非施工人员禁止入内。③司机、信号工为特种作业人员，应取得相应的资格。④吊装作业前，应对起重吊装设备、钢丝绳、揽风绳、链条、吊钩等各种机具进行检查，必须保证安全可靠，不准带“病”使用。钢丝绳如有扭结、变形、断丝、锈蚀等异常现象，应降级使用或报废。吊装设备的安全装置要灵敏可靠。吊装前必须试吊，确认无误后方可作业。⑤严禁利用管道、管架、电杆、机电设备等做吊装锚点。未经原设计单位核算，不得将建筑物、构筑物作为锚点。⑥任何人不得随同吊装重物或吊装机械升降。⑦吊装作业现场的吊绳索、揽风绳、拖拉绳等要避免同带电线路接触，并保持安全距离。塔吊等起重机械要有防雷装置。⑧吊装作业时，必须按规定负荷进行吊装，吊具、索具经计算选择使用，严禁超负荷运行。所吊重物接近或达到额定起重吊装能力时，应检查制动器，用低高度、短行程试吊后，再平稳吊起。⑨悬臂下方严禁站人、通行和工作。⑩多台塔吊同时作业时，要有防碰撞措施。⑪吊装作业中，夜间应有足够的照明，室外作业遇到大雪、暴雨、大雾及 6 级以上大风时，应停止作业。⑫在吊装作业中，有下列情况之一者不准起吊：指挥信号不明；超负荷或物体重量不明；斜拉重物；光线不足、看不清重物；重物下站人；重物埋在地下；重物紧固不牢，绳打结、绳不齐；棱刃物体没有衬垫措施；安全装置失灵。

（5）触电

触电，是指当人体触及带电体，或带电体与人体之间由于距离近、电压高产生闪击放电，或电弧烧伤人体表面对人体所造成的伤害。触电分电击、电伤两种。

对于触电事故的主要防范措施是：①施工现场临时用电的架设和使用必须符合《施工现场临时用电安全技术规范》JGJ 46—2005 的规定。②电工必须经过按国家现行标准考核合格后，持证上岗工作。安装、巡检、维修或拆除临时用电设备和线路，必须由电工完成，并应有人监护。电工等级应同工程的难易程度和技术复杂性相适应。③各类用电人员应掌握安全用电基本知识和所用设备的性能，并应符合下列规定：a. 使用电气设备前必须按规定穿戴和配备好相应的劳动防护用品，并应检查电气装置和保护设施，严禁设备带“缺陷”运转；b. 保管和维护所用设备，发现问题及时报告解决；c. 暂时停用设备的开关箱必须分断电源隔离开关，并应关门上锁；d. 移动电气设备时，必须经电工切断电源并做妥善处理后进行。④临时用电工程应定期检查。定期检查时，应复查接地电阻值和绝缘电阻值。工程项目每周应当对临时用电工程至少进行一次安全检查，对检查中发现的问题及时整改。⑤检查和操作人员必须按规定穿戴绝缘胶鞋、绝缘手套；必须使用电工专用绝缘工具。⑥电缆线路应采用埋地或架空敷设，严禁沿地面明敷。架空线必须采用绝缘导线，架空线必须架设在专用电杆上，严禁架设在树木、脚手架及其他设施上。⑦施工机具、车辆及人员，应与线路保持安全距离。达不到规定的最小距离时，必须采用可靠的防护措施。⑧建筑施工现场临时用电系统必须采用 TN—S 接零保护系统，必须实行“三级配电，两级保护”制度。⑨开关箱应由分配电箱配电。一个开关只能控制一台用电设备，严禁一个开关控制两台以上的用电设备（含插座）。⑩各种电气设备和电力施工机械的金属外壳、金属支架和底座，必须按规定采取可靠的接零或接地保护。⑪配电箱及开关箱周围应有足够的工作空间，不得在配电箱旁堆放建筑材料和杂物，配电箱要有防雨措施。⑫各种高大设施必须按规定装设避雷装置。⑬手持电动工具的使用应符合国家标准的有关规定。其金属外壳和配件必须按规定采取可靠的接零或接地保护。⑭按规定在特殊场合使用安全电压照明。⑮电焊机外壳应做接零或接地保护，不得借用金属管道、金属脚手架、轨道及结构钢筋做回路地线。焊把线无破损，绝缘良好。电焊机设置点应防潮、防雨、防坠砸。

（6）机械伤害

机械伤害：是指由于人的不安全行为、机械设备的不安全状况、安装使用操作的不安全技术、运行环境的不安全特性等多原因对人身造成的伤害或其他经济损失。

对于机械伤害事故的主要防范措施：1）加强安全管理，推行职业健康安全管理体系（包括对人的管理和对组织与技术的管理）。2）加大安全投入，对机械设备进行综合管理（包括合理装备、择优选购、正确使用、精心维护、科学检修）。3）做好安全教育，提高安全意识（增强企业领导的安全责任感，提高领导的安全知识水平和管理干部的管理水平，加强对工人的安全知识、技能和态度教育）。4）做好防范措施，使多发期的机械伤害降到最低（建筑机械安全事故多发往往因人员多、任务量大、工期紧所致）。5）提高整体素质，积极探索安全管理的方向随着科学技术的发展，机械设备更新换代相当迅速，操作技术应随着机械技术的变革而更新，在管理方面必须开展有针对性的建筑机械设备的安全管理方法和安全操作技术的探索和研究；在维修方面应改变过去只注重机械功能的修理，而不考虑机械安全性能恢复的恶习；在对机械操作人员的培训中，应把新旧技术的不同要求、条件和训练的方式等进行仔细地辨识和对比，使作业人员领悟操作的精髓所在；操作人员应针对每种机械，认真领会要点，把学到的理论知识融入实际的操作中，达到理论与实践的有机结合，绝不违章。

六、安全事故救援处理知识

（一）安全事故的主要救援方法

施工现场一旦发生安全事故，其救援程序应当是：①立即启动应急救援预案，相关救援人员、救援设备就位，快速、有序、有效地开展救援行动；②抢救受害人员，视情况将伤员安置到安全区域，排除险情，并保护事故现场；③针对伤员受到的不同伤害，由急救人员对伤员采取正确的紧急救援措施，抢救时要注意保障施救人员的人身安全，避免二次伤害；④因抢救人员、防止事故扩大以及疏通交通等原因确需移动事故现场物件的，应做出标志，绘制现场简图并作书面记录，妥善保存现场重要痕迹、物证；⑤拨打“120”电话或安排车辆等交通工具，及时送伤员到医院救治，并安排专人到路口接应救护车；⑥对事故现场状况进行判断，及时排除再次发生事故的隐患，不能立即处理的应予以封闭，疏散人员，维持秩序，设警戒区，派专人监护；⑦按规定报告事故。

（1）高处坠落、物体打击救援方法

高处坠落事故是施工现场发生频率最高的事故类型，通常发生比例在50％以上，常发生在脚手架搭设拆除、模板支撑工程、高处作业、攀登悬空作业过程中，常发生的施工部位有脚手架上、临边、“四口”（通道口、预留洞口、楼梯口、电梯井口）、操作平台等。其后果是作业人员从高处跌落致伤甚至死亡。

物体打击事故是由于材料、工具、废弃物等从高处掉落，在惯性力或重力等外力的作用下产生运动，打击人体而造成人身伤亡的事故。常发生在高处作业、攀登悬空作业、交叉作业中，其后果是在外力驱使下的物体运动致使相关作业人员受到击打而受伤甚至死亡。近年来，物体打击事故的发生比例有所上升。

高处坠落、物体打击事故导致的人员伤害，主要有出血、软组织挫伤、骨折、颅脑损伤等。对于高处坠落、物体打击的应急救援方法，主要体现在对人员外伤的急救。首先，应观察伤员的神志是否清醒，查看伤员坠落时身体着地部位，查明伤员的受伤部位，弄清受伤类型，再采取相应的现场急救处理措施。相关人员应掌握外伤的止血方法和骨折的急救固定方法，而止血、包扎、固定、搬运是外伤救护的四项基本技术。

1）止血

出血分为外出血和内出血两种。血液从伤口流向体外者称为外出血，常见于刀割伤、刺伤、枪弹伤和碾压伤等。若皮肤没有伤口，血液由破裂的血管流到组织、脏器或体腔内，称为内出血。引起内出血的原因远较外出血复杂，处理也较困难，需立即送医院诊治。施工现场发生高处坠落、物体打击事故后发生的出血多为外出血。止血方法主要有包扎止血、加压包扎止血、指压止血、填塞止血、加垫屈肢止血、止血带止血、钳夹法等。

把血止住，是救治外伤性外出血的主要目的。根据外出血种类不同，止血方法也不同。

① 加压包扎止血法：一般小静脉和毛细血管出血，血流很慢，用消毒纱布、干净毛巾或布块等盖在创口上，再用三角巾（可用头巾代替）或绷带扎紧，并将患处抬高。

② 压迫止血法：a. 毛细血管出血。血液从创面或创口四周渗出，出血量少、色红，找不到明显的出血点，危险性小。这种出血常能自动停止。通常用碘酊和酒精消毒伤口周围皮肤后，在伤口盖上消毒纱布或干净的手帕、布片，扎紧就可止血。b. 静脉出血。暗红色的血液，缓慢不断地从伤口流出，其后由于局部血管收缩，血流逐渐减慢，危险性也较小。止血的方法和毛细血管出血基本相同。抬高患肢可减少出血，在出血部位放上几层消毒纱布或干净手帕等，加压包扎即可达到止血的目的。c. 骨髓出血。血液颜色暗红，可伴有骨折碎片，血中浮有脂肪油滴，可用敷料或干净多层手帕等填塞止血。d. 动脉出血。血液随心脏搏动而喷射涌出，来势较猛，颜色鲜红，出血量多，速度快，危险性大。动脉出血急救，一般用指压法止血。即在出血动脉的近心端，用拇指和其余手指压在骨面上，予以止血。在动脉的走向中，最易压住的部位叫压迫点，止血时要熟悉主要动脉的压迫点。这种方法简单易行，但因手指容易疲劳，不能持久，所以只能是一种临时急救止血手段，而必须尽快换用其他方法。

指压法的常用压迫部位如下：a. 头顶部出血，用拇指压迫颞浅动脉。方法是用拇指或食指在耳前对下颌关节处用力压迫。b. 面部出血，压迫双侧面动脉。方法可用食指或拇指压迫同侧下颌骨下缘，下颌角前方约 3cm 的凹陷处，此处可摸到明显搏动（面动脉）。c. 头颈部出血，四个手指并拢对准颈部胸锁乳突肌中段内侧，将颈总动脉压向颈椎。注意不能同时压迫两侧颈总动脉，以免造成脑缺血坏死。压迫时间也不能太久，以免造成危险。d. 上臂出血，一手抬高患肢，另一手四个手指对准上臂中段内侧压迫肱动脉。e. 手掌出血，将患肢抬高，用两手拇指分别压迫手腕部的尺、桡动脉。f. 大腿出血，在腹股沟中稍下方，用双手拇指向后用力压股动脉。g. 小腿出血，压迫腘窝动脉。方法一手固定膝关节正面，另一手拇指摸到腘窝处跳动脉，用力向前压迫。h. 足部出血，用两手拇指分别压迫足背动脉和内踝与跟腱之间的颈后动脉。

③ 加垫屈肢止血法：此法适用于躯干无骨折情况下的四肢部位出血。如前臂出血，在肘窝处垫以棉卷或绷带卷，将肘关节尽力屈曲，用绷带或三角巾固定于屈肘姿势。其他如腹股沟、肘窝，腘窝也可使用加垫屈肢止血法。

④ 止血带止血法：用于四肢伤大出血。一般使用橡皮条做止血带，也可用大三角巾、绷带、手帕、布腰带等布止血带替代，但禁用电线和绳索。上止血带部位要在创口上方，尽量靠近伤口但又不能接触伤口面。上止血带部位必须先垫衬布块，或绑在衣服外面，以免损伤皮下神经。止血带绑得松紧适当，以摸不到远端脉搏和使出血停止为度。太紧会压迫神经而使肢体麻痹；太松则不能止血，如果动脉没有压住而仅压住静脉，出血反而更多，甚至引起肢体肿胀坏死。绑止血带时间要认真记载，用止血带时间不能太久，最好每隔半小时（冷天）或一小时放松一次。放松时用指压法暂时止血。每次放松 1～2min。凡绑止血带伤员要尽快送往医院急救。

2）包扎

包扎是外伤现场应急处理的重要措施之一。及时正确的包扎，可以达到压迫止血、减少感染、保护伤口、减少疼痛，以及固定敷料和夹板等目的，而错误的包扎可导致出血增加、加重感染、造成新伤害、遗留后遗症等不良后果。

对伤者明显可见的伤口进行包扎时，要了解有没有其他部位的损伤，特别要注意是否存在较隐蔽的内脏损伤。对于肢体上的伤口有骨折时，包扎应考虑到骨折部位的正确固定；如果是躯体上的伤口，合并内部脏器的损伤，如肝破裂、腹腔内出血、血胸等，应优先考虑内脏损伤的救治，不能在表面伤口的包扎上耽误时间；对于头部的伤口，如果合并颅脑损伤，不能简单包扎止血就完事，还需要加强监护。对于头部受撞击的患者，即使自我感觉良好，也需观察 24h；如出现头胀、头痛加重，甚至恶心、呕吐，就表明存在颅内损伤，需要紧急救治。

常见的包扎材料有绷带和三角巾。在紧急条件下，干净的毛巾、头巾、手帕、衣服等也可以作为临时的包扎材料。

① 三角巾包扎法。对较大创面、固定夹板、手臂悬吊等，需应用三角巾包扎法。操作要领：a. 普通头部包扎：先将三角巾底边折叠，把三角巾底边放于前额拉到脑后，相交后先打一半结，再绕至前额打结。b. 风帽式头部包扎：将三角巾顶角和底边中央各打一结成风帽状。顶角放于额前，底边结放在后脑勺下方，包住头部，两角往面部拉紧向外反折包绕下颌。c. 普通面部包扎：将三角巾顶角打一结，适当位置（眼、鼻处）剪孔。打结处放于头顶处，三角巾罩于面部，剪孔处正好露出眼、鼻。三角巾左右两角拉到颈后在前面打结。d. 普通胸部包扎：将三角巾顶角向上，贴于局部，如系左胸受伤，顶角放在右肩上，底边扯到背后在后面打结；再将左角拉到肩部与顶角打结。背部包扎与胸部包扎相同，唯位置相反，结打于胸部。e. 三角巾的另一重要用途为悬吊手臂，对已用夹板的手臂起固定作用，还可对无夹板的伤肢起到夹板固定作用。

② 绷带的包扎方法应当注意：包扎卷轴绷带前要先处理好患部，并放置敷料。包扎时，展开绷带的外侧头，背对患部，一边展开，一边缠绕。无论哪种包扎形式，都应当环形起、环形止，松紧适当，平整无褶，最后将绷带末端剪成两半，打方结固定。结应打在患部的对侧，不应压在患部之上。有的绷带无需打结固定，包扎后可自行固定。夹板绷带和石膏绷带为制动绷带，主要用于四肢骨折、重度关节扭伤、肌腱断裂等的急救与治疗。用竹板、木板、树枝、厚纸板等作为夹板材料，应当依患部的长短、粗细及形状制备好夹板。夹板的两端应稍向外弯曲，以免对局部造成压迫。

3）固定

发生高处坠落或是物体打击事故后，如果伤员跌倒或跌落后还有自主意识，应先判断是否有骨折症状。判断骨折的主要依据有：①疼痛和压痛。受伤处有明显的压痛点，移动时有剧痛。②肿胀。内出血和骨折端的错位、重叠，都会使外表呈现肿胀现象。③畸形。在骨折时肢体发生畸形，呈现短缩、弯曲或者转向等。④功能障碍。原有的功能受到影响或完全丧失。

如果判断为骨折，需要采取固定措施。复位、固定、愈合是骨折治疗的三部曲，而固定是复位与愈合的关键环节。良好的固定不仅可巩固复位效果，还会促进愈合速度和质量。止动、止痛、减轻伤员痛苦，防止伤情加重，防止休克，保护伤口，防止感染，便于运送。骨折固定的方法主要有小夹板固定、石膏绷带固定、外展架固定等。骨折固定常用的有木制、铁制、塑料制的临时夹板。当施工现场无夹板时，可就地取材采用木板、树枝、竹竿等作为临时固定材料。如无任何物品，也可固定于伤员躯干或健肢上。骨折固定的要领是：先止血，后包扎，再固定；夹板长短应与肢体长短相对称，骨突出部位要加垫；先扎骨折上、下两端，后固定两关节；四肢露指（趾）尖，胸前挂标志，并迅速送医院。

对于骨折的固定，应当注意：①遇有呼吸、心跳停止者先行复苏措施，出血休克者先止血；②固定时对骨折后造成的畸形禁止整复，不能把骨折断端送回伤口内，只要适当固定即可；③代用品——夹板要长于两头的关节，并一起固定；④固定时应不松不紧而牢固；⑤固定四肢时应尽可能暴露手指（足趾），观察是否有指（趾）尖发紫、肿胀、疼痛、血循环障碍等。

4）搬运

伤员经过现场初步急救处理后，尽快用合适的方法和震动小的交通工具，将伤员送到医院作进一步的诊治。搬运伤员的原则：不明病情时，尽量不要移动患者；需要搬运伤者时，应当请周围的人帮忙；只有自己时，可将患者从背后抱住，用单手紧握患者另一双手，要注意轻轻搬运；搬运时，应注意伤者的呼吸及脸部表情。

根据救护员人数的不同，搬运的方法可分为：①一位救护员搬运。a. 扶行法。适宜清醒伤病者，或是没有骨折，伤势不重，能自己行走的伤病者。方法是：救护者站在身旁，将其一侧上肢绕过救护者颈部，用手抓住伤病者的手，另一只手绕到伤病者背后，搀扶其行走。b. 背负法。适用于老幼、体轻、清醒的伤病者。方法是：救护者朝向伤病者蹲下，让伤员将双臂从救护员肩上伸到胸前，两手紧握；抓住伤病者的大腿，慢慢站起来。如有上下肢、脊柱骨折不能用此法。c. 爬行法。适用于清醒或昏迷伤者，在狭窄空间或浓烟的环境下。d. 抱持法。适用于年幼伤病者，或是体轻没有骨折、伤势不重者，是短距离搬运的最佳方法。方法是：救护者蹲在伤病者的一侧，面向伤员，一只手放在伤病者的大腿下，另一只手绕到伤病者的背后，然后将其轻轻抱起伤病者。如有脊柱或大腿骨折禁用此法。②两位救护员搬运。a. 轿杠式。适用于清醒伤病者。方法是：两名救护者面对面，各自用右手握住自己的左手腕，再用左手握住对方右手腕，然后蹲下，让伤病者将两上肢分别放到两名救护者的颈后，坐到相互握紧的手上；两名救护者同时站起，行走时同时迈出外侧的腿，保持步调一致。b. 双人拉车式。适用于意识不清的伤病者。方法是：将伤病者移上椅子、担架或在狭窄地方搬运伤者。两名救护者，一人站在伤病者的背后将两手从伤病者腋下插入，把伤病者两前臂交叉于胸前，抓住伤病者的手腕，把伤病者抱在怀里；另一人反身站在伤病者两腿中间，将伤病者两腿抬起，两名救护者一前一后地行走。③三人或四人搬运。三人或四人平托式，适用于脊柱骨折的伤者。a. 三人异侧运送。两名救护者站在伤病者的一侧，分别在肩、腰、臀部、膝部，第三名救护者可站在对面，在伤病者的臀部，两臂伸向伤员臀下，握住对方救护员的手腕。三名救护员同时单膝跪地，分别抱住伤病者肩、后背、臀、膝部，然后同时站立抬起伤病者。b. 四人异侧运送：三名救护者站在伤病者的一侧，分别在头、腰、膝部，第四名救护者位于伤病者的另一侧腹部。四名救护员同时单膝跪地，分别抱住伤病者颈、肩、后背、臀、膝部，再同时站立抬起伤病者。需要注意的是，脊柱骨折容易损伤脊髓或神经根，造成截瘫，如果搬运脊柱骨折伤员时方法不当，会加重伤情，所以在搬运之前应先检查伤员有无截瘫。如有截瘫，要注意有无内脏损伤或其他复合伤。此外，还要注意：要用脊柱板或硬板担架搬运，绝不能用软担架抬送。往担架上搬运时，应当用三人或四人搬运法，将伤者平放在担架上，或将伤者平滚在担架上，绝对不能用手抱脊背，一手抱腿，或一人抱胸、一人抱腿的单人、双人搬运，这样会使脊柱弯曲，造成或加重脊髓神经的损伤。应当尽可能按伤后的姿势做固定，用宽绷带或布带将伤者绑在担架上。对于颈椎骨折或高位胸椎骨折的伤员，往担架上搬运时要戴颈托，要有专人牵引头部；伤员仰卧在担架上，颈部要固定，可用衣物等垫在头和颈部的两侧，避免头、颈部摇动。

（2）触电事故救援方法

触电事故，通常是指人体直接触及电源或高压电经过空气或其他导电介质传递电流通过人体时引起的组织损伤和功能障碍，重者发生心跳和呼吸骤停的事故。触电造成的对人体的伤害类型，主要是电击伤、电热灼伤和闪电损伤（雷击）。电击伤和闪电损伤对人造成的后果，是心跳和呼吸微弱甚至是停止；被电热灼伤的皮肤呈灰黄色焦皮，中心部位低陷，周围无肿、痛等炎症反应，但电流通路上软组织的灼伤常较为严重。

触电事故的救援方法是，应尽快切断电源，使触电者很快脱离电源。在切断电源之前，抢救者切忌用自己的手直接去拉触电者，避免使施救者触电受伤。对于触电急救的要求，主要是动作要迅速，快速、正确地使触电者脱离电源。操作方法：低压触电事故，应立即切断电源或用有绝缘性能的木棍棒挑开电线隔绝电流，但救护人不得接触触电者；高压触电者，应立即通知有关部门切断电源。对体表电灼伤创面的处理方法：灼伤创面周围皮肤用碘伏处理后，加盖无菌敷料包扎，并立即送医院作进一步治疗。

伤员的呼吸和心跳骤停一旦发生，如果不能得到及时抢救复苏，4～6min后会造成大脑和其他人体重要器官组织的不可逆损害。因此，紧急救援必须在现场立即进行，为进一步抢救直至挽回伤员生命而赢得最宝贵的时间。呼吸和心跳骤停的现场急救方法有人工呼吸、胸外心脏按压和心肺复苏法。

1）人工呼吸。给予人工呼吸前，正常吸气即可，无需深吸气。所有方式的人工呼吸（口对口、口对面罩等）均应持续吹气1s以上，以保证有足够量的气体进入并使胸廓起伏；如第一次人工呼吸未能使胸廓起伏，可再次用仰头抬颏法开放气道，给予第二次通气。

口对口人工呼吸的方法：伤员取仰卧位，抢救者一手放在患者前额，并用拇指和食指捏住患者的鼻孔，另一手握住颏部使头尽量后仰，保持气道开放状态，然后深吸一口气，张开口以封闭患者的嘴周围，向患者口内连续吹气2次，每次吹气时间为1～1.5s，吹气量1000mL左右，直到胸廓抬起，停止吹气，松开贴紧患者的嘴，并放松捏住鼻孔的手，将脸转向一旁，用耳听有否气流呼出，再深吸一口新鲜空气为第二次吹气做准备；当患者呼气完毕，开始下一次同样的吹气。如患者仍未恢复自主呼吸，则要进行持续吹气，吹气频率为12次/min。但在吹气时，吹气容量相对于吹气频率更重要。开始的两次吹气，每次要持续1～2s，让气体完全排出后再重新吹气，1min内检查颈动脉搏动及瞳孔、皮肤颜色，直至患者恢复复苏成功或死亡。当患者有口腔外伤或其他原因致使口腔不能打开时，可采用口对鼻吹气。

2）胸外心脏按压法。伤员仰卧于硬板床或地上，如为软床则应在身下放一木板，以保证按压有效。抢救者应紧靠患者胸部一侧。为保证按压时力量垂直作用于胸骨，抢救者可跪在伤员一侧或骑跪在其腰部两侧。正确的按压部位是胸骨中、下 1/3。具体定位方法是，抢救者以左手食指和中指沿肋弓向中间滑移至两侧肋弓交点处，即胸骨下切迹；将食指和中指横放在胸骨下切迹的上方，食指上方的胸骨正中部即为按压区，将另一手的掌根紧挨食指放在患者胸骨上，再将定位之手取下，将掌根重叠放于另一手手背上，使手指翘起脱离胸壁，也可采用两手手指交叉抬手指。抢救者双肘关节伸直，双肩在患者胸骨上方正中，肩手保持垂直用力向下按压，下压深度为 4～5cm，按压频率为 80～100 次/min，按压与放松时间大致相等。

抢救者可以同时采用口对口人工呼吸和胸外心脏按压的方法对伤员进行抢救。如现场仅一人抢救，可以两种方法交替使用，每吹气 2～3 次，再挤压 10～15 次。抢救要坚持不断，不可轻易放弃。

3）心肺复苏术（Cardiopulmonary Resuscitation，CPR）。具体的步骤是：①脉搏检查。只要发现无反应的伤员没有自主呼吸就应按心搏骤停处理，检查脉搏的时间一般不能超过 10s；如 10s 内仍不能确定有无脉搏，应立即实施胸外按压。②胸外按压。为尽量减少因通气而中断胸外按压，对于未建立人工气道的成人，2010 年国际心肺复苏指南推荐的按压—通气比率为 30∶2，即每按压 30 次，人工呼吸 2 次。如双人或多人施救，应每 2min 或 5 个周期（每个周期包括 30 次按压和 2 次人工呼吸）更换按压者，并在 5 秒内完成转换。经研究表明，在按压开始 1～2min 后，操作者按压的质量就开始下降。国际心肺复苏指南更强调持续有效胸外按压，快速有力，尽量不间断，因过多中断按压会使冠脉和脑血流中断，复苏成功率明显降低。③开放气道。有两种方法即仰头抬颏法、推举下颌法，可以开放气道提供人工呼吸。其中，后者仅在怀疑头部或颈部损伤时使用，因该法可减少颈部和脊椎的移动。在开放气道的同时，应该用手指挖出病人口中的异物或呕吐物，有假牙者应取出假牙。④人工呼吸。⑤AED 除颤。心室颤动（ventricular fibrillation，VF）简称室颤，是成人心脏骤停最初发生的较为常见而且是较容易治疗的心律。对于 VF 患者，如果能在意识丧失的 3～5min 内立即实施 CPR（心肺复苏）及除颤，存活率是最高的。当然，由于施工现场条件所限，这一步骤在现场较难实现。

心肺复苏的有效指标是：①颈动脉搏动。当按压有效时，每按压一次可触摸到颈动脉一次搏动；若中止按压，搏动亦消失，应继续进行胸外按压。如果停止按压后，脉搏仍然存在，说明病人的心搏已恢复。②面色（口唇）。当复苏有效时，面色由紫色转为红润；若变为灰白，说明复苏无效。③其他。当复苏有效时，可出现自主呼吸，或瞳孔由大变小并有对光反射，甚至有眼球活动及四肢抽动。

（3）中毒事故救援方法

施工现场的中毒事故，主要是由于作业人员吸入污水池、排水管道、窨井、地下室、通风井、密闭金属容器等部位的有毒有害气体而导致的。最常见的有毒有害气体是硫化氢、一氧化碳、氯气等。硫化氢是具有刺激性和窒息性的无色气体，如低浓度接触仅发生呼吸道及眼的局部刺激作用，高浓度时则全身作用较明显，表现为中枢神经系统症状和窒息症状。硫化氢具有“臭鸡蛋”气味，但极高浓度会很快引起嗅觉疲劳而不觉其味。

如果一旦发生或发现气体中毒事故，首先要报告请求救援。施救时，必须戴防毒面具，或通风后确保环境安全并有专人监控的情况下方可施救。在没有防护措施和安全施救的条件下，切忌盲目施救，以避免造成群死群伤的重大事故。

硫化氢中毒的救援要点：①现场及时抢救。因空气中含有极高浓度的硫化氢时常会在现场引起多人电击样死亡（类似电击后的心肺骤停症状），如能及时抢救可降低死亡率。应当立即使患者脱离现场至空气新鲜处，有条件时应立即给予吸氧。②维持生命体征。对呼吸或心脏骤停者应当立即施行心肺复苏术。对在事故现场发生呼吸骤停者，如能及时施行人工呼吸，可避免随之而发生的心脏骤停。在施行口对口人工呼吸时，施行者应防止吸入患者的呼出气或衣服内逸出的硫化氢，以避免发生二次中毒。③立即送医院，进行高压氧治疗等对症处理。

（4）坍塌事故救援方法

施工现场的坍塌事故包括建筑物、构筑物的坍塌，脚手架、模板支撑系统的坍塌，基坑边的土方坍塌，堆物坍塌等等。坍塌事故造成的人员伤害，主要有人员从高处坠落、被坠落物击打、挤压或掩埋等（对于因坠落、物体打击造成的出血、骨折、昏迷等症状的急救方法，可详见本部分中的相关内容）。如有人员被废墟掩埋，要采取有效的安全防护措施后组织人员进行抢救，以尽快减少重物压迫，减少伤员挤压综合症的发生，并将其转移至安全的地方，防止事故发展扩大。

典型身体的受累部位包括下肢、上肢和躯干，常可见于手、脚被钝性物体如砖头、石块、门窗、机器或车辆等暴力挤压所致挤压伤，也可见于爆炸冲击所致的挤压伤。这些挤压伤常常伤及内脏，造成胃出血、肺及肝脾破裂等。更严重的挤压伤是土方、石块的压埋伤，常引起身体一系列的病理改变，甚至会引起肾功能衰竭，称为“挤压综合征”。其受伤部位表面无明显伤口，可有瘀血、水肿、紫绀，如四肢受伤，伤处肿胀可逐渐加重；尿少，心慌、恶心，甚至神志不清；挤压伤如伤及内脏可引起胃出血、肝脾破裂出血，出现呕血、咯血甚至休克。

对于坍塌事故的救援，必须按照专业技术人员确定的正确施救方法进行施救。施救中，要避免二次坍塌造成对施救人员的伤害；需使用挖掘机等大型机械设备的，应避免设备对被掩埋人员的机械伤害。

挤压伤急救处理方法：①尽快解除挤压的因素。②手和足趾的挤伤，如果指（趾）甲下血肿呈黑色，可立即用冷水冷敷，以减少出血和减轻疼痛。③怀疑已有内脏损伤，应当密切观察有无休克先兆，并呼叫救护车急救。④挤压综合征是肢体埋压后逐渐形成的，因此要密切观察，及时送医院救治，不要因当时未见伤口就忽视了受伤的严重性。⑤在转运过程中应减少肢体活动，不管有无骨折都要用夹板固定，并让肢体暴露在流通的空气中，切忌按摩和热敷。⑥在采取急救措施后，及时送专业医疗机构进行治疗。

（5）火灾事故救援方法

1）施工现场常见的火源和火灾分类

施工现场常见的火源主要是：①工地上使用的电气设备，由于超负荷运行、短路、接触不良，或是自然界中的雷击、静电火花等，可能引发燃烧。②靠近火炉或烟道的干柴、木材、木器，紧聚在高温蒸汽管道上的可燃粉尘、纤维，大功率灯泡旁的纸张、衣物等，烘烤时间过长，都会引起燃烧。③手套、衣服、木屑、金属屑、抛光尘以及擦拭过设备的油布等，堆积在一起时间过长本身会发热，或是在遇到明火时，可能引起自燃。④焊接作业等产生电火花的作业，遇可燃物会引发火灾。⑤油漆、香蕉水等易燃易爆物体，以及乙炔瓶、氧气瓶等受碰撞后，都有可能发生火灾或者爆炸。

火灾初期的火焰，基本都是可以扑灭的。根据可燃物的类型和燃烧特性，火灾可分为A、B、C、D、E、F六大类：A类火灾，指固体物质火灾，通常具有有机物质性质，一般在燃烧时能产生灼热的余烬，如木材、干草、煤炭、棉、毛、麻、纸张等火灾；B类火灾，指液体或可熔化的固体物质火灾，如煤油、柴油、原油、甲醇、乙醇、沥青、石蜡、塑料等火灾；C类火灾，指气体火灾，如煤气、天然气、甲烷、乙烷、丙烷、氢气等火灾；D类火灾，指金属火灾，如钾、钠、镁、铝镁合金等火灾；E类火灾，指带电火灾，是物体带电燃烧的火灾；F类火灾，指烹饪器具内的烹饪物（如动植物油脂）火灾。

2）灭火器的分类和正确使用方法

不同类型的火灾，要使用不同的灭火器械。灭火器主要有泡沫灭火器、酸碱灭火器、二氧化碳灭火器和干粉灭火器。

泡沫灭火器，适用于扑救一般B类火灾，如油制品、油脂等火灾，也可适用于A类火灾，但不能扑救B类火灾中的水溶性可燃、易燃液体的火灾，如醇、酯、醚、酮等物质火灾，也不能扑救带电设备及C类和D类火灾。

酸碱灭火器，适用于扑救A类物质燃烧的初起火灾，如木、织物、纸张等燃烧的火灾，但不能用于扑救B类物质燃烧的火灾，不能用于扑救C类可燃性气体或D类轻金属火灾，也不能用于带电物体火灾的扑救。

二氧化碳灭火器，适用于扑救易燃液体及气体的初起火灾，也可扑救带电设备的火灾，常应用于实验室、计算机房、变配电所，以及对精密电子仪器、贵重设备或物品维护要求较高的场所。

干粉灭火器，主要有碳酸氢钠干粉灭火器和磷酸铵盐干粉灭火器。碳酸氢钠干粉灭火器适用于易燃、可燃液体、气体及带电设备的初起火灾；磷酸铵盐干粉灭火器除可用于上述几类火灾外，还可扑救固体类物质的初起火灾。但干粉灭火器都不能扑救金属燃烧火灾。

灭火器的正确使用步骤：①拔去保险销。②手握灭火器橡胶喷嘴，对向火焰根部。③将灭火器上部手柄压下，灭火剂喷出。④对准火焰喷射。

施工现场还应常备有砂桶、砂箱等消防设施，高层建筑还必须配有消火栓灭火系统。

3）火灾事故的救援

发现火灾，现场人员应立即向项目管理人员报告。现场人员应掌握灭火器使用方法，会扑灭初期火灾。当火势无法控制时，人员应迅速撤离，并应掌握逃生疏散方法。

① 发生火灾后的自救措施

发生火灾后会产生浓烟，火灾中产生的浓烟由于热空气上升的作用，大量的浓烟将漂浮在上层。因此，在火灾中离地面30公分以下的地方应该有空气，在浓烟中应当尽量采取低姿势爬行，头部尽量贴近地面。

在浓烟中逃生，人可以利用透明塑料袋，用大型的塑料袋将整个头部罩住，并提供足量的空气供逃生之用。如果只有小塑料袋的，可用小塑料袋遮住口鼻部分，供给逃生需要的空气。使用塑料袋时，一定要充分将其完全张开，但千万别用嘴吹开，因为吹进去的气体都是二氧化碳，其效果适得其反，也可用湿毛巾遮住口鼻逃生。

② 烧伤的急救

应当采取有效措施扑灭身上的火焰，使伤员迅速脱离开可致伤现场。当衣服着火时，应采用各种方法尽快灭火，如水浸、水淋、就地卧倒翻滚等，千万不可直立奔跑或站立呼喊，以免助长燃烧，引起或加重呼吸道烧伤。伤员应立即将衣服脱去，如衣服和皮肤粘在一起，可在救护人员的帮助下把未粘的部分剪去，并对创面进行包扎。

应当防止休克、感染。为防止伤员休克和创面发生感染，应给伤员口服止痛片（有颅脑或重度呼吸道烧伤时，禁用吗啡）和磺胺类药，或肌肉注射抗生素，并给口服烧伤饮料，或饮淡盐茶水、淡盐水等。一般以多次喝少量为宜，如发生呕吐、腹胀等，应停止口服。要禁止伤员单纯喝白开水或糖水，以免引起脑水肿等并发症。

应当保护创面。在火场对烧伤创面一般可不做特殊处理，尽量不要弄破水泡，不能涂龙胆紫一类有色的外用药，以免影响对烧伤面深度的判断。为防止创面继续污染，避免加重感染和加深创面，对创面应立即用三角巾、大纱布块、清洁的衣服和被单等，进行简单包扎。手足烧伤时，应当将各个指、趾分开包扎，以防粘连。

合并伤处理。有骨折者应予以固定；有出血时应紧急止血；有颅脑、胸腹部损伤者，必须给予相应处理，并及时送医院救治。

应当迅速送往医院救治。伤员经火场简易急救后，应尽快送往临近医院救治。护送前及护送途中要注意防止休克。搬运时动作要轻柔，行动要平稳，尽量减少伤员痛苦。

③ 正确报火警

要牢记火警电话“119”；接通电话后要沉着冷静，向接警中心讲清失火单位的名称、地址、什么东西着火、火势大小以及着火的范围。同时，还要注意听清对方提出的问题，作出正确回答；把自己的电话号码和姓名告诉对方，以便联系；打完电话后，要立即到交叉路口等候消防车的到来，以引导消防车迅速赶到火灾现场；要迅速组织人员疏通消防车道，清除障碍物，使消防车到火场后能立即进入最佳位置进行灭火救援；如果着火地区发生新的变化，要及时报告消防队，使他们能及时改变灭火战术，取得最佳效果；在没有电话或没有消防队的地方，如农村和边远地区，可采用敲锣、吹哨、喊话等方式向四周报警，动员乡邻来灭火。

（二）安全事故的处理程序及要求

发生事故后，施工单位应及时填写事故伤亡快报表，并着手收集与事故有关的如下材料：①事故单位的营业证照、资质证书复印件；②有关经营承包经济合同、安全生产协议书；③安全生产管理制度；④技术标准、安全操作规程、安全技术交底；⑤三级安全培训教育记录及考试卷或教育卡（伤者或死者）；⑥项目开工证，总、分包施工企业《安全生产许可证》；⑦伤亡人员证件（包括特种人员作业证及身份证）；⑧用人单位与伤亡人员签订的劳动合同；⑨事故现场示意图、事故相关照片及影像材料；⑩与事故有关的其他材料。

施工单位还应填写事故调查的初步情况及简单事故经过（包括伤亡人员的自然情况、事故的初步原因分析等），经项目经理审核签字后报送事故调查组；成立由项目负责人牵头的事故整改小组，对施工现场进行全面检查、整改，组织对现场工人进行安全教育和安抚工作；成立由企业负责人担任组长，生产、安全、技术、工会、监察等部门参加的事故调查组，配合政府主管部门组成的事故调查组进行事故调查和处理。

建筑施工生产安全事故的处理，主要应当依据有关的法律法规和标准规范，具有法律效力的建设工程合同（包括工程承包合同、设计委托合同、材料设备供应合同、分包合同以及监理合同等），有关的技术文件、档案（包括施工图和技术说明等设计文件，有关的施工技术文件与资料档案，如施工组织设计或专项施工方案、施工计划，施工记录、施工日志，有关建筑材料、施工机具及设备等的质量证明资料，劳动保护用品与安全物资的质量证明资料等），以及事故的实况资料（包括施工单位的事故调查报告，含事故发生的时间、地点，事故状况的描述，事故发展变化情况，如事故范围是否继续扩大、程度是否已稳定等，有关事故的观测记录、事故现场状态的照片或录像）等。

建筑施工生产安全事故的等级划分、事故报告和调查组的组织，应当按照《安全生产法》、《生产安全事故报告和调查处理条例》、《建设工程安全生产管理条例》等有关法律法规的规定执行。对事故的处理要坚持“四不放过”原则，即施工事故原因未查清不放过、职工和事故责任人受不到教育不放过、事故隐患不整改不放过和事故责任人不处理不放过。

建筑施工生产安全事故发生后，一般按照下列程序进行处理：

（1）事故发生后，施工单位应立即停止施工，抢救伤员，排除险情，采取防止事故扩大的必要措施，做好标识，保护好现场，并在1h内按照事故等级，以书面方式及时、如实地向相应的政府主管部门上报，不得谎报、瞒报、漏报、迟报、不报事故或事故损失。

报告事故应当包括下列内容：①事故发生单位概况；②事故发生的时间、地点以及事故现场情况；③事故的简要经过；④事故已造成或可能造成的伤亡人数（包括下落不明的人数）和初步估计的直接经济损失；⑤已采取的措施；⑥其他应报告的情况。

（2）事故发生单位的相关人员应积极协助事故调查组开展调查工作，如实客观地提供相应证据。在事故调查过程中，不得有伪造或者故意破坏事故现场，转移、隐匿资金、财产，或者销毁有关证据、资料，拒绝接受调查或者拒绝提供有关情况和资料，在事故调查中作伪证或者指使他人作伪证，在事故调查处理期间擅离职守甚至逃匿等违法行为。

（3）事故调查组的主要职责是：①查明事故发生的经过、原因、人员伤亡情况及直接经济损失；②认定事故的性质和事故责任；③提出对事故责任者的处理建议；④总结事故教训，提出防范和整改措施；⑤提交事故调查报告。

（4）接到事故调查组提出的处理意见中涉及技术处理时，项目部可组织相关单位和专业技术人员研究，并要求相关单位完成技术处理方案；必要时，应征求设计单位意见。对于技术处理方案，必须依据充分，在事故的部位、原因全部搞清楚的基础上进行；必要时，应组织专家进行论证，保证技术处理方案可靠、可行，以保证施工安全。

（5）技术处理方案经审核签字确认后，施工单位应制定详细的施工方案，编制施工安全控制实施细则，对关键部位和关键工序进行重点监控。

（6）施工单位完成自检后，可通知建设单位或监理单位组织相关各方进行检查验收，必要时可对处理结果进行鉴定，并要求事故发生单位整理编写事故技术资料，在审核、签认后归档。

建筑施工生产安全事故技术资料的主要内容包括：①人员重伤、死亡事故调查报告书；②现场调查资料（记录、图样、照片）；③技术鉴定和试验报告；④物证、人证的调查材料；⑤间接和直接经济损失；⑥医疗部门对伤亡者的诊断结论及影印件；⑦企业或政府主管部门对该事故所作的结案报告；⑧处分决定和受处理人员的检查材料；⑨有关部门对事故的结案批复等；⑩事故调查组人员的姓名、职务及签字。

在安全生产管理理念中，认为“隐患就是事故”。因此，要把建筑施工安全隐患当成是事故来对待。当发现安全隐患时，也应当按照建筑施工生产安全事故处理的态度、方法和程序来处理隐患。

有关建筑施工生产安全事故处理程序及要求的规定，详见本书“一、安全管理相关规定和标准”的相关内容。

下篇　专业技能

七、编制项目安全生产管理计划

安全生产检查是生产经营单位安全生产管理的主要内容，其工作重点是辨识安全生产管理工作存在的漏洞和死角，检查生产现场安全防护措施、作业环境是否存在不安全状态，现场作业人员的行为是否符合安全规范，以及设备、系统运行状况是否符合现场规程的要求等。通过安全检查，不断堵塞管理漏洞，改善劳动作业环境，规范作业人员的行为，保证设备系统的安全、可靠运行，实现安全生产的目的。

（一）安全生产管理计划编制依据

项目安全生产管理计划应依据国家有关安全生产的法律法规、本单位有关的规章制度、施工组织设计、项目危险源辨识、生产安全风险评价的结果进行编制。

（二）安全检查制度

施工现场检查制度分为每日巡查和每周例行检查两种方式。

1. 每日巡查

由项目部专职安全员对施工现场不定时进行安全检查，发现问题立即处理，对违章行为及时纠正、制止，消除安全隐患。对拒绝整改的违章行为或作业者，安全管理人员有权进行批评教育、经济处罚直至清出现场。

2. 每周例行检查

由项目负责人组织项目管理人员进行针对性的安全检查一次，总结本周项目安全管理存在的问题和不足，针对性地对下周安全生产工作进行计划和安排，并形成会议记录。

（三）安全生产检查的类型

安全生产检查的分类方法有很多，习惯上分为以下六种类型。

1. 定期安全生产检查

定期安全生产检查一般是通过有计划、有组织、有目的的形式来实现，一般由生产经营单位统一组织实施。检查周期的确定，应根据生产经营单位的规模、性质及地区气候、地理环境等确定。定期安全检查一般具有组织规模大、检查范围广、有深度、能及时发现并解决问题等特点。定期安全检查一般和重大危险源评估、现状安全评价等工作结合开展。

2. 经常性安全生产检查

经常性安全生产检查是由生产经营单位的生产安全管理部门、车间、班组或岗位组织进行的日常检查。一般来讲，包括交接班检查、班中检查、特殊检查等几种形式。

交接班检查是指在交接班前，岗位人员对岗位作业环境、管辖的设备及系统安全运行状况进行检查。

班中检查包括岗位作业人员在工作过程中的安全检查，以及生产经营单位领导、安全生产管理部门和车间班组的领导或安全监督人员对作业情况的巡视或抽查等。

特殊检查是针对设备、系统存在的具体情况，所采用的加强监视进行的措施。一般来讲，措施由工程技术人员制定，岗位作业人员执行。

交接班检查和班中岗位的自行检查，一般应制定检查路线、检查项目、检查标准，并有专门的检查记录。

岗位经常性安全生产检查发现的问题记录在记录本上，并及时通过信息系统和电话逐级上报。一般来讲，对危及人身和设备安全的情况，岗位作业人员应根据操作规程、应急处置措施的规定，及时采取应急处置措施。如对塔式起重机的主要部件和安全装置等应进行经常性检查，每周不得少于一次，并应有记录；在使用前，应对起重信号工等作业人员进行安全技术交底；应在塔式起重机身上附加警示标语牌；在使用过程中，塔式起重机的力矩限位器、重量限位器、变幅限位器、高度限位器等安全装置不得随意调整和拆除；当塔式起重机的起重力矩大于相应工况下的额定值并小于该额定值的110％时，应切断上升和幅度增大方向的电源，但机构可作下降和减小幅度方向的运动。当多台塔式起重机在同一施工现场交叉作业时，地位塔式起重机的起重臂端与另一台塔式起重机的塔身之间的距离不得小于2m。

3. 季节性及假日前后安全生产检查

由生产经营单位统一组织，检查内容和范围则根据季节变化，按事故发生的规律对易发的潜在危险，突出重点进行检查，如：冬期施工时，因施工需要和取暖，使用明火、接触易燃易爆物品的机会增多，容易引发火灾、爆炸和中毒事故；夏季防暑降温、防汛、防雷电的检查。

由于节假日前后容易发生事故，因而应在节假日前后进行有针对性的安全检查。

4. 专业（项）安全检查

专业（项）安全生产检查是对某个专业（项）问题或在施工（生产）中存在的普遍性安全问题进行的单项定性或定量检查。

根据《危险性较大的分部分项工程安全管理办法》，基坑支护、模板工程、临时用电、人工挖扩孔桩工程等均属于专项检查内容。如对危险性较大的在用设备、设施、作业场所环境条件的管理性或监督性定量检测检验则属专业（项）安全检查。专业（项）检查具有较强的针对性和专业要求，用于检查难度较大的项目。施工单位应严格按照专项施工方案组织施工，高大模板支撑系统搭设、拆除及混凝土浇筑过程中，应由项目部安全员进行现场安全监督检查。

5. 综合性安全生产检查

综合性安全生产检查一般是由上级主管部门或地方政府有安全生产监督管理职责的部门，组织对生产单位进行的安全检查。

6. 职工代表不定期对安全生产的巡查

根据《工会法》及《安全生产法》的有关规定，生产经营单位的工会应定期或不定期组织职工代表进行安全检查。重点检查国家安全生产方针、法规的贯彻执行情况，各级人员安全生产责任制和规章制度的落实情况，从业人员安全生产保障情况，生产现场的安全状况等。

（四）安全检查计划

项目应结合实际情况编制安全检查计划，安全检查计划的编制内容有编制依据、检查目的、检查内容、检查时间、检查形式、检查人员等，可以文字表达，也可以图、表描述。

（五）安全生产检查的内容

安全生产检查的内容包括：软件系统和硬件系统。软件系统主要是查思想、查意识、查制度、查管理、查事故处理、查隐患、查整改。硬件系统主要是查生产设备、查辅助设施、查安全设施、查作业环境。

安全生产检查具体内容应本着突出重点的原则进行确定。对于危险性大、易发事故、事故危害性较大的生产系统、部位、装置、设备等应加强检查。一般应重点检查：易造成重大损失的易燃易爆危险物品、剧毒物、锅炉、压力容器、起重设备、运输设备、电气设备、冲压机械、高处作业和本企业易发生工伤、火灾、爆炸等事故的设备、工种、场所及其作业人员；易造成职业中毒或职业病的尘毒产生点及其岗位作业人员；直接管理的重要危险点和有害点的部门及其负责人。

（六）安全生产检查的方法

1. 常规检查

常规检查是常见的一种检查方法。通常由安全管理人员作为检查工作的主体，到作业现场，通过感官或辅助一定的简单工具、仪表等，对作业人员的行为、作业场所的环境条件、生产设备设施等进行的定性检查。安全检查人员通过这一手段，及时发现现场存在的安全隐患并采取措施予以消除，纠正施工人员的不安全行为。

常规检查主要依靠安全检查人员的经验和能力，检查的结果直接受安全检查人员个人素质的影响。

2. 安全检查表法

为使安全检查工作更加规范，将个人的行为对检查结果的影响减少到最小，常采用安全检查表法。安全检查表一般由工作小组讨论制定。安全检查表一般包括检查项目、检查内容、检查标准、检查结果及评价等内容。

3. 仪器检查及数据分析法

有些生产经营单位的设备、系统运行数据具有在线监视和记录的系统设计，对设备、系统的运行状况可通过对数据的变化趋势进行分析得出结论。对没有在线数据检测系统的机器、设备、系统，只能通过仪器检查法来进行定量化的检验与测量。

（七）安全生产检查的工作程序

1. 安全检查准备

（1）确定检查对象、目的、任务。

（2）掌握有关法律、标准、规程的要求。

（3）了解检查对象的工艺流程、生产情况、可能出现危险和危害的情况。

（4）制定检查计划，安排检查内容、方法、步骤。

（5）编写安全检查表或检查提纲。

（6）准备必要的测量工具、仪器、书写表格或记事本。

（7）挑选和训练检查人员进行必要的分工等。

2. 实施安全检查

实施安全检查就是通过访谈、查阅文件和记录、现场观察、仪器测量的方式获取信息。

（1）访谈。通过与有关人员谈话来检查安全意识和规章制度执行的情况等。

（2）查阅文件盒记录。检查设计文件、作业规程、安全措施、责任制度、操作规程等是否齐全，是否有效；查阅相应记录，判断上述文件是否被执行。如专项方案专家论证的内容是否完整、可行；专项方案计算书和验算依据是否符合有关标准规范；安全施工的基本条件是否满足现场实际情况等。

（3）现场观察。对作业现场的生产设备、安全防护设施、作业环境、人员操作等进行观察，寻找不安全因素、事故隐患、事故征兆等。

（4）仪器测量。利用一定的检测检验仪器设备，对在用的设施、设备、器材状况及作业环境条件等进行测量，以发现隐患。

3. 综合分析

经现场检查和数据分析后，检查人员应对检查情况进行综合分析，提出检查的结论和意见。一般来讲，生产经营单位自行组织的各类安全检查，应由安全管理部门会同有关部门对检查结果进行分析；上级主管部门或地方政府负有安全生产监督管理职责的部门组织的安全检查，统一研究得出检查意见或结论。

（八）安全生产检查发现问题的整改与落实

针对检查发现的事故隐患应下达整改通知单，定人、定时间、定措施进行整改。应根据问题性质的不同，提出立即整改、限期整改等措施要求。生产经营单位自行组织的安全检查，由安全管理部门会同有关部门，共同制定整改措施计划并组织实施。上级主管部门或地方政府负有安全生产监督管理职责的部门组织的安全检查，提出书面的整改要求，生产经营单位制定整改措施计划。

对安全检查发现的问题和隐患，生产经营单位应从管理的高度，举一反三，制定整改计划并积极落实整改。在整改措施计划完成后，安全管理部门应组织有关人员进行验收。对于上级主管部门或地方政府负有安全生产监督管理职责的部门组织的安全检查，在整改措施完成后，应及时上报整改完成情况，申请复查或验收。

对安全检查中经常出现的问题或反复发现的问题，生产经营单位应从规章制度的健全和完善、从业人员的安全教育培训、设备系统的更新改造、加强现场检查和监督等环节入手，做到持续改进，不断提高安全生产管理水平，防范生产安全事故的发生。

八、编制安全事故应急救援预案

（一）编制安全事故应急救援预案有关应急响应程序的内容

安全事故应急救援的相应程序按过程可以分为接警与响应级别确定、应急启动、救援行动、应急恢复和应急结束等几个过程。

1. 接警与响应级别确定

接到事故报警后，按照工作程序，对警情作出判断，初步确定相应的响应级别。如果事故不足以启动应急救援体系的最低响应级别，响应关闭。事故应急响应的目标是全力以赴抢救受害人员、保护可能受威胁的人群，尽可能控制并消除事故。应急响应可划分为初级响应和扩大应急两个阶段。初级响应是在事故初期，企业应用自己的救援力量，使事故得到控制。扩大应急是指突发公共事件危害、影响程度、范围有扩大趋势时，为有效控制突发公共事件发展态势，应急委员会等机构或者单位通过采取进一步有力措施、请求支援等方式，以尽快使受影响地域、领域恢复到正常状态的各种应急处置程序、措施的总称。

2. 应急启动

应急响应级别确定后，按所确定的响应级别启动应急程序，如通知应急中心有关人员到位、开通信息与通信网络、通知调配救援所需的应急资源（包括应急队伍和物资、装备等）、成立现场指挥部等。应急响应是在事故发生立即采取的应急与救援行动。

3. 救援行动

有关应急队伍进入事故现场后，迅速开展事故侦测、警戒、疏散、人员救助、工程抢险等有关应急救援工作，专家组为救援决策提供建议和技术支持。当事态超出相应级别无法得到有效控制时，向应急中心请求实施更高级别的应急响应。

4. 应急恢复

该阶段主要包括现场清理、人员清点和撤离、警戒解除、善后处理和事故调查等。现场恢复是指将事故现场恢复到相对稳定、安全的基本状态。根据事故类型和损害严重程度，现场恢复应考虑的内容有组织重新进入和人群返回、恢复损坏的水、电等供应、抢救被事故损坏的物质和设备、宣布应急结束。有关应急队伍进入事故现场后，迅速开展事故侦测、警戒、疏散、清理等工作。应急结束后应立即恢复正常秩序。恢复工作应该在事故控制后立即进行，它首先使事故影响区域恢复得到相对安全的基本状态，然后逐步恢复到正常状态。应急恢复要求立即进行的短期恢复中应注意的是避免二次事故的紧急情况。

5. 应急结束

对应急预案在事故发生实施的全过程应该认真科学地作出总结，完善预案中的不足和缺陷，为今后的预案建立、制定提供经验和完善的依据。

执行应急关闭程序，由事故总指挥宣布应急结束。

6. 针对多发性安全事故制定相应的应急救援措施

（二）多发性安全事故应急救援预案

1. 高处坠落事故的预防及其应急救援预案

建筑行业施工过程中，高处作业的机会比较多，经常在四边临空的高处进行作业，施工条件差，危险因素多。多年来，高坠伤亡事故占全部事故的比例较高，这种事情对社会影响较大，要作为公司的头等大事来预防。避免发生高处坠落事故，必须加强监控管理。对职工及民工进行预防高处坠落的技术知识教育，使他们熟悉操作时必须使用的工具和防护用具。同时，在技术上采取有效的防护措施。

（1）防止高处坠落事故的基本要求

以预防坠落事故为目标，对于有可能发生坠落等事故的特定危险施工，在施工前制定防范措施，并应在日常安全检查中加以确认。

1）凡患高血压、低血糖等身体不适合从事高处作业的人员不得从事高处作业。从事高处作业的人员要按规定进行体检和定期体检。登高作业人员必须要求持有健康证。

2）严禁穿硬塑料底等易滑鞋、高跟鞋。

3）作业人员严禁互相打闹，以免失足发生坠落危险。

4）不得攀爬脚手架。

5）进行悬空作业时，应有牢靠的立足点并正确系挂安全带。

6）作业层上部周边、基坑周边等，必须设置1.2m高且能承受任何方向的1000N外力的临时护栏，护栏围密目式（2000目）安全网。

7）边长大于250mm的边长预留洞口采用贯穿于混凝土板内的钢筋构成防护网，面用木板做盖板加砂浆封固；边长大于150mm的洞口，四周设置防护栏杆并围密目式（2000目）安全网，洞口下张挂安全平网。

8）各种架子搭好后，项目部必须组织架子工和使用的班组共同检查验收，验收合格后，方准上架操作。

9）施工使用的临时梯子要牢固，踏步300～400mm，与地面角度成60°～70°，梯脚要有防滑措施，顶端捆绑牢固并要设扶手栏杆。

（2）发生高处坠落事故应急预案

当发生高处坠落事故后，抢救的重点放在对休克、骨折和出血上进行处理。

1）发生高处坠落事故，应马上组织挽救伤者，首先观察伤者的受伤情况、部位、伤害性质，如伤员发生休克，应先处理休克。遇呼吸、心跳停止者，应立即进行人工呼吸，胸外心脏按压。处于休克状态的伤员要让其安静、保暖、平卧、少动，并将下肢抬高约20°，尽快送医院进行抢救治疗。

2）出现颅脑损伤时，必须维持呼吸道畅通。昏迷者应平卧，面部转向一侧，以防舌根下坠或分泌物、呕吐物吸入，发生喉阻塞。有骨折者，应初步固定后再搬运。遇有凹陷骨折、严重的颅底骨折及严重的脑损伤症状出现，创伤处用消毒的纱布或清洁布等覆盖伤口，用绷带或布条包扎后，及时送往就近有条件的医院治疗。

3）发现脊椎受伤者，创伤处用消毒的纱布或清洁布等覆盖伤口，用绷带或布条包扎，搬运时，将伤者平卧放在帆布担架或硬板上，以免受伤的脊椎移位、断裂造成截瘫，招致死亡。抢救脊椎受伤者，搬运过程中，严禁只抬伤者的两肩与两腿或单肩背运。

4）发现伤者手足骨折者，不要盲目搬动伤者。应在骨折部位用夹板把受伤的位置临时固定，使断端不再移位或刺伤肌肉、神经或血管。固定方法：以固定骨折处上下关节为原则，可就地取材，用木板、竹子等，在无材料的情况下，上肢可固定在身侧，下肢与健康侧下肢缚在一起。

5）遇有创伤性出血的伤员，应迅速包扎止血，使伤员保持在头低脚高的卧位，并注意保暖。正确的现场止血处理措施：

① 一般伤口的止血法：先用生理盐水（0.9%NaCl溶液）冲洗伤口，涂上红汞水，然后盖上消毒纱布，用绷带较紧地包扎。

② 加压包扎止血法：用纱布、棉花等做成软垫，放在伤口上再加包扎，来增强压力而达到止血。

③ 止血带止血法：选择弹性好的橡皮管、橡皮带或三角巾、毛巾、带状布条等，上肢出血结扎在上臂1/2处（靠近心脏位置），下肢出血结扎在大腿上1/3处（靠近心脏位置）。结扎时，在止血带与皮肤之间垫上纱布棉垫。每隔25～40min放松一次，每次放松0.5～1min。

6）动用最快的交通工具或其他措施，及时把伤者送往邻近医院抢救，运送途中应尽量减少颠簸。同时密切注意伤者的呼吸、脉搏、血压及伤口的情况。

7）急救时，如果没有发现危及伤病员生命安全的体征，可作第二次检查，以免遗漏其他的损伤、骨折和病变。

2. 物体打击事故的预防及其应急救援预案

物体打击伤害是建筑行业常见事故的六大伤害的其中一种，特别在施工周期短，劳动力、施工机具、物料投入较多，交叉作业时常有出现。这就要求在高处作业的人员在机械运行、物料转接、工具的存放过程中，都必须确保安全，防止物体坠落伤人的事故发生。轻伤是指损失工作日低于105日失能伤害，重伤是指损失工作日等于可超过105日失能伤害。

（1）防止物体打击事故的基本要求

1）人员进入施工现场必须正确佩戴安全帽。应在规定的安全通道内出入和上下，不得在非规定通道位置行走。

2）安全通道上方应搭设双层防护棚，防护棚使用的材料要能防止高空坠落物穿透。高度超过24m的层次上的交叉作业，应设双层防护。

3）临时设施的盖顶不得使用石棉瓦作盖顶。

4）边长小于或等于250mm的预留洞口必须用坚实的盖板封闭，用砂浆固定。

5）作业过程一般常用工具必须放在工具袋内，物料传递不准往下或向上乱抛材料和工具等物件。所有物料应堆放平稳，不得堆在临边及洞口附近，并不可妨碍通行。

6）高空安装起重设备或垂直运输机具，要注意零部件落下伤人。

7）吊运一切物料都必须由持有司索工上岗证人员进行绑码，散料应用吊篮装置好后才能起吊，并且注意不能超载、超高。

8）拆除或拆卸作业要在设置警戒区域、有人监护的条件下进行。

9）高处拆除作业时，对拆卸下的物料、建筑垃圾要及时清理和运走，不得在走道上任意乱放或向下丢弃。

（2）发生物体打击的应急预案

当发生物体打击事故后，抢救的重点放在对颅脑损伤、胸部骨折和出血上进行处理。

1）发生物体打击事故，应马上组织挽救伤者，首先观察伤者的受伤情况、部位、伤害性质，如伤员发生休克，应先处理休克。遇呼吸、心跳停止者，应立即进行人工呼吸，胸外心脏按压。处于休克状态的伤员要让其安静、保暖、平卧、少动，并将下肢抬高约20°，尽快送医院进行抢救治疗。

2）出现颅脑损伤时，必须维持呼吸道畅通。昏迷者应平卧，面部转向一侧，以防舌根下坠或分泌物、呕吐物吸入，发生喉阻塞。有骨折者，应初步固定后再搬运。遇有凹陷骨折、严重的颅底骨折及严重的脑损伤症状出现，创伤处用消毒的纱布或清洁布等覆盖伤口，用绷带或布条包扎后，及时送往就近有条件的医院治疗。

3. 触电事故的预防及其应急救援预案

触电事故与其他事故比较，其特点是事故的预兆性不直观、不明显，而事故的危害性非常大。当流经人体的电流小于10mA时，人体不会产生危险的病理生理效应；但当流经人体的电流大于10mA时，人体将会产生危险的病理生理效应，并随着电流的增大、时间的增长会产生心室纤维性颤动，乃至人体窒息（“假死”），在瞬间或在2～3min内就会夺去人的生命。因此，在保护设施不完备的情况下，人体触电伤害极易发生。所以，施工中要做好预防工作，发生触电事故时要正确处理，抢救伤者。

（1）防止触电伤害的基本安全要求

根据安全用电“装得安全、拆得彻底、用得正确、修得及时”的基本要求，为防止发生触电事故，在日常施工（生产）用电中要严格执行有关用电的安全要求。

1）用电应编制独立的施工组织设计（方案），并经企业技术负责人审批，盖有企业的法人公章。必须按施工组织设计（方案）进行敷设，竣工后办理验收手续。

2）一切线路敷设必须按技术规程进行，按规范保持安全距离，距离不足时，应采取有效措施进行隔离防护。

3）非电工严禁接拆电气线路、插头、插座、电气设备、电灯等。

4）根据不同的环境，正确选用相应额定值的安全电压作为供电电压。安全电压必须由双绕组变压器降压获得。

5）带电体之间、带电体与地面之间、带电体与其他设施之间、工作人员与带电体之间必须保持足够的安全距离，距离不足时，应采取有效措施进行隔离防护。

6）在有触电危险的处所或容易产生误判断、误操作的地方，以及存在不安全因素的现场，设置醒目的文字或图形标志，提醒人们识别、警惕危险因素。

7）采取适当的绝缘防护措施将带电导体封护或隔壁起来，使电气设备及线路能正常工作，防止人身触电。

8）采用适当的保护接地措施，将电气装置中平时不带电，但可能因绝缘损坏而带上危险的对地电压的外露导电部分（设备的金属外壳或金属结构）与大地做电气连接，减轻触电的危险。

9）施工现场供电必须采用TN-S或TT的四相五线的保护接零系统，把工作零线和保护零线区分开，通过保护接零作为防止间接触电的安全技术措施，同一工地不能同时存在TN-S或TT两个供电系统。注意事项有：

① 在同一台变压器供电的系统中，不得将一部分设备做保护接零，而将另一部分设备做保护接地。

② 采用保护接零的系统，总电房配电柜两侧做重复接地，配电箱（二级）及开关箱（三级）均应做重复接地。其工作接地装置必须可靠，接地电阻值≤4Ω。

③ 所有振动设备的重复接地必须有两个接地点。

④ 保护接零必须有灵敏可靠的短路保护装置配合。

⑤ 电动设备和机具实行“一机一闸一漏一箱”，严禁一闸多机，闸刀开关选用合格的熔丝，严禁用铜丝或铁丝代替保险熔丝。按规定选用合格的漏电保护装置并定期进行检查。

⑥ 电源线必须通过漏电开关，开关箱漏电开关控制电源线长度≤30m。

（2）发生触电事故的应急预案

1）触电急救的要点是动作迅速，救护得法，切不可惊慌失措，束手无策。要贯彻“迅速、就地、正确、坚持”的触电急救八字方针。发现有人触电，首先要尽快使触电者脱离电源，然后根据触电者的具体症状进行对症施救。

2）脱离电源的基本方法有：

① 将出事附近电源开关刀拉掉或将电源插头拔掉，以切断电源。

② 用干燥的绝缘木棒、竹竿、布带等物将电源线从触电者身上剥离或者将触电者剥离电源。

③ 必要时可用绝缘工具（如带有绝缘柄的电工钳、木柄斧头以及锄头）切断电源线。

④ 救护人员可戴上手套或在手上包缠干燥的衣服、围巾、帽子等绝缘物品拖拽触电者，使之脱离电源。

⑤ 如果触电者由于痉挛手指紧握导线缠绕在身上，救护人员可先用干燥的木板塞进触电者身下使其与地绝缘来隔断入地电源，然后再采取其他办法把电源切断。

⑥ 如果触电者触及断落在地上的带电高压导线，且尚未确认线路无电之前，救护人

员不可进入断线落地点8～10m的范围内，以防止跨步电压触电。进入该范围的救护人员应穿上绝缘靴或临时双脚并拢跳跃地接近触电者。触电者脱离带电导线后应迅速将其带至8～10m以外立即开始触电急救。只有在确认线路已经无电，才可在触电者离开触电导线后就地急救。

3）使触电者脱离电源时应注意的事项：

① 未采取绝缘措施前，救护人员不得直接触及触电者的皮肤和潮湿的衣服。

② 严禁救护人员直接用手推、拉和触摸触电者；救护人员不得采用金属或其他绝缘性能较差的物体（如潮湿木棒、布带等）作为救护工具。

③ 在拉拽触电者脱离电源的过程中，救护人员宜用单手操作，这样对救护人比较安全。

④ 当触电者位于高位时，应采取措施预防触电者在脱离电源后坠地摔伤或摔死（电击二次伤害）。

⑤ 夜间发生触电事故时，应考虑切断电源后的临时照明问题，以利救护。

4）触电者未失去知觉的救护措施：应让触电者在比较干燥、通风暖和的地方静卧休息，并派人严密观察，同时请医生前来或送往医院诊治。

5）触电者已失去知觉但尚有心跳和呼吸的抢救措施：应使其舒适地平卧着，解开衣服以利呼吸，四周不要围人，保持空气流通，冷天应注意保暖，同时请医生前来或送往医院诊治。若发现触电者呼吸困难或心跳停止，应立即施行人工呼吸及胸外心脏按压。

6）对“假死”者的急救措施：当判定触电者呼吸和心跳停止时，应立即按心肺复苏法就地抢救，方法如下：

① 通畅气道。第一，清除口中异物。使触电者仰面躺在平硬的地方，迅速解开其领扣、围巾、紧身衣和裤带。若发现触电者口内有食物、假牙、血块等异物，可将其身体及头部同时侧转，迅速用一只手指或两只手指交叉从口角处插入，从口中取出异物，操作中要注意防止将异物推到咽喉深入。第二，采用仰头抬颏法畅通气道。操作时，救护人用一只手放在触电者前额，另一只手的手指将其颌骨向上抬起，两手协同将头部向后推，舌根自然随之抬起、气道即可畅通。为使触电者头部后仰，可于其颈部下方垫适量厚度的物品，但严禁用枕头或其他物品垫在触电者头下。

② 口对口（鼻）人工呼吸。使病人仰卧，松解衣扣和腰带，清除伤者口腔内痰液、呕吐物、血块、泥土等，保持呼吸道畅通。救护人员一手将伤者下颌托起，使其头尺量后仰，另一只手捏住伤者的鼻孔，深吸一口气，对住伤者的口用力吹气，然后立即离开伤者口部，同时松开捏住鼻孔的手。吹气力量要适中，次数以每分钟16～18次为宜。

③ 胸外心脏按压。将伤者仰卧在地上或硬板床上，救护人员跪或站于伤者一侧，面对伤者，将右手掌置于伤者胸骨下段及剑突部偏左，左手置于右手之上，以上身的重量用力把胸骨下段向后压向脊柱，随后将手腕放松，每分钟挤压60～80次。在进行胸外心脏按压时，宜将伤者头部放低以利静脉血回流。若伤者同时伴有呼吸停止，在进行胸外心脏按压时，还应进行人工呼吸。一般做4次胸外心脏按压，做一次人工呼吸。

4. 中暑事故的预防及其应急救援预案

夏期施工气候炎热，建筑工人普遍在露天和高处作业，劳动强度大，时间长，随时都有发生中暑事故的可能。因此，加强夏季的防暑降温工作是保护职工身体健康，保证完成生产任务的一项重要措施。

（1）预防中暑事故的基本安全要求

采取综合的措施，切实预防中暑事故的发生，从技术、保健、组织等多方面去做好防暑降温工作。

1）组织措施

加强防暑降温工作的领导，在入暑以前，制定防暑降温计划和落实具体措施。

① 要加强对全体职工防暑降温知识教育，增加自防中暑和工伤事故的能力。注意保持充足的睡眠时间。

② 应根据本地气温情况，适当调整作息时间，利用早晨、傍晚气温较低时工作，延长休息时间等办法，减少阳光辐射热，以防中暑。还可根据施工工艺合理调整劳动组织，缩短一次性作业时间，增加施工过程中的轮换休息。

③ 贯彻《劳动法》，控制加班加点，加强工人集体宿舍管理；切实做到劳逸结合，保证工人吃好、睡好、休息好。

2）技术措施

① 进行技术革新，改革工艺和设备，尽量采用机械化、自动化，减轻建筑业劳动强度。

② 在工人较集中的露天作业施工现场中设置休息室，室内通风良好，室温不超过30℃；工地露天作业较为固定时，也可采用活动幕布或凉棚，减少阳光辐射。

③ 在车间内操作时，应尽量利用自然通风天窗排气，侧窗进气，也可采用机械通风措施，向高温作业点输送凉风，或抽走热风，降低车间气温。

3）卫生保健措施

① 入暑前组织医务人员对从事高温和高处作业的人员进行一次健康检查。凡患持久性高血压、贫血、肺气肿、肾脏病、心血管系统和中枢神经系统疾病者，一般不宜从事高温和高处作业工作。

② 对露天和高温作业者，应供给足够的符合卫生标准的饮料；供给含盐浓度0.1%～0.3%的清凉饮料。暑期还可供工人绿豆汤、茶水，但切忌暴饮，每次最好不超过300mL。

③ 加强个人防护。一般宜选用浅蓝色或灰色的工作服，颜色越浅阻率越大。对辐射强度大的工种应供给白色工作服，并根据作业需要佩戴好各种防护用具。露天作业应戴白色安全帽，防止阳光暴晒。

（2）发生中暑的表现及其应急预案

1）中暑症状的表现

① 先兆中暑。其症状为：在高温环境中劳动一段时间后，出现大量流汗、口渴、身感无力、注意力不能集中、动作不能协调等症状，此时体温正常或略有升高，但不会超过37.5°。

② 轻症中暑。其症状为：除有先兆中暑外，还可能出现头晕乏力、面色潮红、胸闷气短、皮肤灼热而干燥，还有可能出现呼吸循环系统衰竭的早期症状，如面色苍白、恶心、呕吐、血压下降、脉搏细弱而快、体温上升至38.5℃以上。此时如不及时救护，就会发生热晕厥或热虚脱。

③ 重症中暑。一般是因为未及时适当处理出现的轻症中暑（病人），导致病情继续严重恶化，随着出现昏迷、痉挛或手脚抽搐。稍作观察会发现，此时中暑病人皮肤往往干燥无汗，体温升至40℃以上，若不赶紧抢救，很可能危及生命安全。

2）发生中暑事故的应急预案

① 发生中暑事故后，应立即将病人扶（抬）至通风良好且阴凉的地方，将病人的领扣松开，以利呼吸，同时给病人服下解暑药十滴水，采取适当的降温措施。

② 对重症中暑者，除按上述条件施救外，还应对病人进行严密观察，并动用工地的交通工具或拦截出租车及时将病人送往就近有条件的医院进行治疗。

5. 中毒事故的预防及其应急预案

中毒分为职业中毒和食物中毒。职业中毒是指劳动者在从事生产劳动的过程中，由于接触毒物及有毒有害气体（一氧化碳、硫化氢、甲烷、苯）含量超标造成缺氧而发生的窒息及中毒现象。食物中毒是指由于人体食用了含有有毒有害物质的食品而引起的急性、亚性中毒现象。中毒事故在建筑工地时有发生，特别是食物中毒，更容易造成群死群伤的严重后果。因此，必须提高劳动者对防止中毒的认识，加强宣传教育工作和预防措施的落实。

（1）预防职业中毒事故的基本要求

1）根除毒物。从生产工艺流程中消除有毒物质，用无毒或低毒物质代替有害物质是最理想的防毒措施。

2）降低毒物浓度

① 革新技术，改造工艺。尽量采用先进技术和工艺过程，避免开放式生产，消除毒物逸散的条件。有可能时采用遥控乃至程序控制，最大限度地减少工人接触毒物的机会。如预防苯中毒，国家标准规定车间工作场所苯的最高允许浓度为40mg/m^3，可采用新技术、新方法，亦可从根本上控制毒物的逸散。

② 通风排毒。安装通风装置时，首先要考虑在毒物逸出的局部就地排出，尽量缩小其扩散范围。最常用的是局部抽出式通风。在地下室和密闭房间内作业以及储存油漆等有毒化学物品的仓库，都必须安装通风设备，保持新鲜空气流通。局部排毒装置的结构和样式，以尽量接近毒物逸出处，最大限度地阻止毒物扩散，而又不妨碍生产操作，以便于检修为原则。经通风排出的废气，要加以净化回收，综合利用。当建筑物地下室外侧回填土方仅剩下后浇带部分，而且正要进行该部分的防水施工时，必须定时监测防水材料可能产生的有毒气体的浓度，并采取适当的通风措施。不论是轻度还是严重中毒人员，不论是自救还是互救、外来救护工作，均应尽快使中毒人员脱离中毒现场、中毒物源，排除吸收的和未吸收的毒物。

③布局卫生。不同生产工序的布局，不仅要满足生产上的需要，而且要考虑卫生上的要求。有毒物逸散的作业，应设在单独的房间内；可能发生剧毒物质泄漏的生产设备应隔离。使用容易积存或被吸附的毒物（如汞），或能发生有毒粉尘飞扬的工房，其内部装饰应符合卫生要求。

3）搞好个体防护和个人卫生。除普通工作服外，对某些作业工人还需提供特殊质地或式样的防护服装、防毒口罩和防毒面具。应设置盥洗设备、淋浴室及存衣室，配备个人专用更衣箱。接触经皮肤吸收及局部作用危险性大的毒物，要有皮肤洗消和冲洗眼的设施。

4）增强体质。合理实施有毒作业保健待遇制度，因地制宜地开展体育活动，注意安排夜班工人的休息睡眠，做好季节性多发病的预防。

5）安全卫生管理。对于特殊有毒作业，应制定有针对性的规章制度，及时调整劳动制度与劳动组织。

6）健康监护和环境监测

① 实施就业前健康检查，排除有职业禁忌病者（心脏病、高血压、过敏性皮炎及外伤者）参加接触毒物的作业。坚持定期健康检查，尽早发现工人健康受损情况并及时处理。

② 要定期监测作业场所空气中毒物的浓度。

③ 在人工挖孔桩施工中，当桩井深度超过 5m，每天下井作业前必须进行有毒气体检测，检测合格后才能下井；否则，应先采取井下换气措施，符合要求后才能下井。

④ 人工挖孔桩井下及地下室防水作业施工，操作人员与监护人员定好联络信号，此外还应采取轮换作业方式。

（2）预防食物中毒事故的基本要求

1）应当有与产品品种、数量相适应的食品原料处理、加工、储存等场所。门、窗、锁要牢固，钥匙要专人保管。

2）保持食品加工场所内外环境整洁，采取消除苍蝇、老鼠、蟑螂和其他有害昆虫及其滋生条件的措施，与有毒、有害场所保持规定的距离。

3）应当有相应的消毒、更衣、盥洗、采光、照明、通风、防腐、防尘、防蝇、防鼠、洗涤、污水排放、存放垃圾和废弃物的设施。

4）设备布局和工艺流程应当合理，防止生食品与熟食品、原料与成品交叉污染，食品不得接触有毒物、不洁物，食品过夜要上锁封存。茶缸、饮用水热水器必须上锁，钥匙由专人保管。

5）设置卫生消毒柜。盛放直接入口食品的容器，使用前必须洗净、消毒，其他用具用后必须洗净，保持清洁。

6）用水必须符合国家规定生活饮用水卫生标准。

7）卫生许可证要挂在显目处，从业人员每年进行健康检查，持有效合格的健康证上岗。食品生产人员应当经常保持个人卫生，穿戴清洁工作衣帽。非厨房工作人员不得擅自进入厨房。

8）生、熟食品要定点采购。

9）从市场上购回的蔬菜要先用清水洗净，浸泡约半小时后，用开水烫过才可煮炒。

10）切菜的砧板、盛食品的容器要生熟分开，碗筷和洗碗布要经常消毒。

11）所有食品均应实行 24h 留样。

12）不进食含有毒素的食物，如河豚、发芽的土豆和发霉的米、面、花生、甘蔗、瓜菜等食品。

13）不要自行采摘、进食山上及野外的野生蘑菇。

14）不售卖、食用腐烂变质或过期的食品。隔餐的饭菜要加热煮透才可食用。

15）不食用因病因毒死亡的禽、畜和已死亡的黄鳝、甲鱼、虾、蟹、贝类等水产品。

（3）发生中毒事故的应急预案

1）食物中毒的症状：表现为起病急骤，轻者有恶心、呕吐、腹痛、腹泻、发热等现象；重者出现呼吸困难、抽搐、昏迷等症状，如不及时抢救，极易死亡。

2）食品中毒的特点

① 突然暴发。在短期内（一般2～24h）有多人发病，所有发病者与进食某种食品有明显的关系。如果停止食用引起食品中毒的食品，则发病迅速停止。

② 发病者多是在同一伙食单位里食同一种食品。进食量多的人，病情较重。

③ 细菌性食物中毒多发生在夏、秋季节。误食毒蘑菇中毒多发生在春、夏多雨及暖湿的季节。

3）一旦发生食物中毒，要报告当地卫生局和防疫站。中毒者应及时送医院治疗。在送医院前，如果发现中毒者口服的毒物并非强酸、强碱或其他腐蚀物，又清醒合作，可即让其饮水2～3碗，至感饱满为度。随即用手刺激其咽部与舌根，引起迷走神经兴奋而发生呕吐，将毒物吐出。

4）当发生职业中毒事故时，首先必须切断毒物来源，立即使患者停止接触毒物，对中毒地点进行送风输氧处理，然后派有经验的救护人员佩戴防毒器具进入事故地点将患者移至空气流通处，使其呼吸新鲜空气和氧气，并对患者进行紧急抢救。

5）在切断毒物来源之前，严禁未佩戴防毒器具的任何人员进入现场抢救。

6）人工挖孔桩井下及地下室外壁下的中毒、窒息者时应将安全带系在其两腿根部及上体，避免影响其呼吸或触及受伤部位。

6. 粉尘事故的预防及其应急预案

生产性粉尘是指在工农业生产中形成的，并能够长时间浮游在空气中的固体微粒。在生产和使用水泥的过程中，往往要接触大量水泥粉尘，如不注意防护，对人体是有害的。因此，不断改善劳动条件，保护职工的安全健康，做到安全生产、文明施工，是保证完成生产任务的一项重要措施，也是企业管理水平的一个重要标志。

（1）粉尘的分类

1）无机性粉尘。根据来源不同，可分为：金属性粉尘，如“铝、铁、锡、铅、锰等金属及化合物粉尘”；非金属的矿物粉尘，如“石英、石棉、滑石、煤”等；人工无机粉尘，如“水泥、玻璃纤维、金刚砂”等。

2）有机性粉尘。可分为：植物性粉尘和动物性粉尘。

3）合成材料粉尘。主要见于塑料加工过程中。塑料的基本成分除高分子聚合物外，还含有填料、增塑剂、稳定剂、色素及其他添加剂。

（2）接触机会

在各种不同生产场所，可以接触到不同性质的粉尘。在建筑施工行业，主要接触的粉尘是游离二氧化硅、石英、硅藻土等。

（3）粉尘的危害

1）根据不同特性，粉尘可对机体引起各种损害。如可溶性有毒粉尘进入呼吸道后，能很快被收入血流，引起中毒；放射性粉尘，则可造成放射性损伤；某些硬质粉尘可损伤角膜及结膜，引起角膜混浊及结膜炎等；粉尘堵塞皮脂腺和机械性刺激皮肤时，可引起粉刺及皮肤皲裂等；粉尘进入外耳道混在皮脂中，可形成耳垢等。

2）粉尘对机体影响最大的是呼吸系统损害，包括上呼吸道炎症、肺炎（如锰尘）、肺肉芽肿（如铍尘）、肺癌（如石棉尘、砷尘）、尘肺（如二氧化硅等尘）以及其他职业性肺部疾病等。

3）尘肺是由于在生产环境中长期吸入生产性粉尘而引起的肺弥漫性间质纤维性改变为主的疾病。它是职业性疾病中影响面最广、危害最严重的一类疾病。建筑行业发病较多的有水泥尘肺。焊工尘肺是电焊工人长期吸入氧化铁、氧化锰、二氧化硅等焊尘所致。

（4）预防

1）革：即积极通过深化工艺改革和技术革新，来大幅降低工作粉尘的产生，这是消除粉尘危害的根本途径。

2）水：即湿式作业，可防止粉尘飞扬，降低环境粉尘浓度。

3）风：加强通风及抽风措施，常在密闭、半密闭发尘源的基础上，采用局部抽出机械通风，将工作面的含尘空气抽出，并可同时采用局部送入式机械通风，将新鲜空气送入大气。

4）密：将发尘源密闭，对产生粉尘的设备，尽可能中罩密闭，并与排风结合，经除尘处理后再排入大气。

5）护：做好个人防护工作，对从事粉尘、有毒作业人员下班必须沐浴后，换上自己服装，以防将粉尘等带回家。

6）管：加强管理，对从事有粉尘的作业人员，必须佩戴纱布口罩，如达不到目的，必须佩戴过滤式防尘口罩，从事苯、高锰作业人员，必须佩戴供氧、送风或防毒面具。

7）查：定期检查环境空气中粉尘浓度入接触者的定期体检检查，凡发现有不适宜某种有害作业的疾病患者，应及时调换工作岗位。

8）教：加强宣传教育，教育工人不得在有害作业场所内吸烟、吃食物，饭前便后必须洗手，严防有害物随着食物进入体内，加强卫生宣传教育，到有害作业场所，要搞好场内清洁卫生。

7. 发生坍塌事故的预防及应急预案

在市政工程施工或深基础建筑中，深坑作业的机会较多，如排水基坑、隧道开挖施工、人工挖孔桩、桥梁基础开挖、桥梁支顶架搭设施工、钢筋安装等都较易发生坍塌事故，而作为市政集团类似的事故发生较多，且比较重大。事故一旦发生抢救难度较大，故需要引起高度重视，必须加强监控管理，在技术上采取有效的防护措施。

（1）防止坍塌事故的基本安全要求

1）大型土方和开挖较深的基坑工程，施工前要认真研究整个施工区域和施工场内的工程地质和水文资料、邻居建筑物或构筑物的质量和分布情况、挖土和弃土要求、施工环境及气候条件等，编制专项施工组织设计（方案），制定有针对性的安全技术措施，并报公司有关部门审核、审批，严禁盲目施工。

2）基坑开挖工程应验算边坡或基坑的稳定性，并注意由于土体内应力场变化和淤泥土的塑性流动而导致周围土体向基坑开挖方向位移，使邻居建筑物产生相应的位移和下沉。验算时应考虑地面堆载、地表面积水和邻居建筑物的影响等不利因素，决定是否需要支护，选择合理的支护形式，在基坑开挖期间应加强监测。

3）基坑开挖后应及时修筑基础，不得长期暴露。基础施工完毕后，应抓紧基坑的回填工作。回填基坑时，必须事先清除基坑中不符合回填要求的杂物。在相应的两侧或四周同时均匀进行。

4）挖土方前对周围环境要认真检查，不能在危险岩石后建筑物下面进行作业。

5）人工开挖时两人操作间距应保持2～3m，并应从上到下挖，严禁偷岩取土。

6）大型支顶架的搭设，必须根据工程的特点按照规范规定，制定施工方案并验算其整体稳定性及地基承载力，同时制定搭设的安全技术措施。

7）施工用的其他类型脚手架、临时设施，必须严格按有关规范、规程进行搭设。

8）脚手架搭设作业时，应按形式基本构架单元的要求逐排、逐跨和逐步地进行搭设，矩形周边脚手架宜从其中的一个角部开始向两边方向延伸搭设，确保已搭部分稳定。

9）架上作业应按规范或设计规定的荷载使用，严禁超载，架面荷载应力求均匀分布，避免荷载集中于一侧。

10）架上作业时，不得随意拆除基本结构杆件，因作业需要必须拆除某些杆件时必须取得项目总工的同意，并采取可靠的加固措施后方可拆除。

11）支顶架、脚手架、临时设施使用前，必须按要求进行验算，验算合格后方可交付使用，进入下一工序施工。

12）绑扎基础钢筋时，应按施工设计规定摆放钢筋支架或马凳架起上部钢筋，不得任意减少支架或马凳。操作前应检查基坑上和支撑是否牢固。

（2）发生坍塌事故应急预案

当发生坍塌事故后，抢救重点是集现场的人力、物力、设备尽快把压在人上面的土方构件搬离，把受伤者抬出来并立即抢救。

1）如伤员发生休克，应先处理休克。处于休克状态的伤员要让其安静、保暖、平卧、少动，并将下肢抬高约20°，尽快送医院进行抢救治疗。遇呼吸、心跳停止者，应立即进行人工呼吸，胸外心脏按压。

2）出现×脑损伤，必须维持呼吸道通畅，昏迷者立即平卧，面部转向一侧，以防舌根下坠或分泌物、呕吐物吸入，发生喉堵塞。有骨折者，应初步固定后再搬运。遇有凹陷骨折，严重的××骨及严重的脑损伤症状出现，创伤处用消毒纱布或清洁布等覆盖伤口，用绷带或布条包扎后，及时送就近有条件的医院治疗。

3）发现脊椎受伤者，创伤处用消毒纱布或清洁布等覆盖伤口，用绷带或布条包扎后，搬运时，将伤者平卧放在帆布担架或硬板上，以免受伤的脊椎移位、断裂造成截瘫或致死亡。抢救脊椎受伤者，搬运过程中严禁只抬伤者的两肩与两腿。

4）发现伤者手足骨折，不要盲目搬运伤者。应在骨折部位用夹板把受伤位置临时固定，使断端不再移位或刺伤肌肉、神经或血管。固定方法：固定骨折处上、下关节，可就地取材，用木板、竹头等。无材料的情况下，上肢可固定在身侧、下肢与健康下肢固定在一起。

5）遇有创伤性出血的伤员，应迅速包扎止血，使伤员保持在头低脚高的卧位，并注意保暖。

① 一般伤口的止血法：先用生理盐水（0.9%NaCl 溶剂）冲洗伤口，涂上红药水，然后盖上消毒纱布，用绷带较紧地包扎。

② 加压包扎止血法：用纱布、棉花等作软垫，放在伤口上再包扎，来增加压力而达到止血。

③ 止血带止血法：选择弹性好的橡皮管、橡皮带或三角巾、毛巾、带状布条等，上肢出血结扎在上臂 1/2 处（靠近心脏位置），下肢出血者扎在大腿上 1/3 处（靠近心脏位置）。结扎时，在止血带与皮肤之间垫上消毒纱布棉垫。每隔 25～40min 放松一次，每次放松 0.5～1min。

6）动用最快的交通工具或其他措施，及时把伤者送往邻近医院抢救，运送涂中应尽量减少波动。同时密切注意伤者的呼吸、脉搏、血压及伤口的情况。

8. 火灾和爆炸事故的预防及其应急预案

市政施工需要一定数量的可燃板材，这些材料如果处理不妥，防火措施不力极易发生火灾，在施工阶段，也需要用大量的乙炔和氧气，对钢筋进行焊割，如盛装乙炔和氧气的钢瓶储存方法不当，使用不规范，也容易发生因气体泄露而产生的气瓶爆炸事故。因此，加强对可燃物的易燃易爆物品的管理是有效防止火灾和爆炸事故的发生，保护员工生命安全，企业利益和国家财产不受损失的有效措施。

（1）预防火灾和爆炸事故的基本安全措施

1）组织措施

① 要建立、健全消防机构。项目部要成立义务消防队，并明确公司、项目的消防安全责任人和消防安全管理人，负责管理本单位的消防安全工作。

② 项目部要加强对员工、外来工进行消防知识的教育，并义务对员工进行灭火技能的培训，提高自防自救能力，每年要进行不少于一次的消防演练。

③ 办公场所、集体宿舍、设备、材料堆放场所要配备充足有效的灭火器材。

④ 制定事故发生时的扑救方案和人员疏散步骤、方法和路线，使事故的损失降低到最低。

2）管理措施

① 各单位要按规定设置乙炔和氧气瓶的库房，气瓶储室通风要良好，在库房门口张挂醒目的防火警示标志，配备充足有效的灭火器材。

② 乙炔和氧气的使用和存放要符合有关规定。

③ 在易燃、易爆场所动火作业，必须先办理“三级”动火审批手续，领取动火作业许可证，并做足防火安全措施，方可动火作业，动火时要设专人值班，随时观察动火情况。

④ 严禁对盛装过可燃气体的容器进行焊割。

⑤ 焊割（动火）作业操作人员必须参加劳动、消防部门的培训，考试合格取得焊工

证后，方可上岗，在作业时应做到“八不”、“四要”、“一清”。

⑥ 集体宿舍的用电要由持证电工安装，不准乱拉乱接电线，不准在电线上晾挂衣物，不准在宿舍内使用明火、电炉、气化炉具，不准使用电热器具和烧香拜神，严禁躺在床上吸烟。

⑦ 仓库存放物品应分类、分堆储存，甲、乙类物品和一般物品以及容易相互发生化学反应或者灭火方法不同的物品，必须分间、分库储存。

⑧ 储存丙类固体物品的库房，不准使用碘钨灯和超过 60W 以上的白炽灯高温照明工具。

⑨ 库房内设置的配电线路，需穿金属管或用非燃硬塑管保护，每个库房应当在库外单独安装开关箱，做到人离断电，禁止使用不合格的保险装置。

⑩ 厨房不准同时使用煤气炉、柴炉和油炉。

(2) 发生火灾和爆炸事故的应急预案

发生火灾和爆炸，首先是迅速扑灭火源和报警，及时疏散有关人员，对伤者进行救治。

1) 火灾发生初期，是扑救的最佳时机，发生火灾部位的人员要及时把握好这一时机，尽快把火扑灭。

2) 在扑救火灾的同时拨打“119”电话报警并及时向上级有关部门及领导报告。

3) 在现场的消防安全管理人员，应立即指挥员工撤离火场附近的可燃物，避免火灾区域扩大。

4) 组织有关人员对事故区域进行保护。

5) 及时指挥、引导员工按预定的线路、方法疏散，撤离事故区域。

6) 发生员工伤亡，要马上进行施救，将伤员撤离危险区域，同时打“120”电话求救。

9. 地震灾害防护应急预案

(1) 地震的概念

由于地球及其内部物质的不断运动，产生巨大的力，导致地下岩层断裂或错动，就形成了地震。

(2) 地震相关概念

1) 震源：地球内部直接发生断裂的地方。

2) 震中：震源在地表的投影。

3) 震中距：震中到观测点的距离。

4) 震源深度：震源到震中的距离。

5) 震级：表示地震能量大小的等级。

6) 烈度：地震对地面影响和破坏的程度。通常，震级越高，震源越浅，地震的烈度越强。

(3) 地震烈度歌谣

三级地震难知晓，四级五级吊灯摇；六级物倒房微损，七八房坏地裂掉；九十桥断房屋倒，十一十二重灾到。

（4）地震前兆

1）水

无雨水变浑，变色变味又难闻。

喷气又发响，既翻水花又冒泡。

天旱井水冒，反常升降有门道。

2）动物

震前动物有前兆，发现异常要报告。

牛马骡羊不进圈，猪不吃食狗乱咬。

鸭不下水岸上闹，鸡飞上树高声叫。

冰天雪地蛇出洞，老鼠痴呆搬家逃。

兔子竖耳蹦又撞，鱼儿惊慌水面跳。

蜜蜂群迁闹哄哄，鸽子惊飞不回巢。

综合分析辨真假，群测群防很重要。

3）地光

大地震发生前，在震中或附近地区常常出现形态各异的地光，以白、红、黄、蓝色较为常见。

4）地声

在地光发生后，有时会有地声。多数像打雷，有时像狂风、炮鸣、狮吼等。

（5）紧急防护措施

注意地震中的标准求生姿势：身体尽量蜷曲缩小，卧倒或蹲下；用手或其他物件护住头部，一手捂口鼻，另一手抓住一个固定的物品。如果没有任何可抓的固定物或保护头部的物件，则应采取自我保护姿势：头尽量向胸靠拢，闭口，双手交叉放在脖后，保护头部和颈部。地震中应做到：不要惊慌，伏而待定。不要站在窗户边或阳台上。救人过程中要注意安全，小心余震。

10. 深沟槽（基坑）开挖应急预案

深沟槽（基坑）开挖是管道施工安全工作的重要环节，因沟槽有2m的深度，所以在沟槽（基坑）开挖施工时，必须抓好各环节的安全工作，根据所采用的不同开挖方法和土质情况，正确地选择开挖断面形式，确定合理的边坡来保证施工安全。为了有利于施工和安全，沟槽（基坑）开挖所放边坡大小要适当，边坡放的太小，就会造成坍塌事故。所以边坡度应根据挖方深度土的物理性质和地下水的实际情况而定。

（1）开挖前准备

1）开挖前，应对地质、水文和地下管线（如电缆、电信管、排水管、给水管等）做好必要的调查勘察工作。并针对不同的具体情况，拟订好安全技术措施。

2）工程所需管材、砖、砂等均应堆放整齐，距沟边2m以外，土质较好、现场狭窄时，堆放位置至少也应距沟边0.8m以上，以免造成沟槽塌方。

3）沟槽两边应设置临时排水沟，以免雨水流入沟内造成塌方。

4）沟槽两端和交通道口均应设置明显的安全标志、护栏等，晚间还应加挂红灯。

5）危险作业区应悬挂“危险”或“禁止通行”的明显标志，如沟槽两端、易塌方地段等。夜间应悬挂红灯示警。

6）场地狭窄，来往行人、车辆频繁地段、岔路等，应设临时交通指挥人员。

（2）堆土

在开挖中，必须考虑回填土的余量及合理的堆放位置。如不能合理堆放，将直接影响到施工安全。

1）堆土位置的选择

堆土位置的选择根据工程现场的具体情况，施工现场开阔，周围环境不受影响和限制，为了方便进料、堆料和施工，采取一侧堆土，另一侧作为施工临时便道。

2）堆土的要求

① 沟边一侧，均应距沟边1m以外，其高度不超过1.5m，堆土顶部要向外侧做流水坡度。还应考虑留出现场便道，以利施工和安全。

② 堆土不得埋压构筑物和设施，如上水井、煤气井、雨污水检查井。如必须堆土时，应采取相应的措施。

（3）机械挖土

机械开挖应严格控制中线和边坡，以免造成挖偏或超挖等，而影响沟槽的直顺和沟壁的稳定性。

（4）人工挖土

人工挖土应遵守以下安全要求：

1）槽内施工人员必须戴好安全帽，施工现场禁止穿拖鞋、高跟鞋或赤脚。施工期间严禁槽内休息。

2）上下沟槽必须设置立梯，立梯应坚固，不得缺层。严禁攀登支撑或乘吊运机械设备上下沟槽。

3）人工开挖时，两人操作间距应保持2～3m，并应从上到下挖，严禁偷岩取土。

4）沟槽应挖的直顺，上下口尺寸、中线和边坡要符合要求，槽壁应平整，不得出现凹凸现象，以免影响沟壁的稳定性而造成沟壁坍塌。

5）机械挖土时，跟机修坡底操作人员应距铲斗保持一定的安全距离，必要时应先停机，然后再操作。同时还应及时采取必要的支撑措施和沟边翻土工作，以减轻沟壁压力，以利于沟壁稳定。车辆配合外运土方时，在机械装土时，任何人不得在车上停留，以保证装土安全。若有不安全因素，应立即采取相应的措施，以确保施工安全。

九、施工现场安全检查

（一）安全检查的内容

1. 安全检查的目的

（1）了解安全生产的状态，为分析研究、加强安全管理提供信息依据。

（2）发现问题、暴露隐患，以便及时采取有效措施，消除事故隐患，保障安全生产。

（3）发现、总结及交流安全生产的成功经验，推动地区乃至行业和企业安全生产水平的提高。

（4）利用检查，进一步宣传、贯彻、落实安全生产方针、政策和各项安全生产规章制度。

（5）增强领导和群众安全意识，制止违章指挥，纠正违章作业，提高安全生产的自觉性和责任感。安全检查是主动性的安全防范。

2. 建筑工程施工安全检查的主要内容

建筑工程施工安全检查主要是以查安全思想、查安全责任、查安全制度、查安全措施、查安全防护、查设备设施、查教育培训、查操作行为、查劳动防护用品使用和查伤亡事故处理等为主要内容。

安全检查要根据施工生产特点，具体确定检查的项目和检查的标准。1）查安全思想主要是检查以项目经理为首的项目全体员工（包括分包作业人员）的安全生产意识和对安全生产工作的重视程度。2）查安全责任主要是检查现场安全生产责任制度的建立；安全生产责任目标的分解与考核情况；安全生产责任制与责任目标是否已落实到了每一个岗位和每一个人员，并得到了确认。安全生产责任制度是建筑施工企业所有安全规章制度的核心。3）查安全制度主要是检查现场各项安全生产规章制度和安全技术操作规程的建立和执行情况。4）查安全措施主要是检查现场安全措施计划及各项安全专项施工方案的编制、审核、审批及实施情况；重点检查方案的内容是否全面、措施是否具体并有针对性，现场的实施运行是否与方案规定的内容相符。5）查安全防护主要是检查现场临边、洞口等各项安全防护设施是否到位，有无安全隐患。6）查设备设施主要是检查现场投入使用的设备设施的购置、租赁、安装、验收、使用、过程维护保养等各个环节是否符合要求；设备设施的安全装置是否齐全、灵敏、可靠，有无安全隐患。7）查教育培训主要是检查现场教育培训岗位、教育培训人员、教育培训内容是否明确、具体、有针对性；三级安全教育制度和特种作业人员持证上岗制度的落实情况是否到位；教育培训档案资料是否真实、齐全。8）查操作行为主要是检查现场施工作业过程中有无违章指挥、违章作业、违反劳动纪律的行为发生。9）查劳动防护用品的使用主要是检查现场劳动防护用品、用具的购置、产品质量、配备数量和使用情况是否符合安全与职业卫生的要求。10）查伤亡事故处理主要是检查现场是否发生伤亡事故，对发生的伤亡事故是否已按照“四不放过”的原则进行了调查处理，是否已有针对性地制定了纠正与预防措施；制定的纠正与预防措施是否已得到落实并取得实效。

3. 建筑工程施工安全检查的主要形式

建筑工程施工安全检查的主要形式一般可分为日常巡查、专项检查、定期安全检查、经常性安全检查、季节性安全检查、节假日安全检查、开工、复工安全检查、专业性安全检查和设备设施安全验收检查等。

安全检查的组织形式应根据检查的目的、内容而定，因此参加检查的组成人员也就不完全相同。1）定期安全检查。建筑施工企业应建立定期分级安全检查制度，定期安全检查属全面性和考核性的检查，建筑工程施工现场应至少每旬开展一次安全检查工作，施工现场的定期安全检查应由项目经理亲自组织。2）经常性安全检查。建筑工程施工应经常开展预防性的安全检查工作，以便于及时发现并消除事故隐患，保证施工生产正常进行。施工现场经常性的安全检查方式主要有：现场专（兼）职安全生产管理人员及安全值班人员每天例行开展的安全巡视、巡查；现场项目经理、责任工程师及相关专业技术管理人员在检查生产工作的同时进行的安全检查；作业班组在班前、班中、班后进行的安全检查。3）季节性安全检查。季节性安全检查主要是针对气候特点（如：暑期、雨期、风季、冬期等）可能给安全生产造成的不利影响或带来的危害而组织的安全检查。4）节假日安全检查。在节假日、特别是重大或传统节假日（如：“五一”、“十一”、元旦、春节等）前后和节日期间，为防止现场管理人员和作业人员思想麻痹、纪律松懈等进行的安全检查。节假日加班，更要认真检查各项安全防范措施的落实情况。5）开工、复工安全检查。针对工程项目开工、复工之前进行的安全检查，主要是检查现场是否具备保障安全生产的条件。6）专业性安全检查。由有关专业人员对现场某项专业安全问题或在施工生产过程中存在的比较系统性的安全问题进行的单项检查。这类检查专业性强，主要应由专业工程技术人员、专业安全管理人员参加。7）设备设施安全验收检查。针对现场塔式起重机等起重设备、外用施工电梯、龙门架及井架物料提升机、电气设备、脚手架、现浇混凝土模板支撑系统等设备设施在安装、搭设过程中或完成后进行的安全验收、检查。

4. 安全检查的要求

（1）根据检查内容配备力量，抽调专业人员，确定检查负责人，明确分工。

（2）应有明确的检查目的和检查项目、内容及检查标准、重点、关键部位。对大面积或数量多的项目可采取系统的观感和一定数量的测点相结合的检查方法。检查时尽量采用检测工具，用数据说话。

（3）“安管人员”应当具备相应文化程度、专业技术职称和一定安全生产工作经历，与企业确立劳动关系，并经企业年度安全生产教育培训合格。对现场管理人员和操作工人不仅要检查是否有违章指挥和违章作业行为，还应进行“应知应会”的抽查，以便了解管理人员及操作工人的安全素质。对于违章指挥、违章作业行为，检查人员可以当场指出、进行纠正。

(4) 认真、详细进行检查记录，特别是对隐患的记录必须具体，如隐患的部位、危险性程度及处理意见等。采用安全检查评分表的，应记录每项扣分的原因。

(5) 检查中发现的隐患应该进行登记，并发出隐患整改通知书，引起整改单位的重视，并作为整改的备查依据。对即发性事故危险的隐患，检察人员应责令其停工，被查单位必须立即整改。

(6) 尽可能系统、定量地做出检查结论，进行安全评价。以利受检单位根据安全评价研究对策进行整改，加强管理。

(7) 检查后应对隐患整改情况进行跟踪复查，查被检单位是否按“三定”原则（定人、定期限、定措施）落实整改，经复查整改合格后，进行销案。

（二）安全检查的方法

建筑工程安全检查在正确使用安全检查表的基础上，可以采用“听”、“问”、“看”、“量”、“测”、“运转试验”等方法进行。

(1)“听”。听取基层管理人员或施工现场安全员汇报安全生产情况，介绍现场安全工作经验、存在的问题、今后的发展方向。

(2)“问”。主要是指通过询问、提问，对以项目经理为首的现场管理人员和操作工人进行应知应会抽查，以便了解现场管理人员和操作工人的安全意识和安全素质。

(3)“看”。主要是指查看施工现场安全管理资料和对施工现场进行巡视。例如：查看项目负责人、专职安全管理人员、特种作业人员等的持证上岗情况；现场安全标志设置情况；劳动防护用品使用情况；现场安全防护情况；现场安全设施及机械设备安全装置配置情况等。

(4)“量”。主要是指使用测量工具对施工现场的一些设施、装置进行实测实量。例如：对脚手架各种杆件间距的测量；对现场安全防护栏杆高度的测量；对电气开关箱安装高度的测量；对在建工程与外电边线安全距离的测量等。

(5)“测”。主要是指使用专用仪器、仪表等监测器具对特定对象关键特性技术参数的测试。例如：使用漏电保护器测试仪对漏电保护器漏电动作电流、漏电动作时间的测试；使用地阻仪对现场各种接地装置接地电阻的测试；使用兆欧表对电机绝缘电阻的测试；使用经纬仪对塔式起重机、外用电梯安装垂直度的测试等。

(6)“运转试验”。主要是指由具有专业资格的人员对机械设备进行实际操作、试验，检验其运转的可靠性或安全限位装置的灵敏性。例如：对塔式起重机力矩限制器、变幅限位器、起重限位器等安全装置的试验；对施工电梯制动器、限速器、上下极限限位器、门联锁装置等安全装置的试验；对龙门架超高限位器、断绳保护器等安全装置的试验等。

（三）施工机械的安全检查和评价

1. 施工起重机械使用安全常识

塔式起重机、施工电梯、物料提升机等施工起重机械的操作（也称为司机）、指挥、司索等作业人员属特种作业，必须按国家有关规定经专门安全作业培训，取得特种作业操作资格证书，方可上岗作业。

施工起重机械（也称垂直运输设备）必须由相应的制造（生产）许可证企业生产，并有出厂合格证。其安装、拆除、加高及附墙施工作业，必须由相应作业资格的队伍作业，作业人员必须按国家有关规定经专门安全作业培训，取得特种作业操作资格证书，方可上岗作业。其他非专业人员不得上岗作业。

安装、拆卸、加高及附墙施工作业前，必须有经审批、审查的施工方案，并进行方案及安全技术交底。

（1）塔式起重机

1）起重机“十不吊”：

超载或被吊物重量不清不吊；

指挥信号不明确不吊；

捆绑、吊挂不牢或不平衡不吊；

被吊物上有人或浮置物不吊；

结构或零部件有影响安全的缺陷或损伤不吊；

斜拉歪吊和埋入地下物不吊；

单根钢丝不吊；

工作场地光线昏暗，无法看清场地、被吊物和指挥信号不吊；

重物棱角处与捆绑钢丝绳之间未加衬垫不吊；

易燃易爆物品不吊。

2）塔式起重机吊运作业区域内严禁无关人员入内，起吊物下方不准站人。

3）司机（操作）、指挥、司索等工种应按有关要求配备，其他人员不得作业。

4）六级以上强风不准吊运物件。

5）作业人员必须听从指挥人员的指挥，吊物起吊前作业人员应撤离。

6）吊物的捆绑要求。

吊运物件时，应清楚重量，吊运点及绑扎应牢固可靠。

吊运散件物时，应用铁制合格料斗，料斗上应设有专用的牢固的吊装点；料斗内装物高度不得超过料斗上口边，散粒状的轻浮易撒物盛装高度应低于上口边线10cm。

吊运长条状物品（如钢筋、长条状木方等），所吊物件应在物品上选择两个均匀、平衡的吊点，绑扎牢固。

吊运有棱角、锐边的物品时，钢丝绳绑扎处应做好防护措施。

起重吊装构件时，构件叠放应用方木垫平，必须稳固，高度一般不宜超过1.6m。

7）塔式起重机钢丝绳卷筒两侧边缘的高度应超过最外层钢丝绳，其值不应小于钢丝绳直径的2倍。

8）当现场多台塔式起重机作业时，编制安全生产管理计划的工程难点分析应从塔吊可能互相碰撞的角度考虑。

（2）施工电梯

施工电梯也称外用电梯，也有称为（人、货两用）施工升降机，是施工现场垂直运输人员和材料的主要机械设备。

1）施工电梯投入使用前，应在首层搭设出入口防护棚，防护棚应符合有关高处作业规范。

2）电梯在大雨、大雾、六级以上大风以及导轨架、电缆等结冰时，必须停止使用。并将梯笼降到底层，切断电源。暴风雨后，应对电梯各安全装置进行一次检查，确认正常，方可使用。

3）电梯梯笼周围2.5m范围，应设置防护栏杆。

4）电梯各出料口运输平台应平整牢固，还应安装牢固可靠的栏杆和安全门，使用时安全门应保持关闭。

5）电梯使用应有明确的联络信号，禁止用敲打、呼叫等联络。

6）乘坐电梯时，应先关好安全门，再关好梯笼门，方可启动电梯。

7）梯笼内乘人或载物时，应使载荷均匀分布，不得偏重；严禁超载运行。

8）等候电梯时，应站在建筑物内，不得聚集在通道平台上，也不得将头手伸出栏杆和安全门外。

9）电梯每班首次载重运行时，当梯笼升离地1～2m时，应停机试验制动器的可靠性；当发现制动效果不良时，应调整或修复后方可投入使用。

10）操作人员应根据指挥信号操作。作业前应鸣声示意。在电梯未切断总电源开关前，操作人员不得离开操作岗位。

11）施工电梯发生故障的处理

当运行中发现有异常情况时，应立即停机并采取有效措施将梯笼降到底层，排除故障后方可继续运行。

在运行中发现电气失控时，应立即按下急停按钮；在未排除故障前，不得打开急停按钮。在运行中发现制动器失灵时，可将梯笼开至底层维修；或者让其下滑防坠安全器制动。

在运行中发现故障时，不可惊慌，电梯的安全装置将提供可靠的保护；并且听从专业人员的安排，或等待修复，或按专业人员指挥撤离。

12）作业后，应将梯笼降到底层，各控制开关拨到零位，切断电源，锁好开关箱，闭锁梯笼门和围护门。

（3）物料提升机

物料提升机有龙门架、井字架式的，也有的称为（货用）施工升降机，是施工现场物料垂直运输的主要机械设备。

1）物料提升机用于运载物料，严禁载人上下；装卸料人员、维修人员必须在安全装置可靠或采取了可靠的措施后，方可进入吊笼内作业。

2）物料提升机进料口必须加装安全防护门，并按高处作业规范搭设防护棚，并设安全通道，防止从棚外进入架体中。

3）物料提升机在运行时，严禁对设备进行保养、维修，任何人不得攀登架体和从架体内穿过。

4）运载物料的要求

运送散料时，应使用料斗装载，并放置平稳；使用手推斗车装置于吊笼时，必须将手推斗车平稳并制动放置，注意车把手及车不能伸出吊笼。

运送长料时，物料不得超出吊笼；物料立放时，应捆绑牢固。

物料装载时，应均匀分布，不得偏重，严禁超载运行。

5）物料提升机的架体应有附墙或缆风绳，并应牢固可靠，符合说明书和规范的要求。

6）物料提升机的架体外侧应用小网眼安全网封闭，防止物料在运行时坠落。

7）禁止在物料提升机架体上焊接、切割或者钻孔等作业，防止损伤架体的任何构件。

8）出料口平台应牢固可靠，并应安装防护栏杆和安全门。运行时安全门应保持关闭。顶层楼梯口应随工程结构进度安装正式防护栏杆。

9）吊笼上应有安全门，防止物料坠落；并且安全门应与安全停靠装置连锁。安全停靠装置应灵敏可靠。

10）楼层安全防护门应有电气或机械锁装置，在安全门未可靠关闭时，停止吊笼运行。

11）作业人员等待吊笼时，应在建筑材料内或者平台内距安全门1m以上处等待。严禁将头手伸出栏杆或安全门。

12）进出料口应安装明确的联络信号，高架提升机还应安装可视系统。

2. 起重吊装作业安全常识

起重吊装是指建筑工程中，采用相应的机械设备和设施来完成结构吊装和设施安装。其作业属于危险作业，作业环境复杂，技术难度大。

（1）作业前应根据作业特点编制专项施工方案，并对参加作业人员进行方案和安全技术交底。

（2）作业时周边应置警戒区域，设置醒目的警示标志，防止无关人员进入；特别危险处应设监护人员。

（3）起重吊装作业大多数作业点都必须由专业技术人员作业；属于特种作业的人员必须按国家有关规定经专门安全作业培训，取得特种作业操作资格证书，方可上岗作业。

（4）作业人员现场作业应选择条件安全的位置作业。卷扬机与地滑轮穿越钢丝绳的区域，禁止人员站立和通行。

（5）吊装过程必须设有专人指挥，其他人员必须服从指挥。起重指挥不能兼作其他工种。并应确保起重司机清晰准确地听到指挥信号。

（6）作业过程必须遵守起重机“十不吊”原则。

（7）被吊物的捆绑要求，按塔式起重机中被吊物捆绑的作业要求。

（8）构件存放场地应该平整坚实。构件叠放用方木垫平，必须稳固，不准超高（一般不宜超过1.6m)。构件存放除设置垫木外，必要时要设置相应的支撑，提高其稳定性。禁止无关人员在堆放的构件中穿行，防止发生构件倒塌挤人事故。

(9) 在露天有六级以上大风或大雨、大雪、大雾等天气时，应停止起重吊装作业。

(10) 起重机作业时，起重臂和吊物下方严禁有人停留、工作或通过。重物吊运时，严禁人从上方通过。严禁用起重机载运人员。

(11) 经常使用的起重工具注意事项

1) 手动捯链：操作人员应经培训合格，方可上岗作业，吊物时应挂牢后慢慢拉动捯链，不得斜向拽拉。当一人拉不动时，应查明原因，禁止多人一齐猛拉。

2) 手搬捯链：操作人员应经培训合格，方可上岗作业，使用前检查自锁夹钳装置的可靠性，当夹紧钢丝绳后，应能往复运动，否则禁止使用。

3) 千斤顶：操作人员应经培训合格，方可上岗作业，千斤顶置于平整坚实的地面上，并垫木板或钢板，防止地面沉陷。顶部与光滑物接触面应垫硬木防止滑动。开始操作应逐渐顶升，注意防止顶歪，始终保持重物的平衡。

3. 中小型施工机械使用的安全常识

施工机械的使用必须按“定人、定机”制度执行。操作人员必须经培训合格，方可上岗作业，其他人员不得擅自使用。机械使用前，必须对机械设备进行检查，各部位确认完好无损；并空载试运行，符合安全技术要求，方可使用。

施工现场机械设备必须按其控制的要求，配备符合规定的控制设备，严禁使用倒顺开关。在使用机械设备时，必须严格按安全操作规程，严禁违章作业；发现有故障，或者有异常响动，或者温度异常升高，都必须立即停机；经过专业人员维修，并检验合格后，方可重新投入使用。

操作人员应做到“调整、紧固、润滑、清洁、防腐”十字作业的要求，按有关要求对机械设备进行保养。操作人员在作业时，不得擅自离开工作岗位。下班时，应先将机械停止运行，然后断开电源，锁好电箱，方可离开。

钢筋机械安全防护的电气保护短路、过载、失压装置应齐全有效；漏电保护参数应匹配，安装准确，动作灵敏可靠。

(1) 混凝土(砂浆)搅拌机

1) 搅拌机的安装一定要平稳、牢固。长期固定使用时，应埋置地脚螺栓；在短期使用时，应在机座上铺设木枕或撑架找平牢固放置。

2) 料斗提升时，严禁在料斗下工作或穿行。清理料斗坑时，必须先切断电源，锁好电箱，并将料斗双保险钩挂牢或插上保险插销。

3) 运转时，严禁将头或手伸入料斗与机架之间查看，不得用工具或物件伸入搅拌筒内。

4) 运转中严禁保养维修。维修保养搅拌机，必须拉闸断电，锁好电箱挂好“有人工作严禁合闸”牌，并有专人监护。

(2) 混凝土振动器

混凝土振动器常用的有插入式和平板式。

1）振动器应安装漏电保护装置，保护接零应牢固可靠。作业时操作人员应穿戴绝缘胶鞋和绝缘手套。

2）使用前，应检查各部位无损伤，并确认连接牢固，旋转方向正确。

3）电缆线应满足操作所需的长度。严禁用电缆线拖拉或吊挂振动器。振动器不得在初凝的混凝土、地板、脚手架和干硬的地面上进行试振。在检修或作业间断时，应断开电源。

4）作业时，振动棒软管的弯曲半径不得小于500mm，并不得多于两个弯，操作时应将振动棒垂直地沉入混凝土，不得用力硬插、斜推或让钢筋夹住棒头，也不得全部插入混凝土中，插入深度不应超过棒长的3/4，不宜触及钢筋、芯管及预埋件。

5）作业停止需移动振动器时，应先关闭电动机，再切断电源。不得用软管拖拉电动机。

6）平板式振动器工作时，应使平板与混凝土保持接触，待表面出浆，不再下沉后，即可缓慢移动；运转时，不得搁置在已凝或初凝的混凝土上。

7）移动平板式振动器应使用干燥绝缘的拉绳，不得用脚踢电动机。

（3）钢筋切断机

1）机械未达到正常转速时，不得切料。切料时，应使用切刀的中、下部位，紧握钢筋对准刃口迅速投入，操作者应站在固定刀片一侧用力压住钢筋，应防止钢筋末端弹出伤人。

2）不得剪切直径及强度超过机械铭牌规定的钢筋和烧红的钢筋。一次切断多根钢筋时，其总截面积应在规定范围内。

3）切断短料时，手和切刀之间的距离应保持在150mm以上，如手握端小于400mm时，应采用套管或夹具将钢筋短头压住或夹牢。

4）运转中严禁用手直接清除切刀附近的断头和杂物。钢筋摆动周围和切刀周围，不得停留非操作人员。

（4）钢筋弯曲机

1）应按加工钢筋的直径和弯曲半径的要求，装好相应规格的芯轴和成型轴、挡铁轴。芯轴直径应为钢筋直径的2.5倍。挡铁轴应有轴套，挡铁轴的直径和强度不得小于被弯钢筋的直径和强度。

2）作业时，应将钢筋需弯曲一端插入在转盘固定销的间隙内，另一端紧靠机身固定销，并用手压紧；应检查机身固定销并确认安放在挡住钢筋的一侧，方可开动。

3）作业中，严禁更换轴芯、销子和变换角度以及调整，也不得进行清扫和加油。

4）对超过机械铭牌规定直径的钢筋严禁进行弯曲。不直的钢筋，不得在弯曲机上弯曲。

5）在弯曲钢筋的作业半径内和机身不设固定销的一侧严禁站人。

6）转盘换向时，应待停稳后进行。

7）作业后，应及时清除转盘及插入座孔内的铁锈、杂物等。

（5）钢筋调直切断机

1）应按调直钢筋的直径，选用适当的调直块及传动速度。调直块的孔径应比钢筋直径大2～5mm，传动速度应根据钢筋直径选用，直径大的宜选用慢速，经调试合格，方可作业。

2）在调直块未固定、防护罩未盖好前不得送料。作业中严禁打开各部防护罩并调整间隙。

3）当钢筋送入后，手与轮应保持一定的距离，不得接近。

4）送料前应将不直的钢筋端头切除。导向筒前应安装一根1m长的钢管，钢筋应穿过钢管再送入调直前端的导孔内。

（6）钢筋冷拉机

1）卷扬机的位置应使操作人员能见到全部的冷拉场地，卷扬机与冷拉中线的距离不得少于5m。

2）冷拉场地应在两端地锚外侧设置警戒区，并应安装防护栏及醒目的警示标志。严禁非作业人员在此停留。操作人员在作业时必须离开钢筋2m以外。

3）卷扬机操作人员必须看到指挥人员发出的信号，并待所有的人员离开危险区后方可作业。冷拉应缓慢、均匀。当有停车信号或碰到有人进入危险区时，应立即停拉，并稍稍放松卷扬机钢丝绳。

4）夜间作业的照明设施，应装设在张拉危险区外。当需要装设在场地上空时，其高度就超过5m。灯泡应加防护罩。

（7）圆盘锯

1）锯片必须平整，锯齿尖锐，不得连续缺齿2个，裂纹长度不得超过20mm。

2）被锯木料厚度，以锯片能露出木料10～20mm为限。

3）启动后，必须等待转速正常后，方可进行锯料。

4）送料时，不得将木料左右晃动或者高抬。锯料长度不小于500mm。接近端头时，应用推棍送料。

5）若锯线走偏，应逐渐纠正，不得猛扳。

6）操作人员不应站在与锯片同一直线上操作。手臂不得跨越锯片工作。

（8）蛙式夯实机

1）夯实作业时，应一人扶夯，一人传递电缆线，且必须戴绝缘手套和穿绝缘鞋。电缆线不得扭结或缠绕，且不得张拉过紧，应保持有3～4m的余量。移动时，应将电缆线移至夯机后方，不得隔机扔电缆线，当转向困难时，应停机调整。

2）作业时，手握扶手应保持机身平衡，不得用力向后压，并应随时调整行进方向。转弯时不得用力过猛，不得急转弯。

3）夯实填高土方时，应在边缘以内100～150mm夯实2～3遍后，再夯实边缘。

4）在较大基坑作业时，不得在斜坡上夯行，应避免造成夯头后折。

5）夯实房心土时，夯板应避开房心地下构筑物、钢筋混凝土基桩、机座及地下管道等。

6）在建筑物内部作业时，夯板或偏心块不得打在墙壁上。

7）多机作业时，平列间距不得小于5m，前后间距不得小于10m。

8）夯机前进方向和夯机四周1m范围内，不得站立非操作人员。

（9）振动冲击夯

1）内燃冲击夯起动后，内燃机应怠速运转3～5min，然后逐渐加大油门，待夯机跳动稳定后，方可作业。

2）电动冲击夯在接通电源启动后，应检查电动机旋转方向，有错误时应倒换联系线。

3）作业时应正确掌握夯机，不得倾斜，手把不宜握得过紧，能控制夯机前进速度即可。

4）正常作业时，不得使劲往下压手把，影响夯机跳起高度。在较松的填料上作业或上坡时，可将手把稍向下压，并应能增加夯机前进速度。

5）电动冲击夯操作人员必须戴绝缘手套，穿绝缘鞋。作业时，电缆线不应拉得过紧，应经常检查线头安装，不得松动及引起漏电。严禁冒雨作业。

（10）潜水泵

1）潜水泵宜先装在坚固的篮筐里再放入水中，也可在水中将泵的四周设立坚固的防护围网。泵应直立于水中，水深不得小于0.5m，不得在含有泥沙的水中使用。

2）潜水泵放入水中或提出水面时，应先切断电源，严禁拉拽电缆或出水管。

3）潜水泵应装设保护接零和漏电保护装置，工作时泵周围30m以内水面，不得有人、畜进入。

4）应经常观察水位变化，叶轮中心至水平距离应在0.5～3.0m之间，泵体不得陷入污泥或露出水面。电缆不得与井壁、池壁相擦。

5）每周应测定一次电动机定子绕组的绝缘电阻，其值应无下降。

（11）交流电焊机

1）外壳必须有保护接零，应有二次空载降压保护器和触电保护器。

2）电源应使用自动开关，接线板应无损坏，有防护罩。一次线长度不超过5m，二次线长度不得超过30m。

3）焊接现场10m范围内，不得有易燃、易爆物品。

4）雨天不得在室外作业。在潮湿地点焊接时，要站在胶板或其他绝缘材料上。

5）移动电焊机时，应切断电源，不得用拖拉电缆的方法移动。当焊接中突然停电时，应立即切断电源。

（12）气焊设备

1）氧气瓶与乙炔瓶使用时间距不得小于5m，存放时间距不得小于3m，并且距高温、明火等不得小于10m；达不到上述要求时，应采取隔离措施。

2）乙炔瓶存放和使用必须立放，严禁倒放。

3）在移动气瓶时，应使用专门的抬架或小推车；严禁氧气瓶与乙炔混合搬运；禁止直接使用钢丝绳、链条。

4）开关气瓶应使用专用工具。

5）严禁敲击、碰撞气瓶，作业人员工作时不得吸烟。

6）气焊作业的空瓶和实瓶同库存放时，应分开放置，空瓶和实瓶的间距不应小于1.5m。

4. 施工机械监控与管理

一般可分为机械设备和建筑起重机械两类进行管理。

（1）机械设备日常检查内容

1）机械设备管理制度。

2）机械设备进场验收记录。

3）机械设备管理台账。

4）机械设备安全资料。

5）机械设备入场前，项目部机械管理人员应进行登记，建立“机械设备安全管理台账”，并应收集生产厂家生产许可证、产品合格证及使用说明书。

6）机械设备进入施工现场后，项目负责人应组织项目技术负责人、机械管理人员、专职安全管理人员、使用单位有关人员、租赁单位有关人员进行验收，应形成机械设备进场验收记录，各方人员签字确认。

7）机械设备在安装、使用、拆除前，应由项目施工技术人员对机械设备操作人员进行安全技术交底，形成安全技术交底记录，经双方签字确认后方可实施，并及时存档。

8）机械设备安装完毕后，项目负责人应组织项目技术负责人，机械管理人员，专职安全管理人员，安装、使用、租赁单位有关人员进行验收签字，形成机械设备安装验收记录和安全检查记录。

9）机械设备在日常使用过程中，项目部机械管理人员应形成“机械设备日常运行记录”。

10）项目部机械管理人员应按使用说明书要求对机械设备进行维护保养，形成“机械设备维修保养记录”。

（2）建筑起重机械日常检查内容

1）项目部应收集整理建筑起重机械特种设备制造许可证、产品合格证、制造监督检验证明、使用说明书、备案证书。

2）项目部应收集整理建筑起重机械安拆单位的资质证书、安全生产许可证，安拆人员的建筑施工特种作业人员操作资格证书，安装、拆卸工程安全协议书。

3）项目部应在建筑起重机械安装、拆卸前，分别编制安装工程专项施工方案、拆卸工程专项施工方案。

4）群塔（两台及两台以上）作业时，应绘制“群塔作业平面布置图”。

5）建筑起重机械安装前，安装单位应填写“建筑起重机械安装告知”记录，报施工总承包单位和项目监理部审核后，告知工程所在地建筑安全监督管理机构。

6）建筑起重机械安装、使用、拆卸前，应由项目施工技术人员对起重机械操作人员进行安全技术交底，经双方签字确认后方可实施，并及时存档。

7）建筑起重机械基础工程资料包括地基承载力资料、地基处理情况资料、施工资料、检测报告、建筑起重机械基础工程验收记录。

8）起重机械安装（拆卸）过程中，安装（拆卸）单位安装（拆卸）人员应根据施工需要填写建筑起重机械安装（拆卸）过程记录。

9）建筑起重机械安装完毕后，安装单位应进行自检，形成安装自检记录，龙门架及井架物料提升机也应按规范要求进行自检，安装（拆卸）人员应做好记录。

10）建筑起重机械自检合格后，安装单位应当委托有相应资质的检验检测机构检测，检测合格报告留项目部存档。

11）建筑起重机械检测合格后，总包单位应报项目监理，组织租赁单位、安装单位、使用单位、监理单位等对起重机械共同验收，形成塔式起重机（施工升降机、龙门架及井架物料提升机）安装验收记录，各方签字共同确认。

12）总包单位应按有关规定取得建筑起重机械使用登记证书，存档。

13）塔式起重机每次顶升时，由项目机械管理人员填写形成"塔式起重机顶升检验记录"；施工升降机每次加节时，由项目机械管理人员填写形成"施工升降机加节验收记录"。

14）塔式起重机每次附着锚固时，由项目机械管理人员填写形成"塔式起重机附着锚固检验记录"。

15）建筑起重机械操作人员应将起重机械的运行情况进行记录，形成"建筑起重机械运行记录"。

16）项目部应对建筑起重机械定期进行检查维护保养，形成"建筑起重机械定期维护检测记录"。

（3）施工单位使用承租的机械设备和施工机具及配件的，由施工总承包单位、分包单位、出租单位及安装单位共同进行验收，验收合格的方可使用。

（4）为了保证安全生产，在生产现场和设备上要做到："有轴必有套，有轮必有罩、有台必有栏、有洞必有盖、有特危必有联锁"。

5. 施工机械的检查评分表

按照《建筑施工安全检查标准》JGJ 59—2011 的要求进行现场检查评分。主要检查评分表有《物料提升机检查评分表》、《施工升降机检查评分表》、《塔式起重机检查评分表》、《起重吊装检查评分表》、《施工机具检查评分表》等。塔式起重机检查评分表中保证项目应得分小计为 60 分，保证项目对行程限位装置、各种保护装置、载荷限制装置、吊钩、滑轮、卷筒与钢丝绳、多塔作业、安拆、验收与使用等的检查；物料提升机检查表一般项目应得分数小计为 40 分；详见《建筑施工安全检查标准》JGJ 59—2011 中的附表。

（四）临时用电的安全检查和评价

1. 施工现场临时用电安全要求

（1）基本原则

1）建筑施工现场的电工、电焊工属于特种作业工种，必须按国家有关规定经专门安全作业培训，取得特种作业操作资格证书，方可上岗作业。其他人员不得从事电气设备及电气线路的安装、维修和拆除。

2）建筑施工现场必须采用 TN-S 接零保护系统，即具有专用保护零线（PE 线）、电源中性点直接接地的220/380V三相五线制系统。

3）建筑施工现场必须按“三级配电二级保护”设置。

4）施工现场的用电设备必须实行“一机、一闸、一漏、一箱”制，即每台用电设备必须有自己专用的开关箱，专用开关箱内必须设置独立的隔离开关和漏电保护器。

5）严禁在高压线下方搭设临建、堆放材料和进行施工作业；在高压线一侧作业时，必须保持至少6m的水平距离，达不到上述距离时，必须采取隔离防护措施。

6）在宿舍工棚、仓库、办公室内严禁使用电饭煲、电水壶、电炉、电热杯等较大功率电器。如需使用，应由项目部安排专业电工在指定地点安装可使用较高功率电器的电气线路和控制器。严禁使用不符合安全的电炉、电热棒等。

7）严禁在宿舍内乱拉乱接电源，非专职电工不准乱接或更换熔丝，不准以其他金属丝代替熔丝（保险）丝。

8）严禁在电线上晾衣服和挂其他东西等。

9）搬运较长的金属物体，如钢筋、钢管等材料时，应注意不要碰触到电线。

10）在临近输电线路的建筑物上作业时，不能随便往下扔金属类杂物；更不能触摸、拉动电线或电线接触钢丝和电杆的拉线。

11）移动金属梯子和操作平台时，要观察高处输电线路与移动物体的距离，确认有足够的安全距离，再进行作业。

12）在地面或楼面上运送材料时，不要踏在电线上；停放手推车、堆放钢模板、跳板、钢筋时不要压在电线上。

13）在移动有电源线的机械设备时，如电焊机、水泵、小型木工机械等，必须先切断电源，不能带电搬动。

14）当发现电线坠地或设备漏电时，切不可随意跑动和触摸金属物体，并保持10m以上距离。

（2）安全电压

1）安全电压是指50V以下特定电源供电的电压系列。

安全电压是为防止触电事故而采用的50V以下特定电源供电的电压系列，分为42V、36V、24V、12V和6V五个等级，根据不同的作业条件，选用不同的安全电压等级。建筑施工现场常用的安全电压有12V、24V、36V。

2）特殊场所必须采用电压照明供电。

以下特殊场所必须采用安全电压照明供电：

① 室内灯具离地面低于2.4m，手持照明灯具，一般潮湿作业场所（地下室、潮湿室内、潮湿楼梯、隧道、人防工程以及有高温、导电灰尘等）的照明，电源电压应不大于36V。

② 在潮湿和易触及带电体场所的照明电源电压，应不大于24V。

③ 在特别潮湿的场所，锅炉或金属容器内，导电良好的地面使用手持照明灯具等，照明电源电压不得大于12V。

3）正确识别电线的相色。

电源线路可分工作相线（火线）、专用工作零线和专用保护零线。一般情况下，工作相线（火线）带电危险，专用工作零线和专用保护零线不带电（但在不正常情况下，工作零线也可以带电）。

一般相线（火线）分为 A、B、C 三相，分别为黄色、绿色、红色；工作零线为黑色；专用保护零线为黄绿双色线。

严禁用黄绿双色、黑色、蓝色线当相线，也严禁用黄色、绿色、红色线作为工作零线和保护零线。

（3）“用电示警”标志

正确识别“用电示警”标志或标牌，不得随意靠近、随意损坏和挪动标牌（表 9-1）。

“用电示警”标志　　表 9-1

分类＼使用	颜　色	使用场所
常用电力标志	红色	配电房、发电机房、变压器等重要场所
高压示警标志	字体为黑色，箭头和边框为红色	需高压示警场所
配电房示警标志	字体为红色，边框为黑色（或字与边框交换颜色）	配电房或发电机房
维护检修示警标志	底为红色、字为白色（或字为红色、底为白色、边框为黑色）	维护检修时相关场所
其他用电示警标志	箭头为红色、边框为黑色、字为红色或黑色	其他一般用电场所

进入施工现场的每个人都必须认真遵守用电管理规定，见到以上用电示警标志或标牌时，不得随意靠近，更不准随意损坏、挪动标牌。

2. 施工现场临时用电的安全技术措施

（1）电气线路的安全技术措施

1）施工现场电气线路全部采用“三相五线制”（TN-S 系统）专用保护接零（PE 线）系统供电。

2）施工现场架空线采用绝缘铜线。

3）架空线设在专用电杆上，严禁架设在树木、脚手架上。

4）导线与地面保持足够的安全距离。

导线与地面最小垂直距离：施工现场应不小于 4m；机动车道应不小于 6m；铁路轨道应不小于 7.5m。

5）无法保证规定的电气安全距离，必须采取防护措施。

如果由于在建工程位置限制而无法保证规定的电气安全距离，必须采取设置防护性遮拦、栅栏，悬挂警告标志牌等防护措施，发生高压线断线落地时，非检修人员要远离落地 10m 以外，以防跨步电压危害。

6）为了防止设备外壳带电发生触电事故，设备应采用保护接零，并安装漏电保护器等措施。作业人员要经常检查保护零线连接是否牢固可靠，漏电保护器是否有效。

7）在电箱等用电危险地方，挂设安全警示牌。如“有电危险”、“禁止合闸，有人工作”等。

（2）照明用电的安全技术措施

施工现场临时照明用电的安全要求如下：

1）临时照明线路必须使用绝缘导线。

临时照明线路必须使用绝缘导线，户内（工棚）临时线路的导线必须安装在离地 2m 以上支架上；户外临时线路必须安装在离地 2.5m 以上支架上，零星照明线不允许使用花线，一般应使用软电缆线。

2）建设工程的照明灯具宜采用拉线开关。

拉线开关距地面高度为 2～3m，与出、入口的水平距离为 0.15～0.2m。

3）严禁在床头设立开关和插座。

4）电器、灯具的相线必须经过开关控制。

不得将相线直接引入灯具，也不允许以电气插头代替开关来分合电路，室外灯具距地面不得低于 3m；室内灯具不得低于 2.5m。

5）使用手持照明灯具（行灯）应符合一定的要求：

① 电源电压不超过 36V。

② 灯体与手柄应坚固，绝缘良好，并耐热防潮湿。

③ 灯头与灯体结合牢固。

④ 灯泡外部要有金属保护网。

⑤ 金属网、反光罩、悬吊挂钩应固定在灯具的绝缘部位上。

6）照明系统中每一单相回路上，灯具和插座数量不宜超过 25 个，并应装设熔断电流为 15A 以下的熔断保护器。

（3）配电箱与开关箱的安全技术措施

施工现场临时用电一般采用三级配电方式，即总配电箱（或配电室），下设分配电箱，再以下设开关箱，开关箱以下就是用电设备。

配电箱和开关箱的使用安全要求如下：

1）配电箱、开关箱的箱体材料，一般应选用钢板，亦可选用绝缘板，但不宜选用木质材料。

2）电箱、开关箱应安装端正、牢固，不得倒置、歪斜。

固定式配电箱、开关箱的下底与地面垂直距离应大于或等于 1.3m，小于或等于 1.5m；移动式分配电箱、开关箱的下底与地面的垂直距离应大于或等于 0.6m，小于或等于 1.5m。

3）进入开关箱的电源线，严禁用插销连接。

4）电箱之间的距离不宜太远。

分配电箱与开关箱的距离不得超过 30m。开关箱与固定式用电设备的水平距离不宜超过 3m。

5）每台用电设备应有各自专用的开关箱。

施工现场每台用电设备应有各自专用的开关箱，且必须满足“一机、一闸、一漏、一箱”的要求，严禁用同一个开关电器直接控制两台及两台以上用电设备（含插座）。

开关箱中必须设漏电保护器，其额定漏电动作电流应不大于 30mA，漏电动作时间应不大于 0.1s。

6）所有配电箱门应配锁，不得在配电箱和开关箱内挂接或插接其他临时用电设备，开关箱内严禁放置杂物。

7）配电箱、开关箱的接线应由电工操作，非电工人员不得乱接。

（4）配电箱和开关箱的使用要求

1）在停、送电时，配电箱、开关箱之间应遵守合理的操作顺序：

送电操作顺序：总配电箱→分配电箱→开关箱；

断电操作顺序：开关箱→分配电箱→总配电箱。

正常情况下，停电时首先分断自动开关，然后分断隔离开关；送电时先合隔离开关，后合自动开关。

2）使用配电箱、开关箱时，操作者应接受岗前培训，熟悉所使用设备的电气性能和掌握有关开关的正确操作方法。

3）及时检查、维修，更换熔断器的熔丝，必须用原规格的熔丝，严禁用铜线、铁线代替。

4）配电箱的工作环境应经常保持设置时的要求，不得在其周围堆放任何杂物，保持必要的操作空间和通道。

5）维修机器停电作业时，要与电源负责人联系停电，要悬挂警示标志，卸下保险丝，锁上开关箱。

（5）漏电保护器发生掉闸时不能强行合闸，应由电工查明原因，排除故障后，才能继续使用。

3. 手持电动机具使用安全

手持电动机具在使用中需要经常移动，其振动较大，比较容易发生触电事故。而这类设备往往是在工作人员紧握之下运行的，因此，手持电动机具比固定设备更具有较大的危险性。

（1）手持电动机具的分类

手持电动机具按触电保护分为Ⅰ类工具、Ⅱ类工具和Ⅲ类工具。

1）Ⅰ类工具（即普通型电动机具）

其额定电压超过 50V。工具在防止触电的保护方面不仅依靠其本身的绝缘，而且必须将不带电的金属外壳与电源线路中的保护零线做可靠连接，这样才能保证工具基本绝缘损坏时不成为导电体。这类工具外壳一般都是全金属。

2）Ⅱ类工具（即绝缘结构皆为双重绝缘结构的电动机具）

其额定电压超过 50V。工具在防止触电的保护方面不仅依靠基本绝缘，而且还提供双重绝缘或加强绝缘的附加安全预防措施。这类工具外壳有金属和非金属两种，但手持部分是非金属，非金属处有“回”符号标志。

3）Ⅲ类工具（即特低电压的电动机具）

其额定电压不超过 50V。工具在防止触电的保护方面依靠由安全特低电压供电和在工具内部不含产生比安全特低电压高的电压。这类工具外壳均为全塑料。

Ⅱ、Ⅲ类工具都能保证使用时电气安全的可靠性，不必接地或接零。

（2）手持电动机具的安全使用要求

1）一般场所应选用Ⅰ类手持式电动工具，并应装设额定漏电动作电流不大于15mA、额定漏电动作时间小于0.1s的漏电保护器。

2）在露天、潮湿场所或金属构架上操作时，必须选用Ⅱ类手持式电动工具，并装设漏电保护器，严禁使用Ⅰ类手持式电动工具。

3）负荷线必须采用耐用的橡皮护套铜芯软电缆。

单相用三芯（其中一芯为保护零线）电缆；三相用四芯（其中一芯为保护零线）电缆；电缆不得有破损或老化现象，中间不得有接头。

4）手持电动工具应配备装有专用的电源开关和漏电保护器的开关箱，严禁一台开关接两台以上设备，其电源开关应采用双刀控制。

5）手持电动工具开关箱内应采用插座连接，其插头、插座应无损坏、无裂纹，且绝缘良好。

6）使用手持电动工具前，必须检查外壳、手柄、负荷线、插头等是否完好无损，接线是否正确（防止相线与零线错接）；发现工具外壳、手柄破裂，应立即停止使用并进行更换。

7）非专职人员不得擅自拆卸和修理工具。

8）作业人员使用手持电动工具时，应穿绝缘鞋，戴绝缘手套，操作时握其手柄，不得利用电缆提拉。

9）长期搁置不用或受潮的工具在使用前应由电工测量绝缘阻值是否符合要求。

4. 施工现场临时用电安全检查主要内容

（1）检查标准规范依据

1）《建筑施工安全检查标准》JGJ 59—2011；

2）《施工现场临时用电安全技术规范》JGJ 46—2005。

（2）检查的主要项目

配电线路、配电箱与开关箱、配电室与配电装置、现场照明、用电档案七项内容。

5. 施工现场临时用电安全检查方法

施工现场临时用电检查主要采用现场检查和用检查评分表打分的办法。

（1）施工用电检查评分表

按《建筑施工安全检查标准》JGJ 59—2011附表B.14进行检查打分。

（2）日常检查管理用表

临时用电工程检查验收记录见表9-2。

临时用电工程检查验收记录 **表 9-2**

工程名称					供电方式	
计算用电电流（A）			计算用电负荷（kV·A）		选择变压器容量（kV·A）	
选择电源电缆或导线截面积（mm^2）			供电局变压器容量（kV·A）		保护方式	
序号	验收项目	验收内容				验收结果
1	施工方案	用电设备在5台及以上或设备总容量50kW及以上者应编制临时用电施工组织设计，施工单位技术负责人批准、总监理工程师审批				
		用电设备在5台以下或设备总容量50kW以下者应制定安全用电和电气防火措施，施工单位技术负责人批准、总监理工程师审批				
		应有用电工程总平面图、配电装置布置图、配电系统接线图（总配电箱、分配电箱、开关箱）、接地装置设计图				
2	安全技术交底	有安全技术交底				
3	外电防护	外电架空线路下方应无生活设施、作业棚、堆放材料、施工作业区				
		与外电架空线之间的最小安全操作距离符合规范要求				
		达不到最小安全距离要求时，应设置坚固、稳定的绝缘隔离防护设施，并悬挂醒目的警告标志				
4	配电路线	架空线、电杆、横担应符合规定要求，架空线应架设在专用电杆上，不得架设在树木、脚手架及其他设施上。架空线在一个档距内，每层导线的接头数不得超过该层导线条数的50%，且一条导线应只有一个接头				
		架空线路布设符合规范要求。架空线路的档距≤35m，架空线路的线间距≥0.3m				
		架空线与邻近线路或固定物的距离符合规范要求				
		电杆埋地、接线符合规范要求				
		电缆中应包含全部工作芯线和用做保护零线或保护线的芯线。需要三相四线制配电的电缆线路必须采用五芯电缆				
		五芯电缆应包含淡蓝、绿/黄二种颜色绝缘芯线。淡蓝色芯线必须用做工作零线（N线）；绿/黄双色芯线必须用做保护零线（PE线），严禁混用				
		架空电缆敷设应符合规范要求				
		埋地电缆敷设方式、深度应符合规范要求，埋地电缆路径应设方位标志				
		埋地电缆在穿越建筑物、构筑物、道路、易受机械损伤、介质腐蚀场所及引出地面2m至地下0.2m处，应采用可靠的安全防护措施				
		在建工程内的电缆线路严禁穿越脚手架引入，垂直敷设固定点每楼层不得少于一处				
		装饰装修工程或其他特殊阶段，应补充编制单项施工用电方案。电源线可沿墙角、地面敷设，但应采取防机械损伤和电火措施				
		室内配线必须是绝缘导线或电缆，过墙处应穿管保护				

续表

序号	验收项目	验收内容	验收结果
5	接地与接零保护系统	应采用TN-S接零保护系统供电，电气设备的金属外壳必须与PE线连接	
		当施工现场与外电线路共用同一供电系统时，电气设备的接地、接零保护应与原系统保持一致	
		PE线采用绝缘导线。PE线上严禁装设开关或熔断器，严禁通过工作电流，且严禁断线	
		TN系统中，PE线除必须在配电室或总配电箱处做重复接地外，还必须在配电系统的中间处和末端处做重复接地。接地装置符合规范要求，每一处重复接地装置的接地电阻值不应大于10Ω	
		工作接地电阻值符合规范要求	
		不得采用铝导体做接地体或地下接地线。垂直接地体不得采用螺纹钢。接地可利用自然接地体，但应保证其电气连接和热稳定	
		需设防雷接地装置的，其冲击接地电阻值不得大于30Ω	
		做防雷接地机械上的电气设备，所连接的PE线必须同时做重复接地，同一台机械电气设备的重复接地和机械的防雷接地可共用同一接地体，但接地电阻应符合重复接地电阻值的要求	
6	配电箱	符合三级配电两级保护要求，箱体符合规范要求，有门、有锁、有防雨、有防尘措施	
		每台用电设备必须有各自专用的开关箱，动力开关箱与照明开关箱必须分设	
		配电箱设置位置应符合有关要求，有足够二人同时工作的空间或通道	
		配电柜（总配电箱）、分配电箱、开关箱内的电器配置与接线应符合有关要求，连接牢固，完好可靠	
		配电箱的电器安装板上必须分设N线端子板和PE线端子板。N线端子板必须与金属电器安装板绝缘；PE线端子板必须与金属电器安装板做电气连接	
		隔离开关应设置于电源进线端，应采用分断时具有可见分断点，并能同时断开电源所有极的隔离电器	
		配电箱、开关箱的电源进线端严禁采用插头或插座做活动连接；开关箱出线端如连接需接PE线的用电设备，不得采用插头或插座做活动连接	
		漏电保护装置应灵敏、有效，参数应匹配	
		开关箱中漏电保护器的额定漏电动作电流不应大于30mA，额定漏电动作时间不应大于0.1s	
		总配电箱中漏电保护器的额定漏电动作电流应大于30mA，额定漏电动作时间应大于0.1s，但其额定漏电动作电流与额定漏电动作时间的乘积不应大于30mA·s	
7	现场照明	照明回路有单独开关箱，应装设隔离开关、短路与过载保护电器和漏电保护器	
		灯具金属外壳应做接零保护。室外灯具安装高度不低于3m，室内安装高度不低于2.5m	
		照明器具选择符合规范要求。照明器具、器材应无绝缘老化或破损	
		按规定使用安全电压。隧道、人防工程、高温、有导电灰尘、比较潮湿或灯具离地面高度低于2.5m等场所的照明，电源电压不应大于36V	
		照明变压器必须使用双绕组型安全隔离变压器，严禁使用自耦变压器	
		照明装置符合规范要求	
		对夜间影响飞机或车辆通行的在建工程及机械设备，必须设置醒目的红色信号灯，其电源应设在施工现场总电源开关的前侧，并应设置外电线路停止供电时的应急自备电源	

续表

序号	验收项目	验收内容	验收结果
8	变配电装置	配电室布置应符合有关要求，自然通风，应有防止雨雪侵入和动物进入的措施	
		发电机组电源必须与外电线路电源联锁，严禁并列运行	
		发电机组并列运行时，必须装设同期装置，并在机组同步运行后再向负载供电	

项目经理部验收结论：	施工单位验收意见：
项目负责人： 项目技术负责人： 专职安全员： 电工： 其他人员： 年 月 日（章）	验收负责人： 年 月 日（章）
	监理单位意见： 总监理工程师： 年 月 日（章）

（五）消防设施的安全检查和评价

建筑消防设施主要分为两大类，一类为灭火系统，另一类为安全疏散系统。应使建筑消防设施始终处于完好有效的状态，保证建筑物的消防安全。

我国建筑消防设施立法起步较晚，但发展很快，在1987年后颁布的《建筑设计防火规范》等一系列消防技术法规中，规定了在一些高层建筑、地下建筑和大体量的建筑中，强制设置自动消防设施和消防控制室。20年来，在扑救建筑火灾中发挥了巨大的作用，有效地保护了公民的生命安全和国家财产的安全。

经济发达国家建筑消防设施建设比较成熟，例如美国在1904年就立法，强制现代建筑设置消防安全设施，据美国消防学会统计，最近69年中，安装自动消防设施的建筑中发生火灾，消防设施的有效率高达96.1%。确实起到了保证建筑物消防安全的作用。

但我们不能不看到，我国的城市建筑中，建筑消防设施在产品质量和安装质量以及维修管理上，存在着严重的缺欠和隐患。近期我省一些城市的调查结果，让人触目惊心，建筑消防设施完好率不足25%，尤其是自动报警系统，问题尤为突出。要知道，建筑消防设施不能有效的工作，等于建筑不设防，本身就是重大火灾隐患。我们必须对此要有深刻认识，万万不可等闲视之。

我们必须加大监督检查管理的力度，提高建筑消防设施的完好率，保证公民人身安全和建筑物的消防安全。建筑消防设施种类很多，适应于施工现场的种类不多，主要有施工现场消火栓给水系统、手提灭火器和推车灭火器、现场灭火沙包等。

1. 施工现场消火栓给水系统

在高层建筑的施工现场，我们必须配置现场消火栓给水系统保证施工现场的消防安全，最主要的是保证水泵有效运行，在高层发生火灾险情时，能及时保证高压用水。

（1）消防水池：有效容量偏小、合用水池无消防专用的技术措施、较大容量水池无分格措施。

（2）消防水泵：流量偏小或扬程偏大，一组消防水泵只有一根吸水管或只有一根出水管，出水管上无压力表、无试验放水阀、无泄压阀，引水装置设置不正确，吸水管的管径偏小，普通水泵与消防水泵偷梁换柱。

（3）增压设施：增压泵的流量偏大。

（4）水泵接合器：与室外消火栓或消防水池的取水口距离大于40m、数量偏少、未分区设置。

（5）减压装置：消火栓口动压大于0.5MPa的未设减压装置，减压孔板孔径偏小。

（6）消防水箱：屋顶合用水箱无直通消防管网水管、无消防水专用措施、出水管上未设单向阀。

（7）消火栓：阀门关闭不严，有渗水现象；冬期地上室外消火栓冻裂；室外地上消火栓开启时剧烈振动；室内消火栓口处的静水压力超过80m水柱，没有采用分区给水系统；室内消火栓口方向与墙平行（另外，目前新上市的消火栓口可旋转的消防栓质量有一部分不过关，用过一段时间消火栓口生锈，影响使用）；屋顶未设检查用的试验消火栓。

（8）消火栓按钮：临时高压给水系统部分消火栓箱内未设置直接启泵按钮，功能不齐（常见错误有4种类型：消火栓按钮不能直接启泵，只能通过联动控制器启动消防水泵；消火栓按钮启动后无确认信号；消火栓按钮不能报警，显示所在部位；消火栓按钮通过220V强电启泵）。

（9）消火栓管道：直径小；采用镀锌管，有的安装单位违章进行焊接（致使防腐层破坏，管道易锈蚀烂穿，造成漏水）。

（10）高度小于50m且每层建筑面积不超过500m^{2}普通塔式住宅或公共建筑，临时消防设施可设一条临时竖管。

（11）每1～2周应对消防水泵进行一次运转试验，水泵工作时间一般不少于5min。

（12）消火栓系统检查消防水压通常采用消火栓水枪射水。

（13）常见问题

1）高层建筑下层水压超过0.4MPa，无减压装置；这样给使用带来很大问题，压力过大无法操作使用，还容易造成事故。

2）消火栓箱内的水枪、水带、接口、消防卷盘（水喉）等器材缺少、不全，水泵启动按钮失效。

3）供水压力不足，不能满足水枪充实水柱的要求。影响火灾火场施救。

4）消火栓箱内器材锈蚀、水带发霉、阀门锈蚀无法开启。

5）水泵接合器故障、失效。

2. 手提灭火器和推车灭火器

手提式灭火器和推车式灭火器是扑救建筑初期火灾最有效的灭火器材，使用方便，容易掌握，是施工现场配置的最常见的消防器材。它的类型有很多种，分别适用于不同类型的火灾。保证灭火器的有效好用是扑救初期火灾的必备条件。

检查各种灭火器，是对施工现场消防检查的一项重要内容。我们应当熟练地掌握检查的内容和重点，以及不同场所灭火器的配置计算。

（1）常见问题

1）数量不足、灭火器选型与场所环境火灾类型不符。

2）灭火器超期；无压力表，或压力不足。

3）夏季酷热时节灭火器在阳光下直接暴晒（可能引起爆炸），冬天严寒时期灭火器在室外存放（导致失效）。

4）灭火器放置在灭火器箱内上锁，不方便取用。

5）配置的灭火器是非正规厂家的假冒伪劣产品，或非法维修的灭火器。

（2）现场检查

1）根据危险等级检查灭火器数量是否充足，场所灭火器选型是否合适。

2）有无灭火器锈蚀、过期或压力不足现象。

3）是否取用方便。灭火器是否是国家认证合格产品，是否是认证厂家维修。

4）施工现场临时动火作业点灭火器最大保护距离为10m。

（3）检查检测

建筑消防设施的检查检测，要耐心细致，不可走马观花、蜻蜓点水，要认真测试，详细记录在案。作为维护检测的依据。

建筑消防设施随着科技进步在不断的更新换代，新的设施与旧的设施能否很好的配套结合是不容忽视的问题，许多新设施安装后由于未能很好地解决与原设施的结合调试问题，结果使整个系统陷于瘫痪。我们在检查时遇到设备更新时，要注意这方面的问题。

有的建筑消防设施比较多，一次检查完有困难，可以将其余设施在下次检查。

养兵千日，用兵一时，建筑消防设施的维护检查，是长期不辍的事情，要想保证消防设施的完好有效，保证建筑场所的消防安全，就必须耐心坚持，认真负责，一丝不苟。对于消防监督人员是这样，对于建筑中从事消防设施管理的人员也应是这样。

3. 施工现场消防设施检查内容

（1）消防管理方面应检查的内容有：消防安全管理组织机构的建立，消防安全管理制度，防火技术方案，灭火及应急疏散预案和演练记录，消防设施平面图，消防重点部位明细，消防设备、设施和器材登记，动火作业审批。

（2）施工现场主要消防器材有：灭火器、消防锹、消防钩、消防钳，消防用钢管、配件，消防管道等。

（3）施工现场应编制消防重点部位明细，做到分区分责任落实到位。

（4）消火栓系统的检查

1）现场用消火栓水枪射水（直接插入排水管道）检查消防水压。

2）消火栓箱内的启动按钮启动消防水泵。

3）检查消火栓箱内的枪、带、接口、压条、阀门、卷盘是否齐全好用。

4）检查室内消火栓系统内的单向阀、减压阀等有无阀门锈蚀现象；水带有无破损、发霉的情况。

5）消火栓的使用方法是否正确。打开消火栓门，按下内部火警按钮（按钮用做报警和启动消防泵）→一人接好枪头和水带奔向起火点→另一人接好水带和阀门口→逆时针打开阀门水喷出即可（注：电起火要确定切断电源）。

（5）手提灭火器和推车灭火器的检查

1）根据危险等级检查灭火器数量是否充足，场所灭火器选型是否合适。

2）有无灭火器锈蚀、过期或压力不足现象。

3）是否取用方便。灭火器是否是国家认证合格产品，是否是认证厂家维修。

4. 消防保卫安全资料检查内容

（1）消防安全管理主要包括下列内容：

1）项目部应建立消防安全管理组织机构。

2）项目部应制定消防安全管理制度。

3）项目部应编制施工现场防火技术专项方案。

4）项目部应编制施工现场灭火及应急疏散预案，定期组织演练，并有文字和图片记录。

5）项目部应绘制消防设施平面图，应明确现场各类消防设施、器材的布置位置和数量。

6）项目部应对施工现场消防重点部位进行登记，填写“消防重点部位明细表”。

7）项目部应将各类消防设备、设施和器材进行登记，填写“消防设备、设施、器材登记表”。

8）施工现场动火作业前，应由动火作业人提出动火作业申请，填写动火作业审批手续。

（2）保卫管理主要包括下列内容：

1）项目部应制定安全保卫制度。

2）项目部值班保卫人员应每天记录当班期间工作的主要事项，做好保卫人员值班、巡查等工作记录。

3）项目部应建立门卫制度，设置门卫室，门卫每天对外来人员、车辆进行登记，做好有关记录。

5. 施工现场消防管理常用表格

施工现场常用的管理表格有：消防重点部位明细记录和消防设备、设施、器材登记记录等（表9-3、表9-4）。

消防重点部位明细记录 **表9-3**

工程名称				
序号	消防重点部位名称	消防器材配备情况	防火责任人	检查时间和结果

项目负责人： 消防安全管理人员：

消防设备、设施、器材登记记录　　　　**表 9-4**

<table>
<tr><td>工程名称</td><td colspan="2"></td><td>地　址</td><td colspan="2"></td></tr>
<tr><td>工程高度</td><td></td><td>层数</td><td></td><td>水泵台数</td><td></td></tr>
<tr><td>扬　程</td><td></td><td>水压情况</td><td></td><td>设水箱否</td><td></td></tr>
<tr><td>水箱容量</td><td></td><td colspan="3">泵房是否设专用线路</td><td></td></tr>
<tr><td>消防竖管口径</td><td></td><td colspan="2">水口如何配备</td><td colspan="2"></td></tr>
<tr><td>器材箱的配备</td><td></td><td>水龙带数</td><td></td><td>现场消火栓数</td><td></td></tr>
<tr><td>灭火器材数量</td><td></td><td>维修时间</td><td></td><td>是否有效</td><td></td></tr>
<tr><td colspan="6">制定的措施及泵房配电线路图</td></tr>
<tr><td colspan="6">年　月　日</td></tr>
</table>

项目负责人：　　　　　　　　　　消防安全管理人员：

（六）施工现场临边、洞口的安全防护

1. 相关概念

对施工现场临边、洞口的防护一般就是指对施工现场“四口”和“五临边”的防护。

“四口”指在建工程的通道口、预留洞口、楼梯口和电梯井口。

“五临边”防护是指在建工程的楼面临边、屋面临边、阳台临边、升降口临边、基坑临边。而《建筑施工安全检查标准》JGJ 59—2011 是对高处作业的检查项目的检查评定。主要内容是对安全帽、安全网、安全带、临边防护、洞口防护、通道口防护、攀登作业、悬空作业、移动式操作平台、物料平台、悬挑式钢平台等项目的检查评定。

2. 相关要求

（1）临边、洞口、高处作业中，所用的物料应堆放平稳，不妨碍通行和装卸。施工现场所有有坠落可能的物体，必须一律先行撤除或加以固定。工具应随手放入工具袋，卸下、拆下的物件（体）及余料和废料应及时清理运走，不得任意乱置或向下一个作业面丢弃。传递工件及材料禁止抛掷，作业中的走道、通道板和登高用具，应随时清扫干净。

（2）施工中对高处、临边、洞口处作业的安全设施，发现有缺陷和隐患时，必须及时解决，危及人身安全时，必须立即停止施工作业，攀登和悬空作业人员及搭设高空设施作业的人员，必须经过专业技术培训及专业考试合格，持证上岗，并必须定期进行体检。

（3）所有标志、标牌的材料必须合格，在施工前必须加以检查，确认其完整后方能投入使用，并定期进行检查，确认其完好性和安全性。施工现场所有临边（两个作业的高差大于 2m，均为临边高处作业）、洞口必须有可靠牢固的安全防护措施，并且必须有标牌及警示牌、安全标志等，安全标志、标牌及警示牌等应设在明显、不影响交通、不妨碍施工的位置。

（4）所有临边、高处洞口防护必须有挡脚板，并结实牢固。

（5）高处作业面必须有防雷措施，雾天必须有足够的照明设备，自然光线到达不到的临边、洞口作业面除必须有足够的安全照明设施外，同时必须设置红色警示灯。雨天、雾天进行高处临边作业、洞口作业必须采取可靠的防滑、防寒、防冻措施。凡水、冰、霜均应及时清除。当遇到五级和五级以上强风、浓雾等恶劣气候，不得进行露天攀登、悬空高处、临边、洞口作业。暴风雨、雾及大风后，必须对所有安全防护设施逐一加以检查，发现有松动、变形、损坏或脱落等现象的，必须立即修理并完善，并经复查合格后方能恢复正常作业。

（6）因施工需要，临时拆除或变动安全防护设施时，必须经项目负责人、安全、技术、生产人员同意并报监理后实施，并有配套的措施。拆除时，必须在其下方、作业面内设警戒区，并派专人监护，作业后立即恢复，严禁同时进行拆除。

（7）施工人员应从规定的通道上下，不得攀登脚手架、跨越阳台。

3. 洞口、临边作业防护措施

（1）基坑四周应搭设1.2m高的护栏，护栏外侧满挂绿色密目安全网，钢管刷30cm长的红白间隔的油漆。护栏距坑边1m，立杆间距2m，立杆应打入地面50cm，也可用工具化的栏杆进行防护，但应符合相关规定。

（2）临边搭设的防护栏由立杆和上、下两道横杆及挡脚板组成，防护栏杆高1.2m，立杆间距2m，上横杆离地面1m，下横杆离地面0.5m，在栏杆下边设置严密固定的高度不小于250mm的挡脚板，挡脚板上的孔眼不得大于25mm，挡脚板的下边距离底面底空隙不得大于10mm。横杆搭接时，接头必须错开，相邻的两个接头不得在同一跨间（两根立杆之间），接头必须用对接扣件。为保证立杆在屋面、墙面固定牢固，应提前在混凝土内预留预埋件。栏杆立杆高度必须一致，防护栏杆必须顺直、垂直，也可用工具化的栏杆进行防护，但应符合相关规定。

（3）上料平台和卸料平台的防护栏杆，必须满挂绿色安全网。各种垂直运输的上料平台和卸料平台，除两侧设防护栏杆外，平台口必须设置安全门或活动防护栏杆。

（4）结构各楼层四周、群房四周临边及屋顶四周临边均搭设高1.2m的防护栏杆，并挂绿色安全网，在栏杆下边设置严密固定的高度不小于250mm的挡脚板。挡脚板的下边距离底面底空隙不得大于10mm，挡脚板上的孔眼不得大于25mm，也可用工具化的栏杆进行防护，但应符合相关规定。

（5）施工脚手架、施工用电梯等与建筑物通道的两侧边，必须设置封闭的防护栏杆，并满挂绿色安全网；地面通道上部应装设安全防护棚，也可用工具化的栏杆进行防护，但应符合相关规定。

（6）短边尺寸小于250mm但大于50mm的孔口，必须用坚实的盖板盖实。盖板的材质必须合格，无裂纹、破损、腐蚀等现象并且盖板不得有模板上带钉向上的钉子和钢筋之类的尖头针状物件。盖板应采取措施固定防止挪动移位。边长为250～500mm的洞口、安装预制构件时的洞口以及缺件临时形成的洞口，可用竹、木等作盖板，盖住洞口。盖板须能保持四周搁置均衡，并有固定其位置的措施；边长为500～1500mm的洞口，必须设置由钢筋焊接的网格，网格孔边长不得大于250mm，并在其上铺竹笆或脚手板。也可采用贯穿于混凝土板内的钢筋构成防护网，钢筋网格间距不得大于20cm；边长在1500mm以上的洞口，四周设防护栏杆，洞口下张设安全网。

（7）板与墙的洞口，必须设置牢固的盖板、防护栏杆、安全网或其他防坠落的防护措施。

（8）电梯井口必须设防护栏杆或固定栅门，栅门高度设置1.5m，电梯井内应每隔两层并最多隔10m设一道安全网。

（9）施工现场通道附近的各类洞口与坑槽等处，除设置防护设与安全标志外，夜间必须设红灯示警。

（10）结构内的集水坑、积水井等池、坑结构的人孔及未回填的坑槽，以及开窗、地板门等处，均应按洞口防护设置稳固的盖板。

（11）垃圾井道和烟道、电（风、暖、水等）井应随楼层的施工或安装而消除洞口，或参照预留洞口作防护。管道井施工时，必须加设明显的标志。如有临时性拆移，需经施工负责人核准，工作完毕后必须立即恢复防护设施。

（12）位于车辆行驶道旁的洞口、深沟与管道坑、槽，所加盖板应能承受不小于规定卡车后轮宽度及面积和承载力。

（13）对临近的人与物有坠落危险性的其他竖向的孔洞如测量传梯孔，每楼层较多，均应加盖板或加以防护，并有固定其位置的措施，以及专人检查的记录。

（14）地下工程安全出入口、疏散走道和楼梯的宽度应按其通过人数每100人不小于1m的净宽计算。

4. 防护设施质量保证措施

（1）所有防护设施必须按照相关规范和标准施工。防护设施搭设完毕后必须经过验收合格，方能投入使用或在工作面内施工。

（2）所有防护设施必须每隔一段时间要进行一次全面的安全检查，确保其稳定性和安全性，如有松动、因施工破坏、天气破坏、破损等必须立即停止相关施工，马上修整完毕后才能正常施工。如遇恶劣天气（大风暴、沙尘暴、风雪、冰雹等），恶劣天气前必须根据气象台预报提前加强防护，恶劣天气后必须对所有防护设施进行全面检查并维修。

（3）防护栏杆的搭设尺寸、垂直度、外观等质量必须符合规范和标准的要求。

（4）防护用材料材质、承载能力必须满足安全防护要求。主要材料如钢管、大眼网、安全网、钢筋、钢丝绳、铅丝等必须有出厂合格证和质量证明书，并经过现场试验合格后方能投入使用。

（七）危险性较大的分部分项工程的安全管理

为了进一步规范和加强对危险性较大的分部分项工程的安全管理，2009年5月，住房和城乡建设部颁发了《危险性较大的分部分项工程安全管理办法》（建质［2009］87号），这是对2004年颁发的《危险性较大工程安全专项施工方案编制及专家论证审查办法》的补充和修订。

1. 相关概念

危险性较大的分部分项工程是指建筑工程在施工过程中存在的、可能导致作业人员群死群伤或造成重大不良社会影响的分部分项工程。

危险性较大的分部分项工程安全专项施工方案（以下简称“专项方案”），是指施工单位在编制施工组织（总）设计的基础上，针对危险性较大的分部分项工程单独编制的安全技术措施文件。

所以对施工现场分部分项工程施工安全技术措施的落实最重要的就是做好危险性较大的分部分项工程专项方案的控制和管理。

2. 管理制度的建立

(1) 建设单位在申请领取施工许可证或办理安全监督手续时，应当提供危险性较大的分部分项工程清单和安全管理措施。

(2) 施工单位、监理单位应当建立危险性较大的分部分项工程安全管理制度。

(3) 各地住房和城乡建设主管部门应当根据本地区实际情况，制定专家资格审查办法和管理制度并建立专家诚信档案，及时更新专家库。

(4) 建设单位未按规定提供危险性较大的分部分项工程清单和安全管理措施，未责令施工单位停工整改的，未向住房和城乡建设主管部门报告的；施工单位未按规定编制、实施专项方案的；监理单位未按规定审核专项方案或未对危险性较大的分部分项工程实施监理的，住房和城乡建设主管部门应当依据有关法律法规予以处罚。

(5) 对于采用新结构、新材料、新工艺的建设工程和特殊结构的建设工程，设计单位应当在设计中提出保障施工作业人员安全及预防生产安全事故的措施建议。

(6) 为建设工程提供机械设备和配件的单位，应当按照安全施工的要求配备齐全有效的保险、限位等安全设施和装置。

(7) 施工单位应当根据不同施工阶段和周围环境、季节、气候的变化，在施工现场采取相应的安全施工措施。专职安全生产管理人员负责对安全生产进行现场监督检查，对于违章指挥和违章操作的，应当立即制止。

3. 安全专项施工方案的管理

(1) 施工单位应当在危险性较大的分部分项工程施工前编制专项方案；对于超过一定规模的危险性较大的分部分项工程，施工单位应当组织专家对专项方案进行论证。

(2) 专项方案应当由施工单位技术部门组织本单位施工技术、安全、质量等部门的专业技术人员进行审核。经审核合格的，由施工单位技术负责人签字。实行施工总承包的，专项方案应当由总承包单位技术负责人及相关专业承包单位技术负责人签字。不需专家论证的专项方案，经施工单位审核合格后报监理单位，由项目总监理工程师审核签字。

(3) 超过一定规模的危险性较大的分部分项工程专项方案应当由施工单位组织召开专家论证会。实行施工总承包的，由施工总承包单位组织召开专家论证会。

(4) 施工单位应当严格按照专项方案组织施工，不得擅自修改、调整专项方案。

（5）专项方案实施前，编制人员或项目技术负责人应当向现场管理人员和作业人员进行安全技术交底。

4. 安全专项施工方案的编制内容

（1）管理要求

根据国务院令第393号《建设工程安全生产管理条例》、《建筑施工安全检查标准》JGJ 59—2011和《危险性较大的分部分项工程管理办法》（建质［2009］87号文）的规定，对专业性强、危险性大的施工项目，如基坑支护与降水工程、土方开挖工程、模板工程、起重吊装工程、脚手架工程、拆除与爆破工程，以及国务院建设行政主管部门或其他有关部门规定的其他危险性较大的工程，如：垂直运输设备的拆装等，应单独编制专项安全技术方案。其中超出一定范围的危险性较大的分部分项工程，比如深基坑高大模板工程等的专项施工方案，企业应组织专家进行论证。

企业对专项安全技术方案的编制内容、审批程序、权限等应有具体规定。

专项安全技术方案的编制必须结合工程实际，针对不同的工程特点，从施工技术上采取措施保证安全；针对不同的施工方法、施工环境，从防护技术上采取措施保证安全；针对所使用的各种机械设备，从安全保险的有效设置方面采取措施保证安全。

（2）安全专项施工方案编制应当包括以下内容：

1）工程概况：危险性较大的分部分项工程概况、施工平面布置、施工要求和技术保证条件。

2）编制依据：相关法律、法规、规范性文件、标准、规范及图纸（国标图集）、施工组织设计等。

3）施工计划：包括施工进度计划、材料与设备计划。

4）施工工艺技术：技术参数、工艺流程、施工方法、检查验收等。

5）施工安全保证措施：组织保障、技术措施、应急预案、监测监控等。

6）劳动力计划：专职安全生产管理人员、特种作业人员等。

7）计算书及相关图纸。

5. 检查落实的措施

（1）各单位是否建立分部分项工程管理制度。

（2）安全专项施工方案编审程序是否符合要求。

（3）需要进行专家论证分部分项工程的专项方案专家论证程序是否规范，所选专家是否在本省专家库范围内，专家认证的主要内容是否准确。

专家论证的主要内容：专项方案内容是否完整、可行；专项方案计算书和验算依据是否符合有关标准规范；安全施工的基本条件是否满足现场实际情况。专项方案经论证后，专家组应当提交论证报告，对论证的内容提出明确的意见，并在论证报告上签字。该报告作为专项方案修改完善的指导意见。

（4）施工单位是否指定专人对专项方案实施情况进行现场监督和按规定进行监测。发现不按照专项方案施工的，是否按要求对其立即整改；发现有危及人身安全紧急情况的，是否立即组织作业人员撤离危险区域。企业安全生产管理机构工作人员应当履行负责安全生产相关数据统计、安全防护和劳动防护用品配备及检查、施工现场安全督查等职责。

(5) 施工单位技术负责人是否定期巡查专项方案实施情况。

(6) 对于按规定需要验收的危险性较大的分部分项工程，施工单位和监理单位是否组织有关人员进行验收。

(7) 监理单位是否将危险性较大的分部分项工程列入监理规划和监理实施细则，是否针对工程特点、周边环境和施工工艺等，制定安全监理工作流程、方法和措施。

(8) 监理单位是否对专项方案实施情况进行现场监理；对不按专项方案实施的，是否责令整改，发现存在安全事故隐患情况严重的，应当立即向有关主管部门报告。

(9) 专项方案实施前，编制人员或项目技术负责人是否向现场管理人员和作业人员进行了安全技术交底。

(10) 专项方案实施过程中的危险性较大的作业行为必须列入危险作业管理范围，作业前，必须办理作业申请，明确安全监控人，实施监控，并有监控记录。安全监控人必须经过岗位安全培训。建筑施工企业负责人及项目负责人也要履行施工现场带班的有关监督检查职责。

6. 有关表格

有关表格见表 9-5～表 9-7 所列。

危险性较大的分部分项工程清单（专项施工方案）报审　　表 9-5

<table>
<tr><td>工程名称：
致________________（监理单位）：
我单位已对该工程中危险性较大的分部分项工程清单和超过一定规模的危险性较大的分部分项工程清单进行确认，请予以审查。
我单位已经编写了________________（分部分项工程）的专项施工方案，并经我单位（具有法人资格单位）的技术负责人批准，请予以审查。
附：1. 危险性较大的分部分项工程清单
2. 超过一定规模的危险性较大的分部分项工程清单
附：专项施工方案
施工单位项目经理部（章）
项目负责人：____________
日　　期：____________</td></tr>
<tr><td>审查意见：
监理工程师：____________
日　　期：____________</td></tr>
<tr><td>审核意见：
监理单位项目监理部（章）
总监理工程师：____________
日　　期：____________</td></tr>
</table>

危险性较大的分部分项工程验收 **表 9-6**

<table>
<tr><td>工程名称：
致______________（监理单位）：
我单位已对______________（分部分项工程）进行了自检，并自检验收合格，现上报请予以验收。
附：1. ______________（分部分项工程）自检验收表
2. 主要材料产品合格证或检验检测证
3. 特种作业人员操作资格证
施工单位项目经理部（章）
项目负责人：______________
日　　期：______________</td></tr>
<tr><td>验收意见：
监理工程师：______________
日　　期：______________</td></tr>
<tr><td>验收意见：
监理单位项目监理部（章）
总监理工程师：______________
日　　期：______________</td></tr>
</table>

危险性较大的分部分项工程监理巡视检查记录 **表 9-7**

<table>
<tr><td>工程名称：
危险性较大的分部分项工程：
检查部位及实施情况：
存在问题：
处理意见：
监理单位项目监理部（章）
监 理 工 程 师：______________
总监理工程师：______________
日　　期：______________</td></tr>
</table>

（八）劳动防护用品的安全管理

1. 劳动防护用品

劳动防护用品，是指保护劳动者在生产过程中的人身安全与健康所必备的一种防御性装备，对于减少职业危害起着相当重要的作用。

劳动防护用品按照防护部位分为九类：

（1）头部护具类。是用于保护头部，防撞击、挤压伤害、防物料喷溅、防粉尘等的护具。主要有玻璃钢、塑料、橡胶、玻璃、胶纸、防寒和竹藤安全帽以及防尘帽、防冲击面罩等。

（2）呼吸护具类。是预防尘肺和职业病的重要护品。按用途分为防尘、防毒、供氧三类，按作用原理分为过滤式、隔绝式两类。

（3）眼防护具。用以保护作业人员的眼睛、面部，防止外来伤害。分为焊接用眼防护具、炉窑用眼防护具、防冲击眼防护具、微波防护具、激光防护镜以及防X射线、防化学、防尘等眼防护具。

（4）听力护具。长期在90dB（A）以上或短时在115dB（A）以上环境中工作时应使用听力护具。听力护具有耳塞、耳罩和帽盔三类。

（5）防护鞋。用于保护足部免受伤害。目前主要产品有防砸、绝缘、防静电、耐酸碱、耐油、防滑鞋等。

（6）防护手套。用于手部保护，主要有耐酸碱手套、电工绝缘手套、电焊手套、防X射线手套、石棉手套等。

（7）防护服。用于保护职工免受劳动环境中的物理、化学因素的伤害。防护服分为特殊防护服和一般作业服两类。

（8）防坠落护具。用于防止坠落事故发生。主要有安全带、安全绳和安全网。

（9）护肤用品。用于外露皮肤的保护，分为护肤膏和洗涤剂。

在目前各产业中，劳动防护用品都是必须配备的。根据实际使用情况，应按时间更换。在发放中，应按照工种不同分别发放，并保存台账。

2. 劳动防护用品配备标准

（1）为了指导用人单位合理配备、正确使用劳动防护用品，保护劳动者在生产过程中的安全和健康，确保安全生产，国家经贸委依据《中华人民共和国劳动法》，组织制定了《劳动防护用品配备标准（试行）》（国经贸安全［2000］189号）。

（2）标准有关规定

1）标准中劳动防护用品，是指在劳动过程中为保护劳动者的安全和健康，由用人单位提供的必需物品。用人单位应指导、督促劳动者在作业时正确使用。

2）国家对特种劳动防护用品实施安全生产许可证制度。用人单位采购、发放和使用的特种劳动防护用品必须具有安全生产许可证、产品合格证和安全鉴定证。

3）用人单位应建立和健全劳动防护用品的采购、验收、保管、发放、使用、更换、报废等管理制度。安技部门应对购进的劳动防护用品进行验收。

4）标准参照《中华人民共和国工种分类目录》，选择了116个工种为典型工种，其他工种的劳动防护用品的配备，可参照附录B《相近工种对照表》确定。

5）标准参照国家标准《个体防护装备选用规范》GB/T 11651—2008，根据各工种的劳动环境和劳动条件，配备具有相应安全、卫生性能的劳动防护用品，用标有代表各种防护性能的字母表示（如cc、fg、hw等，详见《防护性能字母对照表》）。标准中工作服的材质、式样和颜色必须符合有关工种操作安全的要求。

6）凡是从事多种作业或在多种劳动环境中作业的人员，应按其主要作业的工种和劳动环境配备劳动防护用品。如配备的劳动防护用品在从事其他工种作业时或在其他劳动环境中确实不能适用的，应另配或借用所需的其他劳动防护用品。

7）标准要求为一部分工种的作业人员配备防尘口罩，纱布口罩不得作防尘口罩使用。

8）防毒护具的发放应根据作业人员可能接触毒物的种类，准确地选择相应的滤毒罐（盒），每次使用前应仔细检查是否有效，并按国家标准规定，定时更换滤毒罐（盒）。

9）标准中将帆布、纱、绒、皮、橡胶、塑料、乳胶等材质制成的手套统称为“劳防手套”，用人单位应根据劳动者在作业中防割、磨、烧、烫、冻、电击、静电、腐蚀、浸水等伤害的实际需要，配备不同防护性能和材质的手套。

10）本标准中的“护听器”是耳塞、耳罩和防噪声头盔的统称，用人单位可根据作业场所噪声的强度和频率，为作业人员配备。

11）绝缘手套和绝缘鞋除按期更换外，还应做到每次使用前做绝缘性能的检查和每半年做一次绝缘性能复测。

12）对眼部可能受铁屑等杂物飞溅伤害的工种，使用普通玻璃镜片受冲击后易碎，会引起佩戴者眼睛间接受伤，必须佩戴防冲击眼镜。

13）生产管理、调度、保卫、安全检查以及实习、外来参观者等有关人员，应根据其经常进入的生产区域，配备相应的劳动防护用品。

14）在生产设备受损或失效时，有毒有害气体可能泄漏的作业场所，除对作业人员配备常规劳动防护用品外，还应在现场醒目处放置必需的防毒护具，以备逃生、抢救时应急使用。用人单位还应有专人和专门措施，保护其处于良好待用状态。

15）建筑、桥梁、船舶、工业安装等高处作业场所必须按规定架设安全网，作业人员根据不同的作业条件合理选用和佩戴相应种类的安全带。

16）考虑到一个工种在不同企业中可能会有不同的作业环境、不同的实际工作时间和不同的劳动强度，以及各省市气候环境、经济条件的差异，本标准对各工种规定的劳动防护用品配备种类是最低配备标准，对劳动防护用品的使用期限未作具体规定，由省级安全生产综合管理部门在制定本省的配备标准时，根据实际情况增发必需的劳动防护用品，并规定使用期限。

17）对未列入本标准的工种，各省级安全生产综合管理部门在制定本省的配备标准时，应根据实际情况配备规定的劳动防护用品。

（3）建筑施工现场涉及的工种所需要配备的劳动防护用品表9-8为配备依据。

劳动防护用品配备标准（试行）　　表9-8

序号	防护用品 / 使用期限（月） / 典型工种	工作服（套）	工作帽（顶）	工作鞋（双）	劳防手套（副）	防寒服（套）	雨衣（件）	胶鞋（双）	眼护具（副）	防尘口罩（只）	防毒护具（副）	安全帽（顶）	安全带（套）	护听器（副）
4	仓库保管工	24	24	18fz	2		36							
10	带锯工	24	24	12fz	1fg	36	24	12	24cj	1				3

续表

序号	防护用品 / 使用期限（月） / 典型工种	工作服（套）	工作帽（顶）	工作鞋（双）	劳防手套（副）	防寒服（套）	雨衣（件）	胶鞋（双）	眼护具（副）	防尘口罩（只）	防毒护具（副）	安全帽（顶）	安全带（套）	护听器（副）
11	铸造工	18zr	18zr	12fz	1fz	36			24hw cj	1		备		
12	电镀工	18sj	18sj	18fz sj	12sj	36		12cj	24fy		备			
13	喷砂工	18	18	18fx	1	36	24	12jf	24cj	1		备		
14	钳工	24	24	18fz	1	36			24cj			备		
15	车工	24	24	18fz					24cj					
16	油漆工	18	18	18	1	36					备			
17	电工	24	24	12fz jy	1jy	36						24		
18	电焊工	18zr	18zr	18fz	1	36			12hj			24		
19	冷作工	18	18	18fz	1	36			24cj					
20	绕线工	18	18	24fz	1				24fy					
21	电机（汽机）装配工	18	18	18fz	1							24		
22	制铅粉工	18sj	18	18fz sj	1sj	36			24fy	1	备			
23	仪器调修工	18	18	24fz	1									
24	势力运行工	24zr	24	24fz		36						备		
25	电系操作工	18	18	18fz jy	1jy	36	12	12jf jy				24	24	
26	开挖钻工	12	12	12fz	1/2	24	24	12jf	12cj	1		备		6
27	河道修防工	18	18	18	1/2	36	24	12jf						
28	木工	18	18	18fz cc	1	36	24	18	12cj	1		备		
29	砌筑工	12	12	12fz cc	1/2	24	24	12jf		2		24		
30	泵站操作工	24	24	24fz	1fs	36	24	12						
31	安装超重工	18	18	18fz	1/2	36	24	12jf				24	备	
32	筑路工	12	12	12fz	1/2	24	12	12jf	12fy	1		24		12
33	下水道工	18	18	12	1/2fs	36	18	12	12fy		12	24		
34	沥青加工工	18	18	12fz	1/2fs	36	12	12jf	12fy		12	24		
37	道路清扫工	18	18	12	1/2	36	12	12		1				
38	配料工	18	18	12fz	1/2	36			12	1		24		
39	炉前工	12zr	12zr	12fz	1/2zr	36			12hw	1		24		
41	拉丝工	18	18	18fz	1/2	36			12cj					
42	碳素制品加工工	12	12	18fz	1	48			12	1				
45	挡车工	24	24	12										
47	电光源导丝制造工	18	18	18fz	1				12					
48	油墨颜料制作工	12	12	12fz ny	1ny						12			
52	塑料注塑工	18	18	18fz	1									
53	工具装配工	18	18	18fz cc	1				12					
54	试验工	24	24	18										
55	机车司机	18	18	18	1	36	24		12					
56	汽车驾驶员	24	24	24	3	48	24	24	24zw					

续表

序号	防护用品 使用期限（月） 典型工种	工作服（套）	工作帽（顶）	工作鞋（双）	劳防手套（副）	防寒服（套）	雨衣（件）	胶鞋（双）	眼护具（副）	防尘口罩（只）	防毒护具（副）	安全帽（顶）	安全带（套）	护听器（副）
57	汽车维修工	18	18	18fz	1	36	24	18	12fy					
61	中小型机械操作工	24	24	18fz	1	48	24	12jf		1		24		
63	水泥制成工	18	18	18fz	1	36		12jf	24fy	1				
65	玻璃切裁工	18	18	18fz	1fg	36			12cj	1				
66	玻纤拉丝工	12	12	12fz		36			12					
67	玻璃钢压型工	18	18	18fz	1	48		18jf	12	1	12			
68	砖瓦成型工	12	12	12fz	1	36	12	12jf		1				
69	包装工	12	12	12fz	1									
73	计算机调试工	24	24	24										
75	配液工	12sj	12sj	12sj	1sj	36			12	1				
76	挤压工	18	18	18fz ny	1	36			12cj			24		
77	研磨工	18	18	18fz	1	36			12	1				
82	检验工	24	24	24fz	1	48			12	1				
87	釉料工	18	18	12	1									
93	建筑石膏制备工	18	18	18fz	1	36	24	12		1				
94	塔台集中控制机务员	24	24	24										
96	长度量具计量检定工	24	24	24										
98	天文测量工	18	18	18		36	12	12	12fy					
106	中式烹调师	18	18	18				18						
111	制粉清理工	18	18	18	1				12	1				
112	化工操作工	18sj	18sj	18fz sj	1sj	36			12	1				
113	化纤操作工	24	24	12	1									
114	超声探伤工	18ff	18ff	12fz	1fs	36								
116	调剂工	12	12	12	1				12					

3. “三宝”

“三宝”是指安全帽、安全带和安全网。

4. 安全帽

安全帽是对人体头部受外力伤害（如物体打击）起防护作用的帽子。安全帽防护的主要作用是当物体打击、高处坠落、机械损伤、污染等伤害因素发生时，安全帽的各个部件通过变形和合理的破坏，将冲击力分解、吸收。

（1）安全帽的组成与分类

安全帽主要由帽壳、帽衬、下颏带及附件等组成。帽壳包括帽舌、帽檐、顶筋、透气孔、插座等。帽衬是帽壳内部部件的总称。包括帽箍、顶带、护带、吸汗带、衬垫及拴绳等。

安全帽的分类。

1）按材料分类：塑料、玻璃钢、橡胶、植物编织、铝合金和纸胶。

2）按帽檐分类：50～70mm、30～50mm、0～30mm。

3）按作业场所分类：一般作业类和特殊作业类，如低温、火源、带电作业等。

（2）安全帽的技术性能要求

1）冲击吸收性能

冲击吸收性能是指安全帽在受到坠落物冲击时对冲击能量的吸收能力。较好的安全帽在冲击吸收过程中能将所承受的冲击能力吸收80%～90%，使作用到人体上的冲击力降到最低，以达到最佳的保护效果。

冲击吸收指标的制定是以人体颈椎能够承受的最大冲击力为依据的。因此，《安全帽测试方法》GB/T 2812—2006 规定：经高温、低温、浸水紫外线照射顶部处理后，用 5kg 钢锤自 1m 高度自由落下做冲击测试，传递到木制头模上的冲击力不超过 4900N，帽壳不得有碎片脱落。

2）耐穿刺性能

耐穿刺性能是安全帽受到带尖角的坠物冲击时抗穿透的能力。这是对帽壳强度的检验。这就要求帽壳材料具有较好的强度和韧性，使安全帽在受到尖锐坠落物冲击时不会因帽壳太软而穿透，也不会因帽壳太脆而破裂。以防坠物扎伤人体头部。

《安全帽测试方法》GB/T 2812—2006 规定：经高温、低温、浸水紫外线照射顶部处理后，用 3kg 钢锥自 1m 高度自由落下进行穿刺测试，钢锥不得接触到头模表面，帽壳不得有碎片脱落。

对一般作业安全帽而言，在其尺寸、质量、标识等方面均达到国家标准要求的前提下，冲击吸收性能和耐穿刺性能两项都合格者判为合格产品，两项之中有一项不合格则判为不合格产品。

（3）安全帽的尺寸和重量要求

1）安全帽的尺寸要求

安全帽的尺寸要求有 10 项，分别为帽壳内部尺寸、帽舌、帽檐、帽箍、垂直间距、佩戴高度和水平间距等。其中垂直间距和佩戴高度是安全帽的两个重要尺寸要求。垂直间距是安全帽佩戴时头顶与帽顶之间的垂直距离。塑料衬为 25～50mm，棉织或化纤带衬为 30～50mm。佩戴高度是安全帽在佩戴时，帽箍底边至头顶部的垂直距离，应为 80～90mm，垂直间距太小，直接影响安全帽的冲击吸收性能，佩戴高度太小直接影响安全帽佩戴的稳定性。

任何一项不符合要求都直接影响安全帽的防护作用。

2）安全帽的重量要求

在保护良好的技术性能的前提下安全帽的重量越轻越好，以减轻佩戴者头颈部的负担。小沿、中沿和卷沿安全帽的总重量不应超过 430g，大沿安全帽不应超过 460g。

（4）安全帽的选择和使用

1）安全帽的选用：①查看安全帽标志：在安全帽上应有合格证、安全鉴定证，并有以下永久性标识：生产厂名、商标和型号、制造年、月；生产合格证和检验证；生产许可证编号。②选购安全帽时应检查其生产许可证编号、产品合格证和有效期等证书。③做外观质量检查。如帽壳和帽衬的用材是否厚实，是否光洁；各部件装配连接是否牢固；帽壳颜色是否均匀；帽箍调节是否活络等。

2）安全帽的使用：①在使用前一定要检查安全帽是否有裂纹、碰伤痕迹、凹凸不平、磨损（包括对帽衬的检查），安全帽上如存在影响其性能的明显缺陷就应及时报废，以免影响防护作用。②不能随意在安全帽上拆卸或添加附件，以免影响其原有的防护性能。③不能随意调节帽衬的尺寸。安全帽的内部尺寸如垂直间距、佩戴高度、水平间距，标准中是有严格规定的，这些尺寸直接影响安全帽的防护性能，使用者一定不能随意调节，否则，落物冲击一旦发生，安全帽会因佩戴不牢脱出或因冲击触顶而起不到防护作用，直接伤害佩戴者。④使用时一定要将安全帽戴正、戴牢，不能晃动，要系紧下颏带，调节好后箍以防安全帽脱落。⑤不能私自在安全帽上打孔，不要随意碰撞安全帽，不要将安全帽当板凳坐，以免影响其强度。⑥受过一次强冲击或做过试验的安全帽不能继续使用，应予以报废。⑦安全帽不能放置在有酸、碱、高温、日晒、潮湿或化学试剂的场所，以免其老化或变质。⑧应注意使用在有效期内的安全帽。安全帽使用期应从制造完成时算起。一般塑料安全帽的使用期不超过两年半、玻璃钢（维纶钢）安全帽的使用期限为三年半。到期后使用单位必须到有关部门进行抽查测试，合格后方可继续使用，否则该批安全帽即报废。

5. 安全带

（1）安全带的组成与分类

1）安全带的组成

安全带是由带子、绳子和金属配件组成。安全绳是安全带上保护人体不坠落的系绳。吊绳是自锁钩使用的绳，要预先挂好。垂直、水平和倾斜均可。自锁钩在绳上可自由移动，能适应不同作业点工作。自锁钩是装有自锁装置的钩，在人体坠落时，能立即卡住吊绳，防止坠落。

2）安全带的分类：①围杆作业安全带。适用于电工、电信工及园林工等杆上作业。②悬挂作业安全带。适用建筑、造船及安装等企业。③攀登作业安全带。适用于各种攀登作业。

（2）安全带的质量要求

1）安全带必须到劳保定点专店采购，并符合国家《安全带》GB 6095—2009、《安全带测试方法》GB/T 6096—2009 的规定，即金属配件上有厂家代号；带体上有永久字样的商标、合格证、检验证；安全绳上加有色线代表生产厂；合格证应注明：制造厂家名称、产品名称、生产日期，拉力试验 4412.7N，冲击重量 100kg 等。

2）安全带和绳必须由是锦纶、维纶、蚕丝等料制成的，金属配件必须是普通碳素钢或是铝合金钢。

3）包裹绳子的套，必须是皮革、维纶或橡胶制的。

4）腰带宽度为 40～50mm，长度为 1300～1600mm，必须是一整根。

5）护腰带宽度不小于 80mm，长度应为 600～700mm，带子与腰部接触处应设有柔软材料，并用轻革或织带包好，保证边缘圆滑无角。

6）带子缝合线处必须有直径大于 4.5mm 的光洁金属铆钉一个，下垫皮革和金属垫圈。

7）安全绳直径不小于 13mm，吊绳或围杆绳直径不小于 16mm。电焊工使用的悬挂绳全部加套。

8）金属钩必须有保险装置。自锁的钩体和钩舌的咬口必须平整，不得偏斜。

9）金属配件圆环、半圆环、三角环、品字环、8 字环、三道联等不得有焊接、麻点、裂纹，边缘呈圆弧形。

（3）安全带的正确使用

1）根据行业性质，工种的需要选择符合特定使用范围的安全带。如架子工、油漆工、电焊工种选用悬挂作业安全带，电工选用围杆作业安全带，在不同岗位应注意正确选用。

2）安全带应高挂低用，使用大于 3m 长绳应加缓冲器（除自锁钩用吊绳外），并要防止摆动碰撞。

3）安全绳不准打结使用。更不准将钩直接挂在安全绳上使用，钩子必须挂在连接环上用。

4）在攀登和悬空等作业中，必须佩戴安全带并有牢靠的挂钩设施。严禁只在腰间佩戴安全带，不在固定的设施上拴挂钩环。

5）油漆工刷外开窗、电焊工焊接梁柱（屋架）、架子工搭（拆）架子等都必须佩戴安全带，并将安全带挂在牢固的地方。

6）在无法就接挂设安全带的地方，应设置挂安全带的安全拉绳、安全栏杆等。

（4）安全带使用中的注意事项

1）安全带上的各种部件不得任意拆掉，当需要换新绳时要注意加绳套。

2）使用频繁的绳，要经常做外观检查，发现异常时应立即更换新绳，带子使用期为 3～5 年，发现异常应提前报废。但使用 2 年后，按批量购入情况，必须抽验一次。如做悬挂式安全带冲击试验时，以 80kg 重量做自由坠落试验，若不破断，可使用。围杆带做静负荷试验，以 2206N 拉力拉 5min 无破断可继续使用。对已抽试过的样带，应更换安全绳后才能继续使用。

3）安全带应储藏在干燥、通风的仓库内，妥善保管，不可接触高温、明火、强酸、强碱和尖锐的坚硬物体，更不准长期暴晒雨淋。

6. 安全网

安全网是用来防止人、物坠落或用来避免、减轻坠落及物体打击伤害的网具。目前建筑工地所使用的安全网，按形式及其作用可分为平网和立网两种。由于这两种网使用中的受力情况不同，因此它们的规格、尺寸和强度要求等也有所不同。平网，指其安装平面平行于水平面，主要用来承接人和物的坠落；立网，指其安装平面垂直于水平面，主要用来阻止人和物的坠落。

（1）安全网的构造和材料

安全网的材料，要求其比重小、强度高、耐磨性好、延伸率大和耐久性较强。此外还应有一定的耐气候性能，受潮受湿后其强度下降不太大。目前，安全网以化学纤维为主要材料。同一张安全网上所有的网绳，都要采用同一材料，所有材料的湿干强力比不得低于75%。通常，多采用维纶和尼龙等合成化纤作网绳。丙纶由于性能不稳定，禁止使用。此外，只要符合国际有关规定的要求，亦可采用棉、麻、棕等植物材料作原料。不论用何种材料，每张安全平网的重量一般不宜超过15kg，并要能承受800N的冲击力。

（2）密目式安全网

《建筑施工安全检查标准》JGJ 59—2011规定，P3×6的大网眼的安全平网就只能在电梯井、外脚手架的跳板下面、脚手架与墙体间的空隙等处使用，密目式安全网的目数为在网上任意一处的10cm×10cm＝100cm^{2}的面积上，大于2000目。目前，生产密目式安全网的厂家很多，品种也很多，产品质量也参差不齐，为了能使用合格的密目式安全网，施工单位采购来以后，可以做现场试验，除外观、尺寸、重量、目数等的检查以外，还要做以下两项试验：

1）贯穿试验。将1.8m×6m的安全网与地面成30°夹角放好，四边拉直固定。在网中心的上方3m的地方，用一根中48mm×3.5mm的5kg重的钢管，自由落下，网不贯穿，即为合格，网贯穿，即为不合格。

2）冲击试验。将密目式安全网水平放置，四边拉紧固定。在网中心上方1.5m处，有一个100kg重的砂袋自由落下，网边撕裂的长度小于200mm，即为合格。

用密目式安全网对在建工程外围及外脚手架的外侧全封闭，密目式安全立网应张挂在脚手架外立杆内侧。安装时，间距≤450mm的每个环扣都必须穿入断裂绳力不小于1.96kN的纤维绳或金属线，绑在脚手架步距间的纵向水平杆上，网间拼接严密，随脚手架搭放高度及时安装（张挂），形成全封闭的安全防护网。

高层建筑外脚手架、既有建筑外墙改造工程外脚手架、临时疏散通道的安全防护网采用阻燃型安全防护网。

（3）安全网防护

1）高处作业点下方必须设安全网。凡无外架防护的施工，必须在高度4～6m处设一层水平投影外挑宽度不小于6m的固定的安全网，每隔四层楼再设一道固定的安全网，并同时设一道随墙体逐层上升的安全网。

2）施工现场应积极使用密目式安全网，架子外侧、楼层邻边井架等处用密目式安全网封闭栏杆，安全网放在杆件里侧。

3）单层悬挑架一般只搭设一层脚手板为作业层，故须在紧贴脚手板下部挂一道平网作防护层，当在脚手板下挂平网有困难时，也可沿外挑斜立杆的密目网里侧斜挂一道平网，作为人员坠落的防护层。

4）单层悬挑架包括防护栏杆及斜立杆部分，全部用密目网封严。多层悬挑架上搭设的脚手架，用密目网封严。

5）架体外侧用密目网封严。安装时，网上每个环扣都应用断裂强力不小于1960N的系绳固定在支撑物上，做到打结方便、牢固可靠、易于拆除。

6）安全网做防护层必须封挂严密牢靠，密目网用于立网防护，水平防护时必须采用平网，不准用立网代替平网。

7）安全网必须有产品生产许可证和质量合格证，不准使用无证不合格产品。

8）安全网若有破损、老化应及时更换。

9）安全网与架体连接不宜绷得太紧，系结点要沿边分布均匀、绑牢。

7. “三宝”与“四口”施工现场安全检查

在施工现场进行日常安全检查时，“三宝”与“四口”两者之间没有有机的联系，但因这两部分防护做得不好，在施工现场引起的伤亡事故是相互交叉的，既有高处坠落事故又有物体打击事故。因此，在《建筑施工安全检查标准》JGJ 59—2011 中这些内容统一归入高处作业检查表中，我们要按标准附表 B.13《高处作业检查评分表》进行日常检查评价。

（九）安全检查的评分办法

《建筑施工安全检查标准》JGJ 59—2011 使建筑工程安全检查由传统的定性评价上升到定量评价，使安全检查进一步规范化、标准化。建筑施工安全检查评定中，保证项目应全数检查。分项检查评分表和检查评分汇总表的满分分值均应为 100 分，评分表的实得分值应为各检查项目所得分值之和；评分应采用扣减分值的方法，扣减分值总和不得超过该检查项目的应得分值；当按分项检查评分表评分时，保证项目中有一项未得分或保证项目小计得分不足 40 分，此分项检查评分表不应得分。

1.《建筑施工安全检查标准》

（1）《建筑施工安全检查评分汇总表》主要内容包括：安全管理、文明施工、脚手架、基坑工程、模板支架、高处作业、施工用电、物料提升机与施工升降机、塔式起重机与起重吊装、施工机具 10 项，所示得分作为对一个施工现场安全生产情况的综合评价依据。

（2）《安全管理检查评分表》检查项目：保证项目包括：安全生产责任制、施工组织设计及专项施工方案、安全技术交底、安全检查、安全教育、应急救援。一般项目包括：分包单位安全管理、持证上岗、生产安全事故处理、安全标志。

（3）《文明施工检查评分表》检查项目：保证项目包括：现场围挡、封闭管理、施工场地、材料管理、现场办公与住宿、现场防火。一般项目包括：综合治理、公示标牌、生活设施、社区服务。

（4）脚手架检查评分表分为《扣件式钢管脚手架检查评分表》、《悬挑式脚手架检查评分表》、《门式钢管脚手架检查评分表》、《碗扣式钢管脚手架检查评分表》、《附着式升降脚手架检查评分表》、《承插型盘扣式钢管脚手架检查评分表》、《高处作业吊篮脚手架检查评分表》、《满堂脚手架检查评分表》8 种脚手架的安全检查评分表。

（5）《基坑支护安全检查评分表》检查项目：保证项目包括：施工方案、基坑支护、降排水、基坑开挖、坑边荷载、安全防护。一般项目包括：基坑监测、支撑拆除、作业环境、应急预案。

（6）《模板支架安全检查评分表》检查项目：保证项目包括：施工方案、支架基础、支架稳定、施工荷载、交底与验收。一般项目包括：杆件连接、底座与托撑、构配件材质、支架拆除。

（7）《高处作业检查评分表》是对安全帽、安全网、安全带、临边防护、洞口防护、通道口防护、攀登作业、悬空作业、移动式操作平台、物料平台、悬挑式钢平台等项目的检查评定。

（8）《施工用电检查评分表》检查项目：保证项目包括：外电防护、接地与接零保护系统、配电线路、配电箱与开关箱。一般项目包括：配电室与配电装置、现场照明、用电档案。

（9）《物料提升机检查评分表》检查项目：保证项目包括：安全装置、防护设施、附墙架与缆风绳、钢丝绳、安拆、验收与使用。一般项目包括：基础与导轨架、动力与传动、通信装置、卷扬机操作棚、避雷装置。

（10）《施工升降机检查评分表》检查项目：保证项目包括：安全装置、限位装置、防护设施、附墙架、钢丝绳、滑轮与对重、安拆、验收与使用。一般项目包括：导轨架、基础、电气安全、通信装置。

（11）《塔式起重机检查评分表》检查项目：保证项目包括：载荷限制装置、行程限位装置、保护装置、吊钩、滑轮、卷筒与钢丝绳、多塔作业、安拆、验收与使用。一般项目包括：附着、基础与轨道、结构设施、电气安全。

（12）《起重吊装检查评分表》检查项目：保证项目包括：施工方案、起重机械、钢丝绳与地锚、索具、作业环境、作业人员。一般项目包括：起重吊装、高处作业、构件码放、警戒监护。

（13）《施工机具检查评分表》是对施工中使用的平刨、圆盘锯、手持电动工具、钢筋机械、电焊机、搅拌机、气瓶、翻斗车、潜水泵、振捣器、桩工机械等施工机具的检查评定。

2. 检查评分方法

（1）汇总表分数分配

汇总表满分为 100 分。各分项检查表在汇总表中均占 10 分，10 项检查内容为：安全管理、文明施工、脚手架、基坑工程、模板支架、高处作业、施工用电、物料提升机与施工升降机、塔式起重机与起重吊装、施工机具。文明施工保证项目应得分小计为 60 分。

（2）汇总表中各分值的评分方法

1）分项检查评分表和检查评分汇总表的满分分值均应为 100 分，评分表的实得分值应为各检查项目所得分值之和。

2）评分应采用扣减分值的方法，扣减分值总和不得超过该检查项目的应得分值。

3）当按分项检查评分表评分时，保证项目中有一项未得分或保证项目小计得分不足 40 分，此分项检查评分表不应得分。

4）检查评分汇总表中各分项项目实得分值应按下式计算：

$$A_1 = \frac{B \times C}{100}$$

式中　A_1——汇总表各分项项目实得分值；

B——汇总表中该项应得满分值；

C——该项检查评分表实得分值。

5）当评分遇有缺项时，分项检查评分表或检查评分汇总表的总得分值应按下式计算：

$$A_2 = \frac{D}{E} \times 100$$

式中 A_2——遇有缺项时总得分值；

D——实查项目在该表的实得分值之和；

E——实查项目在该表的应得满分值之和。

6）在检查评分表中，遇有多个，如脚手架、物料提升机与施工升降机、塔式起重机与起重吊装项目的实得分值，应为所对应专业的分项检查评分表实得分值的算术平均值。

3. 等级的划分原则

施工安全检查的评定结论分为优良、合格、不合格三个等级，依据是汇总表的总得分和分项检查评分表的得分情况。

（1）优良

1）分项检查评分表无零分；

2）汇总表得分值应在 80 分及以上。

（2）合格

1）分项检查评分表无零分；

2）汇总表得分值应在 80 分以下，70 分及以上。

（3）不合格

1）当汇总表得分值不足 70 分时；

2）当有一分项检查评分表得零分时。

（4）当建筑施工安全检查评定的等级为不合格时，必须限期整改达到合格。

十、安全教育培训

（一）项目安全教育培训的目的和意义

安全教育培训是实现项目安全管理目标，防范事故发生的主要对策之一，在当前市场经济体制下，安全教育已经由过去的被动的“要你安全”转变为受教育者主动的“你要安全”，安全教育的目的和意义首先在于它能够提高项目管理人员和广大职工搞好安全生产的责任感和自觉性，其次安全技术知识的普及和提高，能使项目管理人员和广大职工掌握安全生产的客观规律，提高安全技术水平，掌握检测技术和控制技术的科学知识，学会消除工伤事故和预防职业病的技术本领，搞好安全生产，保障自身的安全和健康，提高劳动生产率以及创造更好的劳动条件。

（二）项目安全教育培训的范围

项目安全教育培训的范围：项目全体管理人员包括项目经理，与项目相关的劳务人员、二线服务人员等。

（三）项目安全教育培训的形式

开展安全教育应当结合建筑施工生产特点，采取多种形式，有针对性地进行，要考虑到安全教育的对象大部分是文化水平不高的工人，因此，教育的形式应当浅显、通俗、易懂。主要的安全教育形式有：

（1）会议形式。如安全知识讲座、座谈会、报告会、先进经验交流会、事故教训现场会、展览会、知识竞赛。

（2）报刊形式。订阅安全生产方面的书包杂志，企业自编自印的安全刊物及安全宣传小册子。

（3）张挂形式。如安全宣传横幅、标语、标志、图片、黑板报等。

（4）音像制品。如电视录像片、VCD、录音磁带等。

（5）固定场所展示形式。如劳动保护教育室、安全生产展览室等。

（6）文艺演出形式。

（7）现场观摩演示形式。如安全操作方法、消防演习、触电急救方法演示等。

（四）项目安全教育培训的内容

1. 安全教育的基本内容

安全教育的内容可概括为安全法规教育、安全知识教育和安全技能教育。安全法制教育特别是劳动卫生法律法规教育是安全教育的一项重要内容。应使职工对包括安全法规在内的国家的法律法规、标准规范有所了解和掌握，以树立法制观念，增强安全生产的责任感，正确处理安全与生产的辩证统一关系，这对安全生产是一个重要保证。

安全技术知识教育，包括一般生产技术、一般安全技术知识和检测控制技术知识以及专业安全生产技术知识。安全技术知识是生产技术知识的组成部分，是人类在生产斗争中通过惨痛教训积累起来的。安全技术知识寓于生产技术知识之中，对职工进行教育时，必须把两者结合起来。

安全技术教育：主要是指对从事各种作业的工人进行的安全操作技术教育。包括岗位安全操作规程规范与操作训练，特殊工种的操作培训，新技术、新设备、新设施的使用操作等教育。

此外应宣传安全生产的典型经验，从工伤事故中吸取教训，坚持事故处理“四不放过”，即事故原因未查清不放过，事故责任者和群众未受到教育不放过，事故责任者未受到追究不放过，防止同类事故重演的措施不落实不放过。

2. 三级安全教育的内容

三级安全教育是每个刚进企业的新工人必须接受首次安全生产方面的基本教育，即三级安全教育。三级一般是指公司（即企业）、项目（或工程处、施工队、工区）、班组这三级。三级安全教育一般是由企业的安全、教育、劳动、技术等部门配合进行的。受教育者必须经过考试，合格后才准予进入生产岗位；考试不合格者不得上岗工作，必须重新补课并进行补考，合格后方可工作。

加深新工人对三级安全教育的感性认识和理性认识。一般规定，在新工人上岗工作六个月后，还要进行安全知识复训，即安全再教育。复训内容可以从原先的三级安全教育的内容中有重点地选择，复训后再进行考核。考核成绩要登记到本人劳动保护教育卡上，不合格者不得上岗工作。

施工企业必须给每一名职工建立职工劳动保护（安全）教育卡，教育卡应记录包括三级安全教育、变换工种安全教育等的教育及考核情况，并由教育者与受教育者双方签字后入册，作为企业及施工现场安全管理资料备查。

（1）公司安全教育

按规定，公司级的安全培训教育时间每年不得少于15学时。主要内容是：

1）国家和地方有关安全生产、劳动保护的方针、政策、法律、法规、规范、标准及规章；

2）企业及其上级部门（主管局、集团、总公司、办事处等）印发的安全管理规章制度；

3）安全生产与劳动保护工作的目的、意义等。

（2）项目（施工现场）安全教育

按规定，项目安全培训教育时间不得少于15学时。主要内容是：

1）建设工程施工生产的特点，施工现场的一般安全管理规定、要求；

2）施工现场主要事故类别，常见多发性事故的特点、规律及预防措施，事故教训等；

3）本工程项目施工的基本情况（工程类型、施工阶段、作业特点等），施工中应当注意的安全事项。

（3）班组教育

按规定，班组安全培训教育时间每年不得少于20学时，班组教育又称岗位教育。主要内容是：

1）本工种作业的安全技术操作要求；

2）本班组施工生产概况，包括工作性质、职责、范围等；

3）本人及本班组在施工过程中，所使用、所遇到的各种生产设备、设施、电气设备、机械、工具的性能、作用、操作要求、安全防护要求；

4）个人使用和保管的各类劳动防护用品的正确穿戴、使用方法及劳防用品的基本原理与主要功能；

5）发生伤亡事故或其他事故，如火灾、爆炸、设备及管理事故等，应采取的措施（救助抢险、保护现场、报告事故等）及要求。

3. 三类人员安全教育的内容

依据住建部《建筑施工企业主要负责人、项目负责人、专职安全生产管理人员安全生产考核管理暂行规定》（建质［2004］59号）的规定，为贯彻落实《安全生产法》、《建设工程安全生产管理条例》和《安全生产许可证条例》，提高建筑施工企业主要负责人、项目负责人、专职安全生产管理人员安全生产知识水平和管理能力，保证建筑施工安全生产，对建筑施工企业三类人员进行考核认定。三类人员应当经建设行政主管部门或者其他有关部门考核合格后方可任职，考核内容主要是安全生产知识和安全管理能力。

（1）建筑施工企业主要负责人

建筑施工企业主要负责人指对本企业日常生产经营活动和对安全生产全面负责、有生产经营决策权的人员，包括企业法定代表人、经理、企业分管安全生产工作的副经理等。其安全教育的重点是：

1）国家有关安全生产的方针政策、法律法规、部门规章、标准及有关规范性文件，本地区有关安全生产的法规、规章、标准及规范性文件；

2）建筑施工企业安全生产管理的基本知识和相关专业知识；

3）重、特大事故防范、应急救援措施，报告制度及调查处理方法；

4）企业安全生产责任制和安全生产规章制度的内容、制定方法；

5）国内外安全生产管理经验。

（2）建筑施工企业项目负责人

建筑施工企业项目负责人指由企业法定代表人授权，负责建设工程项目管理的项目经理或负责人等。其安全教育的重点是：

1）国家有关安全生产的方针政策、法律法规、部门规章、标准及有关规范性文件，地区有关安全生产的法规、规章、标准及规范性文件；

2）工程项目安全生产管理的基本知识和相关专业知识；

3）重大事故防范、应急救援措施，报告制度及调查处理方法；

4）企业和项目安全生产责任制和安全生产规章制度内容、制定方法；

5）施工现场安全生产监督检查的内容和方法；

6）国内外安全生产管理经验；

7）典型事故案例分析。

（3）建筑施工企业专职安全生产管理人员

建筑施工企业专职安全生产管理人员指在企业专职从事安全生产管理工作的人员，包括企业安全生产管理机构的负责人及其工作人员和施工现场专职安全生产管理人员。其安全教育的重点是：

1）国家有关安全生产的方针政策、法律法规、部门规章、标准及有关规范性文件，本地区有关安全生产的法规、规章、标准及规范性文件；

2）重大事故防范、应急救援措施，报告制度，调查处理方法以及防护、救护方法；

3）企业和项目安全生产责任制和安全生产规章制度；

4）施工现场安全监督检查的内容和方法；

5）典型事故案例分析。

4. 经常性教育的内容

经常性的安全教育是施工现场开展安全教育的主要形式，目的是提醒、告诫职工遵章守纪，加强责任心，消除麻痹思想。经常性安全教育的形式多样，可以利用班前会进行教育，也可以采取大小会议进行教育，还可以用其他形式，如安全知识竞赛、演讲、展览、黑板报、广播、播放录像等进行。总之，要做到因地制宜、因材施教、不摆花架子、不搞形式主义、注重实效，才能使教育收到效果。

经常性教育的主要内容是：

（1）安全生产法规、规范、标准、规定；

（2）企业及上级部门的安全管理新规定；

（3）各级安全生产责任制及管理制度；

（4）安全生产先进经验介绍，最近的典型事故教训；

（5）施工新技术、新工艺、新设备、新材料的使用及有关安全技术方面的要求；

（6）最近安全生产方面的动态情况，如新的法律、法规、标准、规章的出台，安全生产通报、文件、批示等；

（7）本单位近期安全工作回顾、讲评等。

总之，经常性的安全教育必须做到经常化（规定一定的期限）、制度化（作为企业、项目安全管理的一项重要制度）。教育的内容要突出一个“新”字，即要结合当前工作的最新要求进行教育；要做到一个“实”字，即要使教育不流于形式，注重实际效果；要体现一个“活”字，即要把安全教育搞成活泼多样、内容丰富的一种安全活动。这样，才能使安全教育深入人心，才能为广大职工所接受，才能收到促进安全生产的效果。

5. 季节性教育内容

季节性施工主要是指夏季与冬期施工。季节性施工的安全教育，主要是指根据季节变化，环境不同，人对自然的适应能力变得迟缓、不灵敏。因此，必须对安全管理工作重新调整和组合，同时，也要对职工进行有针对性的安全教育，使之适合自然环境的变化，以确保安全生产。

（1）夏期施工安全教育

夏季高温、炎热、多雷雨，是触电、雷击、坍塌等事故的高发期。闷热的气候容易造成中暑，高温使得职工夜间休息不好，打乱了人体的“生物钟”，往往容易使人乏力、走神、瞌睡，较易引起伤害事故。南方沿海地区在夏季还经常受到台风暴雨和大潮汛的影响，人的衣着单薄、身体裸露部分多，使人的电阻值减小，导电电流增加，容易引发触电事故。因此，夏季施工安全教育的重点是：

1）加强用电安全教育，讲解常见触电事故发生的原理、预防触电事故发生的措施、触电事故的一般解救方法，以加强职工的自我保护意识；

2）讲解触电事故的发生原因、避雷装置的避雷原理、预防雷击的方法；

3）大型施工机械、设施常见事故案例，预防事故的措施；

4）基础施工阶段的安全防护常识，特别是基坑开挖的安全和支护安全；

5）劳动保护的宣传教育。合理安排好作息时间，注意劳逸结合，白天上班避开中午高温时间，“做两头、歇中间”，保证职工有充沛的精力。

（2）冬期施工安全教育

冬季气候干燥、寒冷且常常伴有大风，受北方寒流影响，施工区域出现霜冻，造成作业面及道路结冰打滑，既影响生产的正常进行，又给安全带来隐患；同时，为了施工需要和取暖，使用明火、接触易燃易爆物品的机会增多，容易发生火灾、爆炸和中毒事故；寒冷使人们衣着笨重、反应迟钝、动作不灵敏，也容易发生事故。因此，冬期施工安全教育应从以下几方面进行：

1）针对冬期施工特点，避免冰雪结冻引发的事故。注重防滑、防坠安全意识教育。

2）加强防火安全宣传。

3）安全用电教育，侧重于防电气火灾教育。

4）冬期施工，人们习惯于关闭门窗、封闭施工区域，在深基坑、地下管道、沉井、涵洞及地下室内作业时，应加强对作业人员的防中毒自我保护意识教育。教育职工识别一般中毒症状，学会解救中毒人员的安全基本常识。

6. 节假日加班教育

节假日主要指国家法定的假日，如：春节、中秋节、国庆节、新年、端午节、清明节等。节假日期间大部分单位及职工已经放假休息，因此也往往影响到加班职工的思想和工作情绪，容易造成思想不集中，注意力分散，这给安全生产带来不利因素。加强对这部分职工的安全教育，是非常必要的。教育的内容有：

1）重点做好安全思想教育，稳定职工工作情绪，集中精力做好本职工作。

2）班组长做好班前安全教育，强调互相督促、互相提醒，共同注意安全。

3）对较易发生事故的薄弱环节，应进行专门的安全教育。

7. 特种作业人员安全教育培训内容

建筑施工特种作业人员是指在房屋建筑和市政工程施工活动中，从事可能对本人、他人及周围设备设施的安全造成重大危害作业的人员。建筑施工特种作业包括：建筑电工，建筑架子工，建筑起重信号司索工，建筑起重机械司机，建筑起重机械安装拆卸工，电气焊工。高处作业吊篮安装拆卸工，经省级以上人民政府建设主管部门认定的其他特种作业。

特种作业人员必须按照国家有关规定，经过专门的安全作业培训，并取得特种作业操作资格证书后，方可上岗作业。专门的安全作业培训，是指由有关主管部门组织的专门针对特种作业人员的培训，也就是特种作业人员在独立上岗作业前，必须进行与本工种相适应的、专门的安全技术理论学习和实际操作训练。特种作业人员参加特种作业考核结束之日起 10 个工作日内考核机构公布考核成绩，经培训考核合格，取得特种作业操作资格证书后，才能上岗作业。特种作业操作资格证书在全国范围内有效，离开特种作业岗位一定时间后，应当按照规定重新进行实际操作考核，经确认合格后方可上岗作业。对于未经培训考核，即从事特种作业的，《建设工程安全生产管理条例》第六十二条规定了行政处罚；造成重大安全事故，构成犯罪的，对直接责任人员，依照刑法的有关规定追究刑事责任。资格证书有效期为两年。有效期满需要延期的，建筑施工特种作业人员应当于期满前 3 个月内向原考核发证机关申请办理延期复核手续。延期复核合格的，资格证书有效期延期 2 年。建筑施工特种作业人员应当参加年度安全教育培训或者继续教育，每年不得少于 24 小时。教育的主要内容有：

（1）安全技术理论。包括安全基础知识和安全技术理论知识；

（2）实际操作。包括实际操作要领、实际操作技能及安全操作规程；

（3）典型事故案例分析。

8. 变换工种的工人

施工现场变化大，动态管理要求高，随着工程进度的进展，部分工人的工作岗位会发生变化，转岗现象较普遍。这种工种之间的互相转换，有利于施工生产的需要。但是，如果安全管理工作没有跟上，安全教育不到位，就可能给转岗工人带来伤害事故。因此，必须对他们进行转岗安全教育。根据建设部的规定，企业待岗、转岗、换岗的职工，在重新上岗前，必须接受一次安全培训，时间不得少于 20 学时，其安全教育的主要内容是：

（1）本工种作业的安全技术操作规程；

（2）本班组施工生产的概况介绍；

（3）施工区域内各种生产设施、设备、工具的性能、作用、安全防护要求等。

（五）项目安全教育培训的基本要求

为了按计划、有步骤地进行全员安全教育培训，为了保证教育质量，取得好的教育效果，真正有助于提高职工安全意识和安全积水素质，安全教育必须做到：

1. 建立健全项目安全教育培训制度，严格按制度进行教育对象的登记、培训、考核、发证、资料存档等工作，环环相扣，层层把关，考核时将口头与书面相结合。坚决做到不经培训、考试不合格者，特种作业人员没有资格证者，不准上岗工作。

2. 结合企业实际情况，结合事故案例，编制企业年度安全教育计划，每个月应当有教育的重点，教育的内容。教育培训计划要有明确的针对性，并随项目施工特点，适时修改计划，变更或补充教育计划。

3. 要有相对稳定的教育培训大纲、培训教材和培训师资，确保教育时间和教学质量。相应补充新内容、新专业。

4. 在教育方法上，力求生动活泼，形式多样，多媒体、视频、音频、图像与文字相结合，寓教于乐，提高教育效果。

5. 在教育时间的安排上，既要保证新入场员工足够的教育时间，又要在施工过程中灵活机动的安排一切可利用的空闲时间进行安全教育，确保各种形式的安全教育有序开展。

6. 根据建设部相关文件规定，建筑施工企业从业人员每年应接受一次专门的安全培训，其中企业法定代表人、生产经营负责人、项目经理不少于30学时，专职安全管理人员不少于40学时，其他管理人员和技术人员不少于20学时，特殊工种作业人员不少于20学时；其他从业人员不少于15学时，待岗复工、转岗、换岗人员重新上岗前不少于20学时，新进场工人三级安全教育培训（公司、项目、班组）分别不少于15学时、15学时、20学时。

十一、编制安全专项施工方案

安全专项施工方案（以下简称“专项方案”），是指施工单位在编制施工组织（总）设计的基础上，针对危险性较大的分部分项工程单独编制的安全技术措施文件。根据住建部建质［2009］87号文件，关于印发《危险性较大的分部分项工程安全管理办法》的通知的精神，危险性较大的分部分项工程是指建筑工程在施工过程中存在的、可能导致作业人员群死群伤或造成重大不良社会影响的分部分项工程，施工单位应当在危险性较大的分部分项工程施工前编制专项方案；对于超过一定规模的危险性较大的分部分项工程，施工单位应当组织专家对专项方案进行论证。建筑工程实行施工总承包的，专项方案应当由施工总承包单位组织编制。其中，起重机械安装拆卸工程、深基坑工程、附着式升降脚手架等专业工程实行分包的，其专项方案可由专业承包单位组织编制。

专项方案应当由施工单位技术部门组织本单位施工技术、安全、质量等部门的专业技术人员进行审核。经审核合格的，由施工单位技术负责人签字。实行施工总承包的，专项方案应当由总承包单位技术负责人及相关专业承包单位技术负责人签字。不需专家论证的专项方案，经施工单位审核合格后报监理单位，由项目总监理工程师审核签字。专项方案经论证后，专家组应当提交论证报告，对论证的内容提出明确的意见，并在论证报告上签字。该报告作为专项方案修改完善的指导意见。施工单位应当根据论证报告修改完善专项方案，并经施工单位技术负责人、项目总监理工程师、建设单位项目负责人签字后，方可组织实施。实行施工总承包的，应当由施工总承包单位、相关专业承包单位技术负责人签字。专项方案经论证后需做重大修改的，施工单位应当按照论证报告修改，并重新组织专家进行论证。施工单位应当严格按照专项方案组织施工，不得擅自修改、调整专项方案。如因设计、结构、外部环境等因素发生变化确需修改的，修改后的专项方案应当重新审核。对于超过一定规模的危险性较大工程的专项方案，施工单位应当重新组织专家进行论证。

专项方案实施前，编制人员或项目技术负责人应当向现场管理人员和作业人员进行安全技术交底。施工单位应当指定专人对专项方案实施情况进行现场监督和按规定进行监测。发现不按照专项方案施工的，应当要求其立即整改；发现有危及人身安全紧急情况的，应当立即组织作业人员撤离危险区域。施工单位技术负责人应当定期巡查专项方案实施情况。

安全施工方案编制的原则，必须考虑现场的实际情况、施工特点及周围作业环境，要有针对性。对施工现场及毗邻区域内供水、排水、供电、供气、供热、通信、广播电视等地下管线有保护措施，要保证相邻建筑物和构筑物、地下工程的安全。

（一）专项方案编制应当包括以下内容

（1）工程概况：危险性较大的分部分项工程概况、施工平面布置、施工要求和技术保证条件。

（2）编制依据：相关法律、法规、规范性文件、标准、规范及图纸（国标图集）、施工组织设计等。

（3）施工计划：包括施工进度计划、材料与设备计划。

（4）施工工艺技术：技术参数、工艺流程、施工方法、检查验收等。

（5）施工安全保证措施：组织保障、技术措施、应急预案、监测监控等。

（6）劳动力计划：专职安全生产管理人员、特种作业人员等。

（7）计算书及相关图纸。

（二）危险性较大的分部分项工程范围

1. 基坑支护、降水工程

开挖深度超过3m（含3m）或虽未超过3m但地质条件和周边环境复杂的基坑（槽）支护、降水工程。

2. 土方开挖工程

开挖深度超过3m（含3m）的基坑（槽）的土方开挖工程。

3. 模板工程及支撑体系

（1）各类工具式模板工程：包括大模板、滑模、爬模、飞模等工程。

（2）混凝土模板支撑工程：搭设高度5m及以上；搭设跨度10m及以上；施工总荷载$10kN/m^2$及以上；集中线荷载15kN/m及以上；高度大于支撑水平投影宽度且相对独立无联系构件的混凝土模板支撑工程。

（3）承重支撑体系：用于钢结构安装等满堂支撑体系。

4. 起重吊装及安装拆卸工程

（1）采用非常规起重设备、方法，且单件起吊重量在10KN及以上的起重吊装工程。

（2）采用起重机械进行安装的工程。

（3）起重机械设备自身的安装、拆卸。

5. 脚手架工程

（1）搭设高度24m及以上的落地式钢管脚手架工程。

（2）附着式整体和分片提升脚手架工程。

（3）悬挑式脚手架工程。

（4）吊篮脚手架工程。

（5）自制卸料平台、移动操作平台工程。

（6）新型及异型脚手架工程。

6. 拆除、爆破工程

（1）建筑物、构筑物拆除工程。

（2）采用爆破拆除的工程。

7. 其他

（1）建筑幕墙安装工程。

（2）钢结构、网架和索膜结构安装工程。

（3）人工挖扩孔桩工程。

（4）地下暗挖、顶管及水下作业工程。

（5）预应力工程。

（6）采用新技术、新工艺、新材料、新设备及尚无相关技术标准的危险性较大的分部分项工程。

（三）超过一定规模的危险性较大的分部分项工程范围

1. 深基坑工程

（1）开挖深度超过 5m（含 5m）的基坑（槽）的土方开挖、支护、降水工程。

（2）开挖深度虽未超过 5m，但地质条件、周围环境和地下管线复杂，或影响毗邻建筑（构筑）物安全的基坑（槽）的土方开挖、支护、降水工程。

2. 模板工程及支撑体系

（1）工具式模板工程：包括滑模、爬模、飞模工程。

（2）混凝土模板支撑工程：搭设高度 8m 及以上；搭设跨度 18m 及以上；施工总荷载 $15kN/m^2$ 及以上；集中线荷载 20kN/m 及以上。

（3）承重支撑体系：用于钢结构安装等满堂支撑体系，承受单点集中荷载 700kg 以上。

3. 起重吊装及安装拆卸工程

（1）采用非常规起重设备、方法，且单件起吊重量在 100kN 及以上的起重吊装工程。

（2）起重量 300kN 及以上的起重设备安装工程；高度 200m 及以上内爬起重设备的拆除工程。

4. 脚手架工程

（1）搭设高度 50m 及以上落地式钢管脚手架工程。

（2）提升高度 150m 及以上附着式整体和分片提升脚手架工程。

（3）架体高度 20m 及以上悬挑式脚手架工程。

5. 拆除、爆破工程

(1) 采用爆破拆除的工程。

(2) 码头、桥梁、高架、烟囱、水塔或拆除中容易引起有毒有害气（液）体或粉尘扩散、易燃易爆事故发生的特殊建、构筑物的拆除工程。

(3) 可能影响行人、交通、电力设施、通信设施或其他建、构筑物安全的拆除工程。

(4) 文物保护建筑、优秀历史建筑或历史文化风貌区控制范围的拆除工程。

6. 其他

(1) 施工高度 50m 及以上的建筑幕墙安装工程。

(2) 跨度大于 36m 及以上的钢结构安装工程；跨度大于 60m 及以上的网架和索膜结构安装工程。

(3) 开挖深度超过 16m 的人工挖孔桩工程。

(4) 地下暗挖工程、顶管工程、水下作业工程。

(5) 采用新技术、新工艺、新材料、新设备及尚无相关技术标准的危险性较大的分部分项工程。

（四）安全施工方案的实施

施工过程中，必须严格遵照安全专项施工方案组织施工，做到：

(1) 施工前，应严格执行安全技术交底制度，进行分级交底；相应的施工设备设施搭建、安装完成后，要组织验收，合格后才能投入使用。

(2) 施工中，对安全施工方案要求的监测项目（如基坑边坡水平位移、垂直位移等），要落实监测，及时反馈信息；对危险性较大的作业，还应安排专业人员进行安全监控管理。

(3) 施工完成后，应及时对安全专项施工方案进行总结。

十二、安全技术交底文件的编制与实施

（一）编制分项工程安全技术交底文件

1. 安全技术交底的法律依据

根据《建设工程安全生产管理条例》（中华人民共和国国务院令第 393 号）第二十七条规定建设工程施工前，施工单位负责项目管理的技术人员应当对有关安全施工的技术要求向施工作业班组、作业人员作出详细说明，并由双方签字确认。

2. 安全技术交底的意义与特点

安全技术交底作为具体指导施工的依据，应具有针对性、完整性、可行性、预见性、告诫性、全员性等特点。

针对性：顾名思义要强调本工程的该项工作，以及针对该项工作的施工任务和特点进行交底。

完整性：交底的完整性，尤其要求工程技术人员要全面掌握施工图纸及规范要求，交底是否完整能够体现出技术部门对图纸的熟悉程度，是否真正掌握工程的重点、难点及细部的主要施工方法及应对措施。

可行性：编写的技术交底应不笼统，不教条，确实能解决实际问题，具有可操作性。尤其是工程的重点、难点及细部做法的具体做法，以及如何克服质量通病的措施，都要切实可行。

预见性：是提前性，不要工作完成了再交底，那就失去了交底的具体意义，同时应多琢磨，集思广益，将可发生的问题预先考虑好，并提出切实可行的解决方法，将问题消灭在萌芽状态。

告诫性：编制交底时，应将施工任务该怎么干，不该怎么干，达到的目标是什么，如若违反了或达不到该如何处理的内容写进去，使技术交底具有一定的约束性，保证它的严肃性。

全员性：交底要施工班组人员全部签字学习，不能代签。

3. 安全技术交底的作用

（1）细化、优化施工方案，从施工技术方案选择上保证施工安全，让施工管理、技术人员从施工方案编制、审核上就将安全放到第一的位置。

（2）让一线作业人员了解和掌握该作业项目的安全技术操作规程和注意事项，减少因违章操作而导致事故的可能。

（3）项目施工中的重要环节，必须先行组织交底后方可开工。

4. 安全技术交底的文件编制原则

在编制施工组织设计时，应当根据工程特点制定相应的安全技术措施。

安全技术措施要针对工程特点、施工工艺、作业条件以及队伍素质等，按施工部位列出施工的危险点，对照各危险点制定具体的防护措施和安全作业注意事项，并将各种防护设施的用料计划一并纳入施工组织设计，安全技术措施必须经上级主管领导审批，并经专业部门会签。在施工组织设计的基础上编制单独的安全专项施工技术方案，然后在此基础上，再进行安全交底。

5. 安全技术交底的编制范围

（1）施工单位应根据建设工程项目的特点，依据建设工程安全生产的法律、法规和标准，建立安全技术交底文件的编制、审查和批准制度。

（2）安全技术交底文件应有针对性，由专业技术人员编写，技术负责人审查，施工单位负责人批准；编写、审查、批准人员应当在安全技术交底文件上签字。

（3）工程项目施工前，必须进行安全技术交底，被交底人员应当在文件上签字，并在施工中接受安全管理人员的监督检查。

房屋建筑和市政基础设施工程，编制安全技术交底的分部分项工程见表 12-1～表 12-3 所列。

建筑工程分部（分项）工程安全技术交底清单　　表 12-1

工程名称	
序号	安全技术交底名称
1	土方开挖分部工程安全技术交底
2	基坑支护分部工程安全技术交底
3	桩基施工分部工程安全技术交底
4	降水工程分部工程安全技术交底
5	模板工程分部工程安全技术交底
6	脚手架工程分部工程安全技术交底
7	钢筋工程分部工程安全技术交底
8	混凝土工程分部工程安全技术交底
9	临时用电分部工程安全技术交底
10	建筑装饰装修工程分部工程安全技术交底
11	建筑屋面工程分部工程安全技术交底
12	建筑幕墙工程分部工程安全技术交底
13	临建设施分部工程安全技术交底
14	预应力工程分部工程安全技术交底
15	拆除工程分部工程安全技术交底
16	爆破工程分部工程安全技术交底
17	建筑起重机械分部工程安全技术交底（塔吊、施工升降机、物料提升机、施工电梯等）

续表

工程名称	
序号	安全技术交底名称
18	机械设备分部工程安全技术交底
19	吊装分部工程安全技术交底
20	洞口与临边防护分部工程安全技术交底
21	其他分部工程安全技术交底

道路及排水工程安全技术交底清单 **表 12-2**

工程名称	
项　目	安全技术交底名称
路基施工	土石方开挖施工安全技术交底
	土方回填施工安全技术交底
基层施工	基层施工安全技术交底
面层施工	水泥混凝土面层施工安全技术交底
	沥青混凝土面层施工安全技术交底
附属构筑物施工	侧平石砌筑施工安全技术交底
	人行道铺设施工安全技术交底
	挡土墙施工安全技术交底
	护坡施工安全技术交底
	其他构筑物施工安全技术交底
基坑支护	基坑开挖、支护安装工程施工安全技术交底
	基坑支护拆除工程施工安全技术交底
降水施工	井点降水工程施工安全技术交底
	其他降水工程施工安全技术交底
钢筋工程	钢筋加工制作安全技术交底
	钢筋绑扎安全技术交底
	动火作业安全技术交底
模板施工	模板安装工程施工安全技术交底
	模板拆除工程施工安全技术交底
管道、井施工	管材安装施工安全技术交底
	检查井、雨水口施工安全技术交底
	顶管施工安全技术交底
临时用电	配电线路敷设安全技术交底
	配电箱和开关箱安装安全技术交底
洞口、临边	洞口作业安全技术交底
	临边作业安全技术交底
	其他作业安全技术交底
道路、排水工程施工机械	土石方机械使用安全技术交底
	钢板桩机械使用安全技术交底
	基层、路面机械使用安全技术交底
	吊装机械使用安全技术交底
	其他施工机械使用安全技术交底

续表

工程名称	
项　目	安全技术交底名称
道路、排水工程施工机具	混凝土泵送设备使用安全技术交底
	木工机械使用安全技术交底
	钢筋机械使用安全技术交底
	小型夯实机械使用安全技术交底
	焊接设备使用安全技术交底
	搅拌机使用安全技术交底
	顶管设备使用安全技术交底
	降水设备使用安全技术交底
	其他设备使用安全技术交底
消防	动火作业安全技术交底
其他	

桥涵工程安全技术交底清单　　表 12-3

工程名称	
项　目	安全技术交底名称
土方工程	土石方开挖施工安全技术交底
	土方回填施工安全技术交底
围堰工程	围堰施工安全技术交底
	围堰拆除安全技术交底
降水工程	井点降水工程施工安全技术交底
	其他降水施工安全技术交底
基坑支护	基坑支护安装工程施工安全技术交底
	基坑支护拆除工程施工安全技术交底
基础工程	灌注桩工程施工安全技术交底
	沉井基础施工安全技术交底
	扩大基础工程施工安全技术交底
	其他基础工程施工安全技术交底
钢筋工程	钢筋加工制作安全技术交底
	钢筋绑扎安全技术交底
	动火作业安全技术交底
模板工程	模板安装工程施工安全技术交底
	模板拆除工程施工安全技术交底
脚手架	脚手架搭设工程安全技术交底
	脚手架拆除工程安全技术交底
	操作平台安全技术交底
	其他脚手架工程安全技术交底
桥梁下部、上部结构	墩身、台身施工安全技术交底
	梁、板施工安全技术交底
	箱涵施工安全技术交底
	其他施工安全技术交底

续表

工程名称	
项目	安全技术交底名称
预应力	预应力张拉施工安全技术交底
	孔道注浆施工安全技术交底
吊装工程	吊装施工安全技术交底
桥面系工程	侧平石砌筑施工安全技术交底
	水泥混凝土桥面铺装施工安全技术交底
	沥青混凝土桥面铺装施工安全技术交底
	人行道铺装施工安全技术交底
	变形装置施工安全技术交底
	栏杆安装施工安全技术交底
	其他施工安全技术交底
附属构筑物	挡土墙施工安全技术交底
	护坡施工安全技术交底
	护底施工安全技术交底
	其他施工安全技术交底
临时用电	配电线路敷设安全技术交底
	配电箱和开关箱安装安全技术交底
洞口、临边	洞口作业安全技术交底
	临边作业安全技术交底
	其他作业安全技术交底
桥涵工程机械	各种打桩机械使用安全技术交底
	土石方机械使用安全技术交底
	钢板桩机械使用安全技术交底
	基层、路面机械使用安全交底
	吊装机械使用安全交底
	其他机械使用安全交底
桥涵工程机具	混凝土泵送设备使用安全技术交底
	木工机械使用安全技术交底
	钢筋机械使用安全技术交底
	焊接设备使用安全技术交底
	搅拌机使用安全技术交底
	顶进设备使用安全技术交底
	降水设备使用安全技术交底
	张拉设备使用安全技术交底
	其他设备使用安全技术交底
消　防	动火作业安全技术交底
其　他	

6. 安全技术交底表样

安全技术交底见表 12-4 所列。

安全技术交底（表样） **表 12-4**

编号：

施工单位名称		工程名称			
分部分项工程名称					
交底内容：					
交底人		接受人		交底日期	
作业人员签名					

注：交底一式两份，交底人、接受人各一份。

7. 安全技术交底的主要内容要求

安全技术交底的主要内容要求见表 12-5 所列。

安全技术交底 **表 12-5**

施工单位名称		工程名称			
分部分项工程名称					
交底内容： 1. 分项工程概况 施工部位、范围及其施工的主要内容。 2. 施工进度要求和相关施工项目的配合计划 （1）对班组有工期要求的，提出工期要求。 （2）其他专业或相关单位对工期的要求。 （3）相关专业配合的要求。 3. 工艺与工序技术要求（重点） （1）施工工艺要求、项目统一要求、企业内部要求。 （2）厂家产品说明书与要求。 （3）图纸要求、规范要求、招标文件要求不统一，互相矛盾如何确定，要明确。 （4）工序的安排合理，强调先后顺序。 （5）新材料、新工艺交底要细，要培训。 （6）重点、难点及细部的主要施工方法及应对措施。 4. 质量验收标准与质量通病控制措施（重点） （1）本分部分项工程应达到的质量标准，强制性标准要有。 （2）施工过程中发现质量问题如何处理。 5. 物资供应计划 包括材料、工机具的准备情况。 6. 检验和试验工作安排 （1）对一些材料必须进行第三方检测后才能使用的，要说明是否检测。 （2）本单位施工过程中以及施工结束后需进行哪些检测。 7. 应做好的记录内容及要求 （1）施工完成后应填写的表格，如隐蔽验收等。 （2）音像资料内容安排和其质量要求。有些施工过程必须做好音像资料记录，档案馆有要求。如：隐蔽验收、混凝土浇筑前、吊装过程等。 8. 其他注意事项 上文中未提到的内容。					
交底人		接受人		交底日期	
作业人员签名					

注：交底一式两份，交底人、接受人各一份。

（二）监督实施安全技术交底

建设项目中，分部（分项）工程在施工前，项目部应按批准的施工组织设计或专项安全技术措施方案，向有关人员进行安全技术交底。安全技术交底主要包括两方面的内容：一是在施工方案的基础上进行的，按照施工方案的要求，对施工方案进行的细化和补充；二是对操作者的安全注意事项的说明，保证作业人员的人身安全。交底内容不能过于简单、千篇一律、口号化，应按分部（分项）工程和针对作业条件的变化具体进行。

安全技术交底工作，项目部负责人在生产作业前对直接生产作业人员进行该作业的安全操作规程和注意事项的培训，并通过书面文件方式予以确认。是施工负责人向施工作业人员进行职责落实的法律要求，要严肃认真地进行，不能流于形式。

安全技术交底工作在正式作业前进行，不但口头讲解，同时应有书面文字材料，所有参加交底的人员必须履行签字手续，交底人、班组、现场安全员三方各留一份。

1. 安全技术交底的规定

安全技术交底是安全技术措施实施的重要环节。施工企业必须制定安全技术分级交底职责管理要求、职责权限和工作程序，以及分解落实、监督检查的规定。

2. 方案交底、验收和检查

各层次技术负责人应会同方案编制人员对方案的实施进行上级对下级的技术交底，并提出方案中所涉及的设施安装和验收的方法和标准。项目技术负责人和方案编制人员必须参与方案实施的验收和检查。

3. 安全监控管理

专项安全技术方案实施过程中的危险性较大的作业行为必须列入危险作业管理范围，作业前，必须办理作业申请，明确安全监控人员，实施监控，并有监控记录。

安全监控人员必须经过岗位安全培训。

4. 安全技术交底的有效落实

专项施工项目及企业内部规定的重点施工工程开工前，企业的技术负责人及安全管理机构，应向参加施工的施工管理人员进行安全技术方案交底。

各分部分项工程、关键工序、专项方案实施前，项目技术负责人、安全员应会同项目施工员将安全技术措施向参加施工的施工管理人员进行交底。

总承包单位向分包单位，分包单位工程项目的安全技术人员向作业班组进行安全技术措施交底。

安全员及相关管理员应对新进场的工人实施作业人员工种交底。

作业班组应对作业人员进行班前交底。

交底应细致全面、讲求实效，不能流于形式。

5. 安全技术交底的手续

所有安全技术交底除口头交底外，还必须有书面交底记录，交底双方应履行签名手续，交底双方各有一套书面交底。

书面交底记录应在交底方和接受交底方备案，交底应经技术、施工、安全等有关人员审核。

十三、施工现场危险源的辨识与安全隐患的处置

（一）基本知识和概念

1. 安全与危险

安全与危险是相对的概念。

危险是指材料、物品、系统、工艺过程、设施或场所对人发生的不期望的后果超过了人们的心理承受能力。

危险是指某一系统、产品或设备或操作的内部和外部的一种潜在的状态，其发生可能造成人员伤害、职业病、财产损失、作业环境破坏的状态。

安全是指不受威胁，没有危险、危害、损失。人类的整体与生存环境资源的和谐相处，互相不伤害，不存在危险的隐患，免除了不可接受的损害风险的状态。安全是在人类生产过程中，将系统的运行状态对人类的生命、财产、环境可能产生的损害控制在人类能接受水平以下的状态。

安全是人、物、环境，不受到威胁和破坏的一种良好状态。

2. 危险源

危险源是指可能导致死亡、伤害、职业病、财产损失、工作环境破坏或这些情况组合的根源或状态。

3. 重大危险源

我国国家标准《危险化学品重大危险源辨识》GB 18218—2009 中将“重大危险源”定义为长期地或临时地生产、加工、搬运、使用或贮存危险物质，且危险物质的数量等于或超过临界量的单元。单元是指一个（套）生产装置、设施或场所，或同属一个工厂的且边缘距离小于 500m 的几个（套）生产装置、设施或场所。临界量指对于某种或某类危险物质规定的数量，若单元中的物质数量等于或超过该数量，则该单元定为重大危险源。

4. 事故与事故隐患

事故是指造成人员死亡、伤害、职业病、财产损失或者其他损失的意外事件。

事故隐患泛指生产系统中可导致事故发生的人的不安全行为、物的不安全状态和管理上的缺陷。

5. 危险源控制的依据

我国于2000年颁布了国家标准《重大危险源辨识》GB 18218—2000，作为重大危险源辨识的依据。随后《安全生产法》、《危险化学品管理条例》等法律、法规都对重大危险源的安全管理与监控提出了明确要求。

国家安全生产监督管理局（国家煤矿安全监察局）提出了《关于开展重大危险源监督管理工作的指导意见》（安监管协调字［2004］56号），并拟出台《重大危险源安全监督管理规定》。

（二）危险源的控制和监控管理

1. 两类危险源

根据危险源在安全事故发生发展过程中的机理，一般把危险源划分为两大类，即第一类危险源和第二类危险源。

（1）第一类危险源

能量和危险物质的存在是危害产生的最根本原因，通常把可能发生意外释放的能量或危害物质称作第一类危险源。此类危险源是事故发生的物理本质，一般来说，系统具有的能量越大，存在的危险物质越多，则其潜在的危险性和危害性也就越大。

（2）第二类危险源

造成约束、限制能量和危险物质措施失控的各种不安全因素称为第二类危险源。该类危险源主要体现在设备故障或缺陷、人为失误和管理缺失等几个方面。

（3）危险源与事故

事故的发生是两类危险源共同作用的结果。第一类危险源是事故发生的前提，第二类危险源的出现是第一类危险源导致事故的必要条件。

2. 危险源的辨识

危险源辨识是安全管理的基础工作，主要目的就是从组织的活动中识别出可能造成人员伤害或疾病、财产损失、环境破坏的危险或危害因素，并判定其可能导致的事故类别和导致事故发生的直接原因的过程。

我国于2000年提出了适合我国国情的国家标准《重大危险源辨识》GB 18218—2000，此标准于2001年4月1日起实施。重大危险源申报登记范围根据《安全生产法》和《危险化学品重大危险源辨识》的规定，以及实际工作的需要，重大危险源申报登记的类型如下：储罐区、库区、生产厂所、压力管道、锅炉、压力容器、煤矿、金属非金属地下矿山、尾矿库。

（1）危险源的类型

为做好危险源的辨识工作，可以把危险源按工作活动的专业进行分类，如机械类、电器类、辐射类、物质类、高坠类、火灾类和爆炸类等。

（2）危险源辨识的方法

危险源辨识的方法很多，常用的方法有专家调查法、头脑风暴法、德尔菲法、现场调查法、工作任务分析法、安全检查表法、危险与可操作性研究法、事件树分析法和故障树分析法等。

（3）施工现场采用危险源提问表时的设问范围

1）在平地上滑倒（跌倒）；2）人员从高处坠落（包括从地平处坠入深坑）；3）工具、材料等从高处坠落；4）头顶以上空间不足；5）用手举起搬运工具、材料等有关的危险源；6）与装配、试车、操作、维护、改造、修理和拆除等有关的装置、机械的危险源；7）车辆危险源，包括场地运输和公路运输；8）火灾和爆炸；9）临近高压线路和起重设备伸出界外；10）吸入的物质；11）可伤害眼睛的物质或试剂；12）可通过皮肤接触和吸收而造成伤害的物质；13）可通过摄入（如通过口腔进入体内）而造成伤害的物质；14）有害能量（如电、辐射、噪声以及振动等）；15）由于经常性的重复动作而造成的与工作有关的上肢损伤；16）不适的热环境（如过热等）；17）照度；18）易滑、不平坦的场地（地面）；19）不合适的楼梯护栏和扶手；20）合同方人员的活动。

（4）危险源辨识的管理要求

可能导致死亡、伤害、职业病、财产损失，工作环境破坏或上述情况的组合所形成的根源或状态为危险源。

各施工企业应根据本企业的施工特点，依据承包工程的类型、特征、规模及自身管理水平等情况，辨识出危险源，列出清单，并对危险源进行一一评价，将其中导致事故发生的可能性较大，且事故发生会造成严重后果的危险源定义为重大危险源，如可能出现压力管道、锅炉、压力容器、中毒以及其他群体伤害事故的状态。同时施工企业应建立管理档案，其内容包括危险源与不利环境因素识别、评价结果和清单。对重大危险源可能出现伤害的范围、性质和时效性，制定消除和控制的措施，且纳入企业安全管理制度、员工安全教育培训、安全操作规程或安全技术措施中。不同的施工企业应有不同的重大危险源，同一个企业随承包工程性质的改变，或管理水平的变化，也会引起重大危险源的数量和内容的改变，因此企业对重大危险源的识别应及时更新。

（5）危险源辨识评价

如未进行危险源识别、评价，或未对重大危险源进行控制策划、建档，就应该给予扣分。

3. 熟悉重大危险源控制系统的组成

重大危险源控制的目的，不仅是要预防重大事故的发生，而且要做到一旦发生事故，能将事故危害限制到最低程度。重大危险源控制系统主要由以下几个部分组成：

（1）重大危险源的辨识

防止重大工业事故发生的第一步，是辨识或确认高危险性的工业设施（危险源）。由政府管理部门和权威机构在物质毒性、燃烧、爆炸特性基础上，制定出危险物质及其临界量标准。通过危险物质及其临界量标准，可以确定哪些是可能发生事故的潜在危险源。在我国，此标准即《危险化学品重大危险源辨识》GB 18218—2009。

（2）重大危险源的评价

根据危险物质及其临界量标准进行重大危险源辨识和确认后，就应对其进行风险分析评价。一般来说，重大危险源的风险分析评价包括以下几个方面：辨识各类危险因素及其原因与机制；依次评价已辨识的危险事件发生的概率；评价危险事件的后果；进行风险评价，即评价危险事件发生概率和发生后果的联合作用；风险控制，即将上述评价结果与安全目标值进行比较，检查风险值是否达到了可接受水平，否则需要进一步采取措施，降低危险水平。

易燃、易爆、有毒重大危险源评价方法，是在国家八五科技攻关课题《易燃、易爆、有毒重大危险源辨识评价技术研究》中提出的。它在大量重大火灾、爆炸、毒物泄露中毒事故资料的统计分析基础上，从物质危险性、工艺危险性入手，分析重大事故发生的可能性的大小以及事故的影响范围、伤亡人数、经济损失，综合评价重大危险源的危险性，并提出应采取的预防、控制措施。

（3）重大危险源的管理

企业应对施工现场的安全生产负重要责任。在对重大危险源进行辨识和评价后，应针对每一个重大危险源制定出一套严格的安全管理制度，通过技术措施（包括化学品的选择，设施的设计、建造、运转、维修以及有计划的检查）和组织措施（包括对人员的培训与指导，提供保证其安全的设备，工作人员水平、培训与指导，提供保证其安全的设备，工作人员水平、工作时间、职责的设定，以及对外部合同工和现场临时工的管理），对重大危险源进行严格控制和管理。

安全监督管理部门应建立重大危险源分级监督管理体系，建立重大危险源宏观监控信息网络，实施重大危险源的宏观监控与管理，最终建立和健全重大危险源的管理制度和监控手段。

生产经营单位应对重大危险源建立适时的监控预警系统。应用系统论、控制论、信息论的原理和方法，结合自动监测与传感器技术、计算机仿真、计算机通信等现代高新技术，对危险源对象的安全状况进行实时监控，严密监视那些可能使危险源对象的安全状态向事故临界状态转化的各种参数变化趋势，及时给出预警信息或应急控制指令，把事故隐患消灭在萌芽状态。应用现代信息技术进行监控，比如重大危险源实时监控预警技术、危险源数据采集系统和计算机监控系统等。

（4）重大危险源的安全报告

重大危险源安全报告企业应在规定的期限内，对已辨识和评价的重大危险源向政府主管部门提交安全报告。如属新建的有重大危害性的设施，则应在其投入运转之前提交安全报告。安全报告应详细说明重大危险源的情况，可能引发事故的危险因素以及前提条件，安全操作和预防失误的控制措施，现场事故应急救援预案等。

（5）事故应急救援预案

事故应急救援预案是重大危险源控制系统的重要组成部分。企业应负责指定现场事故应急救援预案，并且定期检验和评估现场事故应急救援预案和程序的有效程度，以及在必要时予以修订。场外事故应急救援预案，由政府主管部门根据企业提供的安全报告和有关资料制定。事故应急救援预案的目的是抑制突发事件，减少事故对工人、居民和环境的危害。因此，事故应急救援预案应提出详尽、实用、明确和有效的技术措施与组织措施。政府主管部门应保证发生事故将要采取的安全措施和正确做法的有关资料，散发给可能受事故影响的公众，并保证公众充分了解发生重大事故时的安全措施，一旦发生重大事故，应尽快报警。每隔适当的时间应修订和重新散发事故应急救援预案宣传材料。

重大危险源的应急预案管理要求：

1）对可能出现压力管道、锅炉、压力容器、中毒以及其他群体伤害事故的重大危险源，应制定应急预案。

2）预案必须包括：有针对性的安全技术措施、监控措施、检测方法、应急人员的组织、应急材料、器具、设备的配备等。预案应有较强的针对性和实用性，力求细致全面，操作简单易行。

3）企业和工程项目均应编制应急预案。企业应根据承包工程的类型、共性特征，规定企业内部具有通用性、指导性的应急预案的各项基本要求；工程项目应按企业内部应急预案的要求，编制符合工程项目个性特点的、具体的、细化的应急预案，指导施工现场的具体操作。工程项目的应急预案应上报企业审批。

4）重大危险源的监察

主管部门必须派出经过培训的、合格的技术人员定期对重大危险源进行监察、调查、评估和咨询。

（三）危险源事故、违章作业的防范和处置

建筑工程施工应结合工程项目实际情况，对施工活动及外部产品采购、分包人服务提供过程中存在的危险源进行系统辨识和安全风险评价，确定重大风险因素，制定并实施安全措施计划、安全专项施工方案，对人的不安全行为、物的不安全状态、环境的不利因素以及管理上的缺陷进行有效控制，对事故隐患及时进行处置。

安全事故防范的主要措施如下：

1. 落实安全责任、实施责任管理

建立、完善以项目经理为第一责任人的安全生产领导组织，承担组织、领导安全生产的责任；建立各级人员的安全生产责任制度，明确各级人员的安全责任，抓责任落实、制度落实。

2. 安全教育与训练

管理与操作人员应具备安全生产的基本条件与素质；经过安全教育培训，考试合格后方可上岗作业；特种作业（电工作业，起重机械作业，电、气焊作业，登高架设作业等）人员，必须经专门培训、考试合格并取得特种作业上岗证，方可独立进行特种作业。

3. 安全检查

安全检查是发现危险源的重要途径，是消除事故隐患，防止事故伤害，改善劳动条件

的重要方法。

4. 作业标准化

按科学的作业标准，规范各岗位、各工种作业人员的行为，是控制人的不安全行为，防范安全事故的有效措施。

5. 生产技术与安全技术的统一

生产技术与安全技术在保证生产顺利进行、实现效益这一共同基点上是统一的，体现出“管生产必须同时管安全”的管理原则和安全生产责任制的落实。

6. 施工现场文明施工管理

施工现场文明施工管理是消除危险源、防范安全事故必不可少的内容，现场文明施工管理包括现场管理（包括现场保卫工作管理）、料具管理、环保管理、卫生管理这四项内容。

7. 正确对待事故的调查与处理

安全事故是违背人们意愿且又不希望发生的事件，一旦发生安全事故，应采取严肃、认真、科学、积极的态度，不隐瞒、不虚报，保护现场，抢救伤员，进而分析原因，制定避免发生同类事故的措施。

8. 危险源辨识与监控管理

主要包括下列内容：

（1）项目部应建立危险源识别和重大危险源管理制度。

（2）施工单位应按有关规定对工程项目进行危险源的识别和评价，可以采用经验、作业条件危险性等多种评价法对危险源进行评价，如经验法可采用危险源辨识与风险评价表进行评价。

（3）项目部按照危险源识别与风险评价表中确定的重大危险源，整理列出重大危险源清单，并由项目负责人批准发布。

（4）项目部按有关规定填报重大危险源，由施工单位报安全生产监督管理机构。

（四）事故与事故隐患

1. 事故与事故隐患异同

（1）相同之处

1）都是在人们的行动（如生产或社会活动）过程中的不安全行为。

2）都涉及人、物和系统环境。

3）都对人们的行动（如生产或社会活动）产生了一定的影响力。

（2）不同之处

1）事故是在行动（如生产或社会活动）的动态过程中发生的，事故隐患是在行动

（如生产或社会活动）的静态过程中积聚和发展的。

2）事故的发生是潜在能量激发的结果，事故隐患就是其潜在能量尚未激发或还未形成激发状态。

3）事故已导致或多或少、或大或小的财物经济损失或人员伤害，有一定的甚至相当大的破坏力；而事故隐患则还没有产生这样的损失、伤害和破坏性。

4）事故具有突然性和偶然性的特点，一旦构成事故发生的条件，其速度极快，不易阻止，后果亦难以预料；事故隐患具有隐蔽性，不构成条件（即激发潜能）不会酿成事故，而且有可能发现，采取有效措施能暂时控制以至消除事故的形成。

由此可见，及早地对事故隐患加以超前性的诊断或辨识，然后进行针对性治理，予以消除。或者采取预防对策措施，遏制其向事故方面的转化，对维持人们的正常的行动（如生产或社会活动），就显得更有实际意义，这对我们从事风险施工较大的建筑行业而言，是尤为重要的。

2. 事故防范的策略

（1）管理方面

1）设立事故原因分析委员会。如果发生事故，即产生了责任问题。与处理事故委员会不同，在彻底分析与责任无关的事故原因、弄清问题的关键的同时，应该设立一个详细了解事故原因、把广泛预防事故作为研究课题的委员会。

2）配备专门工作人员。为了达到安全的目的，必须广泛考虑安全条件，需要能够认识关键问题的专业工作人员，特别是能够发现差错的、具备深刻观察力的工作人员。

3）意见汇总制度。现阶段汇总有关安全、危险的意见是很有必要的。发生事故一般人会认为是没有想到的事，但事故发生的可能性还是可以通过分析预测的。在发生事故的可能性较小的情况下，就会被人为疏忽，大多数人也会认为这样的事故从来没有发生过，也不会发生而被忽视。通过系统收集材料，从专业工作人员的角度加以研究和分析，就可以事前预防事故的发生。

4）对待操作规程的态度。并不是制定一个好的规章制度就可以万事大吉了，重要的是要遵守并执行规章制度。

5）为了把作业次序记在脑海里，让每位施工作业者完全了解问题的关键和行动，花点功夫是必要的。必须考虑示意图提问题，使参与者都高度紧张，正确地传递信息。

6）操作顺序性。操作次序如与安全、危险有关联的话要重新考虑操作顺序。

7）禁止凭自己的想象进行操作。有些事故在规范化操作时不易发生，而在非规范化操作或凭自己的想象进行操作时，经常会发生。如果在进行某项作业前，先把作业顺序、工作状况等情况，清楚地记在脑中，就能顺利地工作。在不了解情况的时候，盲目操作，发生事故的可能性也就增大了。作业在中断后重新开工时，容易发生事故。理由是相同的。所以在重新开工前，应该先回忆一下上次的工作情况，这样可以预防事故。

（2）设备方面

预防事故就是不让未预料到的事情发生，换言之，事先能考虑到可能出现的差错及可能发生的事端，并且对此采取预防措施：

1）实现安全装置的可能性。尽管采用保险装置的系统方法有很多困难，但还是有必要加以探索，通过输电线触电事故分析有以下几种可能性：①强制性地在物理上隔绝与带电线接近的空间接触装置；②一碰上带电线就会发出听觉和触觉警报的装置；③无论是带电线还是不带电线，都应有明显的标记，例如变色笔及电子音波。

2）状态的统一性。即隔离绳代表什么意义的问题。谋求作业区内状态的统一性，防止引起错觉。

3）提供正确的信息。即表示新线、旧线的标志牌。

4）可行的物理性隔离。设置悬壁式隔离柱，排除引起错觉的信息，除红色、蓝色是表示危险、安全外还应考虑使用其他记号。

（3）行为方面

1）危险预知训练。在考虑某种危险状态的同时，还要掌握人们心理上和行动上的潜在危险，以及与状态和行动有关的潜在危险。

2）小群体活动。小群体活动具有形成与预知危险训练一样形式的可能性。固定人员每次以同样的想法交换意见，会有碍创造性的发展。通过第一项的教育训练，让有关人员学习新的知识，从新的角度看问题，搞活小组活动，使事故预防得到推进。

3）要培养能深入关心人们的心理和行为的操作员。人们在某种条件下会有某种心情，也常常有某种行动，而且会产生某种错误。培养对别人的深刻认识和对别人有强烈责任心的操作员，是预防事故的关键。关心别人是应该的，但同时应该联系自己、分析自己的心理和行为，客观地看待自己，只有这样才能提高自我控制能力，也就能更好地关心别人，为别人考虑，在作业条件设定方面，也可以做得很好。还有，预防事故在人类行为上与培养具有敏锐观察问题能力的人密切相关。

4）联系事故防止的对策，对问题进行分析，使各人对危险的感受性得到提高。但是如果弃而不用，再有用的资料也会变成一堆废纸。

3. 事故危险因素与危害因素的分类

对危险因素与危害因素进行分类，是为了便于进行危险因素与危害因素的辨识和分析。危险因素与危害因素的分类方法有许多种，这里简单介绍按导致事故、危害的直接原因进行分类的方法和参照事故类别、职业病类别进行分类的方法。

（1）按导致事故和职业危害的直接原因进行分类

根据《生产过程危险和危害因素分类与代码》的规定对生产过程中的危险因素与危害因素进行了分类。此种分类方法所列危险、危害因素具体、详细、科学合理，适用于各企业在规划、设计和组织生产时，对危险、危害因素的辨识和分析。

（2）物理性危险因素与危害因素

1）设备、设施缺陷（强度不够、刚度不够、稳定性差、密封不良、应力集中、外形缺陷、外露运动件、制动器缺陷、控制器缺陷、设备设施其他缺陷）；

2）防护缺陷（无防护、防护装置和设施缺陷、防护不当、支撑不当、防护距离不够、其他防护缺陷）；

3）电危害（带电部位裸露、漏电、雷电、静电、电火花、其他电危害）；

4）噪声危害（机械性噪声、电磁性噪声、流体动力性噪声、其他噪声）；

5）振动危害（机械性振动、电磁性振动、流体动力性振动、其他振动）；

6）电磁辐射；

7）运动物危害（固体抛射物、液体飞溅物、反弹物、岩土滑动、堆料垛滑动、气流卷动、冲击地压、其他运动物危害）；

8）明火；

9）能造成灼伤的高温物质（高温气体、高温固体、高温液体、其他高温物质）；

10）能造成冻伤的低温物质（低温气体、低温固体、低温流体、其他低温物质）；

11）粉尘与气溶胶（不包括爆炸性、有毒性粉尘与气溶胶）；

12）作业环境不良（基础下沉、安全过道缺陷、采光照明不良、有害光照、通风不良、缺氧、空气质量不良、给水排水不良、涌水、强迫体位、气温过高、气温过低、气压过高、气压过低、高温高湿、自然灾害、其他作业环境不良）；

13）信号缺陷（无信号设施、信号选用不当、信号位置不当、信号不清、信号显示不准、其他信号缺陷）；

14）标志缺陷（无标志、标志不清楚、标志不规范、标志选用不当、标志位置缺陷、其他标志缺陷）；

15）其他物理性危险因素与危害因素。

（3）化学性危险因素与危害因素

1）易燃易爆性物质（易燃易爆性气体、易燃易爆性液体、易燃易爆性固体、易燃易爆性粉尘与气溶胶、其他易燃易爆性物质）；

2）自燃性物质；

3）有毒物质（有毒气体、有毒液体、有毒固体、有毒粉尘与气溶胶、其他有毒物质）；

4）腐蚀性物质（腐蚀性气体、腐蚀性液体、腐蚀性固体、其他腐蚀性物质）；

5）其他化学性危险因素与危害因素。

（4）生物性危险因素与危害因素

1）致病微生物（细菌、病毒、其他致病微生物）；

2）传染病媒介物；

3）致害动物；

4）致害植物；

5）其他生物性危险因素与危害因素。

（5）心理、生理性危险因素与危害因素

1）负荷超限（体力负荷超限、听力负荷超限、视力负荷超限、其他负荷超限）；

2）健康状况异常；

3）从事禁忌作业；

4）心理异常（情绪异常、冒险心理、过度紧张、其他心理异常）；

5）辨识功能缺陷（感知延迟、辨识错误、其他辨识功能缺陷）；

6）其他心理、生理性危险因素与危害因素。

（6）行为性危险因素与危害因素

1）指挥错误（指挥失误、违章指挥、其他指挥错误）；

2）操作失误（误操作、违章作业、其他操作失误）；

3）监护失误；

4）其他错误；

5）其他行为性危险因素与危害因素。

（7）其他危险因素与危害因素

参照事故类别和职业病类别进行分类，参照《企业伤亡事故分类》，综合考虑起因物、引起事故的先发的诱导性原因、致害物、伤害方式等，将危险因素分为以下几类：

1）物体打击，是指物体在重力或其他外力的作用下产生运动，打击人体造成人身伤亡事故，不包括因机械设备、车辆、起重机械、坍塌等引发的物体打击；

2）车辆伤害，是指企业机动车辆在行驶中引起的人体坠落和物体倒塌、飞落、挤压伤亡事故，不包括起重设备提升、牵引车辆和车辆停驶时发生的事故；

3）机械伤害，是指机械设备运动（静止）部件、工具、加工件直接与人体接触引起的夹击、碰撞、剪切、卷入、绞、碾、割、刺等伤害，不包括车辆、起重机械引起的机械伤害；

4）起重伤害，是指各种起重作业（包括起重机安装、检修、试验）中发生的挤压、坠落、物体打击和触电；

5）触电，包括雷击伤亡事故；

6）淹溺，包括高处坠落淹溺，不包括矿山、井下透水淹溺；

7）灼烫，是指火焰烧伤、高温物体烫伤、化学灼伤（酸、碱、盐、有机物引起的体内外灼伤）、物理灼伤（光、放射性物质引起的体内外灼伤），不包括电灼伤和火灾引起的烧伤；

8）火灾；

9）高处坠落，是指在高处作业中发生坠落造成的伤亡事故，不包括触电坠落事故；

10）坍塌，是指物体在外力或重力作用下，超过自身的强度极限或因结构稳定性破坏而造成的事故，如挖沟时的土石塌方、脚手架坍塌、堆置物倒塌等，不适用于矿山冒顶片帮和车辆、起重机械、爆破引起的坍塌；

11）放炮，是指爆破作业中发生的伤亡事故；

12）火药爆炸，是指火药、炸药及其制品在生产、加工、运输、贮存中发生的爆炸事故；

13）化学性爆炸，是指可燃性气体、粉尘等与空气混合形成爆炸性混合物接触引爆能源时发生的爆炸事故（包括气体分解、喷雾爆炸）；

14）物理性爆炸，包括锅炉爆炸、容器超压爆炸、轮胎爆炸等；

15）中毒和窒息，包括中毒、缺氧窒息、中毒性窒息；

16）其他伤害，是指除上述以外的危险因素，如摔、扭、挫、擦、刺、割伤和非机动车碰撞、轧伤等（矿山、井下、坑道作业还有冒顶片帮、透水、瓦斯爆炸等危险因素）。参照卫生部、原劳动部、总工会等颁发的《职业病范围和职业病患者处理办法的规定》，危害因素又可分为生产性粉尘、毒物、噪声与振动、高温、低温、辐射（电离辐射、非电离辐射）、其他危害因素类。

十四、项目文明工地绿色施工管理

施工现场的文明施工与绿色施工是安全生产的重要组成部分。文明施工与绿色施工是现代化施工的一个重要标志，是施工企业的一项基础性管理工作。修改后颁布的《建筑施工安全检查标准》JGJ 59—2011 增加了文明施工检查评分的内容，把文明施工和绿色施工作为考核安全目标的重要内容之一。《建筑施工现场环境与卫生标准》JGJ 146—2013、《建筑工程绿色施工评价标准》GB/T 50640—2010 也有明确规定，因此做好文明施工与绿色施工的管理工作是专职安全管理人员的一项最基本的工作。

（一）理解“文明施工”和“绿色施工”的概念与重要性

1. 文明施工、绿色施工的重要意义

改革开放以来，随着城市建设规模空前大发展，建筑业的管理水平也得到很大的提高。文明施工、绿色施工在 20 世纪 80 年代中期抓施工现场安全标准化管理的基础上，得到了逐步深化和长足发展，重点体现了以人为本的思想。施工现场的文明施工与绿色施工是以安全生产为突破口，以质量为基础、以科技进步节能环保为重点狠抓“窗口”达标，把静态的工地和动态的管理有机结合起来，突破了传统的管理模式，注入新的内容，使施工现场纳入现代企业制度的管理。

文明施工是指在施工安全的基础上，保持施工场地整洁、卫生，施工组织科学，施工程序合理的一种施工活动。

绿色施工是在保证质量、安全等基本要求的前提下，通过科学管理和技术进步，最大限度地节约资源，减少对环境负面影响，实现节能（能源利用）、节材（材料资源利用）、节水（水资源利用）、节地（土地资源保护）和环境保护（简称“四节一保护”）的建筑工程施工活动。

其重要意义在于：

（1）是改善人的劳动条件，体现“以人为本”的思想，适应新的环境，提高施工效益，消除施工给城市环境带来的污染，提高人的文明程度和自身素质，确保安全生产、工程质量的有效途径。

（2）是施工企业落实社会主义精神、物质文明两个建设的最佳结合点，是广大建设者几十年的心血结晶。

（3）是文明城市建设的一个必不可少的重要组成部分，文明城市的大环境客观上要求建筑工地必须成为城市的新景观。

（4）文明施工、绿色施工应在施工现场贯彻“安全第一、预防为主、综合治理”的指导方针，坚持“管生产必须管安全”的基本原则。

（5）文明施工以各项工作标准规范施工现场行为，是建筑业施工方式的重大改变；文明施工以文明工地建设为抓手，通过管理出效益，改变了建筑业过去靠延长劳动时间增加效益的做法，是经济增长方式的一个重大转变。文明施工、绿色施工是在向技术、管理和节约要效益。

（6）绿色施工提倡合理的节约，促进资源的回收利用、循环利用，减少资源的消耗。

（7）文明施工与绿色施工是企业无形资产原始积累的需要，是在市场经济条件下企业参与市场竞争的需要。创建文明工地投入了必要的人力物力，这种投入不是浪费，而是为了确保在施工过程中的安全与卫生所采取的必要措施。这种投入与产出是成正比的，是为了在产出的过程中体现出企业的信誉、质量、进度，其本身就能带来直接的经济效益，提高了建筑业在社会上的知名度，为促进生产发展，增强市场竞争能力起到积极的推动作用。文明施工已经成为企业的一个有效的无形资产，已被广大建设者认可，对建筑业的发展发挥其应有的作用。

（8）为了更好地同国际接轨，文明施工参照了《环境管理体系要求及使用指南》GB/T 24001—2015、《职业健康安全管理体系要求》GB/T 28001—2011 以及国际劳工组织第167 号《施工安全与卫生公约》，以保障劳动者的安全与健康为前提，文明施工创建了一个安全、有序的作业场所以及卫生、舒适的休息环境，从而带动其他工作，是“以人为本”思想的重要体现。

2. 文明施工、绿色施工在建设施工中的重要地位

经住房和城乡建设部修改后颁布的中华人民共和国行业标准《建筑施工安全检查标准》JGJ 59—2011 中，增加了文明施工检查评分这一内容。它对文明施工检查的标准、规范提出了要求，现场文明施工包括现场围挡、封闭管理、施工场地、材料堆放、现场宿舍、现场防火、治安综合治理、现场标牌、生活设施、保健急救、社区服务这 11 项内容，把文明施工作为考核安全目标的重要内容之一。《建筑施工安全检查标准》JGJ 59—2011 对全国各地建筑业文明施工的经验，进行了总结归纳，按照 167 号国际劳工公约《施工安全与卫生公约》的要求，制定了文明施工标准，施工现场不但应该做到安全生产不发生事故，同时还应做到文明施工，整洁有序，把过去建筑施工以“脏、乱、差”为主要特征的工地，改变成为城市文明新的“窗口”。针对建筑存在的管理问题，文明施工检查评分表中将现场围挡、封闭管理、施工场地、材料堆放、现场宿舍、现场防火列为保证项目作为检查重点。同时对必要的生活卫生设施如食堂、厕所、饮水、保健急救和施工现场标牌、治安综合治理、社区服务等项目也纳入文明施工的重要工作，列为检查表的一般项目，说明国家对建设单位的文明施工非常重视，其在建设工程施工现场中占据重要的地位。

3. 文明施工、绿色施工是企业综合实力科学管理的体现

文明施工、绿色施工纳入对施工企业的安全生产评价、资质考核、文明单位评选内容

之一。也实测出该施工企业的综合能力、管理水准、员工的总体素质。建设系统各级主管部门，基本上形成了文明施工管理的网络体系，逐步完善了组织保证机制（见图 14-1）。

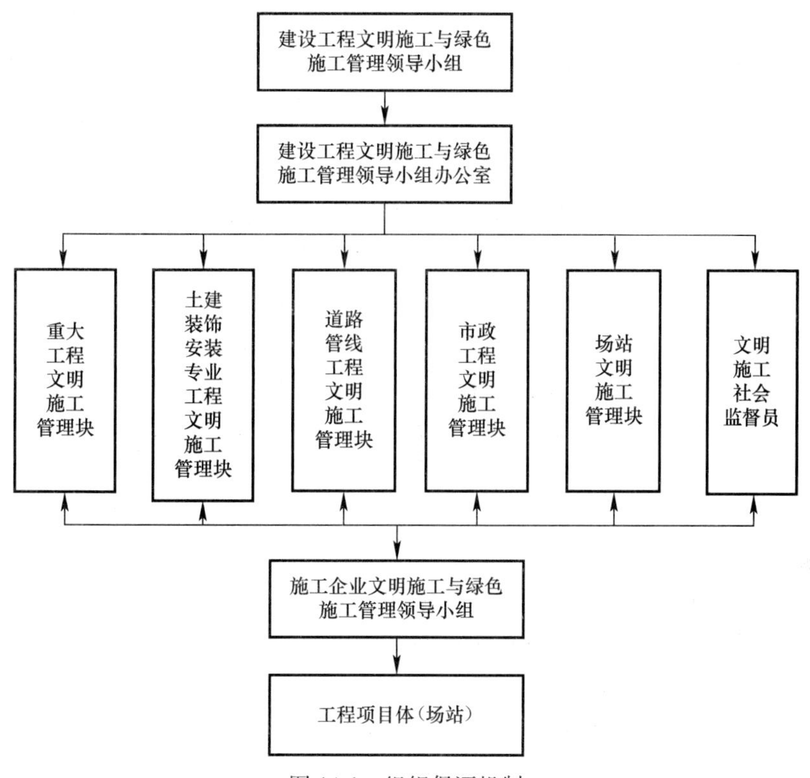

图 14-1 组织保证机制

建设系统还聘选了一批文明施工与绿色施工社会督查号和专业技术人员，参与建设工程和后方场站文明施工（生产）的日常监督检查工作，并且将他们反映的情况作为年终评选建设工程文明工地、后方文明场站的重要依据。通过社会力量的外部监督，来提升建设工地和后方场站在市民心目中的地位，从而扩大了文明施工（生产）的影响。

凡需参加文明工地（场站）评选活动的在建工地和施工企业的生产场站，由各施工企业自愿申报。各专业文明施工管理块格局各自的管理需要和施工特点，对所推荐的工地（场站），按有关评分标准中综合管理、安全管理、质量管理、环境保护、节能管理、宣传教育、卫生防疫、资料管理等内容实行全数评选检查。省、市建设工程文明施工管理领导小组审核并报同级建设和管理委员会批准、命名和公布年度文明工地（场站）。凡取得省、市级年度文明工地（场站）荣誉称号的企业，在工程招投标各有形市场中进行公布，并在安全生产管理考核中给予加分鼓励。各区、县文明施工管理领导小组参照有关文明工地（场站）管理规定评选出区、县一级文明工地，在对施工企业的考评、考核中同样加分。同时，一些企业集团总公司也评选出自己系统的文明工地。从而形成了一个条与块相结合的文明施工（生产）评比的新局面，进一步推动了建设系统文明施工（生产）管理工作，使创建文明工地、场站的活动得到了健康持续的发展。

（二）对施工现场文明施工和绿色施工进行评价

1. 文明施工、绿色施工一般规定的评价

建设工程工地应按《建筑施工安全检查标准》JGJ 59—2011 的规定做到：

（1）现场围挡

1）市区主要路段的工地应设置高度不小于 2.5m 的封闭围挡；

2）一般路段的工地应设置高度不小于 1.8m 的封闭围挡；

3）围挡应坚固、稳定、整洁、美观。

（2）封闭管理

1）施工现场进出口应设置大门，并应设置门卫值班室；

2）应建立门卫职守管理制度，并应配备门卫职守人员；

3）施工人员进入施工现场应佩戴工作卡；

4）施工现场出入口应标有企业名称或标识，并应设置车辆冲洗设施。

（3）施工场地

1）施工现场的主要道路及材料加工区地面应进行硬化处理；

2）施工现场道路应畅通，路面应平整坚实；

3）施工现场应有防止扬尘措施；

4）施工现场应设置排水设施，且排水通畅无积水；

5）施工现场应有防止泥浆、污水、废水污染环境的措施；

6）施工现场应设置专门的吸烟处，严禁随意吸烟；

7）温暖季节应有绿化布置。

（4）材料管理

1）建筑材料、构件、料具应按总平面布局进行码放；

2）材料应码放整齐，并应标明名称、规格等；

3）施工现场材料码放应采取防火、防锈蚀、防雨等措施；

4）建筑物内施工垃圾的清运，应采用器具或管道运输，严禁随意抛掷；

5）易燃易爆物品应分类储藏在专用库房内，并应制定防火措施。

（5）现场办公与住宿

1）施工作业、材料存放区与办公、生活区应划分清晰，并应采取相应的隔离措施；

2）在施工程、伙房、库房不得兼做宿舍；

3）宿舍、办公用房的防火等级应符合规范要求；

4）宿舍应设置可开启式窗户，床铺不得超过 2 层，通道宽度不应小于 0.9m；

5）宿舍内住宿人员人均面积不应小于 2.5m^2，且不得超过 16 人；

6）冬季宿舍内应有采暖和防一氧化碳中毒措施；

7）夏季宿舍内应有防暑降温和防蚊蝇措施；

8）生活用品应摆放整齐，环境卫生应良好。

（6）现场防火

1）施工现场应建立消防安全管理制度、制定消防措施；

2）施工现场临时用房和作业场所的防火设计应符合规范要求；

3）施工现场应设置消防通道、消防水源，并应符合规范要求；

4）施工现场灭火器材应保证可靠有效，布局配置应符合规范要求；

5）明火作业应履行动火审批手续，配备动火监护人员。

文明施工一般项目的检查评定应符合下列规定：

（1）综合治理

1）生活区内应设置供作业人员学习和娱乐的场所；

2）施工现场应建立治安保卫制度、责任分解落实到人；

3）施工现场应制定治安防范措施。

（2）公示标牌

1）大门口处应设置公示标牌，主要内容应包括：工程概况牌、消防保卫牌、安全生产牌、文明施工牌、管理人员名单及监督电话牌、施工现场总平面图；

2）标牌应规范、整齐、统一；

3）施工现场应有安全标语；

4）应有宣传栏、读报栏、黑板报。

（3）生活设施

1）应建立卫生责任制度并落实到人；

2）食堂与厕所、垃圾站、有毒有害场所等污染源的距离应符合规范要求；

3）食堂必须有卫生许可证，炊事人员必须持身体健康证上岗；

4）食堂使用的燃气罐应单独设置存放间，存放间应通风良好，并严禁存放其它物品；

5）食堂的卫生环境应良好，且应配备必要的排风、冷藏、消毒、防鼠、防蚊蝇等设施；

6）厕所内的设施数量和布局应符合规范要求；

7）厕所必须符合卫生要求；

8）必须保证现场人员卫生饮水；

9）应设置淋浴室，且能满足现场人员需求；

10）生活垃圾应装入密闭式容器内，并应及时清理。

（4）社区服务

1）夜间施工前，必须经批准后方可进行施工；

2）施工现场严禁焚烧各类废弃物；

3）施工现场应制定防粉尘、防噪音、防光污染等措施；

4）应制定施工不扰民措施。

2. 建筑工程文明施工、绿色施工费用管理规定

根据国家财政部、安全监管总局《企业安全生产费用提取和使用管理办法》（财企［2012］16号）的规定要求：

（1）计提内容

1）完善、改造和维护安全防护设施设备支出（不含“三同时”要求初期投入的安全设施），包括施工现场临时用电系统、洞口、临边、机械设备、高处作业防护、交叉作业防护、防火、防爆、防尘、防毒、防雷、防台风、防地质灾害、地下工程有害气体监测、通风、临时安全防护等设施设备支出；

2）配备、维护、保养应急救援器材、设备支出和应急演练支出；

3）开展重大危险源和事故隐患评估、监控和整改支出；

4）安全生产检查、评价（不包括新建、改建、扩建项目安全评价）、咨询和标准化建设支出；

5）配备和更新现场作业人员安全防护用品支出；

6）安全生产宣传、教育、培训支出；

7）安全生产适用的新技术、新标准、新工艺、新装备的推广应用支出；

8）安全设施及特种设备检测检验支出；

9）文明施工与环境建设维护费用的支出；

10）其他与安全生产、文明施工直接相关的支出。

（2）建设工程施工企业以建筑安装工程造价为计提依据。各建设工程类别安全费用提取标准如下：

1）矿山工程为2.5％；

2）房屋建筑工程、水利水电工程、电力工程、铁路工程、城市轨道交通工程为2.0％；

3）市政公用工程、冶炼工程、机电安装工程、化工石油工程、港口与航道工程、公路工程、通信工程为1.5％。

建设工程施工企业提取的安全费用列入工程造价，在竞标时，不得删减，列入标外管理。国家对基本建设投资概算另有规定的，从其规定。

总包单位应当将安全费用按比例直接支付分包单位并监督使用，分包单位不再重复提取。

施工企业在国家规定标准的基础上，根据安全生产实际需要，可适当提高安全费用提取标准，不得以任何理由降低安全费用提取标准。

（3）使用管理

1）施工单位对列入建设工程概算的安全作业环境及安全施工措施所需费用，应当专款专用，用于施工安全防护用具及设施的采购、更新、安全施工措施的落实、安全生产条件的改善，不得挪作他用，并在财务管理中单独列出安全防护、文明施工措施项目费用清单备查。施工单位安全生产管理机构和专职安全生产管理人员负责对建筑工程安全防护、文明施工措施的组织实施进行现场监督检查，并有权向建设主管部门反映情况。

2）实行工程总承包的，总承包单位依法将建筑工程分包给其他单位的，总承包单位与分包单位应当在分包合同中明确安全防护、文明施工措施费用由总承包单位统一管理。安全防护、文明施工措施由分包单位实施的，由分包单位提出专项安全防护措施及施工方案，经总承包单位批准后及时支付所需费用。总承包单位不按该规定和合同约定支付费用，造成分包单位不能及时落实安全防护措施导致发生事故的，由总承包单位负主要责任。

（4）监督管理

1）建设单位申请领取建筑工程施工许可证时，应当将施工合同约定的安全防护、文明施工措施费用支付计划作为保证工程安全的具体措施提交建设行政主管部门，未提交的，建设行政主管部门不予核发施工许可证。

2）工程监理单位应当对施工单位落实安全防护、文明施工措施情况进行现场监理。发现施工单位未落实施工组织设计及专项施工方案中安全防护和文明施工措施的，有权责令其立即整改；对拒不整改或未按期限要求完成整改的，应当及时向建设单位和建设行政主管部门报告，必要时责令其暂停施工。

3）建设行政主管部门应当按照现行标准规范对施工现场安全防护、文明施工措施落实情况进行监督检查，并对建设单位支付及施工单位使用安全防护、文明施工措施费用情况进行监督。

4）安全防护、文明施工措施项目见表 14-1。

建设工程安全防护、文明施工措施项目清单　　表 14-1

<table>
<tr><th>类别</th><th colspan="2">项目名称</th><th>具体要求</th></tr>
<tr><td rowspan="8">文明施工与环境保护</td><td colspan="2">安全警示标志牌</td><td>在易发伤亡事故（或危险）处设置明显的、符合国家标准要求的安全警示标志牌</td></tr>
<tr><td colspan="2">现场围挡</td><td>（1）现场采用封闭围挡，高度不小于 1.8m；
（2）围挡材料可采用彩色、定型钢板，砖、砼砌块等墙体</td></tr>
<tr><td colspan="2">五板一图</td><td>在进门处悬挂工程概况、管理人员名单及监督电话、安全生产、文明施工、消防保卫五板；施工现场总平面图</td></tr>
<tr><td colspan="2">企业标志</td><td>现场出入的大门应设有本企业标识或企业标识</td></tr>
<tr><td colspan="2">场容场貌</td><td>（1）道路畅通；
（2）排水沟、排水设施通畅；
（3）施工现场的主要道路必须进行硬化处理，土方应集中堆放。裸露的场地和集中堆放的土方应采取绿化、覆盖、固化等措施</td></tr>
<tr><td colspan="2">材料堆放</td><td>（1）材料、构件、料具等堆放时，悬挂有名称、品种、规格等标牌；
（2）水泥和其他易飞扬细颗粒建筑材料应密闭存放或采取覆盖等措施；
（3）易燃、易爆和有毒有害物品分类存放</td></tr>
<tr><td colspan="2">现场防火</td><td>消防器材配置合理，符合消防要求</td></tr>
<tr><td colspan="2">垃圾清运</td><td>施工现场应设置密闭式垃圾站，施工垃圾、生活垃圾应分类存放。施工垃圾必须采用相应容器或管道运输</td></tr>
<tr><td rowspan="4">临时设施</td><td colspan="2">现场办公、生活设施</td><td>（1）施工现场办公、生活区与作业区分开设置，保持安全距离；
（2）工地办公室、现场宿舍、食堂、厕所、饮水、休息场所符合卫生和安全性要求</td></tr>
<tr><td rowspan="3">施工现场临时用电</td><td>配电线路</td><td>（1）按照 TN-S 系统要求配备五芯电缆、四芯电缆和三芯电缆；
（2）按要求架设临时用电线路的电杆、横担、瓷夹、瓷瓶等，或电缆埋地的地沟；
（3）对靠近施工现场的外电线路，设置木质、塑料等绝缘体的防护设施</td></tr>
<tr><td>配电箱开关箱</td><td>（1）按三级配电要求，配备总配电箱、分配电箱、开关箱三类标准电箱。开关箱应符合一机、一箱、一闸、一漏。三类电箱中的各类电器应是合格品；
（2）按两级保护的要求，选取符合容量要求和质量合格的总配电箱和开关箱中的漏电保护器</td></tr>
<tr><td>接地保护装置</td><td>施工现场保护零钱的重复接地应不少于三处</td></tr>
</table>

续表

类别	项目名称		具体要求
安全施工	临边洞口交叉高处作业防护	楼板、屋面、阳台等临边防护	用密目式安全立网全封闭，作业层另加两边防护栏杆和180mm高的踢脚板
		通道口防护	安全通道或安全棚上方使用竹笆或胶合板时，应搭设双层防护，两层防护相距70cm。使用不小于5cm厚的木板或等同于木板强度的材料搭设时，可采用单层防护。防护棚的长度应根据建筑物高度与可能坠落半径确定。两侧应沿栏杆架用密目式安全网封闭
		预留洞口防护	（1）当垂直洞口短边边长小于500mm时，应采取封堵措施；当垂直洞口短边边长大于或等于500mm时，应在临空一侧设置高度不小于1.2m的防护栏杆，并应采用密目式安全立网或工具式栏板封闭，设置180mm高挡脚板； （2）当非垂直洞口短边尺寸为25～500mm时，应采用承载力满足使用要求的盖板覆盖，盖板四周搁置应均衡，且应防止盖板移位；当非垂直洞口短边边长为500～1500mm时，应采用专项设计盖板覆盖，并应采取固定措施；当非垂直洞口短边大于或等于1500mm时，应在洞口作业侧设置高度不小于1.2m的防护栏杆，并应采用密目式安全立网或工具式栏板封闭；洞口应采用安全平网封闭
		电梯井口防护	设置定型化、工具化、标准化的防护门，其高度不应小于1.5m，防护门底端距地面高度不应大于50mm，并应设置180mm挡脚板；在电梯井内每隔两层（不大于10m）设置一道水平安全网。电梯井内施工层上部，应设置隔离防护设施
		楼梯边防护	设1.2m高的定型化、工具化、标准化的防护栏杆，180mm高的踢脚板
		垂直方向交叉作业防护	设置防护隔离棚或其他设施
		高空作业防护	有悬挂安全带的悬索或其他防护设施；有操作平台；有上下的梯子或其他形式的通道
其他			
			由各地自定

注：本表所列建筑工程安全防护、文明施工措施项目，是依据现行法律法规及标准规范确定。如修订法律法规和标准规范，本表所列项目应按照修订后的法律法规和标准规范进行调整。

3. 建筑工程文明施工、绿色施工关于环境保护的规定

2003年11月颁布的《建设工程安全生产管理条例》第三十条规定：施工单位应当遵守有关环境保护法律、法规的规定，在施工现场采取措施，防止或者减少粉尘、废气、废水、固体废物、噪声、振动和施工照明对人和环境的危害和污染。

（1）防止大气污染

《大气污染防治法》规定：新建、扩建、改建向大气排放污染物的项目，必须遵守国家有关建设项目环境保护管理的规定。

1）产生大气污染的施工环节

① 扬尘污染，应当重点控制的施工环节有：

A. 搅拌桩、灌注桩施工的水泥扬尘；

B. 土方施工过程及土方堆放的扬尘；

C. 建筑材料（砂、石、黏土砖、塑料泡沫、膨胀珍珠岩粉等）堆放的扬尘；

D. 脚手架清理、拆除过程的扬尘；

E. 混凝土、砂浆拌制过程的水泥扬尘；

F. 木工机械作业的木屑扬尘；

G. 道路清扫扬尘；

H. 运输车辆扬尘；

I. 砖槽、石切割加工作业扬尘；

J. 建筑垃圾清扫扬尘；

K. 生活垃圾清扫扬尘。

② 空气污染主要发生在：

A. 某些防水涂料施工过程；

B. 化学加固施工过程；

C. 油漆涂料施工过程；

D. 施工现场的机械设备、车辆的尾气排放；

E. 工地擅自焚烧对空气有污染的废弃物。

2）防止大气污染的主要措施

① 施工现场的主要道路必须进行硬化处理，土方应集中堆放。裸露的场地和集中堆放的土方应采取覆盖、固化或绿化等措施。

② 使用密目式安全网对在建建筑物、构筑物进行封闭，防止施工过程扬尘；拆除既有建筑物时，应采用隔离、洒水等措施防止扬尘，并应在规定期限内将废弃物清理完毕。

③ 从事土方、渣土和施工垃圾运输应采用密闭式运输车辆或采取覆盖措施；施工现场出入口处应采取保证车辆清洁的措施。

④ 施工现场应根据风力和大气湿度的具体情况，进行土方回填、转运作业。

⑤ 水泥和其他易飞扬的细颗粒建筑材料应密闭存放，砂石等散料应采取覆盖措施。

⑥ 施工现场混凝土搅拌场所应采取封闭、降尘措施。

⑦ 施工现场应设置密闭式垃圾站，施工垃圾、生活垃圾应分类存放，建筑物内施工垃圾的清运，必须采用相应容器或管道运输，严禁凌空抛掷。

⑧ 城区、旅游景点、疗养区、重点文物保护地及人口密集区的施工现场应使用清洁能源。

⑨ 施工现场的机械设备、车辆的尾气排放应符合国家环保排放标准要求。

⑩ 施工现场严禁焚烧各类废弃物。

（2）防止水污染

《水污染防治法》规定：水污染防治应当坚持预防为主、防治结合、综合治理的原则，优先保护饮用水水源，严格控制工业污染、城镇生活污染、防治农业面源污染，积极推进生态治理工程建设，预防、控制和减少水环境污染和生态破坏。

1）产生水污染的施工环节

① 桩基施工、基坑护壁施工过程的泥浆；

② 混凝土（砂浆）搅拌机械、模板、工具的清洗产生的水泥浆污水；

③ 现浇水磨石施工的水泥浆；

④ 油料、化学溶剂泄露；

⑤ 生活污水。

2）水污染的防止

① 施工现场应设置排水沟及沉淀池，现场废水不得直接排入市政污水管网和河流；

② 现场存放的油料、化学溶剂等应设有专门库房，地面应进行防渗漏处理；

③ 食堂应设置隔油地，并应及时清理；

④ 厕所的化粪池应进行抗渗处理；

⑤ 食堂、盥洗室、淋浴间的下水管线应设置隔离网，并应与市政污水管线连接，保证排水通畅。

（3）防止施工噪声污染

施工现场应按照现行国家标准《建筑施工场界环境噪声排放标准》GB 12523—2011制定降噪措施，并应对施工现场的噪声值进行监测和记录。

施工现场的强噪声设备宜设置在远离居民区的一侧。

建筑施工场界环境噪音排放限值，昼间 70dB，夜间 55dB。夜间噪音最大声级超过限值的幅度不得高于 15dB。“昼间”是指 6：00～22：00 之间的时段；“夜间”是指 22：00 至次日 6：00 之间的时段。对因生产工艺要求或其他特殊需要，确需在晚 22 时至次日 6 时期间进行强噪声工作的，施工前建设单位和施工单位应到有关部门提出申请，经批准后方可进行夜间施工，并公告附近居民。

夜间运输材料的车辆进入施工现场，严禁鸣笛，装卸材料应做到轻拿轻放，对产生噪声和振动的施工机械、机具的使用，应当采取消声、吸声、隔声等有效措施控制和降低噪声。

（4）防止施工照明污染

夜间施工严格按照建设行政主管部门和有关部门的规定执行，对施工照明器具的种类、灯光亮度加以严格控制，特别是在城市市区居民区内，减少施工照明对城市居民的危害。

尽量避免或减少施工过程中的光污染。夜间室外照明灯加设灯罩，透光方向集中在施工范围。电焊作业采取遮挡措施，避免电焊弧光外泄。

（5）防止施工固体废弃物的污染

《固体废物污染环境防治法》规定：产生固体废物的单位和个人，应当采取措施，防止或减少固体废物对环境的污染。

禁止任何单位或者个人向江河、湖泊、运河、渠道、水库及其最高水位线以下的滩地和岸坡等法律、法规规定禁止倾倒、堆放废弃物的地点倾倒、堆放固体废物。

施工车辆运输砂石、土方、渣土和建筑垃圾，采取密封、覆盖措施，避免泄露、遗撒，并按指定地点倾卸，防止固体废物污染环境。

禁止将危险废物提供或者委托给无经营许可证的单位从事收集、贮存、利用、处置的经营活动。

4. 对违反文明施工、绿色施工行为的处理

建设工程未能按文明施工规定和要求进行施工，发生重大死亡、环境污染事故或使居民财产受到损失，造成社会恶劣影响等，应按规定给予一定的处罚。如施工单位在施工中造成下水道和其他地下管线堵塞或损坏的，应立即疏通或修复；对工地周围的单位和居民财产造成损失的，应承担经济赔偿责任。

各主管机关和有关部门应按照各自的职能，依据法规、规章的规定，对违反文明施工规定的单位和责任人进行处罚。文明施工社会督查员检查工地时，发现问题或隐患，应立即开具整改单、指令书或罚款单，施工现场工地必须立即整改。如建设工程工地未按规定要求设置围栏、安全防护设施和其他临时设施的，应责令限期改正，并分别对施工单位负责人和有关责任人依法进行处罚。

对违法文明施工管理规定情节严重的，在规定期限内仍不改正的施工单位，建设行政主管部门可对其作出降低资质等级或注销资质证书的处理。

在建设工程中，凡未正式领到施工执照而擅自动工的，或不按照施工执照的要求和核准的施工图纸施工的，或没有按照经过审查和认可的施工组织设计（或施工方案）而进行施工的，均属违章建筑。对违章建筑，各级城建管理部门有权责令其停工，并责令违章单位负责照章罚款，限期拆除，情节严重者要追究其法律责任。但紧急抢险工程可先施工后补照，以确保人民生命和财产的安全。

5. 建筑工程文明施工、绿色施工工地创建的评价

（1）确定安全标准化工地管理目标

工程建设项目部创建文明工地，管理目标一般应包括：

1）安全管理目标

① 负伤事故频率、死亡事故控制指标；

② 火灾、设备、管线以及传染病传播、食物中毒等重大事故控制指标；

③ 标准化管理达标情况。

2）环境管理目标

① 安全标准化达标情况；

② 重大环境污染事件控制指标；

③ 扬尘污染物控制指标；

④ 废水排放控制指标；

⑤ 噪声控制指标；

⑥ 固体废弃物处置情况；

⑦ 社会相关方投诉的处理情况。

3）制定安全标准化工地管理目标时，应综合考虑的因素

① 项目自身的危险源与不利环境因素识别、评价和意见；

② 适用法律法规、标准规范和其他要求识别结果；

③ 可供选择的技术方案；

④ 经营和管理上的要求；

⑤ 社会相关方（社区、居民、毗邻单位等）的要求和意见。

（2）建立创建安全标准化工地的组织机构

工程项目经理部要建立以项目经理为第一责任人的文明工地责任体系，健全安全标准化工地管理组织机构。

1）工程项目部安全标准化工地领导小组，由项目经理、副经理、工程师以及安全、技术、施工等主要部门（岗位）负责人组成。

2）安全标准化工地工作小组，主要有：

① 综合管理工作小组；

② 安全管理工作小组；

③ 质量管理工作小组；

④ 环境保护工作小组；

⑤ 卫生防疫工作小组；

⑥ 防台（风）防汛工作小组等。

各地可以根据当地气候、环境等因素建立相关工作小组。

（3）制定创建安全标准化工地的规划措施要求

1）规划措施

安全标准化施工规划措施应与施工组织设计同时按规定进行审批。主要规划措施包括：

① 施工现场平面布置与划分；

② 环境保护方案；

③ 交通组织方案；

④ 卫生防疫措施；

⑤ 现场防火措施；

⑥ 综合管理；

⑦ 社区服务；

⑧ 应急预案。

2）实施要求

工程项目部在开工后，应严格按照安全标准化施工方案（措施）进行施工，并对施工现场管理实施控制。

工程项目部应将有关文明施工的承诺张榜公示，向社会作出遵守文明施工规定的承诺，公布并告知开、竣工日期，投诉和监督电话，自觉接受社会各界的监督。

工程项目部要强化民工教育，提高民工安全生产和文明施工的素质。利用横幅、标语、黑板报等形式，加强有关文明施工的法律、法规、规程、标准的宣传工作，使得文明施工深入人心。

工程项目部在对施工人员进行安全技术交底时，必须将文明施工的有关要求同时进行交底，并在施工作业时督促其遵守相关规定，高标准、严要求地做好安全标准化工地创建工作。

(4) 加强创建过程的控制与检查

对创建安全标准化工地的规划措施的执行情况，项目部要严格执行日常巡查和定期检查制度，检查工作要从工程开工做起，直到竣工交验为止。

工程项目部每月检查应不少于两次。检查按照国家标准、行业《建筑施工安全检查标准》JGJ 59—2011、地方和企业有关规定，对施工现场的安全防护措施、环境保护措施、文明施工责任制以及各项管理制度、现场防火措施等落实情况进行重点检查。

在检查中发现的一般安全隐患和严重违反文明施工的现象，要按“三定”（定人、定期限、定措施）原则予以整改；对各类重大安全隐患和严重违反文明施工的问题，项目部必须认真地进行原因分析，制定纠正和预防措施，并对实施情况进行跟踪验证。

(5) 安全标准化工地的评选

施工企业内部的文明工地评选，应参照有关安全标准化工地检查评分标准以及本企业有关安全标准化工地评选规定进行。

参加省、市级安全标准化工地的评选，应按照建设行政主管部门的有关规定，实行预申报与推荐相结合、定期检查与不定期抽查相结合的方式进行评选。

申报安全标准化工地的工程，其书面推荐资料应包括：

1) 工程中标通知书；

2) 施工现场安全生产保证体系审核认证通过证书；

3) 安全标准化管理工地结构阶段复检合格审批单；

4) 安全标准化工地推荐表。

参加安全标准化工地评选的工地，不得在工作时间内停工待检，不得违反有关廉洁自律规定。

十五、安全事故的救援及处理

（一）建筑安全事故的分类

1. 按事故的原因及性质分类

从建筑活动的特点及事故的原因和性质来看，建筑安全事故可以分为四类，即生产事故、质量事故、技术事故和环境事故。

（1）生产事故

生产事故主要是指在建筑产品的生产、维修、拆除过程中，操作人员违反有关施工操作规程等而直接导致的安全事故。这种事故一般都是在施工作业过程中出现的，事故发生的次数比较频繁，是建筑安全事故的主要类型之一。目前我国对建筑安全生产的管理主要是针对生产事故。

（2）质量事故

质量事故主要是指由于设计不符合规范或施工达不到要求等原因而导致建筑结构实体或使用功能存在瑕疵，进而引起安全事故的发生。在设计不符合规范标准方面，主要是一些没有相应资质的单位或个人私自出图和设计本身存在安全隐患。在施工达不到设计要求方面，一是施工过程违反有关操作规程留下的隐患；二是由于有关施工主体偷工减料的行为而导致的安全隐患。质量事故可能发生在施工作业过程中，也可能发生在建筑实体的使用过程中。特别是在建筑实体的使用过程中，质量事故带来的危害是极其严重的，如果在外加灾害（如地震、火灾）发生的情况下，其危害后果是不堪设想的。质量事故也是建筑安全事故的主要类型之一。

（3）技术事故

技术事故主要是指由于工程技术原因而导致的安全事故，技术事故的结果通常是毁灭性的。技术是安全的保证，曾被确信无疑的技术可能会在突然之间出现问题，起初微不足道的瑕疵可能导致灾难性的后果，很多时候正是由于一些不经意的技术失误才导致了严重的事故。在工程技术领域，人类历史上曾发生过多次技术灾难，包括人类和平利用核能过程中的俄罗斯切尔诺贝利核事故、美国宇航史上最严重的一次事故“挑战者”号爆炸事故等。在工程建设领域，这方面惨痛失败的教训同样也是深刻的，如 1981 年 7 月 17 日美国密苏里州发生的海厄特摄政通道垮塌事故。技术事故的发生，可能发生在施工生产阶段，也可能发生在使用阶段。

（4）环境事故

环境事故主要是指建筑实体在施工或使用的过程中，由于使用环境或周边环境原因而导致的安全事故。使用环境原因主要是对建筑实体的使用不当，比如荷载超标、静荷载设计而动荷载使用以及使用高污染建筑材料或放射性材料等。对于使用高污染建筑材料或放射性材料的建筑物，一是给施工人员造成职业病危害，二是对使用者的身体带来伤害。周边环境原因主要是一些自然灾害方面的，比如山体滑坡等。在一些地质灾害频发的地区，应该特别注意环境事故的发生。环境事故的发生，我们往往归咎于自然灾害，其实是缺乏对环境事故的预判和防治能力。

2. 按事故类别分类

按事故类别分，可以分为 14 类，即物体打击、车辆伤害、机械伤害、起重伤害、触电、灼烫、火灾、高处坠落、坍塌、透水、爆炸、中毒、窒息、其他伤害。

建筑业最常发生的“六大伤害”事故是指：高处坠落、物体打击、坍塌事故、触电伤害、机械伤害、起重伤害。从历年统计资料分析，高处坠落事故堪称事故之首，一般占当年事故总数的 40%～50%。

3. 按事故严重程度分类

可以分为轻伤事故、重伤事故和死亡事故三类。

根据生产安全事故（以下简称事故）造成的人员伤亡或者直接经济损失，事故一般分为以下等级：

（1）特别重大事故，是指造成 30 人以上死亡，或者 100 人以上重伤（包括急性工业中毒，下同），或者 1 亿元以上直接经济损失的事故。

（2）重大事故，是指造成 10 人以上 30 人以下死亡，或者 50 人以上 100 人以下重伤，或者 5000 万元以上 1 亿元以下直接经济损失的事故。

（3）较大事故，是指造成 3 人以上 10 人以下死亡，或者 10 人以上 50 人以下重伤，或者 1000 万元以上 5000 万元以下直接经济损失的事故。

（4）一般事故，是指造成 3 人以下死亡，或者 10 人以下重伤，或者 1000 万元以下直接经济损失的事故。

国务院安全生产监督管理部门可以会同国务院有关部门，制定事故等级划分的补充性规定。

本条第一款所称的“以上”包括本数，所称的“以下”不包括本数。

（二）事故应急救援预案

根据 2009 年 5 月 1 日实施的《生产安全事故应急预案管理办法》（国家安全生产监督管理总局令第 17 号）规定：

（1）地方各级安全生产监督管理部门应当根据法律、法规、规章和同级人民政府以及上一级安全生产监督管理部门的应急预案，结合工作实际，组织编制相应的部门应急预案。

（2）生产经营单位应当根据有关法律、法规和《生产经营单位安全生产事故应急预案编制导则》AQ/T 9002—2013，结合本单位的危险源状况、危险性分析情况和可能发生的事故特点，制定本单位生产安全事故应急救援预案。

生产经营单位的应急预案按照针对情况的不同，应分为综合应急预案、专项应急预案和现场处置方案。工程项目现场的生产安全事故应急预案主要是专项应急预案和现场处置方案。

综合应急预案应当包括本单位的应急组织机构及其职责、预案体系及响应程序、事故预防及应急保障、应急培训及演练等主要内容。

（3）根据建设工程施工的特点、范围，对施工现场易发生重大事故的部位、环节进行监控，制定施工现场生产安全事故应急救援预案。实行施工总承包的，由总承包单位统一组织编制建设工程生产安全事故应急救援预案，工程总承包单位和分包单位按照应急救援预案，各自建立应急救援组织或者配备应急救援人员，配备救援器材、设备，并定期组织演练。

（三）事故报告

（1）事故发生后，事故现场有关人员应当立即向本单位负责人报告；单位负责人接到报告后，应当于1小时内向事故发生地县级以上人民政府安全生产监督管理部门和负有安全生产监督管理职责的有关部门报告。

情况紧急时，事故现场有关人员可以直接向事故发生地县级以上人民政府安全生产监督管理部门和负有安全生产监督管理职责的有关部门报告。

（2）安全生产监督管理部门和负有安全生产监督管理职责的有关部门接到事故报告后，应当依照下列规定上报事故情况，并通知公安机关、劳动保障行政部门、工会和人民检察院：

1）特别重大事故、重大事故逐级上报至国务院安全生产监督管理部门和负有安全生产监督管理职责的有关部门。

2）较大事故逐级上报至省、自治区、直辖市人民政府安全生产监督管理部门和负有安全生产监督管理职责的有关部门。

3）一般事故上报至设区的市级人民政府安全生产监督管理部门和负有安全生产监督管理职责的有关部门。

安全生产监督管理部门和负有安全生产监督管理职责的有关部门依照前款规定上报事故情况，应当同时报告本级人民政府。国务院安全生产监督管理部门和负有安全生产监督管理职责的有关部门以及省级人民政府接到发生特别重大事故、重大事故的报告后，应当立即报告国务院。

必要时，安全生产监督管理部门和负有安全生产监督管理职责的有关部门可以越级上报事故情况。

（3）安全生产监督管理部门和负有安全生产监督管理职责的有关部门逐级上报事故情况，每级上报的时间不得超过2小时。

（4）报告事故应当包括下列内容：

1）事故发生单位概况；

2）事故发生的时间、地点以及事故现场情况；

3）事故的简要经过；

4）事故已经造成或者可能造成的伤亡人数（包括下落不明的人数）和初步估计的直接经济损失；

5）已经采取的措施；

6）其他应当报告的情况。

（5）自事故发生之日起30日内，事故造成的伤亡人数发生变化的，应当及时补报。

（四）事故现场的保护

建筑施工安全事故现场保护的责任主体是建筑企业。

事故发生后，事故发生单位应当立即采取有效措施，首先抢救伤员和排除险情，制止事故蔓延扩大，稳定施工人员情绪。要做到有组织、有指挥。同时，要严格保护事故现场，因抢救伤员、疏导交通、排除险情等原因，需要移动现场物件时，应当作出标志，绘制现场简图并做出书面记录，妥善保存现场重要痕迹、物证，有条件的可以拍照或摄像。

一次死亡3人以上的事故，要按住房和城乡建设部有关规定，立即组织摄像和召开现场会，教育全体职工。

事故现场是提供有关物证的主要场所，是调查事故原因不可缺少的客观条件。因此，要求现场各种物件的位置、颜色、形状及其物理化学性质等尽可能地保持原来状态，必须采取一切必要的和可能的措施严加保护，防止人为或自然因素的破坏。

清理事故现场，应在调查组确认无可取证，并充分记录及经有关部门同意后，方能进行。任何人不得借口恢复生产，擅自清理现场，掩盖事故真相。

（五）事故的调查处理

（1）接到事故报告后，事故发生单位负责人除应立即赶赴现场帮助组织抢救外，还应及时着手事故的调查工作。

轻伤、重伤事故，由县级人民政府也可以委托事故发生单位组织事故调查组进行调查。

事故发生负责人或由其指定人员组织生产、技术、安全等有关人员以及工会成员参加的事故调查组，进行调查。

重大事故、较大事故、一般事故分别由事故发生地省级人民政府、设区的市级人民政府、县级人民政府负责调查。省级人民政府、设区的市级人民政府、县级人民政府可以直接组织事故调查组进行调查，也可以授权或者委托有关部门组织事故调查组进行调查。

特别重大事故由国务院或者国务院授权有关部门组织事故调查组进行调查。

事故调查组成员应符合下列条件：具有事故调查所需的知识和专长，并与所发生的事故没有直接的利害关系。

（2）上级人民政府认为必要时，可以调查由下级人民政府负责调查的事故。

自事故发生之日起30日内（道路交通事故、火灾事故自发生之日起7日内），因事故伤亡人数变化导致事故等级发生变化，依照本条例规定应当由上级人民政府负责调查的，上级人民政府可以另行组织事故调查组进行调查。

（3）特别重大事故以下等级事故，事故发生地与事故发生单位不在同一个县级以上行政区域的，由事故发生地人民政府负责调查，事故发生单位所在地人民政府应当派人参加。

（4）事故调查组的组成应当遵循精简、效能的原则。

根据事故的具体情况，事故调查组由有关人民政府、安全生产监督管理部门、负有安全生产监督管理职责的有关部门、监察机关、公安机关以及工会派人组成，并应当邀请人民检察院派人参加。事故调查组可以聘请有关专家参与调查。

（5）事故调查组组长由负责事故调查的人民政府指定。事故调查组组长主持事故调查组的工作。

（6）事故调查组履行下列职责

1）查明事故发生的经过、原因、人员伤亡情况及直接经济损失；

2）认定事故的性质和事故责任；

3）提出对事故责任者的处理建议；

4）总结事故教训，提出防范和整改措施；

5）提交事故调查报告。

（7）事故调查组有权向有关单位和个人了解与事故有关的情况，并要求其提供相关文件、资料，有关单位和个人不得拒绝。

事故发生单位的负责人和有关人员在事故调查期间不得擅离职守，并应当随时接受事故调查组的询问，如实提供有关情况。

事故调查中发现涉嫌犯罪的，事故调查组应当及时将有关材料或者其复印件移交司法机关处理。

（8）事故调查中需要进行技术鉴定的，事故调查组应当委托具有国家规定资质的单位进行技术鉴定。必要时，事故调查组可以直接组织专家进行技术鉴定。技术鉴定所需时间不计入事故调查期限。

（9）事故调查组成员在事故调查工作中应当诚信公正、恪尽职守，遵守事故调查组的纪律，保守事故调查的秘密。

未经事故调查组组长允许，事故调查组成员不得擅自发布有关事故的信息。

（10）事故调查组应当自事故发生之日起60日内提交事故调查报告；特殊情况下，经负责事故调查的人民政府批准，提交事故调查报告的期限可以适当延长，但延长的期限最长不超过60日。

（11）事故调查报告应当包括下列内容：

1）事故发生单位概况；

2）事故发生经过和事故救援情况；

3）事故造成的人员伤亡和直接经济损失；

4）事故发生的原因和事故性质；

5）事故责任的认定以及对事故责任者的处理建议；

6）事故防范和整改措施。

事故调查报告应当附具有关证据材料。事故调查组成员应当在事故调查报告上签名。

（12）事故调查报告报送负责事故调查的人民政府后，事故调查工作即告结束。事故调查的有关资料应当归档保存。

（13）现场勘查

事故发生后，调查组必须尽早到现场进行勘查。现场勘查是技术性很强的工作，涉及广泛的科技知识和实践经验，对事故现场的勘查应该做到及时、全面、细致、客观。

现场勘察的主要内容有：

1）作出笔录：①发生事故的时间、地点、气候等；②现场勘查人员姓名、单位、职务、联系电话等；③现场勘查起止时间、勘查过程；④设备、设施损坏或异常情况及事故前后的位置；⑤能量逸散所造成的破坏情况、状态、程度等；⑥事故发生前的劳动组合、现场人员的位置和行动。

2）现场拍照或摄像：①方位拍摄，要能反映事故现场在周围环境中的位置；②全面拍摄，要能反映事故现场各部分之间的联系；③中心拍摄，要能反映事故现场中心情况；④细目拍摄，揭示事故直接原因的痕迹物、致害物等。

3）绘制事故图。根据事故类别和规模以及调查工作的需要应绘制出下列示意图：①建筑物平面图、剖面图；②发生事故时人员位置及疏散（活动）图；③破坏物立体图或展开图；④涉及范围图；⑤设备或工、器具构造图等。

4）事故事实材料和证人材料搜集：①受害人和肇事者姓名、年龄、文化程度、工龄等；②出事当天受害人和肇事者的工作情况，过去的事故记录；③个人防护措施、健康状况及与事故致因有关的细节或因素；④对证人的口述材料应经本人签字认可，并应认真考证其真实程度。

（14）分析事故原因

明确责任者通过充分地调查，查明事故经过，弄清造成事故的各种因素，包括人、物、环境、生产管理和技术管理等方面的问题，经过认真、客观、全面、细致、准确地分析，确定事故的性质和责任。

事故调查分析的目的，是通过认真分析事故原因，从中接受教训，采取相应措施，防止类似事故重复发生，这也是事故调查分析的宗旨。

事故分析步骤，首先整理和仔细阅读调查材料，按以下七项内容进行分析：受伤部位、受伤性质、起因物、致害物、伤害方式、不安全状态、不安全行为。

确定事故的直接原因、间接原因和事故责任者。分析事故原因时，应根据调查所确认的事实，从直接原因入手，逐步深入到间接原因，通过对直接原因和间接原因的分析，确定事故的直接责任者和领导责任者，再根据其在事故发生过程中的作用，确定主要责任者。

事故的性质通常分为三类：

1）责任事故，就是由于人的过失造成的事故。

2）非责任事故，即由于人们不能预见或不可抗拒的自然条件变化所造成的事故，或是在技术改造、发明创造、科学试验活动中，由于科学技术条件的限制而发生的无法预料的事故。但是，对于能够预见并可采取措施加以避免的伤亡事故，或没有经过认真研究解决技术问题而造成的事故，不能包括在内。

3）破坏性事故，即为达到既定的目的而故意造成的事故。对已确定为破坏性事故的，应由公安机关和企业保卫部门认真追查破案，依法处理。

（15）提出处理意见

写出调查报告根据对事故原因的分析，对已确定的事故直接责任者和领导责任者，根据事故后果和事故责任人应负的责任提出处理意见。同时，应制定防范措施并加以落实，防止类似事故重复发生，切实做到“四不放过”，即：事故的原因分析不清不放过，事故责任者和群众没有受到教育不放过，没有防范措施不放过，事故的责任者没受到处罚不放过。

调查组应着重把事故的经过、原因、责任分析和处理意见以及本次事故教训和改进工作的建议等写成文字报告，经调查组全体人员签字后报批。如调查组内部意见有分歧，应在弄清事实的基础上，对照政策法规反复研究，统一认识。对于个别成员仍持有不同意见的，允许保留，并在签字时写明自己的意见。对此可上报上级有关部门处理直至报请同级人民政府裁决，但不得超过事故处理工作的时限。

（16）事故的处理结案

根据《国务院颁布生产安全事故报告和调查处理条例》（国务院令第 493 号）规定：

重大事故、较大事故、一般事故，负责事故调查的人民政府应当自收到事故调查报告之日起 15 日内做出批复；特别重大事故，30 日内做出批复，特殊情况下，批复时间可以适当延长，但延长的时间最长不超过 30 日。有关机关应当按照人民政府的批复，依照法律、行政法规规定的权限和程序，对事故发生单位和有关人员进行行政处罚，对负有事故责任的国家工作人员进行处分。

事故发生单位应当按照负责事故调查的人民政府的批复，对本单位负有事故责任的人员进行处理。

负有事故责任的人员涉嫌犯罪的，依法追究刑事责任。

事故发生单位应当认真吸取事故教训，落实防范和整改措施，防止事故再次发生。防范和整改措施的落实情况应当接受工会和职工的监督。

安全生产监督管理部门和负有安全生产监督管理职责的有关部门应当对事故发生单位落实防范和整改措施的情况进行监督检查。

事故处理的情况由负责事故调查的人民政府或者其授权的有关部门、机构向社会公布，依法应当保密的除外。

事故发生单位主要负责人有下列行为之一的，处上一年年收入 40％至 80％的罚款；属于国家工作人员的，并依法给予处分；构成犯罪的，依法追究刑事责任：1）不立即组织事故抢救的；2）迟报或者漏报事故的；3）在事故调查处理期间擅离职守的。

事故发生单位及其有关人员有下列行为之一的，对事故发生单位处 100 万元以上 500 万元以下的罚款；对主要负责人、直接负责的主管人员和其他直接责任人员处上一年年收入 60％至 100％的罚款；属于国家工作人员的，并依法给予处分；构成违反治安管理行为的，由公安机关依法给予治安管理处罚；构成犯罪的，依法追究刑事责任：1）谎报或者瞒报事故的；2）伪造或者故意破坏事故现场的；3）转移、隐匿资金、财产，或者销毁有关证据、资料的；4）拒绝接受调查或者拒绝提供有关情况和资料的；5）在事故调查中作伪证或者指使他人作伪证的；6）事故发生后逃匿的。

事故发生单位对事故发生负有责任的，依照下列规定处以罚款：

1）发生一般事故的，处10万元以上20万元以下的罚款；

2）发生较大事故的，处20万元以上50万元以下的罚款；

3）发生重大事故的，处50万元以上200万元以下的罚款；

4）发生特别重大事故的，处200万元以上500万元以下的罚款。

事故发生单位主要负责人未依法履行安全生产管理职责，导致事故发生的，依照下列规定处以罚款；属于国家工作人员的，并依法给予处分；构成犯罪的，依法追究刑事责任：

1）发生一般事故的，处上一年年收入30%的罚款；

2）发生较大事故的，处上一年年收入40%的罚款；

3）发生重大事故的，处上一年年收入60%的罚款；

4）发生特别重大事故的，处上一年年收入80%的罚款。

有关地方人民政府、安全生产监督管理部门和负有安全生产监督管理职责的有关部门有下列行为之一的，对直接负责的主管人员和其他直接责任人员依法给予处分；构成犯罪的，依法追究刑事责任：

1）不立即组织事故抢救的；2）迟报、漏报、谎报或者瞒报事故的；3）阻碍、干涉事故调查工作的；4）在事故调查中作伪证或者指使他人作伪证的。

事故发生单位对事故发生负有责任的，由有关部门依法暂扣或者吊销其有关证照；对事故发生单位负有事故责任的有关人员，依法暂停或者撤销其与安全生产有关的执业资格、岗位证书；事故发生单位主要负责人受到刑事处罚或者撤职处分的，自刑罚执行完毕或者受处分之日起，5年内不得担任任何生产经营单位的主要负责人。

为发生事故的单位提供虚假证明的中介机构，由有关部门依法暂扣或者吊销其有关证照及其相关人员的执业资格；构成犯罪的，依法追究刑事责任。

参与事故调查的人员在事故调查中有下列行为之一的，依法给予处分；构成犯罪的，依法追究刑事责任：

1）对事故调查工作不负责任，致使事故调查工作有重大疏漏的；

2）包庇、袒护负有事故责任的人员或者借机打击报复的。

十六、编制、收集、整理施工安全资料

（一）对项目安全资料进行搜集、分类和归档

1. 建筑施工安全资料归类的一般做法

建筑施工安全资料管理，是专职安全员的业务工作之一，相关资料的搜集、整理、归档，按照《建设工程施工现场安全资料管理规程》CECS 266—2009 规定，做法如下：

（1）施工现场安全管理资料整理应以单位工程分别进行整理和组卷。

（2）施工现场安全管理资料整理组卷应按资料形成的参与单位组卷。一卷为建设单位形成的资料；二卷为监理单位形成的资料；三卷为施工单位形成的资料；各分包单位形成的资料单独组成为第三卷内的独立卷。

（3）每卷资料的排列顺序为封面、目录、资料及封底。封面应包括工程名称、案卷名称、编制单位、编制人员及编制日期。案卷页号应以独立卷为单位顺序编写。

若工程所在地主管部门对施工安全资料有地方标准的，按其规定执行。

2. 熟悉施工安全资料归档的管理

（1）安全资料管理

1）项目设专职或兼职安全资料员；安全资料员持证上岗，以保证资料管理责任的落实；安全资料员应及时收集、整理安全资料，督促建档工作，促进企业安全管理上台阶。

2）资料的整理应做到现场实物与记录相符，行为与记录相吻合，以更好地反映出安全管理的全貌及全过程。

3）建立定期、不定期的安全资料的检查与审核制度，及时查找问题，及时整改。

4）安全资料实行按岗位职责分工编写，及时归档，定期装订成册的管理办法。

5）建立借阅台账，及时登记，及时追回，收回时做好检查工作，检查是否有损坏、丢失现象发生。

（2）安全资料保管

1）安全资料按篇及编号分别装订成册，装入档案盒内。

2）安全资料集中存放于资料柜内，加锁，由专人负责管理，以防丢失、损坏。

3）工程竣工后，安全资料应按国家、省或单位有关规定及时归档、保存。

3. 掌握建筑施工项目安全生产资料归档分类

（1）安全生产制度类

1）安全生产责任制

① 各级各类人员安全生产责任制；

② 各级部门安全生产责任制；

③ 项目部、施工班组的安全生产责任状（书）；

④ 各工种安全技术规程；

⑤ 施工现场安全管理组织体系（含专兼职安全员的配备）；

⑥ 各类经济承包合同（有安全生产指标）；

⑦ 安全生产责任制度考核奖惩资料。

2）安全管理制度

A1 危险源识别和重大危险源管理制度

A2 安全培训教育制度；

A3 消防安全责任制度；

A4 安全生产检查制度；

A5 安全生产带班制度；

A6 安全工作例会制度；

A7 安全技术交底制度；

A8 班前安全活动制度；

A9 特种作业人员管理制度；

A10 安全防护设施材料管理制度；

A11 安全奖惩制度；

A12 安全生产、文明施工措施费用管理制度；

A13 安全用电管理制度；

A14 尘毒、射线防护管理制度；

A15 个人防护用品的采购、验收、登记、发放、检查等制度；

A16 机械、工器具安全管理制度；

A17 车辆交通安全管理制度；

A18 文明施工及环境保护管理制度；

A19 安全设施管理制度；

A20 宿舍管理制度；

A21 事故调查、处理、统计报告；

A22 女工特殊保护管理制度；

A23 分包工程安全管理制度；

A24 治安保卫制度；

A25 防火、防爆安全管理制度；

A26 事故应急救援预案。

（2）安全生产目标管理类

1）项目安全生产目标（伤亡控制指标、安全达标目标、文明施工目标）；

2）制定安全管理目标达标计划并进行安全生产目标责任分解资料；

3）项目安全管理、安全达标计划；

4）安全生产目标责任考核办法及考核奖惩资料。

（3）施工组织设计类

1）施工组织设计（有安全措施、按规定经审批）；

2）降噪声、防污染措施，计算书；

3）脚手架施工方案（按实际采用的脚手架，附设计计算书）；

4）脚手架搭设交底记录；

5）脚手架分段验收记录；

6）卸料平台设计图、计算书、记录及安装验收记录；

7）基础施工支护方案及基坑深度超过5m的专项支护设计表；

8）施工机械进场验收记录；

9）对毗邻建筑物、重要管线和道路的沉降观测记录；

10）模板工程施工方案；

11）现浇混凝土模板的支撑系统设计；

12）模板工程分段验收记录；

13）安全网准用证；

14）临时用电施工组织设计；

15）电气设备的试验、检验凭单、调试及安装验收记录；

16）绝缘电阻测试记录、漏电保护器检测记录及接地电阻测定记录；

17）电工巡视记录及维修工作记录；

18）施工电梯（物料提升机）合格证、产品生产许可证、安全准用证；

19）施工电梯（物料提升机）装拆施工队伍的资质证书；

20）施工电梯（物料提升机）拆装施工方案；

21）施工电梯（物料提升机）安装、加节施工方案、安全技术交底及安装、加节验收单；

22）施工电梯（物料提升机）运行记录及维修保养记录；

23）塔吊合格证、产品生产许可证、安全准用证；

24）塔吊装拆施工队伍的资质证书；

25）塔吊安装、加节、拆卸施工方案、安全技术交底、基础隐蔽记录；

26）塔吊安装、加节验收单；

27）塔吊运行记录及维修保养记录；

28）起重吊装作业方案；

29）起重机准用证，安全投入情况台账；

30）起重机验收单；

31）平刨安装验收单；

32）电锯安装验收单；

33）钢筋机械安装验收单；

34）电焊机安装验收单；

35）搅拌机安装验收单；

36）水泵及小型电动工具验收单；

37）主要安全设施、设备、劳保用品进场验收、登记、领用表。

（4）分部分项工程安全技术交底类

1）分部分项工程安全技术交底原始记录；

2）各工种安全技术交底记录；

3）采用新工艺、新技术、新材料的安全交底书和安全操作规定安全技术交底记录；

4）临时用电安全技术交底记录；

5）特殊工种安全技术交底记录。

（5）安全检查类

1）安全检查制度及检查记录；

2）领导带班制度及带班记录；

3）上级主管部门的安全检查通报或整改反馈记录；

4）公司的安全检查通报或整改通知（反馈单）；

5）项目经理部的安全检查记录及整改措施；

6）项目经理部的安全检查评分汇总表及各分项检查评分表；

7）事故隐患处理表；

8）违章及罚款登记台账（含罚款通知单）；

9）安全例会记录；

10）项目施工安全日记。

（6）安全教育类

1）安全教育制度；

2）安全教育记录及教育签到表；

3）新入场人员三级安全教育卡；

4）触电、中毒、外伤等的现场急救方法和消防器材的使用方法教育记录；

5）应急救援预案演练记录；

6）施工管理人员年度培训教育记录；

7）专职安全员年度培训考核记录。

（7）班前安全活动类

1）班前安全活动制度；

2）班前安全活动记录。

（8）特种作业持证上岗类

1）项目经理、安全员资格证书，安全培训合格证；

2）特种作业人员（电工、焊工、架子工、塔吊司机、电梯司机、起重工、机操工等）上岗证；

3）分包单位安全资质审查表、职工体检表；

4）大型设备安拆人员上岗证

（9）工伤事故处理类

1）各类事故登记台账；

2）工伤事故调查分析报告；

3）工伤事故档案。

（10）安全标志类

1）施工现场安全标志布置总平面图；

2）分阶段现场安全标志布置平面图；

3）消防设施布置图。

以上资料目录，集中了施工现场主要和基本的资料，但不是全部的资料目录，各工地还应当根据本工程施工特点，补充相关的书面资料。如：施工项目的工程概况类资料，企业的资质证书类资料，关于安全生产的法律、法规、部门规章、安全技术标准、指导性文件等。同时，随着行业管理的不断完善，管理部门将会出台一些新的管理制度与要求，也应作为施工现场安全管理的必备资料，使安全资料管理更加科学、规范、合理。

（二）编写安全检查报告和总结

1. 安全检查的目的与内容

（1）安全检查的目的

1）了解施工现场安全生产的状态，为分析研究、加强安全管理提供信息依据。

2）发现问题、暴露隐患，以便及时采取有效措施，保障安全生产。

3）发现、总结及交流安全生产的成功经验，推动地区乃至行业安全生产水平的提高。

4）利用检查，进一步宣传、贯彻、落实安全生产方针、政策和各项安全生产规章制度。

5）增强领导和群众安全意识，制止违章指挥，纠正违章作业，提高安全生产的自觉性和责任感。

（2）安全检查的内容

查思想、查制度、查机械设备、查安全设施、查安全教育培训、查操作行为、查劳保用品使用、查伤亡事故处理等。

2. 政府主管部门对施工单位安全生产检查报告

安全生产检查报告的内容一般包含以下几个方面的内容：

（1）工程名称；

（2）工程地址；

（3）施工单位；

（4）监理单位；

（5）工程实体安全概况；

（6）设置安全生产管理机构和配备专职安全管理人员及三类人员经主管部门安全生产考核情况；

（7）特种作业人员持证上岗及安全生产教育培训计划制定和实施情况；

（8）施工现场作业人员意外伤害保险办理情况；

（9）建筑工程安全防护、文明施工措施费用的使用情况、职业危害防治措施制定情况